KB005884

완전합격

# 맞춤형화장품 조제관리사 1100제

최고의 적중률!! 최고의 합격률!!
크라운출판사
국가자격시험문제 전문출판
http://www.crownbook.co.kr

## 저자 프로필

### 이영주

연세대학교 생물학과 졸업
연세대학교 교육대학원 과학(생물학)교육전공 교육학 석사
성신여대 대학원 식품영양학과(미용건강학 전공)이학박사
(現) 휴엔미뷰티건강연구소 대표
(사)월드뷰티아트협회 부회장
성신여대 뷰티융합대학원 외래교수
한성대학교 디자인아트교육원 외래교수
맞춤형화장품 조제관리사국가자격증 특강교육
(前) 동국대학교 문화예술대학원 외래교수
대전대학교 평생교육원 피부미용과 외래교수
미용사(피부)국가자격시험감독위원
식품의약품안전청 고시 화장품 제조판매관리자 교육 수료

### 이명심

성신여대 뷰티융합대학원 피부비만관리학 이학석사
성신여대 대학원 식품영양학과(미용건강학 전공)이학박사
(現) 보니따미용건강연구소 대표
(사)월드뷰티아트협회 교육이사
성신여대 뷰티융합대학원 겸임교수
안산대 의료미용과 외래교수
재능대학교 뷰티케어과 겸임교수
화장품코칭전문가과정 교육강사
미용사(피부)국가자격시험감독위원
맞춤형화장품 조제관리사국가자격증
맞춤형화장품 조제관리사

# 머리말

본서(1100제)는 맞춤형화장품조제관리사 국가자격 시험에 도전하는 수험생들에게 전문인 양성을 목적으로 다양하게 출제된 시험문제유형을 제공하여 학습방향을 돕기 위해 준비되었다. 여러분이 공부한 내용을 정확하게 이해하고, 문제풀이를 통해 국가전문자격시험의 문제유형을 습득할 수 있도록 다음과 같이 구성하였다.

1. 첫 번째 구성 : 제1회, 제2회, 특별시험의 기출복원문제를 통해 시험유형에 가까운 내용파악을 돕고자 하였다.
2. 두 번째 구성 : 모의고사 800문제에 해당하는 모든 문제는 2020년 1회부터 기출복원 되었던 문제 유형을 바탕으로 다양하게 내용을 출제하고자 노력하였으며, 특히 제1회, 제2회, 제3회 모의고사에서는 조금 더 어려워진 국가시험 2회, 3회에 나왔던 문제유형을 집중 파악하여 출제하였다.
3. 문제의 답과 해설을 자세하게 첨부하여 수험자들이 시간을 절약하여 빨리 암기할 수 있도록 하였고, 그리하여 문제를 풀면서 방대한 영역의 내용을 공부하는데 도움을 주고자 노력하였다.

참고로 모의고사 문제에 주요 표시된 “기출” 혹은“기출문제”란 “기출복원문제”로 지면상 짧게 생략하여 표기하였음을 고지하며, 자격증에 도전하는 수험생들의 합격을 기원하는 바이다.

# 시험소개

## ▶ 시험소개

맞춤형화장품 조제관리사 자격시험은 화장품법 제3조 4항에 따라 맞춤형화장품의 혼합, 소분 업무에 종사하고자 하는 자를 양성하기 위해 실시하는 시험입니다.

## ▶ 시험정보

- 자격명 : 맞춤형화장품 조제관리사
- 관련 부처 : 식품의약품안전처
- 시행 기관 : 한국생산성본부
- 시험명 : 맞춤형화장품 조제관리사 자격시험
- 시행 일정 : 연 1회 이상 (별도 시행공고를 통해 시행 일정 공고)

## ▶ 응시자격

응시 자격과 인원에 제한이 없습니다.

## ▶ 시험영역

| 시험영역 | | 주요 내용 | 세부 내용 |
|---|---|---|---|
| 1 | 화장품법의 이해 | 화장품법 | • 화장품법의 입법취지<br>• 화장품의 정의 및 유형<br>• 화장품의 유형별 특성<br>• 화장품법에 따른 영업의 종류<br>• 화장품의 품질 요소(안전성, 안정성, 유효성)<br>• 화장품의 사후관리 기준 |
| | | 개인정보 보호법 | • 고객 관리 프로그램 운용<br>• 개인정보보호법에 근거한 고객정보 입력<br>• 개인정보보호법에 근거한 고객정보 관리<br>• 개인정보보호법에 근거한 고객 상담 |

<table>
<tr><th colspan="2">시험영역</th><th>주요 내용</th><th>세부 내용</th></tr>
<tr><td rowspan="5">2</td><td rowspan="5">화장품<br>제조 및<br>품질관리</td><td>화장품 원료의<br>종류와 특성</td><td>• 화장품 원료의 종류<br>• 화장품에 사용된 성분의 특성<br>• 원료 및 제품의 성분 정보</td></tr>
<tr><td>화장품의 기능과<br>품질</td><td>• 화장품의 효과<br>• 판매 가능한 맞춤형화장품 구성<br>• 내용물 및 원료의 품질성적서 구비</td></tr>
<tr><td>화장품 사용 제한<br>원료</td><td>• 화장품에 사용되는 사용 제한 원료의 종류 및 사용 한도<br>• 착향제(향료) 성분 중 알레르기 유발 물질</td></tr>
<tr><td>화장품 관리</td><td>• 화장품의 취급방법<br>• 화장품의 보관 방법<br>• 화장품의 사용방법<br>• 화장품의 사용상 주의 사항</td></tr>
<tr><td>위해사례 판단<br>및 보고</td><td>• 위해여부 판단<br>• 위해사례 보고</td></tr>
<tr><td rowspan="4">3</td><td rowspan="4">유통<br>화장품<br>안전 관리</td><td>작업장<br>위생관리</td><td>• 작업장의 위생 기준<br>• 작업장의 위생 상태<br>• 작업장의 위생 유지관리 활동<br>• 작업장 위생 유지를 위한 세제의 종류와 사용법<br>• 작업장 소독을 위한 소독제의 종류와 사용법<br>• 작업자 소독을 위한 소독제의 종류와 사용법<br>• 작업자 위생 관리를 위한 복장 청결상태 판단<br><br>• 작업장 내 직원의 위생 기준 설정<br>• 작업장 내 직원의 위생 상태 판정<br>• 혼합·소분 시 위생관리 규정<br>• 작업자 위생 유지를 위한 세제의 종류와 사용법<br>• 작업자 소독을 위한 소독제의 종류와 사용법<br>• 작업자 위생 관리를 위한 복장 청결상태 판단</td></tr>
<tr><td>유통<br>화장품<br>안전 관리</td><td>• 설비·기구의 위생 기준 설정<br>• 설비·기구의 위생 상태 판정<br>• 오염물질 제거 및 소독 방법<br>• 설비·기구의 구성 재질 구분<br>• 설비·기구의 폐기 기준</td></tr>
<tr><td>내용물 및<br>원료 관리</td><td>• 내용물 및 원료의 입고 기준<br>• 유통화장품의 안전 관리 기준<br>• 입고된 원료 및 내용물 관리 기준<br>• 보관중인 원료 및 내용물 출고기준<br>• 내용물 및 원료의 폐기 기준<br>• 내용물 및 원료의 사용기한 확인·판정<br>• 내용물 및 원료의 개봉 후 사용기한 확인·판정<br>• 내용물 및 원료의 변질 상태(변색, 변취 등) 확인<br>• 내용물 및 원료의 폐기 절차</td></tr>
</table>

| 시험영역 | | 주요 내용 | 세부 내용 |
|---|---|---|---|
| | | 포장재의 관리 | • 포장재의 입고 기준<br>• 입고된 포장재 관리 기준<br>• 보관중인 포장재 출고기준<br>• 포장재의 폐기 기준<br>• 포장재의 사용기한 확인 · 판정<br>• 포장재의 개봉 후 사용기한 확인 · 판정<br>• 포장재의 변질 상태 확인<br>• 포장재의 폐기 절차 |
| 4 | 맞춤형 화장품의 이해 | 맞춤형화장품 개요 | • 맞춤형화장품 정의<br>• 맞춤형화장품 주요 규정<br>• 맞춤형화장품의 안전성<br>• 맞춤형화장품의 유효성<br>• 맞춤형화장품의 안정성 |
| | | 피부 및 모발 생리구조 | • 피부의 생리 구조<br>• 모발의 생리 구조<br>• 피부 모발 상태 분석 |
| | | 관능평가 방법과 절차 | • 관능평가 방법과 절차 |
| | | 제품 상담 | • 맞춤형 화장품의 효과<br>• 맞춤형 화장품의 부작용의 종류와 현상<br>• 배합금지 사항 확인 · 배합<br>• 내용물 및 원료의 사용 제한 사항 |
| | | 제품 안내 | • 맞춤형 화장품 표시 사항<br>• 맞춤형 화장품 안전 기준의 주요사항<br>• 맞춤형 화장품의 특징<br>• 맞춤형 화장품의 사용법 |
| | | 혼합 및 소분 | • 원료 및 제형의 물리적 특성<br>• 화장품 배합한도 및 금지원료<br>• 원료 및 내용물의 유효성<br>• 원료 및 내용물의 규격(pH, 점도, 색상, 냄새 등)<br>• 혼합 소분에 필요한 도구 · 기기 리스트 선택<br>• 맞춤형화장품 판매업 준수사항에 맞는 혼합 · 소분 활동 |
| | | 충진 및 포장 | • 제품에 맞는 충진 방법<br>• 제품에 적합한 포장 방법<br>• 용기 기재 사항 |
| | | 재고관리 | • 원료 및 내용물의 재고 파악<br>• 적정 재고를 유지하기 위한 발주 |

## ▶▶ 합격자 기준

전 과목 총점(1,000점)의 60%(600점) 이상을 득점하고, 각 과목 만점의 40% 이상을 득점한 자

## ▶▶ 응시 수수료

응시 수수료 : 100,000원

## ▶▶ 시험방법 및 문항유형

| 시험과목 | 문항유형 | 과목별 총점 | 시험방법 |
|---|---|---|---|
| 화장품법의 이해 | 선다형 7문항 | 100점 | 필기시험 |
| | 단답형 3문항 | | |
| 화장품 제조 및 품질관리 | 선다형 20문항 | 250점 | |
| | 단답형 5문항 | | |
| 유통화장품의 안전 관리 | 선다형 25문항 | 250점 | |
| 맞춤형화장품의 이해 | 선다형 28문항 | 400점 | |
| | 단답형 12문항 | | |

## ▶▶ 시험시간

| 시험과목 | 입실완료 | 시험시간 |
|---|---|---|
| ① 화장품법의 이해<br>② 화장품 제조 및 품질관리<br>③ 유통화장품의 안전 관리<br>④ 맞춤형화장품의 이해 | 09 : 00까지 | 09 : 30~11 : 30 (120분) |

목차

# 국가시험 기출복원문제



# 모의고사

맞춤형화장품조제관리사

# 국가시험 기출복원문제

맞춤형화장품 조제관리사 | 국가시험 기출복원문제

2020년 2월 22일 시행

문항수 : 100개  점수 확인 : 개

**01** **화장품법에 따른 화장품의 정의가 올바르지 않은 것은?**

① 인체를 청결 미화하여 매력을 더하고 용모를 밝게 변화시킨다.
② 피부모발의 건강을 유지 또는 증진하기 위해 인체에 바르고 문지르거나 뿌리는 물품
③ 인체에 대한 알러지 반응 등 부작용이 있으면 안 된다.
④ 약사법에 의한 의약품에 해당하는 물품은 제외한다.
⑤ 인체에 대한 작용이 경미한 것을 말한다.

해설

화장품이란?
① 인체를 청결 미화하여 매력을 더하고 용모를 밝게 변화
② 피부모발의 건강을 유지 또는 증진하기 위하여 인체에 바르고 문지르거나 뿌리는 등 이와 유사한 방법으로 사용되는 물품
③ 인체에 대한 작용이 경미한 것
④ 약사법 제2조 제4호의 의약품에 해당하는 물품은 제외

**02** **다음 과태료 부과기준에 해당하지 않는 것은?**

① 화장품에 의약품으로 잘못 인식 할 우려가 있게 표시한 경우
② 책임판매관리자 및 맞춤형화장품 조제관리사는 화장품의 안전성 확보 및 품질관리에 대한 교육을 매년 받아야 하는데 그 명령을 위반한 경우
③ 화장품의 생산실적, 수입실적, 화장품 원료의 목록 등을 보고하지 아니한 경우
④ 폐업 또는 휴업 등의 신고를 하지 아니한 경우
⑤ 화장품의 판매 가격을 표시하지 아니한 경우

해설

화장품법 제40조 (과태료), 화장품법 시행령 제 16조 별표2 (과태료의 부과기준)
〈1년이하의 징역 또는 1천만원 이하의 벌금〉
화장품에 의약품으로 잘못 인식 할 우려가 있게 표시한 경우
〈과태료 50만원〉 ②~⑤

- 책임판매관리자 및 맞춤형화장품 조제관리사는 화장품의 안전성 확보 및 품질관리에 대한 교육을 매년 받아야하는데 그 명령을 위반한 경우
- 화장품의 생산실적, 수입실적, 화장품 원료의 목록 등을 보고하지 아니한 경우
- 폐업 또는 휴업 등의 신고를 하지 아니한 경우
- 화장품의 판매 가격을 표시하지 아니한 경우

{ 정답 } 01 ③ 02 ①

## 03 맞춤형화장품판매업자의 결격사유에 해당하지 않는 것을 모두 고르시오.

㉠ 정신질환자
㉡ 피성년후견인 또는 파산선고를 받고 복권되지 아니한 자
㉢ 마약류의 중독자
㉣ 화장품법을 위반하여 금고 이상의 형을 선고받고 그 집행이 끝나지 아니한 자
㉤ 등록이 취소되거나 영업소가 폐쇄된 날로부터 1년이 지나지 아니한 자

① ㉡, ㉤ ② ㉡, ㉢ ③ ㉠, ㉢
④ ㉡, ㉣ ⑤ ㉤, ㉣

해설

화장품법 제3조3항(결격사유)
〈화장품제조업만 해당〉 정신질환자, 마약류의 중독자

## 04 다음 중 화장품의 유형과 제품이 올바르게 연결된 것은?

① 염모제 – 두발용
② 바디클렌저 – 세안용
③ 마스카라 – 색조화장용
④ 손발의 피부연화제품 – 기초화장용
⑤ 클렌징워터 – 인체세정용

해설

화장품법 시행규칙(별표3) 화장품 유형과 사용 시의 주의 사항

## 05 맞춤형화장품판매업의 준수 사항이 아닌 것은?

① 식약처에 원료목록보고를 매년 2월 말까지 하였다.
② 맞춤형화장품 조제관리사는 안전 품질 관리 교육을 매년 꼬박꼬박 받았다.
③ 국가시험을 응시해 맞춤형화장품 조제관리사 자격증을 취득한 사람이 맞춤형화장품 소분 업무를 담당하였다.
④ 식약처에 보고서를 제출한 기능성화장품의 내용물을 소분해서 판매하였다.
⑤ 맞춤형화장품 조제관리사는 혼합한 내용물 및 원료에 대한 내용을 고객에게 상세히 설명하였다.

해설

원료목록보고는 화장품책임판매업자의 준수사항

03 ③ 04 ④ 05 ① { 정답 }

## 06 맞춤형화장품판매업자 신고의 취소 사항이 아닌 것은?

① 맞춤형화장품판매업의 변경 신고를 하지 아니한 경우
② 화장품의 포장 및 기재, 표시 사항을 훼손한 경우
③ 회수계획을 보고하지 아니하거나 거짓으로 보고한 경우
④ 의약품으로 잘못 인식할 우려가 있는 표시 또는 광고
⑤ 심사를 받지 아니하거나 보고서를 제출하지 아니한 기능성화장품을 판매한 경우

해설

화장품법 제 4장 제24조(등록의 취소 등)

## 07 다음 중 화장품의 품질 요소를 모두 고르시오.

| ㉠ 판매성 | ㉡ 안전성 | ㉢ 안정성 | ㉣ 생산성 | ㉤ 사용성 |
|---|---|---|---|---|

① ㉠, ㉡, ㉢　② ㉡, ㉢, ㉤　③ ㉡, ㉢, ㉣
④ ㉡, ㉣, ㉤　⑤ ㉢, ㉣, ㉤

해설

**화장품 품질 요소**

- 안전성 : 피부에 대한 자극이나 알러지 반응, 경구독성, 이물질 혼입 파손 등 독성이 없을 것
- 안정성 : 보관에 다른 변질, 변색, 변취, 미생물오염 등이 없을 것
- 유효성 : 피부의 적절한 보습, 자외선차단, 세정, 미백, 주름방지, 색채 등의 효과를 부여 할 것
- 사용성 : 사용감, 사용의 편리성, 기호성이 있어야 할 것

## 08 다음 중 화장품책임판매업자가 화장품으로 판매가 가능한 것은?

① 맞춤형화장품조제관리사를 두지 아니하고 판매한 맞춤형화장품
② 의약품으로 잘못 인식할 우려가 있게 기재, 표시된 화장품
③ 판매의 목적이 아닌 제품의 홍보, 판매촉진 등을 위하여 미리 소비자가 시험, 사용하도록 제조 또는 수입된 화장품
④ 화장품 매장 직원이 화장품 내용물을 나누어 용기에 담은 화장품
⑤ 화장품 내용물의 표시 사항을 훼손하여 새로 라벨을 붙인 맞춤형화장품

해설

화장품법 제 3절 제16조 (판매 등의 금지)

{ 정답 } 06 ② 07 ② 08 ⑤

**09** **다음 괄호 안에 알맞은 말은?**

레티놀, 아스코빅에시드, 토코페롤, 과산화합물, 효소들이 0.5%이상 함유하는 제품의 안정성 시험자료를 최종 제조된 제품의 사용 기한이 만료되는 날부터 ( )년간 보존해야 한다.

① 1년 ② 2년 ③ 3년
④ 4년 ⑤ 5년

**10** **화장품 원료 특성이 바르게 설명된 것은?**

① 알코올은 R–OH 화학식의 물질로 탄소수가 1~3개인 알코올에는 스테아릴 알코올이 있다.
② 고급지방산은 R–COOH화학식의 물질로 글라이콜릭애씨드가 해당된다.
③ 왁스는 고급지방산과 고급알코올의 에스테르 결합으로 구성되어 있고 팔미틱산이 해당된다.
④ 점증제는 에멀젼의 안전성을 높이고 점도를 증가시키기 위해 사용되고 카보모가 해당된다.
⑤ 실리콘오일은 철, 질소로 구성되어 있고 퍼발림성이 우수하다. 디메치콘이 여기에 해당된다.

**해설**

① 알코올은 R–OH화학식의 물질로 탄소수가 1~3개인 알코올에는 메탄올,에탄올,프로판올이 있으며, 스테아릴 알코올은 탄소(C)수가 18개의 고급알코올이다.
② 고급지방산은 탄소(C)수가 10~18개, R–COOH 화학식의 물질로 스테아린산, 팔미틴산, 리놀산, 리놀렌산, 미리스틴산,아라키돈산 등 있다. 글라이콜릭애씨드(Glycolic acid, AHA)는 물에 잘 녹는 수용성 필링제로 하이드록시 아세트산 계열 중 가장 분자량이 작고 탄소(C)수가 1개인 간단한 구조로 저급지방산
③ 왁스는 고급지방산과 고급알코올의 에스테르결합으로 구성되어있고 탄소(C)수가 20~30개이며 경납,밀납, 라놀린, 카나우버왁스 등이 해당된다.
⑤ 실리콘오일은 메틸 또는 페닐기로 되어 있고 퍼발림성이 우수하다. 디메치콘(=다이메티콘), 사이클로펜타실록세인, 사이클로헥사실록세인 등이 여기에 해당된다.

**11** **개인정보의 수집이 가능한 경우에 대한 설명으로 바르지 않는 것은?**

① 정보 주체의 동의를 받을 경우
② 공공기관이 법령 등에서 정하는 소관 업무의 수행을 위하여 불가피한 경우
③ 정보 주체 또는 그 법정대리인이 의사 표시를 할 수 없는 상태에 있거나 주소불명 등으로 사전 동의를 받을 수 없는 경우로서 명백히 정보 주체 또는 제3자의 급박한 생명, 신체, 재산의 이익을 위하여 필요하다고 인정되는 경우
④ 법률에 특별한 규정이 있거나 법령상 의무를 준수하기 위하여 불가피한 경우
⑤ 정보 주체의 정당한 이익을 달성하기 위하여 필요한 경우

**해설**

개인정보보호법에 근거한 고객정보의 수집 이용

09 ① 10 ④ 11 ⑤ { 정답 }

## 12 다음 중 비타민의 연결이 바른 것을 모두 고르시오.

㉠ 비타민A – 판테놀
㉡ 비타민C – 아스코르빅애씨드
㉢ 비타민E – 토코페롤
㉣ 비타민P – 비오틴
㉤ 비타민B – 피리독신

① ㉠, ㉡, ㉢
② ㉡, ㉢, ㉤
③ ㉠, ㉢, ㉣
④ ㉡, ㉣, ㉤
⑤ ㉢, ㉣, ㉤

해설

비타민 A – 카로틴, 비타민 B1 – 티아민, B2 – 리보플라빈, B6 – 피리독신, B12 – 코발아민, 비타민 H – 비오틴, 비타민 P – 플라보노이드

## 13 기능성화장품 심사 의뢰 시 안전성에 관한 자료로 옳은 것은?

① 다회 투여 독성 시험 자료
② 2차 피부 자극 시험 자료
③ 안 점막 자극 또는 그 밖의 점막 자극 시험 자료
④ 인체 적용 시험 자료
⑤ 자외선 차단지수 근거자료

해설

화장품시행규칙 제9조 (기능성화장품의 심사) 제1항 2호
※ 안전성에 관한 자료
- 단회 투여 독성 시험
- 1차 피부 자극 시험
- 안 점막 자극 또는 그 밖의 점막 자극 시험 자료
- 피부 감작성 시험 자료
- 광독성 및 광감작성 시험 자료
- 인체 첩포 시험 자료

## 14 유기농화장품의 설명으로 옳은 것은?

① 유기농화장품은 석유화학 성분을 사용할 수 없다.
② 사용할 수 있는 허용 합성 원료는 3%이다.
③ 천연화장품 및 유기농화장품의 용기와 포장에 폴리스티렌폼을 사용할 수 있다.
④ 유기농 원료는 다른 원료와 함께 안전하게 보관하여야 한다.
⑤ 물, 미네랄 또는 미네랄 유래원료는 유기농화장품의 함량 비율 계산에 포함하지 않는다.

해설

천연화장품 및 유기농화장품의 기준에 관한 규정 제8조 3항
※ 유기농 함량 계산법 : 물, 미네랄 또는 미네랄유래 원료는 유기농 함량 비율 계산에 포함하지 않는다. 물은 제품에 직접 함유되거나 혼합 원료의 구성요소일 수 있다.

{ 정답 } 12 ② 13 ③ 14 ⑤

**15** **천연화장품은 천연함량이 전체 제품에서 ( )이상으로 구성되어야 한다. 유기농화장품은 중량 기준으로 유기농 함량이 전체 제품에서 ( )이상이어야 하며, 유기농 함량을 포함한 천연함량이 전체 제품에서 ( )이상으로 구성되어야 한다.**

① 95%, 7%, 95% ② 97%, 7%, 97% ③ 95%, 10%, 95%
④ 97%, 10%, 95% ⑤ 95%, 10%, 97%

해설

천연화장품 및 유기농화장품의 기준에 관한 규정

**16** **천연화장품에서 사용가능한 보존제로 옳은 것은?**

① 디아졸리디닐우레아 ② 소르빅애씨드 및 그 염류 ③ 페녹시 에탄올
④ 디엠디엠하이단 토인 ⑤ 소듐아이오데이트

해설

**천연화장품 및 유기농화장품의 기준에 관한 규정**
① 디아졸리디닐우레아 : 살균보존제, 포름알데하이드 방출, 접촉성 피부염의 주요원인
② 소르빅애씨드 및 그 염류 : 살균보존제 사용 한도 0.6%, 장미과식물(로완나무) 추출물
③ 페녹시에탄올 : 보존제,사용 한도 1.0%, 파라벤과 함께 방부제로 사용, 피부자극유발
④ 디엠디엠하이단토인 : 살균보존제, 파라벤 다음으로 많이사용, 포름알데히드 방출성분
⑤ 소듐아이오데이트 : 산화제,방부제, 사용후 씻어내는 제품에만 0.1%, 기타사용금지

참조 **천연화장품 및 유기농화장품에서 허용합성원료 – 보존제**
- 벤조익애씨드와 그 염류(Benzoic acid and its salts)
- 벤질알코올(Benzyl alcohol)
- 살리실릭애씨드 및 그 염류(Salicylic acid and its salts)
- 소르빅애씨드 및 그 염류(Sorbic acid and its salts)
- 디하이드로아세틱애씨드 및 그 염류(Dehydreacetic acid and its salts)
- 이소프로필알코올(Isopropylalcohol)
- 테트라소듐글루타메이트디아세테이트(Tetrasodium glutamate diacetate)

**17** **치오글라이콜릭애씨드 또는 그 염류를 주성분으로 하는 냉2욕식 퍼머넌트웨이브용 제품에 대한 내용으로 옳은 것은?**

① 알칼리 : 0.1N염산의 소비량은 검체 7ml에 대하여 1ml이하
② pH : 4.5~9.6
③ 중금속 : 30㎍/g 이하
④ 비소 : 20㎍/g 이하
⑤ 철 : 5㎍/g 이하

해설

화장품 안전 기준 등에 관한 규정 제 6조 3호 8항

15 ③ 16 ② 17 ② { 정답 }

**18** **개인정보보호 원칙에 맞지 않는 것은?**

① 개인정보의 처리 목적을 명확하게 하여야 하고 그 목적에 필요한 범위에서 최소한의 개인정보를 적법하고 정당하게 수집하여야 한다.
② 개인정보의 처리 목적에 필요한 범위에서 적합하게 개인정보를 처리하여야 하며, 그 목적 외의 용도로 활용되어서는 아니된다.
③ 개인정보의 처리 목적에 필요한 범위에서 개인정보의 정확성, 완전성 및 최신성이 보장되도록 하여야 한다.
④ 정보 주체의 사생활 침해를 최소화하는 방법으로 개인정보를 처리하여야 한다.
⑤ 개인정보의 익명처리가 가능한 경우에도 실명에 의하여 처리될 수 있도록 하여야 한다.

해설

개인정보보호법에 근거한 고객정보보호 원칙

**19** **화장품에 사용되는 사용 제한 원료 및 사용 한도가 맞는 것은?**

① 납: 점토를 사용한 분말제품 30㎍/g이하, 그 밖에 제품 20㎍/g이하
② 수은: 1㎍/g 이하
③ 코발트: 5㎍/g 이하
④ 구리 10㎍/g 이하
⑤ 디옥산 50㎍/g이하

해설

납 : 50 ㎍/g이하 20㎍/g이하, 코발트, 구리는 포함되지 않음, 디옥산 100㎍/g이하

**20** **자외선차단제 성분의 한도가 옳은 것은?**

① 호모살레이트 12%
② 징크옥사이드 20%
③ 에칠헥실살리실레이트 7.5%
④ 옥토크릴렌 10%
⑤ 시녹세이트 7%

해설

화장품에 사용되는 사용 제한 원료 – 자외선차단제
① 호모살레이트 10%, ② 징크옥사이드 25%, ③ 에칠헥실살리실레이트 5%, ④ 옥토크릴렌 10%, ⑤ 시녹세이트 5%

{ 정답 } 18 ⑤ 19 ② 20 ④

**21** **탈모 기능성 원료를 모두 고르시오.**

| | | |
|---|---|---|
| ㉠ 비오틴 | ㉡ 클림바졸 | ㉢ 엘-멘톨 |
| ㉣ 징크피리치온 | ㉤ 드로메트리졸 | |

① ㉠, ㉡, ㉢　② ㉠, ㉡, ㉣　③ ㉠, ㉢, ㉣
④ ㉡, ㉣, ㉤　⑤ ㉢, ㉣, ㉤

해설
탈모 기능성 원료 – 덱스판테놀, 비오틴, 엘-멘톨, 징크피리치온, 징크피리치온 액(50%)

**22** **화장품 사용 시 주의 사항에 관한 내용으로 공통 사항이 아닌 것은?**

① 화장품 사용 후 직사광선에 의하여 사용부위가 붉은 반점, 부어오름 또는 가려움증 등의 이상 증상이나 부작용이 있는 경우 전문의 등과 상담할 것
② 상처가 있는 부위 등에는 사용을 자제할 것
③ 어린이의 손이 닿지 않는 곳에 보관할 것
④ 직사광선을 피해서 보관할 것
⑤ 눈에 들어갔을 때에는 즉시 씻어낼 것

해설
화장품 사용 시의 주의 사항 – 공통 사항
1) 화장품 사용 시 또는 사용 후 직사광선에 의하여 사용부위가 붉은 반점, 부어오름 또는 가려움증 등의 이상 증상이나 부작용이 있는 경우 전문의 등과 상담할 것
2) 상처가 있는 부위 등에는 사용을 자제할 것
3) 보관 및 취급 시의 주의 사항
가) 어린이의 손이 닿지 않는 곳에 보관할 것
나) 직사광선을 피해서 보관할 것

**23** **화장품에 사용되는 원료 중 사용상의 제한이 필요한 원료에 대하여 사용 기준이 지정, 고시된 원료는?**

① 색소, 보존제, 유화제　② 보존제, 유화제, 자외선차단제
③ 보존제, 색소, 자외선차단제　④ 색소, 유화제, 자외선차단제
⑤ 색소, 자외선차단제, 산화제

해설
사용상의 제한이 필요한 원료

21 ③　22 ⑤　23 ③ { 정답 }

## 24 화장품 사용하기 전에 피부 알레르기의 우려로 간단하게 적용해 볼 수 있는 시험은?

① 인체 적용시험 ② 1차 피부 자극 시험 ③ 단회 투여 독성 시험
④ 인체 첩포시험 ⑤ 피부 감작성시험

해설

안전성에 관한 자료

- 단회 투여 독성 시험
- 1차 피부 자극 시험
- 안 점막 자극 또는 그 밖의 점막 자극 시험 자료
- 피부 감작성시험 자료
- 광독성 및 광감작성 시험 자료
- 인체 첩포시험 자료

## 25 다음 ( ) 안에 알맞은 단어를 순서대로 연결한 것은?

> 유해사례란 화장품의 사용 중 발생한 바람직하지 않고 의도되지 아니한 징후, 증상 또는 질병을 말한다. 중대한 유해사례란 사망을 초래하거나 생명을 위협하는 경우 또는 입원 또는 입원기간의 연장이 필요한 경우를 말한다. ( )는 이러한 화장품의 안정성 정보를 알게 되었을 때 그 정보를 알게 된 날로부터 ( ) 식품의약품안전처장에게 신속히 보고해야 한다.

① 화장품제조업자 – 즉시 ② 화장품제조업자 – 15일 이내
③ 화장품책임판매업자 – 즉시 ④ 화장품책임판매업자 – 15일 이내
⑤ 맞춤형화장품판매업자 – 즉시

해설

화장품 안전성 정보관리 규정

## 26 다음에서 설명하는 내용중 ( )에 바른 것은?

> 사용 후 씻어내는 제품에 알레르기 유발향료를 ( )초과 함유하는 경우에는 해당 성분의 명칭을 반드시 기재, 표시하여야 한다.

① 1% ② 0.1% ③ 0.01%
④ 0.001% ⑤ 0.0001%

해설

화장품 사용 시의 주의 사항 및 알레르기 유발성분 표시에 관한 규정
사용 후 씻어내는 제품에는 0.01% 초과, 사용 후 씻어내지 않는 제품에는 0.001% 초과 함유하는 경우에 한한다.

{ 정답 } 24 ④ 25 ④ 26 ③

## 27 다음 중 보존제의 사용 한도로 옳은 것은?

① 클로페네신 0.2%
② 살리실릭애씨드 1.0%
③ 페녹시에탄올 1.0%
④ 디엠디엠하이단토인 0.2%
⑤ 징크피리치온 1.0%

**해설**

화장품에 사용되는 사용 제한 원료 – 보존제 함량

- 클로페네신 0.3%
- 살리실릭애씨드 0.5% (여드름 완화)
- 페녹시에탄올 1.0%
- 디엠디엠하이단토인 0.6%
- 징크피리치온 0.5% (징크피리치온 1.0%(비듬,가려움증치료 샴푸,린스에 한하여 1.0%적용, 보통 씻어내는 제품에만 사용 제한 0.5%, 기타사용금지).

## 28 화장품의 문제 발생 시 회수 대상 화장품의 기준으로 틀린 것은?

① 안전용기 포장 기준에 위반되는 화장품
② 전부 혹은 일부가 변폐된 화장품 또는 병원미생물에 오염된 화장품
③ 이물질 혼입되었거나 부착된 화장품 중 보건 위생상 위해를 발생할 우려가 있는 화장품
④ 화장품에 사용할 수 없는 원료를 사용한 화장품
⑤ 화장품제조업자로 등록 한 자가 제조한 화장품 또는 제조, 수입하여 유통 판매한 화장품

**해설**

화장품법 시행규칙 제14조의2(회수 대상 화장품의 기준)
화장품제조업자로 등록을 하지 아니한 자가 제조한 화장품 또는 제조, 수입하여 유통 판매한 화장품

## 29 다음 중 청정도 작업실과 관리 기준이 바른 것은?

① 제조실 – 낙하균 10개/hr 또는 부유균 20개/$m^3$
② 칭량실 – 낙하균 10개/hr 또는 부유균 20개/$m^3$
③ 충전실 – 낙하균 30개/hr 또는 부유균 200개/$m^3$
④ 포장실 – 낙하균 30개/hr 또는 부유균 200개/$m^3$
⑤ 원료보관실 – 낙하균 30개/hr 또는 부유균 200개/$m^3$

**해설**

**작업장의 위생 기준**

- 청정도 1등급 : Clean bench – 낙하균 10개/hr 또는 부유균 20개/$m^3$
- 청정도 2등급 : 제조실, 성형실, 충전실, 내용물보관소, 원료칭량실, 미생물시험실
  – 낙하균 30개/hr 또는 부유균 200개/$m^3$

27 ③ 28 ⑤ 29 ③ { 정답 }

**30** **퍼머넌트 웨이브 제품 및 헤어스트레이트너 제품의 사용상 주의 사항으로 옳은 것은?**

① 두피, 얼굴, 눈, 목, 손 등에 약액이 묻지 않도록 유의하고 얼굴 등에 약액이 묻었을 때에는 즉시 비누로 씻어낼 것

② 섭씨 10도 이하의 어두운 장소에 보존하고 색이 변하거나 침전된 경우에는 사용하지 말 것

③ 개봉한 제품은 하루 안에 사용할 것

④ 머리카락의 손상 등을 피하기 위하여 용법 용량을 지켜야 하며 가능하면 일부에 시험적으로 사용하여 볼 것

⑤ 제2단계 퍼머액 중 그 주성분이 과산화수소인 제품은 검은 머리카락이 흰색으로 변할 수 있으므로 유의하여 사용할 것

해설

**유통화장품의 안전 관리 기준**

퍼머넌트 웨이브 제품 및 헤어스트레이트너 제품 사용상 주의 사항

가) 두피·얼굴·눈·목·손 등에 약액이 묻지 않도록 유의하고, 얼굴 등에 약액이 묻었을 때에는 즉시 물로 씻어낼 것

나) 특이체질, 생리 또는 출산 전후이거나 질환이 있는 사람 등은 사용을 피할 것

다) 머리카락의 손상 등을 피하기 위하여 용법·용량을 지켜야 하며, 가능하면 일부에 시험적으로 사용하여 볼 것

라) 섭씨 15도 이하의 어두운 장소에 보존하고, 색이 변하거나 침전된 경우에는 사용하지 말 것

마) 개봉한 제품은 7일 이내에 사용할 것(에어로졸 제품이나 사용 중 공기유입이 차단되는 용기는 표시하지 아니한다)

바) 제2단계 퍼머액 중 그 주성분이 과산화수소인 제품은 검은 머리카락이 갈색으로 변할 수 있으므로 유의하여 사용할 것

**31** **유통화장품의 안전 관리 기준에 따라 화장품과 미생물 한도가 바르게 연결된 것은?**

① 수분크림 – 총호기성생균수 500개/g(mL) 이하

② 마스카라 – 총호기성생균수 1,000개/g(mL) 이하

③ 베이비로션 – 총호기성생균수 500개/g(mL) 이하

④ 물휴지 – 진균수 50개/g(mL) 이하

⑤ 스킨 – 총 호기성생균수 500개/g(mL) 이하

해설

화장품 안전 기준 등에 관한 규정 – 제4장 제6조 (유통화장품의 안전 관리 기준) 4항

**미생물 한도**

1. 총호기성생균수는 영, 유아용 제품류 및 눈화장용 제품류의 경우 500개/g(mL) 이하
2. 물휴지의 경우 세균 및 진균수는 각각 100개/g(mL) 이하
3. 기타 화장품의 경우 1,000/g(mL) 이하

{ 정답 } 30 ④ 31 ③

## 32 유통화장품의 안전 관리 기준에 해당하지 않는 것은?

① 수은 검출치 1㎍/g 이하여야 한다.
② 최소 3개의 샘플로 내용량을 시험한다.
③ 영·유아용 제품의 경우 총호기성생균수는 500개/g(mL) 이하여야 한다.
④ 물휴지의 경우 세균 및 진균수는 각각 100개/g(mL) 이하여야 한다.
⑤ 영, 유아용 샴푸의 pH 기준은 3.0~9.0이다.

해설

화장품 안전 기준 등에 관한 규정
– 제4장 제6조 (유통화장품의 안전 관리 기준) 4항, 5항, 6항

## 33 비중이 0.8 일 때 300ml 채운다면 (100% 채움)중량은 얼마인가?

① 240　② 260　③ 300
④ 360　⑤ 375

해설

비중이란? 물질의 중량과 이와 동등한 체적의 표준물질과 중량의 비를 말한다. (단위는없음)
비중은 물이 기준이 되어 적용되는 것이다. 따라서 비중 0.8은 물보다 0.8배 무겁다는 것으로 본다.
〈기본식〉 밀도=질량/부피, 비중=물체의 밀도/물의 밀도
밀도=질량/300 대입

$$0.8=\frac{\text{물체의 밀도}}{\text{물의 밀도}}=\frac{(\text{질량}/300)}{100\%}$$

$$0.8=\frac{\text{질량}/300}{1}$$

0.8=질량/300, 질량=0.8×300=240

## 34 화장비누 내용량 기준에 맞지 않는 것은?

① 제품 3개를 가지고 시험할 때 그 평균 내용량이 표기량에 대하여 97% 이상이여야 한다.
② 화장비누의 경우 건조중량을 내용량으로 한다.
③ 화장비누의 경우 내용량을 표기할 때 수분중량과 건조중량을 함께 기재 표시해야 한다.
④ 제품 3개를 가지고 시험할 때 평균 내용량이 미치지 못할 시 6개를 더 취하여 시험한다.
⑤ 제품 3개를 가지고 시험할 때 그 평균 내용량이 표기량에 대하여 95% 이상이어야 한다.

해설

화장품 안전 기준 등에 관한 규정 – 제4장 제6조 (유통화장품의 안전과리 기준) 5항
– 제품3개를 가지고 시험할 때 그 평균 내용량이 표기량에 대하여 97% 이상이어야 함.

32 ⑤　33 ①　34 ⑤ { 정답 }

**35** **유통화장품의 안전 관리에서 pH기준이 3.0~9.0 이하여야 하는 화장품을 모두 고르시오.**

| | | |
|---|---|---|
| ㉠ 영, 유아 삼푸 | ㉡ 클렌징오일 | ㉢ 바디로션 |
| ㉣ 쉐이빙폼 | ㉤ 헤어젤 | ㉥ 염모제 |

① ㉠, ㉡　　② ㉡, ㉣　　③ ㉠, ㉢

④ ㉣, ㉤　　⑤ ㉢, ㉤

**해설**

유통화장품의 안전 관리 기준 (물로 씻어내는 제품 제외)

**36** **화장품 표시, 광고 시 준수사항으로 맞지 않는 것은?**

① 배타성을 띤 "최상" 등의 절대적 표현의 표시, 광고를 하지 말 것

② 의사가 이를 지정, 공인, 추천, 지도, 연구, 개발 또는 사용하고 있다는 내용이나 이를 암시하는 등의 표시, 광고를 하지 말 것

③ 유기농화장품이 아님에도 불구하고 유기농화장품으로 잘못 인식할 우려가 있는 표시, 광고를 하지 말 것

④ 경쟁상품과 비교하는 표시, 광고는 하지 말 것

⑤ 국제적 멸종위기종의 가공품이 함유된 화장품임을 표현하거나 암시하는 표시, 광고를 하지 말 것

**해설**

화장장품법 제13조 별표5 (화장품 표시, 광고의 범위 및 준수사항)
④ 경쟁상품과 비교하는 표시, 광고를 할 경우 비교대상 및 기준을 분명히 밝히고 객관적인 사항만 표시 광고

**37** **화장품이 제조된 날로부터 적절한 보관 상태에서 제품이 고유의 특성을 간직한 채 소비자가 안정적으로 사용할 수 있는 최소한의 기한을 무엇이라 하는가?**

① 유통기한　　② 사용기한　　③ 제조기한

④ 보관기한　　⑤ 판매기한

**38** **화장품에 사용되는 사용 제한 원료 및 사용 한도가 맞는 것은?**

① 납: 점토를 사용한 분말제품 30㎍/g이하, 그 밖에 제품 20㎍/g이하

② 수은: 1㎍/g 이하

③ 코발트: 5㎍/g 이하

④ 구리 10㎍/g 이하

⑤ 디옥산 50㎍/g이하

**해설**

납: 50㎍/g이하 20㎍/g이하, 코발트, 구리는 포함되지 않음, 디옥산 100㎍/g이하

{ 정답 } 35 ⑤　36 ④　37 ②　38 ②

**39** **다음 중 기능성 화장품 원료에 속하지 않는 것은?**

① 옥토크릴렌
② 이산화티타늄
③ p-니트로-o-페닐렌다아민
④ 나이아신아마이드
⑤ 레티놀

해설

③ p-니트로-o-페닐렌다아민 : 염모제, 일시적으로 모발의 색상을 변화시키는 제품은 기능성 화장품에서 제외 ① 옥토크릴렌 ② 이산화티타늄 : 자외선자단성분 ④ 나이아신아마이드 : 미백성분 ⑤ 레티놀 : 주름개선성분

**40** **우수화장품 제조 및 품질관리를 위해 직원 위생관리로 옳은 것은?**

① 신규 직원에 대하여 위생교육을 실시하며, 기존 직원은 정기적으로 교육을 실시하지 않아도 된다.
② 제품 품질과 안전성에 악영향을 미칠지도 모르는 건강 조건을 가진 직원은 포장업무는 가능하다.
③ 방문객은 화장품 제조, 관리, 보관을 실시하고 있는 구역으로 출입이 가능하나 직원이 반드시 동행해야 하며 직원 동행 시 방문 기록은 남기지 않아도 된다.
④ 명백한 질병 또는 노출된 피부에 상처가 있는 직원은 증상이 회복되거나 의사가 제품 품질에 영향을 끼치지 않을 것이라고 진단할 때까지 출근해서는 안 된다.
⑤ 방문객과 훈련 받지 않은 직원은 제조, 관리 및 보관구역에 안내자 없이는 접근이 허용되지 않는다.

해설

우수화장품 제조 및 품질관리 기준 제5조, 6조 직원의 위생 기준

**41** **재검토작업을 위해 검체보관으로 적절하지 않는 것은?**

① 보관용 검체를 보관하는 목적은 제품의 사용 중에 발생할지도 모르는 재검토작업에 대비하기 위해서이다.
② 제품이 가장 안정한 조건에서 보관한다.
③ 각 뱃치를 대표하는 검체를 보관한다.
④ 각 뱃치별로 제품 시험을 3번 실시할 수 있는 양을 보관한다.
⑤ 사용기한 경과 후 1년간 또는 개봉 후 사용기간을 기재하는 경우에는 제조일로부터 3년간 보관한다.

해설

보관중인 원료 및 내용물 출고 기준
– 완제품 보관 검체의 주요 사항 : 각 뱃치별로 제품 시험을 2번 실시할 수 있는 양을 보관한다.

39 ③ 40 ⑤ 41 ④ { 정답 }

## 42 〈보기〉는 제품의 입고, 보관, 출하단계이다, 괄호에 적합한 것을 순서대로 나열한 것은?

| 보기 | | | | |
|---|---|---|---|---|
| | 1) 포장공정 | 2) (　　　) | 3) 임시보관 | 4) 제품시험 합격 |
| | 5) 합격라벨 부착 | 6) (　　　) | 7) 출하 | |

① 적합 라벨 부착, 보관
② 시험중 라벨 부착, 격리보관
③ 입고 라벨 부착, 보관
④ 적합 라벨 부착, 격리보관
⑤ 시험중 라벨 부착 , 보관

**해설**

보관 중인 원료 및 내용물 출고기준 – 제품의 입고, 보관, 출하단계

## 43 포장재의 보관 방법에 대하여 올바르게 설명한 것은?

① 제품을 정확히 식별하고 혼동의 위험을 없애기 위해 제품 정보를 확인할 수 있는 표시를 부착하였는지 확인한다.
② 입고된 포장재에는 제조 번호가 반드시 부착되어야 한다.
③ 원료는 원자재, 시험 중인 제품 및 부적합품을 각각 구획된 장소에서 보관하여야 하나 포장재는 그러하지 아니할 수 있다.
④ 출고는 선입 선출 방식으로 하되 관리자의 지도에 따라 그러하지 아니할 수 있다.
⑤ 포장재가 재포장될 때 새로운 용기에는 새로운 라벨링이 부착되어야 한다.

**해설**

**입고된 포장재 관리 기준**
- 포장재에는 제조번호가 없을 시 관리번호를 붙인다.
- 입고된 포장재는 적합, 부적합, 검사 중 등의 상태표시를 하여 불량품이 제품의 포장에 사용되는 것을 막는다.

## 44 원자재 용기에 필수적인 기재 사항이 아닌 것은?

① 공급자가 부여한 제조번호 또는 관리번호
② 원자재 공급자명
③ 원자재 공급자가 정한 제품명
④ 수령일자
⑤ 원자재 제조일자

**해설**

내용물 및 원료의 입고 기준 : 원자재 용기 및 시험기록서의 필수적인 기재 사항

{ 정답 } 42 ⑤　43 ①　44 ⑤

**45** **다음 〈보기〉는 우수화장품 제조 및 품질관리 기준에서 기준일탈 제품의 처리 순서를 나열한 것이다. 괄호 안에 들어갈 단어를 순서대로 나열한 것은?**

| 보기 | |
|---|---|
| 1) 시험, 검사, 측정에서 기준 일탈 결과 나옴 | 2) ( ) |
| 3) 시험, 검사, 측정이 틀림없음 확인 | 4) ( ) |
| 5) 기준일탈 제품에 불합격라벨 첨부 | 6) ( ) |
| 7) 폐기처분 또는 재작업 또는 반품 | |

① 기준일탈 처리, 기준일탈 조사, 격리 보관
② 기준일탈 조사, 기준일탈 처리, 격리 보관
③ 기준일탈 조사, 격리 보관, 기준일탈 처리
④ 격리 보관, 기준일탈 조사, 기준일탈 처리
⑤ 시험규격설정, 격리 보관, 기준일탈 처리

해설

우수화장품 제조 및 품질관리 기준
기준일탈 제품의 처리 순서

**46** **안전용기를 사용해야하는 품목으로 바르지 않은 것은?**

① 안전용기·포장은 성인이 개봉하기는 어렵지 아니하나 만 5세 미만의 어린이가 개봉하기는 어렵게 된 것이어야 한다.
② 어린이용 오일 등 개별포장 당 탄화수소류를 10퍼센트 이상 함유하고 운동점도가 21 센티스톡스(섭씨 40도 기준) 이하인 비에멀젼 타입이 액체상태의 제품은 안전용기·포장 대상이다.
③ 맞춤형화장품판매업자는 화장품을 판매할 때에는 어린이가 화장품을 잘못 사용하여 인체에 위해를 끼치는 사고가 발생하지 아니하도록 안전용기·포장을 사용하여야 한다.
④ 개별포장 당 메틸 살리실레이트를 5퍼센트이상 함유하는 액체상태의 제품은 안전용기, 포장 대상이다.
⑤ 아세톤을 0.1% 함유하는 네일 에나멜 리무버 및 네일 폴리시 리무버는 안전용기, 포장 대상이 아니다.

해설

제품에 맞는 충진 방법
– 안전용기, 포장 대상 품목 및 기준

45 ② 46 ⑤ { 정답 }

**47** **화장품 표시 사항에 대한 설명으로 맞지 않는 것은?**

① 영유아는 만3세 이하를 말하고 어린이는 만4세 이상에서 만 13세 이하를 말한다.
② 10ml 초과 50ml 이하인 소용량인 화장품은 1차 포장에 전성분 생략이 가능하다.
③ 인체에 무해한 소량 함유 성분 등 총리령으로 정하는 성분은 제외한다.
④ 화장품에 천연 또는 유기농으로 표시, 광고하려는 경우에도 전성분만 기재, 표시할 것
⑤ 한글로 읽기 쉽도록 기재, 표시할 것. 다만 한자 또는 외국어를 함께 적을 수 있고 수출용 제품 등의 경우에는 그 수출 대상국의 언어로 적을 수 있다.

해설

맞춤형화장품 표시 사항
– 화장품 제조에 사용된 모든 성분기재

**48** **다음 중 각질층에 존재하는 것은?**

① 지방산, 피지선, 케라틴
② 모근, 피지선, 땀샘
③ 케라틴, 머켈세포, 지방산
④ 섬유아세포, 천연보습인자, 케라틴
⑤ 케라틴, 콜레스테롤, 지방산

해설

4장 피부의 생리구조

**49** **위해성 등급이 다른 경우를 고르시오**

① 포름알데하이드 2,000ppm이상인 화장품
② 미생물에 오염된 화장품
③ 맞춤형화장품판매업 미신고자가 맞춤형화장품을 판매한 경우
④ 이물질이 들어있는 화장품
⑤ 의약품으로 오인할 수 있는 화장품

해설

② ③ ④ ⑤ – 위해성 등급 다등급
포름알데하이드 2,000ppm이상인 화장품 – 위해성 등급 나등급

**50** **맞춤형화장품조제관리사의 자격으로 옳은 것은?**

① 4년제 이공계학과, 향장학, 화장품과학, 한의학, 한약학과 전공자
② 맞춤형화장품의 혼합 또는 소분을 담당하는 자로서 식품의약품안전처장이 실시하는 자격시험에 합격한 자

{ 정답 } 47 ④ 48 ⑤ 49 ① 50 ②

③ 의사 또는 약사
④ 전문대학 화장품 관련학과를 전공하고 화장품 제조 또는 품질관리 업무에 1년 경력자
⑤ 전문 교육과정을 이수한 사람

해설

화장품법 시행규칙 제8조
– 책임판매관리자의 자격기준 ①③④⑤

**51** **맞춤형화장품조제관리사가 사용할 수 있는 원료는?**

① 징크피리치온 ② 세틸에틸헥사노에이트 ③ 시녹세이트
④ 트리클로산 ⑤ 호모살레이트

해설

세틸에틸헥사노에이트(에스터 물질, 유연제) 사용가능
※ 배합한도 및 금지원료
징크피리치온(보존제 0.5%제한, 기타사용금지)
시녹세이트(자외선차단성분 5%제한),
트리클로산(살균보존제, 사용후 씻어내는 제품 0.3%, 기타사용금지),
호모살레이트(자외선 차단제 10%제한)

**52** **소라는 맞춤형화장품조제관리사이다. 고객과 소라는 다음과 같은 대화를 나누었다. 고객에게 필요한 성분이 함유된 두 가지 정도의 제품을 추천한다면 어떤 것을 선택할까요?**

〈대화〉
고객 : 겨울에 건조해서 그런지 얼굴에 잔주름이 생기고 수분이 없고 탄력이 떨어지는군요.
소라 : 아, 그래요? 피부 측정기로 측정을 해 드릴께요. 이쪽으로 앉으시죠.
소라 : 지금 보니 피부 탄력도가 나이에 비해 15% 가량 낮고 주름은 20% 가량 깊어 수분 보충제와 주름 개선 화장품을 추천해 드릴께요.
고객 : 그럼 어떤 성분들이 들어간 제품을 추천해 주시겠어요?

보기
㉠ 에칠아스코빌에텔 함유제품 ㉡ 레티놀 함유제품
㉢ 히알루론산 ㉣ 아데노신 함유제품
㉤ 나이아신아마이드 함유제품

① ㉠, ㉡ ② ㉠, ㉢ ③ ㉡, ㉣
④ ㉢, ㉣ ⑤ ㉢, ㉤

해설

배합한도 및 금지원료 중에서 기능성 화장품 원료
• 주름개선 기능성 원료 : 레티놀, 아데노신,
• 미백 기능성 원료 : 에칠아스코빌에텔, 나이아신아마이드

51 ② 52 ④ { 정답 }

**53** **맞춤형화장품조제관리사가 피부 주름으로 고민하는 고객에게 설명하는 내용으로 옳은 것은?**

① 아데노신을 두 배로 넣어서 효능이 더 좋습니다.
② 사용하시다가 주름개선에 효과가 없다면 레티놀을 더 추가해 드리겠습니다.
③ 닥나무추출물을 함유 제품에 알로에베라겔을 추가한 제품이라 도움이 되실 겁니다.
④ 아데노신 함유 제품에 알로에베라겔을 추가한 제품이라 도움이 되실 겁니다.
⑤ 나이아신아마이드 함유 제품에 히알루론산을 추가한 제품이라 도움이 되실 겁니다.

해설

배합한도 및 금지원료 중에서
– 주름개선 : 레티놀, 레티닐팔미테이트, 아데노신, 메디민A(폴리에톡실레이티틴아마이드)

**54** **맞춤형화장품에 혼합 가능한 기기로 옳은 것은?**

① 분쇄기 ② 호모게나이저 ③ 성형기
④ 충진기 ⑤ 냉각기

해설

혼합, 소분에 필요한 기구 사용
– 혼합 : 교반기(아지믹서, 호모믹서)

**55** **맞춤형화장품조제관리사가 판매 가능한 경우를 모두 고르시오.**

| 보기 |
|---|
| ㉠ 200ml 향수를 30ml로 소분해서 판매하였다.<br>㉡ 화장품책임판매업자로부터 받은 썬크림에 티타늄디옥사이드를 추가해서 판매하였다.<br>㉢ 일반화장품을 판매하였다.<br>㉣ 화장품책임판매업자로부터 받은 로션에 레티놀을 추가해서 판매하였다.<br>㉤ 화장품책임판매업자로부터 기능성화장품 심사받은 내용물에 기능성원료를 추가해서 판매하였다. |

① ㉠, ㉡ ② ㉠, ㉢ ③ ㉡, ㉢
④ ㉡, ㉣ ⑤ ㉢, ㉣

해설

배합한도 제한 및 금지원료 사용불가 : 보존제, 자외선 차단제, 기능성 원료

{ 정답 } 53 ④ 54 ② 55 ②

## 56 여드름성 피부를 완화하기 위한 성분으로 옳은 것은?

① 벤조페논 5%
② 살리실릭에시드 0.5%
③ 니아신아마이드 2%
④ 아데노신 0.04%
⑤ 프로피오닉애시드 2%

해설

① 벤조페논 5% (자외선차단성분) ③ 니아신아마이드 2~5% (미백성분)
④ 아데노신 0.04% (주름개선 성분) ⑤ 프로피오닉애시드 0.9% (보존제 성분)

## 57 반제품에 대한 설명으로 올바른 것은?

① 제품공정이 다 된 것으로 1차 포장으로 마무리할 수 있다.
② 보관기간은 최대 3개월이다.
③ 보관 1개월이 지났어도 재사용은 무관하다.
④ 벌크상태로 제조공정단계에 있는 것을 말한다.
⑤ 적합판정기준을 벗어난 완제품을 말한다.

해설

반제품이란? 제조공정단계에 있는 것으로 필요한 제조공정을 더 거쳐야하는 벌크제품을 말한다. 벌크보관실에 보관하고, 보관기간은 최대 6개월이며 보관기간 1개월 이상 경과시 사용전 검사의뢰하여 적합 판정된 반제품만 사용한다.

## 58 자외선 차단제의 성분 중 올바른 것은?

① 벤질알코올 (1.0%), 벤조페논-9 (3%)
② 클로로펜 (0.05%, 옥토크릴렌 (10%)
③ 징크옥사이드 (15%), 티타늄옥사이드 (25%)
④ 이산화아연 (25%), 이산화티타늄 (25%)
⑤ 에칠헥실메톡시신나메이트 (6%), 벤조페논 (5%)

해설

자외선차단제 – 이산화아연 25%, 이산화티타늄 25%

56 ② 57 ④ 58 ④ { 정답 }

## 59 완제품의 보관용 검체를 보관하는 것에 대해 올바르게 설명한 것은?

① 완제품 보관용 검체는 구분되지 않도록 채취하고 보관한다.
② 제조단위별로 사용기한 경과 후 1년간 보관한다.
③ 벌크의 보관은 3개월 간 한다.
④ 개봉 후 사용기간을 기재하는 경우에는 제조일로부터 1년간 보관한다.
⑤ 채취한 검체는 원상태로 포장하여 완제품보관소에 함께 보관한다.

해설

완제품의 보관용 검체는 적절한 보관조건 하에 지정된 구역 내에서 제조단위별로 사용기한 경과 후 1년간 보관하여야 한다. 다만, 개봉 후 사용기간을 기재하는 경우에는 제조일로부터 3년간 보관하여야 한다.

## 60 화장품의 물리적 변화로 볼 수 있는 것은?

① 내용물의 색상이 변했을 때
② 내용물에서 불쾌한 냄새가 날 때
③ 내용물의 층이 분리되었을 때
④ 내용물에 결정이 발생하였을 때
⑤ 내용물에 곰팡이가 피었을 때

해설

물리적 변화 – 분리, 침전, 응집, 발한, 겔화, 증발, 고화, 연화
화학적 변화 – 변색, 퇴색, 변취, 오염, 결정

## 61 영업 등록의 취소사항이 아닌 것은 ?

① 맞춤형화장품판매업의 변경신고를 하지 아니한 경우
② 화장품의 포장 및 기재 표시 사항을 훼손한 경우
③ 회수계획을 보고하지 아니하거나 거짓으로 보고한 경우
④ 심사를 받지 아니하거나 보고서를 제출하지 아니한 기능성화장품을 판매한 경우
⑤ 의약품으로 잘 못 인식할 우려가 있는 표시 또는 광고

해설

화장품의 안전용기 포장에 관한 기준을 위반한 경우 : 판매금지

{ 정답 } 59 ② 60 ③ 61 ②

## 62 기능성과 그 원료가 바르게 연결된 것은?

① 탈모 : 비오틴, 클림바졸
② 미백 : 메칠아스코빌에텔, 아데노신
③ 제모제 : 살리실릭애씨드
④ 자외선차단 : 시녹세이트, 에칠헥실트리아존
⑤ 주름 : 나이아신아마이드, 레티놀

해설

- 탈모 : 덱스판테놀, 비오틴, 엘-멘톨(L-mentol), 징크피리치온 1%
- 미백 : 닥나무 추출물(2%), 나이아신아마이드, 알부틴(2~5%), 에칠아스코빌에텔(1~2%), 아스코빌글루코사이드(2%), 유용성감초추출물 (0.05%), 알파 비사보롤 (0.5%)
- 제모제 : 치오글리콜산 80% (치오글리콜산으로서 3.0~4.5%)
- 자외선차단제 : 4-메칠벤질리덴캠퍼, 벤조페논-3, 벤조페논-4, 벤조페논-8, 드로매트리졸, 시녹세이트, 에칠헥실트리아존, 호모살레이트, 에칠헥실살리실레이트, 옥토크릴렌, 징크옥사이드, 티타늄디옥사이드
- 주름 : 레티놀, 아데노신 0.04%, 레티닐팔미테이트, 폴리에톡실레이티드레틴아마이드

## 63 기능성화장품의 심사의뢰 시 제출서류로 적합하지 않는 것은?

① 유효성 또는 기능에 관한 자료
② 안전성에 관한 자료
③ 기준 및 시험방법에 관한 자료
④ 기원 및 개발 경위에 관한 자료
⑤ 2차 피부자극 시험 자료

해설

1. 기원 및 개발경위에 관한 자료
2. 안전성에 관한 자료
   - 단회 투여 독성 시험자료,
   - 1차 피부자극 시험 자료
   - 안점막 자극 또는 그 밖의 점막자극 시험자료
   - 피부감작성시험 자료
   - 광독성 및 광감작성 시험 자료
   - 인체 첩포 시험 자료
3. 유효성 또는 기능에 관한 자료 – 효력시험자료, 인체적용시험자료
4. 자외선 차단지수 및 자외선A차단등급 설정의근거자료 (자외선화장품의 경우만 해당)
5. 기준 및 시험방법에 관한 자료

## 64 화장품에 사용할 수 없는 원료는?

① 벤질코늄클로라이드
② 메칠이소치아졸리논
③ 페닐파라벤
④ 우레아
⑤ 톨루엔

해설

사용금지 원료 – 페닐파라벤
사용 제한 원료 – 벤질코늄클로라이드, 메칠이소치아졸리논, 우레아, 톨루엔

62 ④ 63 ⑤ 64 ③ { 정답 }

**65** **화장품에 사용상의 제한이 있는 원료는?**

① HICC ② 클로로아트라놀 ③ 메틸렌글라이콜
④ 비타민 E ⑤ 천수국꽃추출물

해설

사용 제한 원료 : 비티민 E (토코페롤) 20%
사용금지 원료 : HICC, 클로로아트라놀, 메틸렌글라이콜, 천수국꽃추출물

**66** **다음 중 ( )안에 들어갈 용어로 알맞은 것은?**

> **식품의약품안전처장은 ( ), ( ), ( ) 등과 같이 특별히 사용상의 제한이 필요한 원료에 대하여는 그 사용기준을 지정하여 고시하여야하며, 사용기준이 지정 고시된 원료 외에는 사용할 수 없다. 식품의약품안전처장은 국내외에서 유해물질이 포함되어 있는 것으로 알려지는 등 국민보건 상 위해우려가 제기되는 화장품 원료 등의 경우에는 총리령으로 정하는 바에 따라 위해요소를 신속하게 평가하여 그 위해 여부를 결정해야 한다.**

① 보존제, 색소, 자외선자단제 ② 기능성 원료, 천연원료, 유기농원료
③ 보존제, 산화제, 유화제 ④ 보존제, 유화제, 자외선차단제
⑤ 색소, 기능성 원료, 유화제

해설

사용 제한 원료 – 보존제, 색소, 자외선자단제

**67** **기능성 화장품이 아닌 것은?**

① 모발의 색상을 일시적으로 변화시키는 제품
② 피부에 침착된 멜라닌 색소의 색을 엷게 하여 피부의 미백에 도움을 주는 기능을 가진 화장품
③ 피부에 탄력을 주어 피부의 주름을 완화 또는 개선하는 기능을 가진 화장품
④ 강한 햇볕을 방지하여 피부를 곱게 태워주는 기능을 가진 화장품
⑤ 자외선을 차단 또는 산란시켜 자외선으로부터 피부를 보호하는 기능을 가진 화장품

해설

모발의 색상을 변화(탈염, 탈색 포함)시키는 기능을 가진 화장품은 기능성에 포함
단, 일시적으로 모발의 색상을 변화시키는 제품(헤어틴트, 컬러스프레이)은 제외

{ 정답 } 65 ④ 66 ① 67 ①

**68** **기능성 화장품 심사에서 유효성 심사에 필요한 자료로 옳은 것은?**

① 단회 투여 독성 시험자료

② 1차 피부 자극 시험자료

③ 안점막 자극 또는 그 밖의 점막 자극 시험 자료

④ 인체적용시험자료

⑤ 인체 첩포시험자료

해설

기능성 화장품 심사시 유효성 또는 기능에 관한 자료
– 효력시험자료, 인체적용시험자료

**69** **회수대상 화장품의 설명으로 옳은 것은?**

① 맞춤형화장품 조제관리사는 해당 화장품에 대하여 즉시 판매중지 등의 필요한 조치를 해야한다.

② 폐기를 한 회수의무자는 폐기확인서를 작성하여 2년간 보관하여야 한다.

③ 회수계획을 통보하여야 하며, 통보 사실을 입증할 수 있는 자료를 회수 종료일로부터 3년간 보관하여야 한다.

④ 화장품책임판매업자는 회수대상화장품이라는 사실을 안 날부터 15일이내에 회수계획서에 서류를 첨부하여 지방식품의약안전청장에게 제출한다.

⑤ 회수계획을 통보 받은 자는 회수대상 화장품을 회수의무자에게 반품하고, 회수확인서를 작성하여 식품의약품안전처장에게 송부하여야 한다.

해설

**위해사례보고 참조**

회수계획서 작성 – 회수계획 통보 – 회수확인서 작성 – 폐기신청서 제출 – 회수종료신고서 제출 – 회수 종료 통보

① 화장품제조업자 또는 화장품책임판매업자는 해당 화장품에 대하여 즉시 판매중지 등의 필요한 조치를 해야 한다.

③ 회수계획을 통보하여야 하며, 통보 사실을 입증할 수 있는 자료를 회수 종료일로부터 2년간 보관하여야 한다.

④ 화장품책임판매업자는 회수대상화장품이라는 사실을 안 날부터 5일 이내에 회수계획서에 서류를 첨부하여 지방식품의약안전청장에게 제출한다.

⑤ 회수계획을 통보 받은 자는 회수대상 화장품을 회수의무자에게 반품하고, 회수확인서를 작성하여 회수의무자에게 송부하여야 한다.

68 ④ 69 ② { 정답 }

**70** **유통화장품 안전 관리 기준에서 납, 비소, 안티몬, 카드뮴의 공통적인 시험 방법을 고르시오.**

① 디티존법　② 원자흡광도법
③ 유도플라즈마결합　④ 액체크로마토그래프법
⑤ 유도결합플라즈마질량분석기

해설

**유통화장품 안전 관리 시험방법 정리**
① 디티존법 : 납
② 원자흡광도법(ASS) : 납, 니켈, 비소, 안티몬, 카드뮴 정량
③ 기체(가스)크로마토그래피법 : 디옥산, 메탄올, 프탈레이트류(디부틸프탈레이트, 부틸벤질프탈레이트 및 디에칠헥실프탈레이트)
④ 유도결합 플라즈마 분광기법(ICP) : 납, 니켈, 비소, 안티몬,
⑤ 유도결합플라즈마-질량분석기(ICP-MS) : 납, 비소,
⑥ 수은 분해장치, 수은분석기이용법 : 수은
⑦ 총 호기성 생균수 시험법, 한천평판도말법, 한천평판희석법, 특정세균시험법 등 : 미생물 한도 측정
⑧ 액체 크로마토그래피법 : 포름알데하이드

**71** **유통화장품의 안전 관리 기준에서 검사물질이 아닌 것은 ?**

① 디옥산　② 메탄올　③ 코발트
④ 안티몬　⑤ 카드뮴

해설

코발트는 유통화장품의 안전 관리 기준에서 검사물질이 아님

**72** **유통화장품 안전 관리 기준에서 점토를 원료로 사용한 분말제품은 50㎍/g 이하, 그 밖의 제품은 20㎍/g 이하여야하는 제한적인 물질은 ?**

① 수은　② 납　③ 카드뮴
④ 비소　⑤ 니켈

해설

- 납 – 점토를 원료로 사용한 분말제품은 50㎍/g 이하, 그 밖의 제품은 20㎍/g 이하로 검출 제한물질
- 수은 – 1㎍/g 이하, 카드뮴 – 5㎍/g 이하, 비소 – 10㎍/g 이하, 디옥산 100㎍/g 이하,
- 니켈 – 눈화장용 제품 35㎍/g 이하/색조 화장품 30㎍/g 이하/그 외는 10㎍/g 이하

{ 정답 } 70 ② 71 ③ 72 ②

**73** **보기에 내용은 맞춤형화장품조제관리사가 책임판매업자로부터 받은 화장품의 품질성적서이다. 맞춤형화장품조제관리사는 책임판매업자에게 유해한 검출물질에 대해 반품요청을 해야 한다. 보기에서 유통화장품 안전 관리 기준에 적합한 것을 고른 것은?**

보기
ㄱ. 디옥산 50㎍/g 검출
ㄴ. 안티몬 20㎍/g 검출
ㄷ. 비소 5㎍/g 검출
ㄹ. 황색포도상구균 10개/g(ml) 검출
ㅁ. 대장균 불검출

① ㄱ－ㄴ－ㄷ ② ㄱ－ㄷ－ㄹ ③ ㄱ－ㄷ－ㅁ
④ ㄴ－ㄷ－ㄹ ⑤ ㄴ－ㄷ－ㅁ

해설

**유통화장품 안전 관리 기준 불검출허용한도**

1. 납 : 점토를 원료로 사용한 분말제품은 50㎍/g이하, 그 밖의 제품은 20㎍/g이하
2. 니켈: 눈 화장용 제품은 35㎍/g 이하, 색조 화장용 제품은 30㎍/g이하, 그 밖의 제품은 10㎍/g 이하
3. 비소 : 10㎍/g이하
4. 수은 : 1㎍/g이하
5. 안티몬 : 10㎍/g이하
6. 카드뮴 : 5㎍/g이하
7. 디옥산 : 100㎍/g이하
8. 메탄올 : 0.2(v/v)%이하, 물휴지는 0.002%(v/v)이하
9. 포름알데하이드 : 2000㎍/g이하, 물 휴지는 20㎍/g이하
10. 프탈레이트류(디부틸프탈레이트, 부틸벤질프탈레이트 및 디에칠헥실프탈레이트에 한함)
: 총 합으로서 100㎍/g이하 미생물한도는 다음 각 호와 같다. ★★

1. 총호기성생균수는 영·유아용 제품류 및 눈화장용 제품류의 경우 500개/g(mL)이하
2. 물휴지의 경우 세균 및 진균수는 각각 100개/g(mL)이하
3. 기타 화장품의 경우 1,000개/g(mL)이하
4. 대장균(Escherichia Coli), 녹농균(Pseudomonas aeruginosa), 황색포도상구균(Staphylococcus aureus)은 불검출

**74** **기능성과 원료 및 그 원료에 대한 적정한 제한 함량이 바르게 연결된 것은?**

① 미백 － 닥나무 추출물 2%
② 주름 － 레틴산 2,500IU
③ 여드름 완화 － 살리실릭애씨드 0.05%
④ 주름 － 아데노신 0.4%
⑤ 탈모 － 징크피리치온 0.5%

해설

- 탈모 – 징크피리치온 1%
- 미백 – 닥나무 추출물(2%), 나이아신아마이드, 알부틴(2~5%)
- 주름 – 레티놀 2,500 IU, 아데노신 0.04%
- 여드름 완화 – 살리실릭애씨드 0.5%

73 ③ 74 ① { 정답 }

**75** **우수화장품 제조 및 품질관리를 위해 제조시설 위생관리로 옳은 것은?**

① 작업의 능률을 높이기 위해 제조하는 화장품의 종류 제형에 관계없이 동일한 장소에서 교차오염 우려가 없을 것
② 환기가 잘되고 청결해야하며 외부와 연결된 창문은 열릴 수 있도록 할 것
③ 수세실과 화장실은 생산구역과 분리되어 있으며 교차오염이 없도록 최대한 먼 곳에 설치하도록 할 것
④ 작업소 전체에 적절한 조명을 설치하고 조명이 파손될 경우를 대비한 제품을 보호할 수 있는 처리절차를 마련할 것
⑤ 인동선과 물동선의 흐름경로가 교차오염의 우려가 없도록 적당히 설정하고 인동선을 우선으로 할 것

해설

- 제조하는 화장품의 종류 제형에 따라 구획, 구분하여 교차오염 방지할 것
- 외부와 연결된 창문은 가급적 열리지 않도록 함.
- 수세실과 화장실은 생산구역과 분리되어야 하나 접근성이 좋아야 함
- 인동선과 물동선의 흐름경로가 교차오염의 우려가 없도록 적당히 설정하고 물동선을 우선으로 할 것

**76** **빈칸에 알맞은 단어를 고르시오.**

화장품의 물리적 변화로는 분리, 합일, (        )이(가) 있다.

① 가용화 ② 분산 ③ 응집
④ 유화 ⑤ 다상유화

해설

- 응집 – 입자간의 부착으로 집합체가 형성
- 합일 – 두 개의 입자가 하나로 뭉침

**77** **진피층까지 투과하여 광노화를 일으키는 자외선의 파장으로 옳은 것은 ?**

① 300~400nm ② 400~500nm ③ 500~600nm
④ 600~700nm ⑤ 700~800nm

해설

UV A (320~400nm) 장시간 노출시 피부노화, 피부암, 백내장 유발

{ 정답 } 75 ④ 76 ③ 77 ①

## 78 다음은 자외선 차단 수치 계산법이다. 설명이 옳은 것은?

$$\text{자외선 차단 수치(SPF)} = \frac{\text{자외선차단제를 도포한 피부의 최소홍반 MED}}{\text{자외선차단제를 도포하지 않은 피부의 최소 홍반MED}}$$

① MED는 자외선 A에 영향을 받는다.
② SPF는 UV A를 차단해 주는 정도를 말한다.
③ 최소 홍반량에 영향을 주는 것은 UV A이다
④ 최소 홍반량에 영향을 주는 것은 UV B이다.
⑤ 자외선 차단 수치는 1부터 50까지 있다.

**해설**

SPF는 UV B에 대한 홍반량을 계산하여 적용한 것임

## 79 화장품 전성분 표시제로 옳은 것은?

① 산성도 (pH)조절 목적으로 사용되는 성분은 그 성분을 표시하는 대신 중화반응에 따른 생성물로 기재 표시할 수 있고, 비누화반응을 거치는 성분은 비누화반응에 따른 생성물로 기재 표시할 수 있다.
② 화장품에 사용된 모든 재료를 기재 표시하지 않아도 된다.
③ 색조 화장용 제품류에서 호수별로 착색제가 다르게 사용된 경우 ± 또는 +/−의 표시 다음에 사용된 모든 착색제 성분을 각각 기재 표시할 수 있다.
④ 혼합원료는 혼합된 개별 성분을 기재 표시하지 않아도 된다.
⑤ 착향제는 모두 각 성분명으로 기재 표시하여야 한다.

**해설**

**3. 화장품 제조에 사용된 성분**

가. 글자의 크기는 5포인트 이상으로 한다.
나. 화장품 제조에 사용된 함량이 많은 것부터 기재·표시한다. 다만, 1퍼센트 이하로 사용된 성분, 착향제 또는 착색제는 순서에 상관없이 기재·표시할 수 있다.
다. 혼합원료는 혼합된 개별 성분의 명칭을 기재·표시한다.
라. 색조 화장용 제품류, 눈 화장용 제품류, 두발염색용 제품류 또는 손발톱용 제품류에서 호수별로 착색제가 다르게 사용된 경우 '± 또는 +/−'의 표시 다음에 사용된 모든 착색제 성분을 함께 기재·표시할 수 있다.
마. 착향제는 "향료"로 표시할 수 있다. 다만, 착향제의 구성 성분 중 식품의약품안전처장이 정하여 고시한 알레르기 유발성분이 있는 경우에는 향료로 표시할 수 없고, 해당 성분의 명칭을 기재·표시해야 한다.

78 ④ 79 ① { 정답 }

**80** **맞춤형화장품 조제관리사가 피부주름으로 고민하는 고객에게 설명하는 내용으로 옳은 것은?**

① 사용하다가 주름개선이 효과가 없다면 레티놀을 더 추가해 드릴께요
② 닥나무추출물 함유제품에 알로에베라겔을 추가한 제품이니 도움이 되실 겁니다.
③ 아데노신을 두 배로 넣어서 효과가 더 좋을 겁니다.
④ 아데노신 함유제품에 알로에베라겔을 추가한 제품이니 도움이 되실 겁니다.
⑤ 나이아신아마이드 함유제품에 히아루론산을 추가한 제품이라 도움이 되실 겁니다.

해설

**배합제한 및 금지 원료 사용 불가능**
- 주름 원료 : 아데노신, 레티놀 함유제품
- 미백 원료 : 닥나무추출물, 나이아신아마이드

**81** **다음 괄호안에 들어갈 단어를 기재히시오.**

> (　　　　)의 예 ; 소듐, 포타슘, 칼슘, 마그네슘, 암모늄, 에탄올아민, 클로라이드, 브로마이드, 설페이트, 아세테이트, 베타인 등
> 에스텔류 : 메칠, 에칠, 프로필, 이소프로필, 부틸, 이소부틸, 페닐

해설

[별표2] 화장품에 사용되는 사용 제한 원료 참조

**82** **화장품 판매업자는 영·유아 또는 어린이가 사용할 수 있는 화장품임을 표시 광고하려는 경우에 제품별로 안전과 품질을 입증할 수 있는 다음 각 호의 자료(이하 제품별 '안전성 자료'라 한다.)를 작성 보관해야 한다.**

> 1. 제품 및 제조방법에 대한 설명 자료
> 2. 화장품의 (　　　　　) 평가 자료
> 3. 제품의 효능 효과에 대한 증명자료

해설

『화장품법 제4조의 2』 영유아 또는 어린이 사용 화장품의 관리 (시행 2020.1.16.)
– 2장 위해사례 보고

{ 정답 } 80 ④　81 염류　82 안전성

## 83 다음은 화장품 원료의 위해평가순서이다 괄호 안에 들어갈 단어를 기재하시오.

1) 위해요소의 인체 내 독성을 확인하는 위험성 확인과정
2) 위해요소의 인체노출 허용량을 산출하는 위험성 결정과정
3) 위해요소가 인체에 노출된 양을 산출하는 ( ㉠ )과정
위의 3가지 결과를 종합하여 인체에 미치는 위해영향을 판단하는 ( ㉡ )과정

해설

2장 화장품 원료의 위해평가 – 화장품 원료 위해평가 순서

## 84 ( ㉠ )이란 ( ㉡ )을 수용하는 1개 또는 그 이상의 포장과 보호재 및 표시의 목적으로 포장한 것을 말한다. 다음 괄호 안에 들어갈 단어를 기재하시오

해설

3장 작업장의 위생 기준 – 포장재

## 85 괄호 안에 들어갈 공통단어를 기재하시오.

(　　　)제품이란 충전이전의 제조단계까지 끝낸 제품을 말한다.
반제품이란 제조공정 단계에 있는 것으로서 필요한 제조공정 단계에 있는 것으로서 필요한 제조공정을 더 거쳐야 (　　　)제품이 되는 것을 말한다.
완제품이란 출하를 위해 제품의 포장 및 첨부문서에 표시공정 등을 포함한 모든 제조공정이 완료된 화장품을 말한다.
재작업이란 적합판정기준을 벗어난 완제품, (　　　)제품 또는 반제품을 재처리하여 품질이 적합한 제품 또는 반제품을 재처리하여 품질이 적합한 범위에 들어오도록 하는 작업을 말한다.

해설

3장 작업장의 위생 기준

83 ㉠ 노출평가 ㉡ 위해도 결정　84 ㉠ 2차 포장 ㉡ 1차 포장　85 벌크 { 정답 }

**86** **다음은 화장품 사용상 주의 사항에 대한 내용이다. 아래에서 설명하는 성분명을 적으시오.**

> 이 성분은 햇빛에 대한 피부의 감수성을 증가시킬 수 있으므로 자외선 차단제를 함께 사용할 것. 일부에 시험 사용하여 피부이상을 확인할 것.
> 이 성분이 10%를 초과하여 함유되어 있거나 산도가 3.5미만일 경우 부작용이 발생할 우려가 있으므로 전문의 등에게 상담할 것

해설

2장 화장품의 사용상 주의 사항

**87** **다음 괄호 안에 들어갈 단어를 기재하시오.**

> (　　　)라 함은 색소 중 콜타르, 그 중간생성물에서 유래되었거나 유기합성하여 얻은 색소 및 그 레이크, 염, 희석제와의 혼합물을 말한다.

해설

2장 화장품에 사용되는 사용 제한 원료
사용 제한 원료 – 색소

**88** **다음 괄호 안에 들어갈 단어를 기재하시오.**

> 기능성 화장품 심사를 위해 제출하여야 하는 자료 중 유효성 또는 기능에 관한 자료 중 인체적용시험자료를 제출하는 경우 (　　　) 제출을 면제할 수 있다. 이 경우에는 자료제출을 면제받은 성분에 대해서 효능 효과를 기재, 표시할 수 없다.

해설

**기능성 화장품 심사에 관한 규정**

- 유효성 또는 기능에 관한 자료 – 효력시험자료, 인체적용시험자료, 염모효력시험자료
- 이중에서 인체적용시험자료를 제출하는 경우 효력시험자료 제출 면제

**89** **다음 괄호 안에 들어갈 단어를 기재하시오.**

> 유통화장품안전 관리 기준에서 화장비누의 유리알칼리는 (　　　)이하여야 한다.

해설

3장 유통화장품의 안전 관리 기준

{ 정답 } 86 AHA (알파하이드록시애씨드, α–hydroxy acid)　87 타르색소　88 효력시험자료　89 0.1%

## 90 다음 괄호안에 들어갈 단어를 기재하시오.

착향제는 "향료"로 표시할 수 있다. 다만 착향제의 구성성분 중 (　　　　　)유발물질로 알려진 성분이 있는 경우에는 해당성분의 명칭을 반드시 기재 표시하여야 한다.

해설

2장 원료 및 제품의 성분 정보 – 착향제

## 91 다음 괄호 안에 들어갈 단어를 기재하시오.

화장품제조에 사용된 함량이 많은 것부터 기재 표시한다. 다만 (　　　　　)로 사용된 성분, 착향제 또는 착색제는 순서에 상관없이 기재 표시할 수 있다.

해설

원료 및 제품의 성분 정보 – 전성분 표시 지침

## 92 다음은 화장품 1차 포장에 반드시 기재 표시해야 하는 사항이다. 다음 괄호 안에 들어갈 단어를 기재하시오.

- 화장품의 명칭
- 영업자의 상호
- (　　　　　)
- 사용기한 또는 개봉 후 사용기간(제조연월일 병행 표기)

해설

4장 맞춤형화장품 표시 사항
– 화장품의 포장에 기재표시해야하는 사항

## 93 다음 괄호 안에 들어갈 단어를 기재하시오

(　　　　　)은 인체로부터 분리한 모발 및 피부, 인공피부 등 인위적인 환경에서 시험물질과 대조물질 처리후 결과를 측정하는 것을 말한다.

해설

4장 맞춤형화장장품 표시 사항 –인체 적용시험, 인체 외 시험

90 알레르기　91 1% 이하　92 제조번호　93 인체 외 시험 { 정답 }

**94** **다음 괄호 안에 들어갈 단어를 기재하시오.**

( )는 피부세포 가운데 표피 각질층의 지질막 성분의 하나로 피부표면에서 손실되는 수분을 방어하고 외부로부터 유해 물질의 침투를 막는 역할을 한다.

해설

4장 피부의 생리구조

**95** **고객이 맞춤형화장품조제관리사에게 피부에 침착된 멜라닌 색소의 색을 엷게하여 미백에 도움이 되는 기능을 가진 맞춤형화장품을 구매하기를 상담하였다. 미백 기능성 원료를 〈보기〉에서 고르시오.**

| 보기 | 아데노신, 에칠헥실메톡시신나메이트, 알파-비사보롤, 레티닐팔미테이트, 베타-카로틴 |
|---|---|

해설

- 주름개선 – 아데노신, 레티닐팔미테이트
- 자외선차단성분 – 에칠헥실메톡시신나메이트
- 착색제, 컨디셔닝제 – 베타-카로틴

**96** **다음 괄호 안에 들어갈 단어를 기재하시오.**

( )용기란 광선의 투과를 방지하는 용기 또는 투과를 방지하는 포장을 한 용기를 말한다.

해설

3장 포장재의 입고 기준 참조

**97** **다음 괄호 안에 들어갈 단어를 기재하시오.**

유해사례란 화장품의 사용 중 발생한 바람직하지 않고 의도되지 아니한 징후, 증상 또는 질병을 말하며, 당해 화장품과 반드시 인과관계를 가져야 하는 것은 아니다.
( )란 유해사례와 화장품 간의 인과관계 가능성이 있다고 보고된 정보로서 그 인과관계가 알려지지 아니하거나 입증자료가 불충분한 것을 말한다.

해설

2장 위해사례보고 참조

{ 정답 } 94 세라마이드 95 알파-비사보롤 96 차광 97 실마리 정보

## 98 다음 괄호 안에 들어갈 단어를 기재하시오.

모발은 수없이 이어지는 층으로 구성되어 있다.
이것은 모표피, (　　　　　), 모수질층으로 구성되어 있는데 형태와 강도, 색깔 그리고 자연상태의 모양을 형성하는 중요한 역할을 한다.

**해설**

4장 모발의 생리구조 참조

## 99 〈보기〉는 화장품의 성분이다. 이 화장품에 사용된 보존제의 이름과 사용 한도를 적으시오.

| 보기 | 정제수, 사이클로펜타실록산, 마치현 추출물, 부틸렌글라이콜, 알란토인, 마카다미아씨오일, 벤질알코올, 알지닌, 라벤더오일, 로즈마리잎오일, 리모넨 |
|---|---|

**해설**

2장 기능성화장품
– 사이클로펜타실록산 (유연제), 부틸렌글라이콜(용제, 향료, 점도감소제)

## 100 괄호 안에 들어갈 단어를 기재하시오.

멜라닌을 형성시키는 세포인 (　㉠　)는 표피의 기저층에서 생성되어 (　㉡　)의 형태로 합성된다. 표피의 5~25%를 차지하며, 세포내에 확산하면 색이 검게 보인다.

**해설**

4장 피부의 생리구조 – 기저층에 존재하는 세포 : 멜라닌형성세포

98 모피질　99 벤질알코올 (살균보존제) 1.0%　100 ㉠ 멜라노사이트, ㉡ 멜라노좀 { 정답 }

2020년 8월 1일 시행

맞춤형화장품 조제관리사 | 국가시험 기출복원문제

문항수 : 100개 점수 확인 : 개

**01** **화장품법에서 정하고 있는 맞춤형화장품 판매업에 관한 사항으로 옳지 않은 것은?**

① 맞춤형화장품판매업을 하려는 자는 총리령으로 정하는 바에 따라 식품의약품안전처장에게 등록하여야 한다.

② 맞춤형화장품판매업자는 맞춤형화장품판매장 시설, 기구의 관리방법, 혼합· 소분 안전 관리 기준의 준수의무, 혼합·소분되는 내용물 및 원료에 대한 설명의무 등에 관해 총리령으로 정하는 사항을 준수해야 한다.

③ 맞춤형화장품 판매업자는 변경사유가 발생한 날부터 30일 이내에 지방식품의약품안전청장에게 신고하여야 한다.

④ 맞춤형화장품 판매업자가 둘 이상의 장소에서 맞춤형화장품 판매업을 하는 경우에는 종업원 중에서 총리령으로 정하는 자를 책임자로 지정하여 교육을 받게 할 수 있다.

⑤ 식품의약품안전처장은 국민 건강상 위해를 방지하기 위하여 필요하다고 인정하면 맞춤형화장품 판매업자에게 화장품 관련 법령 및 제도에 관한 교육을 받을 것을 명할 수 있다.

**해설**

맞춤형화장품판매업을 하려는 자는 총리령으로 정하는 바에 따라 식품의약품안전처장에게 신고하여야 한다.

※ 〈맞춤형화장품판매업 가이드라인(민원인안내서) 2020.5.14.〉 참조

교재 Chapter4. 맞춤형화장품의 이해 /2) 맞춤형화장품의 주요규정 참조

**02** **화장품법 시행규칙에서 규정하고 있는 회수대상 화장품과 위해성 등급이 옳게 짝지어진 것은?**

① 가등급 – 전부 또는 일부가 변패된 화장품

② 가등급 – 안전용기, 포장에 위배되는 화장품

③ 나등급 – 화장품에 사용할 수 없는 원료를 사용한 화장품

④ 나등급 – 영업자 스스로 국민보건에 위해를 끼칠 우려가 있어 회수가 필요하다고 판단한 화장품

⑤ 다등급 – 기능성화장품의 기능성을 나타나게 하는 주원료 함량이 기준치에 부적합한 화장품

{ 정답 } 01 ① 02 ⑤

해설

〈회수 대상화장품의 위해성 등급〉

① 가등급 : 식품의약품안전처장이 지정 고시한 화장품에 사용할 수 없는 원료 또는 사용상의 제한을 필요로 하는 특별한 원료(예. 보존제, 색소, 자외선 차단제 등)를 사용한 화장품

② 나등급 : 어린이가 화장품을 잘못 사용하여 인체에 위해를 끼치는 사고가 발생하지 아니하도록 안전용기·포장을 사용해야 함을 위반한 화장품

③ 다등급
- 전부 또는 일부가 변패(變敗)된 화장품 또는 병원미생물에 오염된 화장품
- 이물이 혼입되었거나 부착된 것 중에 보건위생상 위해를 발생할 우려가 있는 화장품
- 식품의약품안전처장이 고시한 유통화장품 안전 관리 기준에 적합하지 아니한 화장품(기능성화장품의 기능성을 나타나게 하는 주원료 함량이 기준치에 부적합한 경우만 해당한다)
- 사용기한 또는 개봉 후 사용기간(병행 표기된 제조연월일을 포함한다)을 위조·변조한 화장품
- 그 밖에 영업자 스스로 국민보건에 위해를 끼칠 우려가 있어 회수가 필요하다고 판단한 화장품
- 화장품제조업 혹은 화장품책임판매업 등록을 하지 아니한 자가 제조한 화장품 또는 제조·수입하여 유통·판매한 화장품
- 맞춤형화장품 판매업 신고를 하지 아니한 자가 판매한 맞춤형화장품
- 맞춤형화장품 판매업자가 맞춤형화장품조제관리사를 두지 아니하고 판매한 맞춤형화장품
- 의약품으로 잘못 인식할 우려가 있게 기재·표시된 화장품
- 판매의 목적이 아닌 제품의 홍보·판매촉진 등을 위하여 미리 소비자가 시험·사용 하도록 제조 또는 수입된 화장품
- 화장품의 포장 및 기재·표시 사항을 훼손(맞춤형화장품 판매를 위하여 필요한 경우는 제외 한다) 또는 위조·변조한 화장품

**03** **화장품법에서 규정하고 있는 맞춤형화장품 판매업에서 변경사항이 발생하면 변경신고를 해야 하는데 변경신고를 하지 않은 경우 다음 중 그 처벌로 알맞은 것은?**

① 맞춤형화장품 판매업자의 변경신고를 하지 않은 경우 – 판매업무정지 15일(1차)
② 맞춤형화장품 판매업소 상호의 변경신고를 하지 않은 경우 – 판매업무정지 2개월(1차)
③ 맞춤형화장품 조제관리사의 변경신고를 하지 않은 경우 – 판매업무정지 1개월(1차)
④ 맞춤형화장품 판매업 소재지 변경신고를 하지 않은 경우 – 판매업무정지 1개월(1차)
⑤ 맞춤형화장품 판매업자의 상호 변경신고를 하지 않은 경우 – 시정명령(1차)

해설

〈화장품법 시행규칙 별표7 행정처분의 기준〉

- 시정명령(1차) : 맞춤형화장품판매업자의 변경신고를 하지 않은 경우
  맞춤형화장품핀매업소 상호의 변경신고를 하지 않은 경우
  맞춤형화장품조제관리사의 변경신고를 하지 않은 경우
- 판매업무정지 1개월(1차) : 맞춤형화장품판매업소 소재지의 변경신고를 하지 않은 경우

03 ④ { 정답 }

## 04 기능성화장품이 아닌 일반화장품에서 실증자료인 인체적용시험자료가 있을 경우 표시, 광고할 수 있는 표현에 대한 설명으로 옳은 것은?

① 여드름성 피부 사용에 적합
② 항균
③ 셀룰라이트 감소
④ 콜라겐 증가
⑤ 효소 증가

해설

※ 실증자료가 있을 경우 표시·광고 할 수 있는 표현
〈화장품 표시·광고 실증에 관한 시행규정 별표5 식약처 고시〉

| 표시 · 광고 표현 | 실증 자료 |
|---|---|
| 여드름 피부 사용에 적합 | 인체 적용시험 자료 제출 |
| 항균(인체세정용 제품에 한함) | 인체 적용시험 자료 제출 |
| 피부노화 완화 | 인체 적용시험 자료 또는 인체 외 시험 자료 제출 |
| 일시적 셀룰라이트 감소 | 인체 적용시험 자료 제출 |
| 붓기, 다크서클 완화 | 인체 적용시험 자료 제출 |
| 피부 혈행 개선 | 인체 적용시험 자료 제출 |
| 콜라겐 증가, 감소 또는 활성화 | 기능성화장품에서 해당 기능을 실증한 자료 제출 |
| 효소 증가, 감소 도는 활성화 | 기능성화장품에서 해당 기능을 실증한 자료 제출 |

## 05 화장품 영업자의 영업에 대한 설명으로 옳지 않은 것은?

① 화장품제조업자는 화장품을 제조하여 화장품 책임판매업자에게 공급한다.
② 화장품 책임판매업자가 화장품제조업 등록이 되어 있으면 직접 제조하여 유통할 수 있다.
③ 화장품 책임판매업자는 화장품을 수입한 후 마트, 백화점 등에 공급하여 판매한다.
④ 맞춤형화장품 판매업자는 수입한 화장품 내용물만을 소분하여 판매한다.
⑤ 맞춤형화장품 판매업자는 화장품 내용물과 내용물을 혼합하여 판매한다.

해설

**〈화장품 영업의 종류 및 범위〉**

1. 화장품제조업
   ① 화장품을 직접 제조하는 영업
   ② 화장품 제조를 위탁받아 제조하는 영업
   ③ 화장품의 포장(1차 포장만 해당한다)을 하는 영업
2. 화장품책임판매업
   ① 화장품제조업자가 화장품을 직접 제조하여 유통, 판매하는 영업
   ② 화장품제조업자에게 위탁하여 제조된 화장품을 유통, 판매하는 영업
   ③ 수입된 화장품을 유통, 판매하는 영업

{ 정답 } 04 ① 05 ④

④ 수입대행형 거래(전자상거래 등에서의 소비자보호에 관한 법률 제2조제1호에 다른 전자상거래만 해당한다)를 목적으로 화장품을 알선, 수여하는 영업

3. 맞춤형화장품판매업
   ① 제조 또는 수입된 화장품의 내용물에 다른 화장품의 내용물이나 식품의약품안전 처장이 정하여 고시하는 원료를 추가하여 혼합한 화장품을 판매하는 영업
   ② 제조 또는 수입된 화장품의 내용물을 소분(小分)한 화장품을 판매하는 영업

## 06 다음 중 안전용기포장 대상 품목으로 옳지 않은 것은?

① 아세톤을 함유하는 네일 에나멜 리무버
② 아세톤을 함유하는 네일 폴리시 리무버
③ 15퍼센트 함유한 어린이용 오일
④ 메틸살리실레이트 5퍼센트 함유한 삼푸
⑤ 메틸살리실레이트0.5퍼센트 함유한 헤어 오일

**해설**

〈화장품법 시행규칙 제18조〉 안전용기·포장 대상 품목 및 기준

- 일회용 제품, 용기 입구 부분이 펌프 또는 방아쇠로 작동되는 분무용기 제품, 압축 분무용기 제품(에어로졸 제품 등)은 제외
  1. 아세톤을 함유하는 네일 에나멜 리무버 및 네일 폴리시 리무버
  2. 어린이용 오일 등 개별포장 당 탄화수소류를 10퍼센트 이상 함유하고 운동점도가 21센티스톡스 (섭씨 40도 기준) 이하인 비에멀젼 타입의 액체상태의 제품
  3. 개별 포장당 메틸 살리실레이트를 5퍼센트 이상 함유하는 액체상태의 제품
- 안전용기·포장은 성인이 개봉하기는 어렵지 아니하나 만 5세 미만의 어린이가 개봉하기는 어렵게 된 것

## 07 화장품 원료등의 위해평가는 유통 중인 화장품중에서 위해요소에 노출되었을 때 발생할 수 있는 위해영향과 발생확률을 과학적으로 예측하는 일련의 과정으로 위험성 확인, 위험성 결정, 노출 평가, (          ) 등 일련의 단계를 말한다. 괄호 안에 알맞은 것은?

① 유해성 결정　② 유해도 평가　③ 유해도 결정
④ 위해도 평가　⑤ 위해도 결정

**해설**

**〈화장품법 시행규칙 제17조〉 화장품 원료 등의 위해평가**

① 위험성 확인 : 위해요소 노출로 발생되는 독성의 정도와 영향의 종류 등 파악
② 위험성 결정 : 동물실험과 동물대체 실험결과 등의 불확실성 등을 보정하여 인체노출허용량 결정
③ 노출평가 : 화장품 사용을 통해 노출되는 위해요소의 양 또는 수준을 정량적 또는 정성적으로 산출
④ 위해도 결정 : 위해요소 및 이를 함유한 화장품의 사용에 따른 건강상 영향 및 인체노출허용량 또는 화장품 이외의 환경 등에 의하여 노출되는 위해요소의 양을 고려하여 사람에게 미칠 수 있는 위해의 정도와 발생빈도 등을 정량적 또는 정성적으로 예측

06 ⑤　07 ⑤ { 정답 }

**08** **영·유아용과 어린이용 화장품은 제품별 안전성 자료를 보관해야 한다. 개봉 후 사용기간을 표시하는 경우에 안전성 자료는 영·유아 또는 어린이가 사용할 수 있는 화장품임을 표시·광고한 날부터 마지막으로 제조한 제품의 ( ㉠ ) 혹은 마지막으로 수입한 제품의 ( ㉡ )이후 3년간 보관한다. 에 적합한 단어는?**

① ㉠ 제조일자 ㉡ 통관일자
② ㉠ 칭량일자 ㉡ 통관일자
③ ㉠ 제조일자 ㉡ 수입일자
④ ㉠ 생산일자 ㉡ 통관일자
⑤ ㉠ 포장일자 ㉡ 합격일자

해설

**화장품법 시행규칙 제10조의3(제품별 안전성 자료의 작성·보관)**

1. 화장품의 1차 포장에 사용기한을 표시하는 경우: 영유아 또는 어린이가 사용할 수 있는 화장품임을 표시·광고한 날부터 마지막으로 제조·수입된 제품의 사용기한 만료일 이후 1년까지의 기간. 이 경우 제조는 화장품의 제조번호에 따른 제조일자를 기준으로 하며, 수입은 통관일자를 기준으로 한다.
2. 화장품의 1차 포장에 개봉 후 사용기간을 표시하는 경우: 영유아 또는 어린이가 사용할 수 있는 화장품임을 표시·광고한 날부터 마지막으로 제조·수입된 제품의 제조연월일 이후 3년까지의 기간. 이 경우 제조는 화장품의 제조번호에 따른 제조일자를 기준으로 하며, 수입은 통관일자를 기준으로 한다.

**09** **개인정보 수집 목적 범위 내에서 제3자에게 개인정보의 제공이 가능하며 이를 위해 정보주체의 동의를 받아야 한다. 이때 고지 의무사항으로 옳지 않은 것은?**

① 개인정보를 제공받는 자 제공받는 자의 개인정보 파기 기한
② 동의거부 권리 및 동의 거부 시 불이익 내용
③ 제공하는 개인정보의 항목
④ 제공받는 자의 개인정보 이용 목적
⑤ 개인정보를 제공받는 자

해설

**〈고객정보처리자의 정보 주체에게 알릴사항〉**

① 개인정보의 수집·이용 목적
② 수집하려는 개인정보의 항목
③ 개인정보의 보유 및 이용 기간
④ 동의를 거부할 권리가 있다는 사실 및 동의 거부에 따른 불이익이 있는 경우에는 그 불이익의 내용

{ 정답 } 08 ① 09 ①

**10** **화장품의 전성분이 다음과 같을 때 이 화장품의 사용 시 주의 사항으로 옳은 것은?**

화장품 명칭 : 화이트닝 마스크팩(미백기능성 화장품)
전성분 : 정제수, 글리세린, 다이프로필렌글라이콜, 나이아신아마이드, 1,2-헥산디올, 트라이에탄올아민, 카보머, 잔탄검, 아르간커넬오일, 토코페릴아세테이트, 판테놀, 사과추출물, 레몬추출물, 향료, 리날룰, 신남알, 리모넨

① 눈에 들어갔을 때에는 즉시 씻어낼 것
② 만 3세 이하 어린이에게는 사용하지 말 것
③ 눈 주위를 피하여 사용할 것
④ 눈, 코 또는 입 등에 닿지 않도록 주의하여 사용할 것
⑤ 밀폐된 실내에서 사용한 후에는 반드시 환기를 할 것

해설

〈화장품 시행규칙 별표3 제2호〉 화장품 사용 시 주의 사항
교재 Chapter2. 화장품제조 및 품질관리/ 4) 화장품의 사용상 주의 사항 참조

**11** **다음의 화장품 원료 중에서 화장품에서 사용할 수 없는 원료는?**

① 스테아릭애씨드 ② 라벤더오일 ③ 스테아릴알코올
④ 천수국꽃 추출물 ⑤ 프로필렌글리콜

해설

〈별표1〉 사용할 수 없는 원료

**12** **화장품 안전 기준 등에 관한 규정 별표2에서 정하고 있는 자외선차단성분과 그 사용 한도가 옳지 않은 것은?**

① 디갈로일트리오리에이트 7% ② 에칠헥실트리아존 5%
③ 벤조페논-3(옥시벤존) 5% ④ 벤조페논-4 5%
⑤ 에칠디하이드록시프로필파바 5%

해설

〈자외선 차단성분과 사용 한도〉
디갈로일트리오리에이트, 벤조페논-3(옥시벤존), 벤조페논-4, 에칠디하이드록시프로필파바, 에칠헥실트리아존 – 사용 한도가 5%인 자외선 차단 성분

10 ③ 11 ④ 12 ① { 정답 }

**13** **기능성화장품 심사에 관한 규정에서 정하고 있는 지용성 미백성분과 수용성 주름개선성분을 짝지은 것으로 옳은 것은?**

① 나이아신아마이드 – 레티놀
② 나이아신아마이드 – 레티닐팔미테이트
③ 알부틴 – 아데노신
④ 알파–비사보롤 – 아데노신
⑤ 아스코빌테트라이소팔미테이트 – 아데노신

해설

〈별표2 화장품법 제2조 제2호 관련〉 미백에 도움을 주는 기능성화장품 성분
- 나이아신아마이드, 닥나무추출물, 아스코빌글루코사이드, 아스코빌테트라이소팔미테이트, 알부틴, 에칠아스코빌에텔
- 유용성감초추출물, 알파–비사보롤

〈별표 3 화장품법 제2조 제3호 관련〉 주름개선에 도움을 주는 기능성화장품 성분
- 레티놀, 아데노신, 폴리에톡실레이티드레틴아마이드
- 레티닐팔미테이트

**14** **UVB를 사람의 피부에 조사한 후 16~24시간에서 조사영역의 대부분에 홍반을 나타낼 수 있는 최소한의 자외선 조사량을 ( ㉠ )이/라 한다. ㉠에 적합한 단어는?**

① 최소 홍반량 ② 최소 지속형 즉시 흑화량
③ 자외선차단지수 ④ 자외선A 차단지수
⑤ 내수성 자외선차단지수

해설

최소홍반량(Minimal Erythema Dose) : 자외선이 피부에 홍반을 일으키는데 필요한 자외선 에너지의 최소량을 나타낸다.
- 자외선차단지수(SPF) : UVB 차단을 나타내는 지수
- 자외선 차단지수는 2~50까지 있으며, 50이상의 제품은 50+로 표시
- 자외선 차단 화장품 도포 시 최소홍반량/자외선 차단 화장품 무도포 시 최소홍반량

**15** **영·유아 또는 어린이가 사용할 수 있는 화장품임을 표시·광고하는 제품의 안전성 자료로 옳지 않은 것은?**

① 제품에 대한 설명 자료 ② 제품의 효과에 대한 증명 자료
③ 수입관리기록서 사본(수입품에 한함) ④ 제품 안전성 평가 결과
⑤ 안전 관리 기준서 사본

해설

〈영유아, 어린이용 화장품 안전성 자료〉
(1) 영·유아용(만 3세 이하의 어린이용) 화장품의 관리 [화장품법 제4조의 2]
① 화장품책임판매업자는 영,유아 또는 어린이가 사용할 수 있는 화장품을 표시. 광고하려는 경우에는 제품별로 안전과 품질을 입증할 수 있는 다음 자료(제품별 안전성 자료)를 작성 및 보관하여야 한다.

{ 정답 } 13 ④ 14 ① 15 ⑤

가. 제품 및 제조방법에 대한 설명 자료
나. 화장품의 안전성 평가 자료
다. 제품의 효능, 효과에 대한 증명 자료

② 식품의약품안전처장은 화장품에 대하여 제품별 안전성 자료, 소비자 사용실태, 사용 후 이상사례 등에 대하여 주기적으로 실태조사를 실시하고 위해요소의 저감화를 위한 계획을 수립하여야 한다.

③ 식품의약품안전처장은 소비자가 화장품을 안전하게 사용할 수 있도록 교육 및 홍보를 할 수 있다.

④ 영유아 또는 어린이의 연령 및 표시, 광고의 범위, 제품별 안전성 자료의 작성 범위 및 보관기간 등과 실태조사 및 계획 수립의 범위, 시기, 절차 등에 필요한 사항은 총리령으로 정한다.

- 화장품책임판매업자가 영유아, 어린이용 화장품에 대해 사용기한 만료일로부터 1년, 제조일(통관일)로부터 3년간(개봉 후 사용기간 표시) 안전성 자료를 작성, 보관해야 한다.
- 화장품의 안전성 평가 자료 : 제품 안전성 평가 보고서, 사용 후 이상사례 정보의 수집, 검토, 평가 및 조치 관련 자료

## 16 화장품은 제품의 특성에 따라 색소를 사용하고 있으며, 화장품법에서 화장품 색소의 종류 와 기준 및 시험방법을 정하고 있다. 특히 영·유아용 화장품을 제조할 때 사용할 수 없는 색소는?

① 적색 102호 ② 적색 205호 ③ 적색 206호
④ 적색 207호 ⑤ 적색 208호

해설

- 적색 102호 : 영유아용 또는 13세 이하 어린이용 제품 사용할 수 없음.
- 적색 205호, 206호, 207호, 208호 : 눈 주위 및 입술에 사용할 수 없음

## 17 화장품법에서 화장품 제조 시 사용할 수 없는 성분으로 규정하고 있는 것은?

① 과탄산나트륨 ② 강암모니아수 ③ 락틱애씨드
④ 붕사(소듐보레이트) ⑤ 붕산

해설

붕산 (boric acid) : 유해물질로 화장품에 배합금지, 무색의 결정체 혹은 백색분말형태
- 섭취하거나 국소부위 사용시 유독하며, 건조상태의 제품은 피부, 코점막, 기도와 눈에 자극

자료참조: 식품의약품안전평가원 독성정보제공시스템 (사) 한국식품안전연구원 편집

## 18 다음 자외선 차단 화장품 성분 중 자외선을 산란시키는 무기계 자외선차단제는 어느 것인가?

① 부틸메톡시디벤조일메탄 ② 징크옥사이드
③ 벤조페논-3 ④ 벤조페논-8
⑤ 에칠헥실메톡시신나메이트

해설

무기계 자외선차단제(물리적차단제) – 징크옥사이드, 티타늄디옥사이드

16 ① 17 ⑤ 18 ② { 정답 }

**19** **다음 화장품의 성분별 사용 시의 주의 사항으로 옳은 것은?**

① 살리실릭애씨드를 함유하고 있으므로 사용 시 흡입되지 않도록 주의할 것
② 동일 성분(알부틴 4% 이상)을 함유하는 제품의 '인체적용시험자료'에서 구진과 경미한 가려움이 보고된 예가 있음
③ 아이오도프로피닐부틸카바메이트(IPBC)를 함유하고 있으므로 이 성분에 과민하거나 알레르기가 있는 사람은 신중히 사용할 것
④ 동일 성분(폴리에톡실레이티드레틴아마이드 0.1% 이상)을 함유하는 제품의 '인체적용시험 자료'에서 소양감, 자통, 홍반이 보고된 예가 있음
⑤ 포름알데하이드(포름알데하이드 0.05% 이상 검출된 경우)를 함유하고 있으므로 이 성분에 과민한 사람은 신중히 사용할 것

**해설**

**〈화장품시행규칙 제2조 별표3 제2호〉 화장품 사용 시 주의 사항**
1. 살리실릭애씨드 및 그 염류 제품은 만 3세 이하 어린이에게는 사용하지 말 것
   동일 성분(알부틴 2% 이상)을 함유하는 제품의 '인체적용시험자료'에서 구진과 경미한 가려움이 보고된 예가 있음
2. 아이오도프로피닐부틸카바메이트(IPBC)를 함유하고 있으므로 만 3세 이하 어린이에게는 사용하지 말 것
3. 동일 성분(폴리에톡실레이티드레틴아마이드 0.2% 이상)을 함유하는 제품의 '인체적용시험자료'에서 경미한 발적, 피부건조, 화끈거림, 가려움, 구진이 보고된 예가 있음

**20** **기능성화장품의 주성분과 그 기능이 옳게 짝지어진 것은?**

① 디소듐페닐디벤즈이미다졸테트라설포네이트 – 피부 주름 개선에 도움
② 치오글리콜산 80% – 여드름성 피부를 완화하는데 도움
③ 마그네슘아스코빌포스페이트 – 피부의 미백에 도움
④ 살리실릭애씨드 – 모발의 색상을 변화(탈염, 탈색 포함)시키는 기능
⑤ 폴리에톡실레이티드레틴아마이드 – 체모를 제거하는 기능

**해설**

1. 디소듐페닐디벤즈이미다졸테트라설포네이트 – 자외선 차단성분
2. 치오글리콜산 80% – 제모제(체모를 제거하는 기능을 가진 제품)
3. 살리실릭애씨드 – 여드름성 피부를 완화하는데 도움
4. 폴리에톡실레이티드레틴아마이드 – 피부 주름 개선에 도움

**21** **다음 보기에서 설명하는 내용을 읽고 ㉠, ㉡에 적합한 것을 고르시오.**

> **보기** ( ㉠ )은/는 물이나 기름, 알코올 등에 용해되어 기초용 및 방향용 화장품의 제형에 색상을 나타내고자 할 때 사용한다.
> ( ㉡ )은/는 백색의 분말로 활석이라고 하며, 매끄러운 사용감과 흡수력이 우수한 안료이다.

 19 ⑤ 20 ③

① ㉠ 염료 ㉡ 탈크　　② ㉠ 염료 ㉡ 카올린　　③ ㉠ 안료 ㉡ 탈크
④ ㉠ 안료 ㉡ 카올린　　⑤ ㉠ 안료 ㉡ 마이카

해설

〈화장품 색소 : 염료와 안료〉
1. 염료 - 물이나 다른 용매에 녹는 색소 (기초화장품 및 방향용화장품 제형 등)
2. 안료 – 물이나 용매제 어느 것에도 녹지 않는 것(백색 안료)
　– 메이크업 제품에 사용(비비크림, 파운데이션, 마스카라, 아이라이너 등)

**22** **기능성화장품 기준 및 시험방법에서 피부의 미백에 도움을 주는 기능성화장품 원료로 정하고 있는 나이아신아마이드의 확인시험으로 옳지 않은 것은?**

① 이 원료 5mg에 2,4-디니트로클로로벤젠 10mg을 섞어 5~6초간 가만히 가열하여 융해시키고 식힌 다음 수산화칼륨, 에탄올시액 4ml를 넣을 때 액은 적색을 나타낸다.
② 이 원료 1mg에 pH7.0의 인산염완충액 100ml를 넣어 녹이고 이 액 2ml에 브롬화시안시액 1ml를 넣어 80℃에서 7분간 가열하고 자외선 하에서 관찰할 때 청색의 형광을 나타낸다.
③ 이 원료를 건조하여 적외부 흡수스펙트럼측정법의 브롬화칼륨정제법에 따라 측정할 때 3,300cm−1, 1,700cm−1, 1,110cm−1, 1,060cm−1부근에서 특성흡수를 나타낸다.
④ 이 원료 20mg에 수산화나트륨시액 5ml를 넣어 조심하여 끓일 때 나는 가스는 적색리트머스시험지를 청색으로 변화시킨다.
⑤ 이 원료 20mg에 물을 넣어 녹이고 1L로 한다. 이 액은 파장 262+-2nm에서 흡수극대를 나타내며 파장 245+-2nm에서 흡수극소를 나타낸다. 여기서 얻은 극대파장에서의 흡광도를 A1, 극소파장에서의 흡광도를 A2로 할 때 A2/A1 은0.63~0.67이다.

해설

〈별표2 화장품법 제2조 제2호 관련〉 미백에 도움을 주는 기능성화장품 확인시험이 원료를 건조한 것은 정량할 때 나이아신아마이드(C6H6N2O) 98.0% 이상을 함유한다.
• 성상 : 이 원료는 백색의 결정 또는 결정성 가루로 냄새는 없다.
• 확인시험법 :
1. 이 원료 5㎎에 2,4-디니트로클로로벤젠 10㎎을 섞어 5~6초간 가만히 가열하여 융해시키고 식힌 다음 수산화칼륨·에탄올시액 4mL를 넣을 때 액은 적색을 나타낸다.
2. 이 원료 1㎎에 pH 7.0의 인산염완충액 100mL를 넣어 녹이고 이 액 2mL에 브롬화시안시액 1mL를 넣어 80℃ 에서 7분간 가열하고 빨리 식힌 다음 수산화나트륨시액 5mL를 넣어 30분간 방치하고 자외선 하에서 관찰할 때 청색의 형광을 나타낸다.
3. 이 원료 20㎎에 수산화나트륨시액 5mL를 넣어 조심하여 끓일 때 나는 가스는 적색리트머스시험지를 청색으로 변화시킨다.
4. 이 원료 20㎎에 물을 넣어 녹이고 1L로 한다. 이 액은 파장 262± 2㎚에서 흡수극대를 나타내며 파장 245± 2㎚에서 흡수극소를 나타낸다. 여기서 얻은 극대파장에서의 흡광도를 A1, 극소파장에서의 흡광도를 A2 로 할 때 A2/A1은 0.63~0.67이다.

21 ①　22 ③ { 정답 }

**23** **기능성화장품 기준 및 시험방법에서 규정하고 있는 기능성화장품 성분들의 성상에 대한 설명으로 옳은 것은?**

① 닥나무추출물 : 옅은 황색~황갈색의 점성이 있는 액 또는 황갈색~암갈색의 결정성 가루로 약간의 특이한 냄새가 있다.

② 나이아신아마이드 : 적색~미황색의 가루 또는 결정성 가루이다.

③ 아스코빌테드라이소팔미테이트 : 무색~옅은 황색의 가루로 약간의 특이한 냄새가 있다.

④ 레티닐팔미테이트 : 미황색 결정 또는 결정성 가루로 냄새는 없다.

⑤ 에칠아스코빌에텔 : 미적색의 오일 상으로 냄새는 없거나 특이한 냄새가 있다.

해설

**〈별표2 화장품법 제2조 제2호 관련〉 미백에 도움을 주는 기능성화장품 성분**

- 나이아신아마이드 : 백색 결정 또는 결정성 가루로 냄새는 없다.
- 닥나무추출물 : 옅은 황색~황갈색의 점성이 있는 액 또는 황갈색~암갈색의 결정성 가루로 약간의 특이한 냄새가 있다.
- 아스코빌글루코사이드 : 백색~미황색의 가루 또는 결정성 가루이다.
- 아스코빌테트라이소팔미테이트 : 무색~옅은 황색의 액으로 약간의 특이한 냄새가 있다.
- 알부틴 : 백색~미황색의 가루로 약간의 특이한 냄새가 있다.
- 알파-비사보롤 : 무색의 오일 상으로 냄새는 없거나 특이한 냄새가 있다.
- 에칠아스코빌에텔 : 백색~옅은 황색의 결정 또는 결정성 가루로 약간의 특이한 냄새가 있고 맛은 쓰다.
- 유용성감초추출물 : 황갈색~적갈색의 가루로 감초 특유의 냄새가 있다.

**〈별표 3 화장품법 제2조 제3호 관련〉 주름개선에 도움을 주는 기능성화장품 성분**

- 레티놀 : 옅은 황색~옅은 주황색의 가루 또는 점성이 있는 액 또는 겔상의 물질로 냄새는 없거나 특이한 냄새가 있다.
- 레티닐팔미테이트 : 옅은 황색~황적색의 고체 또는 유상의 물질로 약간의 특이한 냄새가 있있으며 냉소에 보관할 때 일부는 결정화된다.
- 아데노신 : 무색 결정 또는 결정성 가루로 냄새는 없다.
- 폴리에톡실레이티드레틴아마이드 : 황색~황갈색의 맑거나 약간 혼탁한 유액으로 약간의 특이한 냄새가 있다.

**24** **화장품에 사용할 수 있는 보존제인 소듐벤조에이트를 사용 후 씻어내지 않는 제품에 사용할 때 사용 한도와 동일한 사용 한도의 보존제는 어떤 것인가?**

① 페녹시에탄올　② 클로로부탄올　③ 벤제토늄클로라이드

④ 벤질알코올　⑤ 포타슘소르베이트

해설

**〈보존제 사용 한도〉**

- 소듐벤조에이트 : 0.5%(씻어내지 않는 제품)/2.5%(씻어내는 제품)

① 페녹시에탄올 : 1.0%

② 벤질알코올 : 1.0%클로로부탄올 : 0.5%

③ 벤제토늄클로라이드 : 0.1%

④ 벤질알코올 : 1.0%

⑤ 포타슘소르베이트 : 0.6%

{ 정답 } 23 ①　24 ②

**25** **영·유아용 제품류 또는 만 13세 이하 어린이가 사용할 수 있음을 특정하여 표시하는 제품에 사용할 수 없는 보존제와 착향제 구성성분 중 알레르기 유발성분을 바르게 짝지은 것은?**

① 클로로펜 – 시트로넬롤
② 벤잘코늄클로라이드 – 쿠마린
③ 메칠이소치아졸리논 – 제나리올
④ 살리실릭애씨드 – 나무이끼 추출물
⑤ 벤조익애씨드 – 벤질신나메이트

해설

영·유아용 제품류 또는 만 13세 이하 어린이가 사용할 수 있음을 특정하여 표시하는 제품에 사용할 수 없는 보존제
- 살리실릭애씨드 및 그 염류(샴푸는 제외)
- 아이오도프로피닐부틸카바메이트(IPBC)(목욕용 제품, 샤워젤류 및 샴푸류는 제외)

※ 착향제(향료) 성분 중 알레르기 유발물질

| 향료 성분 | 향료 성분 | 향료 성분 | 향료성분 |
|---|---|---|---|
| 벤질살리실레이트 | 리모넨 | 시트로넬롤 | 메칠 2-옥티노에이트 |
| 벤질알코올 | 리날롤 | 시트랄 | 유제놀, |
| 벤질벤조에이트 | 나무이끼추출물 | 신남알, 아밀신남알 | 이소 유제놀 |
| 벤질신나메이트 | 신나밀알코올 | 아밀신나밀알코올 | 알파이소메칠이오논 |
| 제라니올 | 부틸페닐메칠프로피오날 | 하이드록시시트로넬알 | 파네솔 |
| 참나무이씨추출물 | 쿠마린 | 아니스에탄아올 | 헥실신남알 |

**26** **화장품 사용 시의 주의 사항 및 알레르기 유발성분 표시 등에 관한 규정에서 착향제 성분 중 모노테르펜 계열의 알레르기 유발물질이 아닌 것은?**

① 리날롤　② 피넨　③ 시트로넬올
④ 시트랄　⑤ 제라니올

해설

〈테르펜〉
성분 구조 : 이소프렌 단위 / 분류 : 모노테르펜, 세스퀴테르펜, 디테르펜
※ 모노페르펜 : 제라니올, 리날롤, 시트랄, 시트로넬롤 및 시트로넬랄 등

25 ④　26 ② { 정답 }

**27 알파-하이드록시 애씨드에 대한 설명으로 옳지 않은 것은?**

① 시트릭애씨드는 카르복시기(-COOH)가 3개 붙어있는 AHA이다.
② AHA는 알파 위치에 하이드록시기가 결합되어 있다.
③ 시트릭애씨드는 감귤류에서 발견되는 AHA이다.
④ 락틱애씨드는 산패한 우유에서 생성되는 AHA이다.
⑤ 말릭애씨드는 적포도주에서 발견되는 AHA이다.

**해설**

유기산의 작용기인 카르복실기(-COOH)로부터 첫 번째 탄소에 하이드록시기(-OH)가 결합되어 있으면 알파 하이드록시 애씨드(AHA), 두 번째 탄소에 결합되어 있으면 베타 하이드록시 애씨드(BHA), 세 번째 탄소에 결합되어 있으면 감마 하이드록시 애씨드이다.

※ 알파-하이드록시애씨드(α-hydroxy acid, AHA)는 천연의 과일에 존재한다 하여 '과일산'이라고도 함.

- 시트릭애씨드(citric acid, 구연산 혹은 레몬산) : 감귤류 (귤, 레몬)에 존재

O OH
O O
HO OH
OH

- 글라이콜릭애씨드(glycolic acid) : 덜 익은 열매나 잎, 사탕수수에 존재

O
HO OH

- 말릭애씨드(malic acid, 사과산) : 덜 익은 사과, 복숭아 같은 과실에 존재

HOOC COOH
C=C
H H

- 타타릭애씨드(tartaric acid, 주석산) : 포도주 양조 때 산물

COOH
H-C-OH
HO-C-H
COOH

- 락틱애씨드(lactic acid, 젖산, 유산) : 산패한 우유에서 발견

H H
H-C-C-C=O
H OH OH

{ 정답 } 27 ⑤

## 28 자외선 A영역의 파장으로 적당한 것은?

① 200~290nm ② 290~320nm ③ 320~400nm
④ 400~520nm ⑤ 520~700nm

해설

- 자외선 A(UVA) : 320~400nm (장파장)
- 자외선 B(UVB) : 290~320nm (중파장)
- 자외선 C(UVC) : 200~290nm (단파장)

## 29 다음 안료 중 체질안료만으로 이루어진 것은?

- 탈크
- 카올린
- 칼슘카보네이트
- 흑색산화철
- 울트라마린블루

① 탈크, 카올린, 흑색산화철 ② 탈크, 카올린, 칼슘카보네이트
③ 탈크, 카올린, 울트라마린블루 ④ 탈크, 칼슘카보네이트, 흑색산화철
⑤ 탈크, 칼슘카보네이트, 울트라마린블루

해설

〈체질안료와 착색안료〉

1. 체질안료 : 사용감과 관련 있는 안료
   - 탈크 : 활석, 백색분말, 매끄러운 사용감, 피부의 투명성
   - 카올린 : 차이나 클레이, 친수성으로 땀이나 피지 흡착력 우수함
   - 칼슘카보네이트 : 진주광택, 화사함
   - 실리카 : 부드러운 사용감
2. 착색안료 : 색상과 관련 있는 안료

## 30 다음에서 지문에서 ㉠에 적합한 단어는?

( ㉠ )증상은 대부분의 사람은 특별한 문제가 되지 않는 물질에 대하여 특정인들은 면역계의 과민반응에 의해서 나타나는 여러 가지 증상 중의 하나이며, 아토피성 피부염, 천식, 그 이외의 과민증상, 안구 충혈, 가려움을 동반한 피부발진, 콧물, 호흡곤란, 부종 등의 증세를 나타낸다. 또한 화장품 착향제 성분에 의해 이 증상이 발생 된다.

① 홍조 ② 발적 ③ 광감성
④ 증후군 ⑤ 알레르기

해설

〈착향제 성분 중 알레르기 유발물질〉 → p111

알레르기 – 면역계의 과민반응에 의해서 나타나는 여러 가지 증상 중의 하나
피부 면역세포(랑게르한스 세포, 비만세포, CD4+ 림프구, 호산구, 부착단백질 등)의 활성이 높아 진다.

28 ③ 29 ② 30 ⑤ { 정답 }

## 31 다음에서 설명하는 ㉠, ㉡에 적합한 것은?

- 모발에 흡착하여 유연효과나 대전방지 효과, 모발의 정전기 방지 효과를 주는 ( ㉠ )계면활성제 이다.
- 물속에서 친수부가 대전되지 않으며 자극이 적어서 기초화장품류 제품에서 유화제, 가용화제 등으로 사용되는 ( ㉡ )계면활성제 이다.

① ㉠ 양이온성, ㉡ 음이온성
② ㉠ 음이온성, ㉡ 양쪽성
③ ㉠ 음이온성, ㉡ 양이온성
④ ㉠ 양이온성, ㉡ 비이온성
⑤ ㉠ 양쪽성, ㉡ 양이온성

해설

1) 비이온 계면활성제(Nonionic surfactant)
① 분자 중에 이온으로 해리되는 작용기를 가지고 있지 않다.
② 친수기, 친유기 발란스(HLB, Hydrophile-Lipophile Balance)의 차이에 따라 습윤, 침투, 유화, 가용화력 등의 성질이 달라진다.
③ 친수기인 POE 사슬 또는 수산기(-OH)를 갖는 화합물이다.
④ 피부자극이 적기 때문에 기초화장품 분야에 많이 사용한다.
⑤ 일반적으로 고급알코올이나 고급지방산에 에틸렌옥사이드를 부가 반응하여 제조한다.
⑥ 용도 : 유화제, 분산제, 가용화제 ,독성이 적어서 식품 의약품의 유화제로 쓰인다.
- 샴푸, 바디샴푸

2) 양이온 계면활성제(cation surfactant)
① 물에 용해될 때 친수기 부분이 양이온으로 해리된다.
② 음이온 계면활성제(지방산비누)와 반대의 이온성 구조를 갖고 있어서 역성 비누라고도 한다.
③ 모발에 흡착하여 유연효과나 대전방지효과를 나타내기 때문에 헤어린스에 이용된다.
④ 피부자극이 강하므로 두피에 닿지 않게 사용해야 한다.
⑤ 용도 : 세정, 유화, 가용화 등 계면활성 효과 , 살균 소독작용
예 헤어린스, 헤어트리트먼트

## 32 다음의 화장품 원료 중에서 여드름을 유발하는 성분은?

① 페트롤라툼(바세린)
② 파라핀
③ 글리세린
④ 소듐락테이트
⑤ 이소프로필미리스테이트

해설

〈여드름 유발 화장품 원료〉
- 페트롤라튬, 라놀린, 스테아릭애씨드, 미리스틱애씨드, 팔미틱애씨드 등
- 피지의 정상적인 분비를 방해하여 모공을 막는다.

{ 정답 } 31 ④ 32 ①

**33** **영유아용 크림과 영양크림의 시험결과가 다음과 같을 때 그 설명으로 옳은 것은?**

| 제품명 | 영유아용 크림 | 영양 크림 |
|---|---|---|
| 성상 | 유백색의 크림상 | 유백색의 크림상 |
| 점도(cP) | 35,080 | 21,700 |
| pH | 6.02 | 7.11 |
| 총호기성생균수(개/g(ml) | 505 | 558 |
| 납(㎍/g) | 10 | 6 |
| 비소(㎍/g) | 8 | 13 |
| 수은(㎍/g) | 2 | 3 |

① 영유아용 크림과 영양 크림의 납 시험 결과는 모두 적합하다.
② 영유아용 크림과 영양 크림의 총호기성 생균수 시험결과는 모두 적합하다.
③ 영유아용 크림과 영양 크림의 비소 시험 결과는 모두 적합하다.
④ 영유아용 크림과 영양 크림의 수은 시험 결과는 모두 적합하다.
⑤ 크림용기 입구가 좁으면 영유아용 크림보다 영양크림을 충진하는 것이 더 어렵다.

해설

〈화장품 안전 기준 등에 관한 규정 제1장 제 6조 참조〉

① 화장품을 제조하면서 다음 각 호의 물질을 인위적으로 첨가하지 않았으나, 제조 또는 보관 과정 중 포장재로부터 이행되는 등 비의도적으로 유래된 사실이 객관적인 자료로 확인되고 기술적으로 완전한 제거가 불가능한 경우 해당 물질의 검출 허용 한도

1. 납 : 점토를 원료로 사용한 분말제품은 50㎍/g이하, 그 밖의 제품은 20㎍/g이하
2. 비소 : 10㎍/g이하
3. 수은 : 1㎍/g이하

② 미생물한도

1. 총호기성생균수는 영·유아용 제품류 및 눈화장용 제품류의 경우 500개/g(mL)이하

③ pH 기준이 3.0~9.0 이어야 하는 제품

1. 영·유아용 제품류(영·유아용 샴푸, 영·유아용 린스, 영·유아 인체 세정용 제품, 영·유아 목욕용 제품 제외),
2. 기초화장용 제품류(클렌징 워터, 클렌징 오일, 클렌징 로션, 클렌징 크림 등 메이크업 리무버 제품 제외) 중 액, 로션, 크림 및 이와 유사한 제형의 액상제품 다만, 물을 포함하지 않는 제품과 사용한 후 곧바로 물로 씻어 내는 제품은 제외한다.

**34** **물 속에 계면활성제를 투입하면 계면활성제의 소수성에 의해 계면활성제가 친유기를 공기쪽으로 향하여 기체(공기)와 액체 표면에 분포하고 표면이 포화되어 더 이상 계면활성제가 표면에 있을 수 없으면 물 속에서 자체적으로 친유기(꼬리)가 물과 접촉하지 않도록 계면활성제가 화합하는데 이화합체를 ( ㉠ )이라 한다. ㉠에 적합한 단어는?**

① 나노좀　② 리포좀　③ 에멀젼
④ 현탁액　⑤ 미셀

33 ①　34 ⑤ { 정답 }

**35** **별표3 화장품 안전 기준 등에 관한 규정에서 인체 세포, 조직 배양액 안전 기준의 설명으로 옳지 않은 것은?**

① 누구든지 세포나 조직을 주고 받으면서 금전 또는 재산상의 이익을 취할 수 없다.
② 누구든지 공여자에 관한 정보를 제공하거나 광고 등을 통해 특정인의 세포 또는 조직을 사용하였다는 내용의 광고를 할 수 없다.
③ 인체 세포, 조직 배양액을 제조하는데 필요한 세포조직은 채취 혹은 보존에 필요한 위생상의 관리가 가능한 의료기관에서 채취한 것만을 사용한다.
④ 세포조직을 채취하는 의료기관 및 인체 세포, 조직 배양액을 제조하는 자는 업무수행에 필요한 문서화 된 절차를 수립하고 유지하여야 하며 그에 따른 기록을 보존하여야 한다.
⑤ 화장품제조업자는 세포조직의 채취, 검사, 배양액 제조 등을 실시한 기관에 대하여 안전하고 품질이 균일한 인체 세포, 조직 배양액이 제조될 수 있도록 관리 감독을 철저히 하여야 한다.

**해설**

**〈별표3〉 인체 세포, 조직 배양액 안전 기준**
① 누구든지 세포나 조직을 주고받으면서 금전 또는 재산상의 이익을 취할 수 없다.
② 누구든지 공여자에 관한 정보를 제공하거나 광고 등을 통해 특정인의 세포 또는 조직을 사용하였다는 내용의 광고를 할 수 없다.
③ 인체 세포·조직 배양액을 제조하는데 필요한 세포·조직은 채취 혹은 보존에 필요한 위생상의 관리가 가능한 의료기관에서 채취된 것만을 사용한다.
④ 세포·조직을 채취하는 의료기관 및 인체 세포·조직 배양액을 제조하는 자는 업무수행에 필요한 문서화된 절차를 수립하고 유지하여야 하며 그에 따른 기록을 보존하여야 한다.
⑤ 화장품 제조판매업자는 세포·조직의 채취, 검사, 배양액 제조 등을 실시한 기관에 대하여 안전하고 품질이 균일한 인체 세포·조직 배양액이 제조될 수 있도록 관리·감독을 철저히 하여야 한다.

**36** **다음 우수화장품 제조 및 품질관리 기준에서 기준일탈 제품의 폐기처리 순서이다. 바르게 나열한 것은?**

1. 폐기 처분 또는 재작업 또는 반품
2. 기준일탈의 처리
3. 기준일탈 조사
4. 시험, 검사, 측정이 틀림없음을 확인
5. 격리 보관
6. 시험, 검사, 측정에서 기준일탈 결과 나옴
7. 기준일탈 제품에 불합격라벨 첨부

① 3 → 2 → 6 → 7 → 4 → 1 → 5
② 4 → 2 → 6 → 3 → 7 → 1 → 5
③ 6 → 3 → 4 → 2 → 7 → 5 → 1
④ 6 → 2 → 7 → 3 → 5 → 4 → 1
⑤ 6 → 2 → 4 → 3 → 5 → 7 → 1

{ 정답 } 35 ⑤ 36 ③

해설

〈기준일탈 제품이 발생 시 처리 절차〉

① 시험, 검사, 측정에서 기준 일탈 결과 나옴
② 기준일탈 조사
③ 시험, 검사, 측정이 틀림없음 확인
④ 기준일탈처리
⑤ 기준일탈 제품에 불합격 라벨 첨부
⑥ 격리 보관
⑦ 폐기처분 또는 재작업 또는 반품

## 37 다음 유통화장품 안전 관리 시험방법 중 안티몬과 니켈을 동시에 분석할 수 있는 시험방법만을 짝지어 놓은 것은?

① ICP, AAS, 비색법
② ICP, ICP-MS, AAS
③ ICP, AAS, 푹신아황산법
④ ICP-MS, AAS, 디티존법
⑤ ICP, ICP-MS, 액체크로마토그래프법

해설

〈별표4〉 유통화장품 안전 관리 시험방법

니켈, 안티몬, 카드뮴 검출방법

- ICP(유도결합플라즈마분광기를 이용하는 방법)
- ICP-MS(유도결합플라즈마-질량분석기를 이용한 방법)
- AAS(원자흡광광도법)

## 38 다음 중 우수화장품 제조 및 품질관리 기준(CGMP)에서 화장품의 폐기처리에 대한 설명으로 옳지 않은 것은?

① 재작업의 여부는 제조부서 책임자에 의해 승인되어야 한다.
② 변질, 변패 또는 병원미생물에 오염되지 않고 제조일로부터 1년이 경과하지 않은 화장품은 재작업을 할 수 있다.
③ 변질, 변패 또는 병원미생물에 오염되지 않고 제조일로부터 10개월이 경과하지 않은 화장품은 재작업을 할 수 있다.
④ 변질, 변패 또는 병원미생물에 오염되지 않고 사용기한이 18개월 남아있는 화장품은 재작업을 할 수 있다.
⑤ 변질, 변패 또는 병원미생물에 오염되지 않고 사용기한이 1년 남아있는 화장품은 재작업을 할 수 있다.

해설

제22조(폐기처리 등) 〈우수화장품 제조 및 품질관리 기준〉

① 품질에 문제가 있거나 회수·반품된 제품의 폐기 또는 재작업 여부는 품질보증 책임자에 의해 승인되어야 한다.
② 재작업은 그 대상이 다음 각 호를 모두 만족한 경우에 할 수 있다.
  1. 변질·변패 또는 병원미생물에 오염되지 아니한 경우
  2. 제조일로부터 1년이 경과하지 않았거나 사용기한이 1년 이상 남아있는 경우

37 ② 38 ① { 정답 }

**39** **건물, 시설 및 주요설비는 정기적으로 점검하여 화장품의 제조 및 품질관리에 지장이 없도록 유지·( ㉠ )·기록해야 한다고 우수화장품 제조 및 품질관리 기준(CGMP)제10조 유지관리에서 규정하고 있다. 다음 ㉠에 들어갈 적합한 것은?**

① 점검 ② 변경 ③ 수리
④ 관리 ⑤ 교체

해설

**제10조(유지관리) 〈우수화장품 제조 및 품질관리 기준 시행규칙〉**
건물, 시설 및 주요 설비는 정기적으로 점검하여 화장품의 제조 및 품질관리에 지장이 없도록 유지·관리·기록하여야 한다.

**40** **다음 중 우수화장품 제조 및 품질관리 기준(CGMP) 해설서에서 설명하고 있는 화장품 제조설비의 세척 원칙으로 옳지 않은 것은?**

① 증기 세척을 이용한다.
② 세척 후는 반드시 세정결과를 "판정" 한다.
③ 세제(계면활성제)를 반드시 사용한다.
④ 최적의 용제는 물세척 이다.
⑤ 설비는 건조, 밀폐하여 보존한다.

해설

**〈설비 세척의 원칙〉**
① 가능하면 세제를 사용하지 않는다. – 세제 사용시 적합한 세제로 세척
② 가능하면 증기 세척이 더 좋은 방법이다
③ 위험성이 없는 용제로 물세척이 최적 이다.
④ 브러시 등으로 문질러 지우는 방법을 고려한다.
⑤ 분해할 수 있는 설비는 분해해서 세밀하게 세척한다.
⑥ 세척 후에는 미리 정한 규칙에 따라 반드시 세정결과를 '판정' 한다.
⑦ 세척판정 후의 설비는 건조, 밀폐하여 보존한다.
⑧ 세척의 유효기간을 정하고 유효기간 만료시 규칙적으로 재세척 한다. (필요 시 소독)

**41** **다음 중 우수화장품 제조 및 품질관리 기준(CGMP) 해설서에서 원자재 입출고에 대한 설명으로 옳은 것은?**

① 제조업자는 원자재 공급자에 대한 관리, 감독을 화장품책임판매업자에게 위탁한다.
② 원자재 입고 시 구매요구서, 원자재 공급업체 성적서 및 현품이 서로 일치하는지 확인 한다. 필요한 경우 운송관련 자료를 추가적으로 확인할 수 있다.

{ 정답 } 39 ④ 40 ③ 41 ②

③ 원자재 용기에 제조번호가 없으면 원자재 공급업자에게 반송해야 한다.
④ 원자재 입고 시 물품에 결함이 있을 경우 우선 입고하고 원자재 공급업자에게 연락을 취한다.
⑤ 입고된 원자재는 '적합', '부적합', '검사 중' 등으로 반드시 상태를 표시하여야 하며 동일 수준의 보증이 가능한 다른 시스템으로 대체할 수 없다.

해설

**〈우수화장품 제조 및 품질관리 기준〉**

1. 입고관리

① 제조업자는 원자재 공급자에 대한 관리감독을 적절히 수행하여 입고관리가 철저히 이루어지도록 하여야 한다.
② 원자재의 입고 시 구매 요구서, 원자재 공급업체 성적서 및 현품이 서로 일치하여야 한다. 필요한 경우 운송 관련 자료를 추가적으로 확인할 수 있다.
③ 원자재 용기에 제조번호가 없는 경우에는 관리번호를 부여하여 보관하여야 한다.
④ 원자재 입고절차 중 육안확인 시 물품에 결함이 있을 경우 입고를 보류하고 격리보관 및 폐기하거나 원자재 공급업자에게 반송하여야 한다.
⑤ 입고된 원자재는 "적합", "부적합", "검사 중" 등으로 상태를 표시하여야 한다. 다만, 동일 수준의 보증이 가능한 다른 시스템이 있다면 대체할 수 있다.
⑥ 원자재 용기 및 시험기록서의 필수적인 기재 사항은 다음 각 호와 같다.

- 원자재 공급자가 정한 제품명
- 원자재 공급자명
- 수령일자
- 공급자가 부여한 제조번호 또는 관리번호

**42 제조부서 책임자는 화장품 제조소 내의 모든 직원이 위생관리 기준 및 절차를 준수할 수 있도록 교육 훈련해야 한다. 다음 중에서 위생관리 기준 및 절차의 내용으로 적절하지 않은 것은?**

① 직원의 작업 시 복장
② 직원 건강상태 확인
③ 직원에 의한 제품의 오염방지에 관한 사항
④ 직원의 손 씻는 방법
⑤ 직원의 근무태도

해설

**〈직원의 위생관리 기준 및 절차〉**

- 직원의 작업시 복장
- 직원의 건강상태
- 직원에 의한 제품의 오염방지에 관한 사항
- 직원의 손 씻는 방법
- 직원의 작업 중 주의 사항
- 방문객 및 교육훈련을 받지 않은 직원의 위생관리 포함

42 ⑤ { 정답 }

**43** **다음 중 작업장에서 소독에 사용되는 소독제 선택 시 바람직한 조건으로 옳은 것은?**

① 향기로운 냄새가 나야 한다.
② 사용 방법이 복잡해야 한다.
③ 특정한 균에 대하여 항균력이 우수해야 한다.
④ 살균하고자 하는 대상물에 대한 영향이 없어야 한다.
⑤ 내성균의 출현빈도가 높아야 한다.

해설

〈바람직한 소독제의 조건〉
① 소독 후 일정기간 동안 활성 유지
② 사용이 쉬울 것
③ 사용 시 인체에 무독성
④ 제품이나 설비와의 반응성이 없을 것
⑤ 소독 후 불쾌한 냄새가 남지 않을 것
⑥ 광범위한 항균력을 갖고 있을 것
⑦ 5분정도의 짧은 처리에도 효과가 있을 것
⑧ 소독 전에 존재하던 미생물이 최소한 99.9%이상 사멸시킬 것
⑨ 경제성 고려된 저렴한 가격

**44** **액성을 산성, 알칼리성 또는 중성으로 나타낸 것은 따로 규정이 없는 한 리트머스지를 써서 검사하며 액성을 구체적으로 표시할 때에는 pH값을 사용한다. 다음 중 미산성의 pH로 적당한 것은?**

① 약 3이하 ② 약 3~5 ③ 약 5~6.5
④ 약 7.5~9 ⑤ 약 9~11

해설

〈pH의 범위〉

| 분류명 | pH의 범위 | 분류명 | pH의 범위 |
|---|---|---|---|
| 미산성 | 약 5~약 6.5 | 미알칼리성 | 약 7.5~약 9 |
| 약산성 | 약 3~약 5 | 약알칼리성 | 약 9~약 11 |
| 강산성 | 약 3이하 | 강알칼리성 | 약 11이상 |

**45** **다음 기능성화장품 기준 및 시험방법 일반시험법에서 실온과 상온에 대한 온도로 옳은 것은?**

① 0~30℃, 15~25℃ ② 1~30℃, 15~25℃
③ 0~30℃, 1~25℃ ④ 1~30℃, 1~25℃
⑤ 1~30℃, 10~30℃

{ 정답 } 43 ④ 44 ③ 45 ②

해설

〈실온, 상온, 표준온도〉

시험 또는 저장할 때의 온도는 원칙적으로 구체적인 수치를 기재

- 표준온도 : 20℃, 상온 : 15~25℃, 실온 : 1~30℃, 미온 : 30~40℃
- 냉소 : 1~15℃ 이하, 냉수 : 10℃ 이하
- 미온탕 : 30~40℃, 온탕 : 60~70℃, 열탕 : 100℃

**46** **다음 중 유통화장품 안전 관리 시험방법에서 납에 대한 원자흡광광도법(AAS)에 대한 설명으로 옳지 않은 것은?**

① 검체 약 0.5g을 정밀하게 달아 석영 또는 테트라플루오로메탄제의 극초단파분해용 용기의 기벽에 닿지 않도록 조심하여 넣는다.

② 검체를 분해하기 위하여 질산 7ml, 염산 2ml 및 황산 1ml을 넣고 뚜껑을 닫은 다음 용기를 극초단파분해 장치에 장착 한 다음 조작조건에 따라 무색~엷은 황색이 될 때까지 분해 한다.

③ 표준액 0.5ml, 1.0ml 및 2.0ml를 각각 취하여 구연산암모늄(1.4) 10ml 및 브롬치몰블루시액 2방울을 넣고 이하 검액과 같이 조작하여 검량선용 표준액으로 한다.

④ 조작조건으로 가연성가스는 공기를 사용하고 지연성 가스는 아세칠렌 또는 수소를 사용한다.

⑤ 납중공음극램프를 사용하여 283.3nm에서 흡광도를 측정한다.

해설

**납에 대한 원자흡광광도법**

① 검액의 조제 : 검체 약 0.5g을 정밀하게 달아 석영 또는 테트라플루오로메탄제의 극초단파분해용 용기의 기벽에 닿지 않도록 조심하여 넣는다.

② 검체를 분해하기 위하여 질산 7mL, 염산 2mL 및 황산 1mL을 넣고 뚜껑을 닫은 다음 용기를 극초단파분해 장치에 장착하고 다음 조작조건에 따라 무색~엷은 황색이 될 때까지 분해한다. 상온으로 식힌 다음 조심하여 뚜껑을 열고 분해물을 25mL 용량플라스크에 옮기고 물 적당량으로 용기 및 뚜껑을 씻어 넣고 물을 넣어 전체량을 25mL로 하여 검액으로 한다. 침전물이 있을 경우 여과하여 사용한다. 따로 질산 7mL, 염산 2mL 및 황산 1mL를 가지고 검액과 동일하게 조작하여 공시험액으로 한다. 다만, 필요에 따라 검체를 분해하기 위하여 사용되는 산의 종류 및 양과 극초단파분해 조건을 바꿀 수 있다.

③ 표준액의 조제 : 따로 납표준액(10μg/mL) 0.5mL, 1.0mL 및 2.0mL를 각각 취하여 구연산암모늄용액(1→4) 10mL 및 브롬치몰블루시액 2방울을 넣고 이하 위의 검액과 같이 조작하여 검량선용 표준액으로 한다.

④ 조작 조건 : 사용가스 – 가연성가스(아세칠렌 또는 수소), 지연성가스

⑤ 공기 램프 : 납중공음극램프, 파 장 : 283.3nm

46 ④ { 정답 }

**47** **화장품법 규정에 의해 2차 포장에 전성분을 표시를 하고자 한다. 표시·기재하여야 할 사항으로 옳은 것은 ?**

① 혼합원료는 혼합된 개별 성분을 기재 표시하지 않아도 된다.

② 화장품에 사용된 모든 원료의 표시는 글자크기를 5포인트 이상으로 하고, 함량이 적은 것부터 기재 표시한다.

③ 색조 화장용 제품류에서 호수별로 착색제가 다르게 사용된 경우 ± 또는 +/−의 표시 다음에 사용된 모든 착색제 성분을 각각 기재 표시 한다.

④ 산성도(pH)조절 목적으로 사용되는 성분은 그 성분을 표시하는 대신 중화반응에 따른 생성물로 기재 표시할 수 있다.

⑤ 착향제는 식품의약품안전처장이 정하여 고시한 알레르기 유발성분이 있는 경우를 포함하여 모두 "향료"로 기재 표시하여야 한다.

해설

〈화장품 제조에 사용된 성분〉

1. 글자의 크기는 5포인트 이상으로 한다.
2. 화장품 제조에 사용된 함량이 많은 것부터 기재·표시한다. 다만, 1퍼센트 이하로 사용된 성분, 착향제 또는 착색제는 순서에 상관없이 기재·표시할 수 있다.
3. 혼합원료는 혼합된 개별 성분의 명칭을 기재·표시한다.
4. 색조 화장용 제품류, 눈 화장용 제품류, 두발염색용 제품류 또는 손발톱용 제품류에서 호수별로 착색제가 다르게 사용된 경우 '± 또는 +/−'의 표시 다음에 사용된 모든 착색제 성분을 함께 기재·표시할 수 있다.
5. 착향제는 "향료"로 표시할 수 있다. 다만, 착향제의 구성 성분 중 식품의약품안전처장이 정하여 고시한 알레르기 유발성분이 있는 경우에는 향료로 표시할 수 없고, 해당 성분의 명칭을 기재·표시해야 한다.

**48** **다음 중 우수화장품 제조 및 품질관리 기준에 의한 물의 품질에 대한 설명으로 옳지 않은 것은?**

① 물의 품질 적합기준을 사용목적에 맞게 규정하여야 한다.

② 물의 품질은 정기적으로 검사하고 필요 시 미생물학적 검사를 실시하여야 한다.

③ 물 공급 설비는 물의 정체와 오염을 피할 수 있도록 설치되어야 한다.

④ 물 공급 설비는 물의 품질에 영향을 주어야 한다.

⑤ 물 공급 설비는 살균처리가 가능해야 한다.

해설

〈제14조〉 물의 품질(우수화장품 제조 및 품질관리 기준 시행규칙)

1. 물의 품질 적합기준을 사용목적에 맞게 규정하여야 한다.
2. 물의 품질은 정기적으로 검사해야 하고 필요 시 미생물학적 검사를 실시하여야 한다.
3. 물 공급 설비는 다음 각 호의 기준을 충족해야 한다.

- 물의 정체와 오염을 피할 수 있도록 설치될 것
- 물의 품질에 영향이 없을 것
- 살균처리가 가능할 것

{ 정답 } 47 ④ 48 ④

## 49 다음에서 설명하는 화장품 제조설비는 무엇인가?

유상성분과 수상성분을 균질화하여 미세한 유화입자로 만드는 설비로 크림이나 로션타입의 제조에 주로 사용되며 안쪽에 터번형의 회전날개를 원통으로 둘러싼 구조이다. 이 제조설비는 고정자와 고속회전이 가능한 운동자 상이의 간격으로 내용물이 대류 현상으로 통과되며 강한 전단력을 받아 균일하고 미세한 유화 입자를 만들어낸다.

① 아지믹서 ② 균질기(호모게나이저) ③ 디스퍼
④ 헨셀믹서 ⑤ 측면형 교반기

## 50 다음 중 우수화장품 제조 및 품질관리 기준에서 요구하는 공기 조절의 4대요소가 아닌 것은?

① 차압 ② 청정도 ③ 실내온도
④ 습도 ⑤ 기류

해설

| | 1 | 2 | 3 | 4 |
|---|---|---|---|---|
| 4대요소 | 청정도 | 실내온도 | 습도 | 기류 |
| 대응설비 | 공기정화기 | 열교환기 | 가습기 | 송풍기 |

## 51 다음 중 우수화장품 제조 및 품질관리 기준(CGMP)에서 제품의 폐기처리 규정에 따라 신속하게 폐기해야 하는 순서로 적당한 것은?

㉠ 시험, 검사, 측정에서 기준일탈 결과 나옴
㉡ 기준 일탈 조사
㉢ 시험, 검사, 측정이 틀림없음을 확인한 후 기준일탈 처리
㉣ 기준일탈 처리/ 기준일탈 제품에 불합격 라벨 첨부
㉤ 격리보관
㉥ 폐기처분 (또는 재작업 또는 반품)

① ㉠, ㉡, ㉢, ㉣, ㉤, ㉥ ② ㉠, ㉢, ㉡, ㉣, ㉤, ㉥
③ ㉠, ㉡, ㉣, ㉤, ㉥, ㉢ ④ ㉠, ㉥, ㉣, ㉢, ㉡, ㉤
⑤ ㉡, ㉠, ㉢, ㉣, ㉤, ㉥

해설

**※ 제품의 폐기처리규정**
재입고 할 수 없는 경우
- 제품의 폐기처리규정을 작성
- 폐기대상은 따로 보관하고, 규정에 따라 신속하게 폐기

① 시험, 검사, 측정에서 기준 일탈 결과 나옴 ② 기준일탈 조사

49 ② 50 ① 51 ① { 정답 }

③ 시험, 검사, 측정이 틀림없음 확인
④ 기준일탈처리
⑤ 기준일탈 제품에 불합격 라벨 첨부
⑥ 격리 보관
⑦ 폐기처분 (또는 재작업 또는 반품)

**52** **다음 중 우수화장품 제조 및 품질관리 기준(CGMP)에서 원자재의 입고관리에 대한 설명으로 옳은 것은?**

① 화장품 책임판매업자는 원자재 공급자에 대한 관리감독을 적절히 수행하여 입고관리가 철저히 이루어지도록 하여야 한다.
② 원자재의 입고 시 구매요구서, 원자재 공급업체 성적서 및 현품이 서로 일치하여야 하며, 반드시 운송 관련 자료를 추가적으로 확인해야 한다.
③ 원자재 용기에 제조번호가 없는 경우에는 원자재 공급업체로 반송한다.
④ 원자재 입고절차 중 육안확인 시 물품에 결함이 있을 경우, 입고를 보류하고 격리보관 및 폐기하거나 원자재 공급업자에게 반송하여야 한다.
⑤ 입고된 원자재는 '입고', '입고 보류', '반송' 등으로 상태를 표시하여야 한다.

**해설**

**원자재의 관리 〈우수화장품 제조 및 품질관리 기준〉**

(입고관리)

① 제조업자는 원자재 공급자에 대한 관리감독을 적절히 수행하여 입고관리가 철저히 이루어지도록 하여야 한다.
② 원자재의 입고 시 구매 요구서, 원자재 공급업체 성적서 및 현품이 서로 일치하여야 한다. 필요한 경우 운송 관련 자료를 추가적으로 확인할 수 있다.
③ 원자재 용기에 제조번호가 없는 경우에는 관리번호를 부여하여 보관하여야 한다.
④ 원자재 입고절차 중 육안확인 시 물품에 결함이 있을 경우 입고를 보류하고 격리보관 및 폐기하거나 원자재 공급업자에게 반송하여야 한다.
⑤ 입고된 원자재는 "적합", "부적합", "검사 중" 등으로 상태를 표시하여야 한다. 다만, 동일 수준의 보증이 가능한 다른 시스템이 있다면 대체할 수 있다.
⑥ 원자재 용기 및 시험기록서의 필수적인 기재 사항은 다음 각 호와 같다.
- 원자재 공급자가 정한 제품명
- 원자재 공급자명
- 수령일자
- 공급자가 부여한 제조번호 또는 관리번호

**53** **다음 중 우수화장품 제조 및 품질관리 기준에서 작업소에 대한 설명으로 옳은 것은?**

① 바닥, 벽, 천장은 가능한 청소하기 쉽게 매끄러운 평면을 지니고 소독제 등의 부식성에 저항력이 있어야 한다.
② 일부분만 환기가 되고 청결해야 한다.
③ 외부와 연결된 창문은 통풍이 잘되도록 열려야 한다.
④ 작업소 내의 외관 표면은 가능한 매끄럽게 설계하고 청소, 소독제의 부식성에 저항력이 없어야 한다.
⑤ 수세실과 화장실은 멀리 설치하고 생산구역과 분리되어 있어야 한다.

{ 정답 } 52 ④ 53 ①

해설

**〈우수화장품 제조 및 품질관리 기준〉 적합한 작업소**

- 제조하는 화장품의 종류, 제형에 따라 적적히 구획, 구분되어 있어 교차오염 우려가 없을 것
- 바닥, 벽, 천장은 가능한 청소하기 쉽게 매끄러운 표면을 지니고 소독제 등의 부식성에 저항력이 있을 것
- 환기가 잘 되고 청결할 것
- 외부와 연결된 창문은 가능한 열리지 않도록 할 것
- 작업소 내의 외관 표면은 가능한 매끄럽게 설계하고 청소, 소독제의 부식성에 저항력이 있을 것
- 수세실과 화장실은 접근이 쉬워야 하나 생산구역과 분리되어 있을 것
- 작업소 전체에 적절한 조명을 설치하고 조명이 파손될 경우를 대비한 제품을 보호할 수 있는 처리절차를 마련할 것
- 제품의 오염을 방지하고 적절한 온도 및 습도를 유지할 수 있는 공기조화시설 등 적절한 환기시설을 갖출 것
- 각 제조구역별 청소 및 위생관리 절차에 따라 효능이 입증된 세척제 및 소독제를 사용할 것
- 제품의 품질에 영향을 주지 않는 소모품을 사용할 것

**54** **다음 중 우수화장품 제조 및 품질관리 기준에서 직원의 위생에 대한 설명이 옳은 것은?**

① 적절한 위생관리 기준 및 절차를 마련하고 제조소 내의 제조부서 직원만 이를 준수해야 한다.

② 작업소 내의 모든 직원은 화장품의 오염을 방지하기 위해 규정된 작업복을 착용해야 한다. 단, 보관소 내의 직원은 예외이다.

③ 피부에 외상이 있는 직원은 화장품의 품질에 영향을 주지 않는다는 의사의 소견이 있기 전까지는 화장품과 직접적으로 접촉되지 않도록 격리되어야 한다.

④ 제조 구역별 접근권한이 없는 작업원은 제조, 관리 및 보관구역 내에 절대 들어가지 않아야 한다.

⑤ 방문객은 사전에 교육을 받지 않아도 복장 규정에 따라 복장만 갖추면 제조구역에 출입할 수 있다.

해설

**〈화장품법 시행규칙 제12조 2항 우수화장품제조 및 품질관리 기준 제6조〉**

(직원의 위생)

① 적절한 위생관리 기준 및 절차를 마련하고 제조소 내의 모든 직원은 이를 준수해야 한다.

② 작업소 및 보관소 내의 모든 직원은 화장품의 오염을 방지하기 위해 규정된 작업복을 착용해야 하고 음식물 등을 반입해서는 아니 된다.

③ 피부에 외상이 있거나 질병에 걸린 직원은 건강이 양호해지거나 화장품의 품질에 영향을 주지 않는다는 의사의 소견이 있기 전까지는 화장품과 직접적으로 접촉되지 않도록 격리되어야 한다.

④ 제조구역별 접근 권한이 있는 작업원 및 방문객은 가급적 제조, 관리 및 보관구역 내에 들어가지 않도록 하고 불가피한 경우 사전에 직원 위생에 대한 교육 및 복장 규정에 따르도록 하고 감독하여야 한다.

54 ③ { 정답 }

**55** **다음은 우수화장품 제조 및 품질관리 기준 해설서에서 설비 세척 후에 실시하는 세척 확인 방법에 대하여 설명하고 있다. 그 설명으로 옳은 것은?**

① 설비 내부 표면에 이물이 있는지 육안으로 확인한다.

② 손으로 설비 내부의 표면을 문질러 닦아내 본다.

③ 깨끗한 흰 색의 수건으로 설비 내부의 표면을 닦아내 본다,

④ 호스 내부는 검은 천으로 닦아내어 묻어나는 것이 있는지 확인한다.

⑤ 탱크 세척 후의 세척 판정은 린스액에 대한 화학분석을 반드시 실시한다.

해설

**〈설비, 기구의 위생 상태 판정〉**

1. 육안 확인 : 육안판정 장소는 미리 정해 놓고 판정결과를 기록서에 기재
2. 닦아내기
   - 천으로 문질러 보고 부착물 확인 (무진포가 바람직)
   - 흰 천이나 검은 천으로 설비 내부의 표면을 닦아내 본다.
   - 천 표면의 잔류물 유무로 세척 결과 판정
3. 린스 정량 실시 : 린스액의 화학분석
   - 화학적분석이 상대적으로 복잡한 방법이나 수치로 결과 확인 가능
   - 호스나 틈새기의 세척판정에 적합

**56** **다음 품질관리에 사용되는 표준품과 주요 시약의 용기에 지재되어야 하는 사항으로 옳지 않은 것은?**

① 명칭

② 제조일

③ 보관조건

④ 사용기한

⑤ 역가, 제조자의 성명 또는 서명(직접 제조한 경우에 한함)

해설

**〈표준품과 주요 시약의 용기에 기재해야 하는 사항〉**

1. 명칭
2. 개봉일
3. 보관조건
4. 사용기한
5. 역가, 제조자의 성명 또는 서명(직접 제조한 경우에 한함)

{ 정답 } 55 ① 56 ②

**57** **다음 화장품에 대한 총호기성 생균수 시험결과가 적합한 것은?**

① 어린이용 로션 : 총호기성 생균수 800개/g(ml)
② 마스카라 : 총호기성 생균수 700개/g(ml)
③ 물휴지 : 세균 100개/g, 진균 110개/g(ml)
④ 화장수 : 총호기성 생균수 1,500개/g(ml)
⑤ 영양크림 : 총호기성 생균수 1,000개/g(ml)

해설

〈미생물 한도 기준〉
- 총호기성 생균수는 영유아용 제품류 및 눈화장용 제품류의 경우 500개/g(ml) 이하
- 물휴지의 경우 세균 및 진균수 각각 100개/g(ml) 이하
- 그 밖의 화장품류의 경우 총호기성 생균수 1,000개/g(ml) 이하
- 대장균, 녹농균, 황색포도상구균은 불검출

**58** **다음 화장품 안정성시험 가이드라인에서 규정하고 있는 안정성시험으로 생산된 3로트 이상의 제품을 계절별로 각각의 연평균 온도, 습도 등의 조건을 설정하여 6개월 이상 시험하는 것을 원칙으로 하는 시험은 무엇인가?**

① 장기보존 시험 ② 가속 시험 ③ 개봉 후 안정성시험
④ 가혹 시험 ⑤ 보관조건 시험

해설

〈개봉 후 안정성시험〉
1. 로트의 선정 : 장기 보존시험 조건에 따른다.
2. 보존조건 : 제품의 사용 조건을 고려하여, 적절한 온도, 시험기간 및 측정시기를 설정하여 시험 한다. 예를 들어 계절별로 각각의 연평균 온도, 습도 등의 조건을 설정할 수 있다.
3. 시험기간 : 6개월 이상 시험하는 것을 원칙으로 하나, 특성에 따라 조정할 있다.
4. 측정시기 : 시험개시 때와 첫 1년간은 3개월 마다, 그 후 2년까지는 6개월 마다, 2년 이후 부터 1년에 1회 시험한다.

**59** **다음 유통화장품의 안전 관리 기준에서는 화장품을 제조하면서 완전히 제거가 불가능한 경우 특정 미생물의 허용한도를 규정하고 있다. 이 특정 미생물에는 ( ㉠ ), 녹농균, 황색포도상구균이 해당된다. ㉠에 적합한 단어는?**

① 비피더스균 ② 살모넬라균 ③ 아크네균
④ 대장균 ⑤ 칸디다균

해설

대장균, 녹농균, 황색포도상구균 : 불검출

57 ⑤ 58 ③ 59 ④ { 정답 }

**60** **다음 중 천연화장품 및 유기농화장품의 용기와 포장에 사용할 수 없는 재질은 무엇인가?**

① 폴리염화비닐(PVC) ② 폴리프로필렌(PP)
③ 고밀도폴리에틸렌(HDPE) ④ 저밀도폴리에틸렌(LDPE)
⑤ 폴리에틸렌테레프탈레이트(PET)

**해설**

천연화장품 및 유기농화장품의 용기와 포장에는 폴리염화비닐(Polyvinyl chloride (PVC)), 폴리스티렌폼(Polystyrene foam)을 사용할 수 없다.

**61** **다음 중 우수화장품제조 및 품질관리 기준 시행규칙 작업소의 청소 및 소독방법에서 세척의 원칙 대한 설명으로 적절하지 않은 것은?**

① 증기세척이 좋은 방법이다.
② 반드시 세제를 사용해서 세척한다.
③ 분해할 수 있는 설비는 분해해서 세척한다.
④ 세척한 설비는 반드시 "판정" 후 건조, 밀폐하여 보존한다.
⑤ 세척의 유효기간을 설정한다.

**해설**

**〈작업소 청소 및 소독 방법〉**

(세척의 원칙)

- 위험성이 없는 용제로 세척 (물이 가장 안정)
- 증기세척이 좋은 방법
- 분해할 수 있는 설비는 분해해서 세척
- 판정 후 설비는 건조·밀폐하여 보존
- 가능한 한 세제를 사용하지 않음
- 브러시 등으로 문질러 지우는 것을 고려
- 세척 후 반드시 "판정"
- 세척의 유효기간 설정

**62** **다음은 유통화장품 안전 관리 기준에 따른 내용량 기준에 대한 설명이다. ㉠, ㉡에 적합한 단어는?**

- 제품 ( ㉠ )개를 가지고 시험할 때 그 평균 내용량이 표기량에 대하여 97% 이상이어야 한다.
- 기준치를 벗어날 경우 6개를 더 취하여 시험할 때 9개의 평균 내용량이 ( ㉡ )% 이상이어야 한다.

① ㉠ 3, ㉡ 95 ② ㉠ 3, ㉡ 97 ③ ㉠ 3, ㉡ 98
④ ㉠ 6, ㉡ 95 ⑤ ㉠ 6, ㉡ 97

{ 정답 } 60 ① 61 ② 62 ②

해설

〈유통화장품 안전 관리 기준〉 내용량의 기준

1. 제품 3개를 가지고 시험할 때 그 평균 내용량이 표기량에 대하여 97% 이상(다만, 화장 비누의 경우 : 건조중량을 내용량으로 한다)
2. 기준치를 벗어날 경우 : 6개를 더 취하여 시험할 때 9개의 평균 내용량이 97% 이상

**63** **다음 화장품 안전 기준 등에 관한 규정 별표4에서 유통화장품 시험방법 중 원자흡광광도법에 따라 납 시험을 할 때 검액의 조제 순서로 옳은 것은?**

㉠ 검체 약 0.5g을 정밀하게 달아 석영 또는 테트라플루오로메탄제의 극초단파분해용 용기의 기벽에 닿지 않도록 조심하여 넣는다.
㉡ 검체에 질산 7ml, 염산 2ml 및 황산 1ml을 넣고 뚜껑을 닫은 다음 용기를 극초단파분해 장치에 장착한다.
㉢ 상온으로 식힌 다음 조심하여 뚜껑을 열고 분해물을 25ml용량 플라스크에 옮기고 물을 넣어 전체량을 25ml로 하여 검액으로 한다.
㉣ 검액과 공시험액 각 25ml룰 취하여 각각에 구연산암모늄용액(1 → 4)10ml 및 브롬치몰블루시액 2방울을 넣어 액의 색이 황색에서 녹색이 될 때까지 암모니아시액을 넣는다.
㉤ 황산암모늄용액(2 → 5) 10ml 및 물을 넣어 100ml로 하고 디에칠디치오카르바민산나트륨용액(1 → 20) 10ml를 넣어 섞고 몇 분간 방치한 다음 메칠이소부틸케톤 20.0ml를 세게 흔들어 섞어 조용히 둔다. 메칠이소부틸케톤층을 여취하고 필요하면 여과하여 검액으로 한다.

① ㉠ – ㉡ – ㉢ – ㉣ – ㉤
② ㉠ – ㉡ – ㉢ – ㉤ – ㉣
③ ㉠ – ㉡ – ㉣ – ㉢ – ㉤
④ ㉠ – ㉢ – ㉡ – ㉣ – ㉤
⑤ ㉠ – ㉤ – ㉢ – ㉣ – ㉡

해설

〈납시험 검액의 조제 순서〉

1. 검체 약 0.5g을 정밀하게 달아 석영 또는 테트라플루오로메탄제의 극초단파분해용 용기의 기벽에 닿지 않도록 조심하여 넣는다.
2. 검체를 분해하기 위하여 질산 7mL, 염산 2mL 및 황산 1mL을 넣고 뚜껑을 닫은 다음 용기를 극초단파분해 장치에 장착하고 다음 조작조건에 따라 무색~엷은 황색 이 될 때까지 분해한다.
3. 상온으로 식힌 다음 조심하여 뚜껑을 열고 분해물을 25mL 용량플라스크에 옮기고 물 적당량으로 용기 및 뚜껑을 씻어 넣고 물을 넣어 전체량을 25mL로 하여 검액으로 한다. 침전물이 있을 경우 여과하여 사용한다.
4. 따로 질산 7mL, 염산 2mL 및 황산 1mL를 가지고 검액과 동일하게 조작하여 공 시험액으로 한다. 다만, 필요에 따라 검체를 분해하기 위하여 사용되는 산의 종류 및 양과 극초단파 분해 조건을 바꿀 수 있다.
5. 위 검액 및 공시험액 또는 디티존법의 검액의 조제와 같은 방법으로 만든 검액 및 공시험액 각 25mL를 취하여 각각에 구연산암모늄용액(1 → 4) 10mL 및 브롬치몰블 루시액 2방울을넣어 액의 색이 황색에서 녹색이 될 때까지 암모니아시액을 넣는다.
6. 여기에 황산암모늄용액(2 → 5) 10mL 및 물을 넣어 100mL로 하고 디에칠디치오카르바민산나트륨용액(1 → 20) 10mL를 넣어 섞고 몇 분간 방치한 다음 메칠이소부틸케톤 20.0mL를 넣어 세게 흔들어 섞어 조용히 둔다. 메칠이소부틸케톤층을 여취하고 필요하면 여과하여 검액으로 한다.

63 ① { 정답 }

**64** **다음 기능성화장품 심사에 관한 규정에 따라 자외선차단지수(SPF)는 측정결과에 근거하여 평균값이 68일 경우, SPF는 SPF( ㉠ )+라고 표시한다. ㉠에 적합한 것은?**

① 30　② 40　③ 50
④ 60　⑤ 68

해설

〈기능성화장품 중 자외선차단제의 효능, 효과 표시〉
자외선으로부터 피부를 보호하는데 도움을 주는 제품에 자외선차단지수(SPF) 기준에 따라 표시한다.

- 자외선차단지수(SPF)는 측정결과에 근거하여 평균값(소수점이하 절사)으로부터 −20%이하 범위내 정수(예 SPF평균값이 '23'일 경우 19~23 범위정수)로 표시하되, SPF 50이상은 "SPF50+"로 표시한다.

**65** **다음 맞춤형화장품 표시, 기재 사항에서 소용량 맞춤형화장품 또는 비매품 맞춤형화장품의 1차 포장 또는 2차 포장에 표시, 기재해야 하는 사항으로 옳지 않은 것은?**

① 화장품의 명칭　② 화장품 책임판매업자의 상호
③ 맞춤형화장품 판매업자의 상호　④ 제조번호와 사용기한 또는 개봉 후 사용기간
⑤ 가격

해설

〈맞춤형화장품 표시, 기재 사항 (소용량 또는 비매품)〉

- 화장품의 명칭
- 맞춤형화장품판매업자의 상호
- 제조번호(식별번호)
- 사용기한 또는 개봉 후 사용기간(개봉 후 사용기간의 경우 제조연월일 병행표기)
- 가격

**66** **맞춤형화장품의 혼합, 소분에 사용되는 내용물 및 원료에 대한 품질검사결과를 확인 할 수 있는 서류로 옳은 것은?**

① 제조공정도　② 칭량지시서　③ 품질성적서
④ 포장지시서　⑤ 품질규격서

해설

혼합, 소분 전에 혼합, 소분에 사용되는 내용물 또는 원료에 대한 품질성적서를 확인할 것

**67** **맞춤형 화장품으로 립스틱을 만들려고 한다. 다음 중 립스틱 내용물에 혼합해 사용할 수 있는 색소로 옳은 것은?**

① 적색 201호　② 적색 208호　③ 적색 219호
④ 등색 206호　⑤ 등색 207호

{ 정답 } 64 ③　65 ②　66 ③　67 ①

해설

〈별표1 화장품 색소 : 타르색소〉

- 적색 102호 : 영유아용 또는 13세 이하 어린이용 제품 사용할 수 없음.
- 적색 205호, 206호, 207호, 208호, 219호 : 눈 주위 및 입술에 사용할 수 없음
- 등색 206호, 207호 : 눈 주위 및 입술에 사용할 수 없음

**68** **미백기능성 화장품의 전성분이 다음과 같을 때 닥나무추출물의 함량으로 가장 적절한 것은?(단, 페녹시에탄올은 사용 한도까지 사용하였음)**

> 정제수, 글리세린, 호호바오일, 에탄올, 헥산다이올, 닥나무추출물, 녹차추출물, 페녹시에탄올, 피이지-60하이드로제네이티드캐스터오일, 향료, 토코페릴아세테이트, 디소듐이디티에이

① 0.5~1.0% ② 1.0~2.0% ③ 2.0~3.0%
④ 3.0~4.0% ⑤ 4.0~5.0%

해설

〈사용 제한 원료의 함량〉

- 닥나무추출물 ; 미백기능성 화장품 성분 2.0%
- 페녹시에탄올 : 보존제 1.0%

**69** **다음 중 맞춤형화장품의 변경신고에 대한 사항을 설명한 것으로 옳은 것은?**

① 맞춤형화장품 판매업자는 변경사유가 발생한 날부터 15일 이내에 맞춤형화장품 판매업 변경신고를 해야 한다.
② 변경시고 시에는 맞춤형화장품 판매업 신고필증과 해당 서류(전자문서는 제외)를 첨부하여 지방보건소장에게 제출하여야 한다.
③ 상속에 의해 판매업자가 변경된 경우에는 주민등록초본을 신고서와 함께 제출한다.
④ 양도양수에 의한 변경의 경우에는 이를 증빙할 수 있는 서류를 제출해야 한다.
⑤ 맞춤형화장품 조제관리사가 변경된 경우에는 자격증 원본을 제출한다.

해설

〈맞춤형화장품판매업의 변경신고〉

맞춤형화장품판매업을 하려는 자는 총리령으로 정하는 바에 따라 식품의약품안전처장에게 신고하여야 한다. 신고한 사항 중 총리령으로 정하는 사항을 변경할 때에도 또한 같다. ⇒ 관할 지방식품의약처안전청에 15일 이내 신고. 변경사항은 30일 이내

① 맞춤형화장품판매업자가 변경신고를 해야 하는 경우
  ㉠ 맞춤형화장품판매업자를 변경하는 경우
  ㉡ 맞춤형화장품판매업소의 상호 또는 소재지를 변경하는 경우
  ㉢ 맞춤형화장품조제관리사를 변경하는 경우

68 ② 69 ④ { 정답 }

② 맞춤형화장품판매업자가 변경신고를 하려면 맞춤형화장품판매업 변경신고서(전자문서로 된 신고서를 포함한다)에 맞춤형화장품판매업 신고필증과 그 변경을 증명하는 서류(전자문서를 포함한다)를 첨부하여 맞춤형화장품판매업소의 소재지를 관할하는 지방식품의약품안전청장에게 제출해야 한다. 이 경우 소재지를 변경하는 때에는 새로운 소재지를 관할하는 지방식품의약품안전청장에게 제출해야 한다.

| 구분 | 제출 서류 |
|---|---|
| 공통 | ① 맞춤형화장품판매업 변경신고서<br>② 맞춤형화장품판매업 신고필증(기 신고한 신고필증) |
| 판매업자 변경 | ① 사업자등록증 및 법인등기부등본(법인에 한함)<br>② 양도 · 양수 또는 합병의 경우에는 이를 증빙할 수 있는 서류<br>③ 상속의 경우에는 「가족관계의 등록 등에 관한 법률」 제15조 제1항 제1호의 가족관계증명서 |
| 판매업소 상호 변경 | ① 사업자등록증 및 법인등기부등본(법인에 한함) |
| 판매업소 소재지 변경 | ① 사업자등록증 및 법인등기부등본(법인에 한함)<br>② 건축물관리대장<br>③ 임대차계약서(임대의 경우에 한함)<br>④ 혼합 · 소분 장소 · 시설 등을 확인할 수 있는 세부 평면도 및 상세 사진 |
| 조제관리사 변경 | ① 맞춤형화장품조제관리사 자격증 사본 |

## 70 맞춤형화장품 판매업자가 작성해서 보관해야 하는 판매내역서에 기재해야 하는 것은?

① 고객 성명 ② 조제관리사 성명 ③ 책임판매업자 성명
④ 판매일자 ⑤ 판매가격

**해설**

맞춤형화장품판매내역서를 작성·보관할 것(전자문서로 된 판매내역을 포함)

1. 제조번호(맞춤형화장품의 경우 식별번호를 제조번호로 함)
   - 식별번호는 맞춤형화장품의 혼합·소분에 사용되는 내용물 또는 원료의 제조번호와 혼합·소분기록을 추적할 수 있도록 맞춤형화장품판매업자가 숫자·문자·기호 또는 이들의 특징적인 조합으로 부여한 번호임
2. 사용기한 또는 개봉 후 사용기간
3. 판매일자 및 판매량

## 71 다음은 화장품 함유 성분별 사용 시의 주의 사항으로 ㉠에 적절한 단어는 무엇인가?

- 카민 함유 제품이므로 이 성분에 과민하거나 ( ㉠ )이/가 있는 사람은 신중히 사용할 것
- 프로필렌글리콜 함유 제품이므로 이 성분에 과민하거나 ( ㉠ ) 병력이 있는 사람은 신중히 사용할 것(프로필렌글리콜 함유 제품만 표시한다.)

① 알레르기 ② 감광성 ③ 감작성
④ 소양감 ⑤ 피부질환

**해설**

**〈화장품의 함유 성분별 사용 시 주의 사항〉**

카민 함유 제품 : 카민 성분에 과민하거나 알레르기가 있는 사람은 신중히 사용할 것

{ 정답 } 70 ④ 71 ①

**72** **다음 중 인체의 피부에 대한 설명으로 적절하지 않은 것은?**

① 피부는 제일 바깥으로부터 표피, 피하지방, 진피로 구성되어 있다.
② 피부의 pH는 4~6이며 피부 속으로 들어갈수록 pH는 7.0까지 증가한다.
③ 피부에는 보호기능, 각화기능, 분비 기능, 체온조절기능, 호흡 기능 등이 있다.
④ 피부의 재생주기는 28일(20세 기준)이며, 나이가 들어감에 따라 재생주기가 증가한다.
⑤ 표피 각질층에 존재하는 세포간 지질은 세라마이드, 콜레스테롤, 유리지방산, 콜레스테롤 설페이트 등으로 구성되어 있다.

해설

피부의 구조는 바깥으로부터 표피, 진피, 피하지방(조직)으로 구성

**73** **맞춤형화장품 판매장에 방문한 고객의 요청이 다음과 같다. 피부상태 측정 후에 고객의 요청에 따라 맞춤형화장품 조제관리사는 ㉠과 ㉡을 혼합하여 맞춤형화장품을 조제할 때 그 혼합이 적절한 것은?**

> **고객** : 골프를 많이 하다보니 피부가 많이 검어졌고 거칠어진 것 같아요. 기미도 많이 올라온 것 같구요. 피부가 하얗게 되고 촉촉해질 수 있는 제품으로 조제 부탁드려요. 그리고 사용감이 끈적거리지 않았으면 좋겠어요.
> **맞춤형화장품조제관리사** : 화장품 내용물은 ( ㉠ )에 보습성분( ㉡ )을 혼합해서 맞춤형화장품을 조제해 드리겠습니다.

① ㉠ 주름개선 기능성화장품 크림 ㉡ 아르간커넬 오일
② ㉠ 주름개선 기능성화장품 크림 ㉡ 베타-글루칸
③ ㉠ 미백 기능성화장품 크림 ㉡ 프로필렌글리콜
④ ㉠ 미백 기능성화장품 크림 ㉡ 소듐하이알루로네이트
⑤ ㉠ 자외선 차단 크림 ㉡ 세라마이드

해설

- 소듐하이알루로네이트 : 가장 많이 사용되는 보습제. 보습력이 뛰어나며 끈적임이 없다.
- 다가알코올 : 부틸렌글라이콜, 글리세린, 솔비톨, 프로필렌글리콜 등은 보습력이 떨어지고 끈적임이 있다.

72 ① 73 ④ { 정답 }

**74** **화장품(스킨로션 200ml, 기능성화장품)에 대한 시험기록이 다음 표와 같을 때 그 설명이 적절하지 않은 것은?**

| 시험항목 | 시험결과 |
|---|---|
| 이물 | 이물없음 |
| 내용량(%) | 100.0 |
| 납(㎍/g) | 21.0 |
| 비소(㎍/g) | 11.0 |
| 에탄올(v/v%) | 0.2 |
| pH | 6.2 |
| 총호기성생균수 | 505 |
| 포장상태 | 외부에서 이물이 침투할 수 없도록 포장 됨 |

① 내용량 시험결과는 적합하다.
② 납 시험결과는 부적합하다.
③ 비소 시험결과는 부적합하다.
④ pH 시험결과는 적합하다.
⑤ 총호기성 생균수 시험결과는 부적합하다.

해설

- 납 : 점토를 원료로 사용한 분말제품 50㎍/g, 그 밖의 제품 20㎍/g이하
- 비소 : 10㎍/g이하
- pH : 3~9 (물을 포함하지 않은 제품, 사용 후 곧 바로 씻어내는 제품은 제외)
- 미생물한도 – 총호기성생균수는 영·유아용 제품류 및 눈화장용 제품류의 경우 500개/g(mL)이하, 기타화장품의 경우 1,000개 이하

**75** **맞춤형화장품 판매업자는 영업자로부터 맞춤형화장품 내용물에 대한 전성분과 내용물 시험결과를 다음과 같이 접수하였다. 접수된 전성분과 내용물 시험결과에 대한 해석으로 적절한 것은?**

- 제품명 : 카밍 크림, 내용량 50g
- 전성분 : 정제수, 디프로필렌글라이콜, 호호바오일, 아르간커넬오일, 카프릴릭/카프릭 트라이글리세라이드, 아스코빌글루코사이드, 1,2헥산디올, 스테아릭애씨드, 카보머, 카르릴릭글라이콜, 향료, 다이소듐이디티에이, 토코페릴아세테이트, 트로메타민, 녹차추출물, 잔탄검, 아데노신, 세라마이드엔피
- 내용물 시험결과
  납 : 20㎍/g이하
  비소 : 8㎍/g이하
  수은 : 1㎍/g이하
  총호기성 생균수 : 510개/g

{ 정답 } 74 ⑤ 75 ③

① 이 제품은 미백기능성 화장품으로 미백 주성분 함량 시험결과를 확인해야 한다.
② 이 제품의 납 시험결과는 화장품 안전 기준의 납 검출허용한도를 초과하였다.
③ 이 제품의 비소 시험결과는 화장품 안전 기준의 비소 검출 허용한도를 초과하지 않았다.
④ 이 제품의 수은 시험결과는 화장품 안전 기준의 수은 검출 허용한도를 초과했다.
⑤ 이 제품의 총호기성 생균수 시험결과는 화장품 안전 기준의 총호기성 생균수 한도를 초과했다.

해설

① 물질의 검출 허용 한도
1. 납 : 점토를 원료로 사용한 분말제품은 50㎍/g이하, 그 밖의 제품은 20㎍/g이하
2. 비소 : 10㎍/g이하
3. 수은 : 1㎍/g이하
② 미생물한도
1. 총호기성생균수는 영·유아용 제품류 및 눈화장용 제품류의 경우 500개/g(mL)이하

**76** **맞춤형화장품조제관리사와 매장을 방문한 고객은 대화를 나누었다. 대화 내용 중 ㉠, ㉡에 적합한 것은?**

**고객** : 등산을 자주해서 그런지 얼굴이 많이 탄 것 같아요. 피부가 건조하기도 하구요.
**조제관리사** : 등산할 때 매번 선크림을 바르셨나요?
**고객** : 거의 안 바른 것 같아요. 그래서 피부가 검어진 것 같아요.
**조제관리사** : 육안으로 볼 때 많이 검어진 것 같아요. 피부측정기로 피부색과 피부수분량을 측정하겠습니다.

잠시 후.
**조제관리사** : 고객님은 한 달 전 측정 시보다 얼굴에 색소침착도가 58%가량 증가 했고 피부수분량도 많이 감소하였습니다. 그래서 ( ㉠ )이/가 포함된 미백기능성 화장품에 보습력을 높이는 ( ㉡ )을/를 추가하여 크림을 조제하여 드리겠습니다.
**고객** : 네, 알겠습니다.

① ㉠ 아스코빌글루코사이드 ㉡ 레조시놀
② ㉠ 레티닐팔미테이트 ㉡ 트레할로스
③ ㉠ 레티놀 ㉡ 트레할로스
④ ㉠ 아데노신 ㉡ 트레할로스
⑤ ㉠ 알부틴 ㉡ 베타인

해설

- 미백에 도움을 주는 성분 – 알부틴, 아스코빌글루코사이드
- 주름개선에 도움을 주는 성분 – 아데노신, 레티놀, 레티닐팔미테이트
- 보습제 – 베타인, 트레할로스
- 염모제 – 레조시놀

76 ⑤ { 정답 }

**77** **맞춤형화장품판매장에서 이루어지는 맞춤형화장품조제관리사와 고객과의 대화 내용 중 옳은 것은?**

① 고객 : 피부 진단은 맞춤형화장품 판매장에 와서 받아야 하나요?
조제관리사 : 바쁘시니 판매장을 방문하지 마시고 전화로 피부진단을 받으시면 맞춤형화장품을 조제하여 택배로 보내드리겠습니다.

② 고객 : 세안 후에 로션을 발라도 피부가 많이 당기는데 어떻게 하지요?
조제관리사 : 피부의 수분량을 측정하고 수분량이 부족하시면 건성피부용 로션 내용물에 히알루론산을 추가하여 로션을 조제하여 드릴테니 사용하세요.

③ 고객 : 요즘 야외 활동이 많아서 피부가 검어진 것 같아요. 어떤 화장품을 사용하면 될까요?
조제관리사 : 아데노신이 주성분인 기능성화장품을 추천드립니다.

④ 고객 : 피부가 민감해서 무기계 자외선차단제로만 제조된 선크림을 추천해 줄 수 있으세요?
조제관리사 : 에칠헥실메톡시신나메이트가 포함된 선크림을 추천해 드리겠습니다.

⑤ 고객 : 요즘 잔주름이 많아진 것 같은데 어떤 화장품을 사용해야 하나요?
조제관리사 : 아스코빌글루코사이드가 주성분인 기능성화장품을 추천드립니다.

**해설**

1. 피부진단은 직접 매장에 방문해서 받아야 한다.
2. 주름개선에 도움을 주는 성분 – 레티놀, 레티닐팔미테이트, 아데노신, 폴리에톡실레이티드레틴아마이드(메디민A)
3. 미백에 도움을 주는 성분 – 닥나무추출물, 알부틴, 에칠아스코빌에텔, 유용성감초추출물, 아스코빌글루코사이드, 마그네슘아스코빌포스페이트, 나이아신아마이드, 알파–비사보롤, 아스코빌테트라이소팔미테이트
4. 무기계 자외선차단제(물리적차단제) – 징크옥사이드, 티타늄디옥사이드

**78** **맞춤형화장품 조제관리사는 매장을 방문한 고객과 다음과 같은 대화를 나누었다. 고객에게 혼합하여 추천할 제품으로 다음 중 적절한 것은?**

**고객** : 최근에 야외활동을 많이 해서 그런지 얼굴 피부가 검어지고 칙칙해졌어요. 건조하기도 하구요.
**조제관리사** : 아, 그러신가요? 그럼 고객님 피부 상태를 측정해 보도록 할까요?
**고객** : 그럴까요? 지난번 방문 시와 비교해 주시면 좋겠네요.
**조제관리사** : 네, 이쪽에 앉으시면 저희 측정기로 측정을 해드리겠습니다.

피부측정 후
**조제관리사** : 고객님은 한 달 전 측정 시보다 얼굴에 색소침착도가 35% 가량 증가했고 피부 보습도도 약 40% 감소하셨습니다.
**고객** : 음. 걱정이네요. 그럼 어떤 제품을 쓰는 것이 좋을지 추천 부탁드려요.

{ 정답 } 77 ② 78 ②

| 보기 | ㉠ 티타늄디옥사이드 함유 제품<br>㉡ 나이아신아마이드 함유 제품<br>㉢ 카페인 함유 제품<br>㉣ 소듐하이알루로네이트 함유 제품<br>㉤ 아데노신 함유 제품 |
|---|---|

① ㉠, ㉡ ② ㉡, ㉣ ③ ㉢, ㉤
④ ㉣, ㉢ ⑤ ㉤, ㉠

해설

1. 주름개선에 도움을 주는 성분 – 레티놀, 레티닐팔미테이트, 아데노신, 폴리에톡실레이티드레틴아마이드(메디민A)
2. 미백에 도움을 주는 성분 – 닥나무추출물, 알부틴, 에칠아스코빌에텔, 유용성감초추출물, 아스코빌글루코사이드, 마그네슘아스코빌포스페이트, 나이아신아마이드, 알파–비사보롤, 아스코빌테트아리소팔미테이트
3. 무기계 자외선차단제(물리적차단제) – 징크옥사이드, 티타늄디옥사이드

## 79 다음 화장품 원료 중에서 동물성 원료가 아닌 것은?

① 캐스터 오일 ② 비즈 왁스 ③ 밍크 오일
④ 난황 오일 ⑤ 에뮤 오일

해설

- 동물성 원료 : 밍크오일, 비즈왁스 (벌집에서 채취), 에뮤오일 난황오일 (계란노른자 추출)
- 식물성 원료 : 캐스터(castor)오일 (아주까리의 열매로 '피마자 오일'이라고도 함)

## 80 모발의 주성분인 케라틴에는 ( ㉠ )결합을 가지고 있는 시스틴이 있는데 이 결합을 환원, 산화시켜서 모발의 웨이브를 형성한다. 시스틴은 2분자의 ( ㉡ )이/가 ( ㉠ )결합으로 연결되어 있다. ㉠, ㉡에 적합한 것은?

① ㉠ 이황화 ㉡ 시스테인 ② ㉠ 이산화 ㉡ 시스테인
③ ㉠ 펩티드 ㉡ 시스테인 ④ ㉠ 펩티드 ㉡ 케라틴
⑤ ㉠ 펩티드 ㉡ 엘라스틴

해설

시스틴(Cystine) : 모발에 가장 풍부한 단백질로 시스테인 아미노산 2개가 이황화결합에 의해서 연결된 구조로서 모발을 구성하는 단백질의 약 15%를 차지하고 있다. 시스틴의 이황화 결합은 모발에 유연성을 부여하고 기계적인 강도를 유지시켜주는데 중요한 역할을 한다.
시스틴결합 : 두 개의 황 원자 사이에서 형성되는 일종의 공유결합으로 모발의 물리적, 화학적 성질에 대한 안정성을 높여주며 황을 함유한 단백질 특유의 측쇄결합으로 모발 케라틴을 결정 짓는데 퍼머넌트 웨이브는 이 화학적 성질을 이용하여 시스틴결합을 환원제로 절단하고 산화제로 본래대로 돌리는 것이다.

79 ① 80 ① { 정답 }

## 81 다음 괄호 안에 적합한 단어를 쓰시오.

화장품 안전 기준 등에 관한 규정에서 불검출 되어야 하는 특정 세균은 대장균, 녹농균, (
)이다.

해설

대장균(Escherichia Coli), 녹농균(Pseudomonas aeruginosa), 황색포도상구균(Staphylococcus aureus)은 불검출

## 82 다음은 화장품의 유형 및 종류에서 만 3세 이하의 영, 유아용 제품류이다. 괄호 안에 알맞은 단어를 기재하시오.

- 영·유아용 샴푸, 린스
- 영·유아용 오일
- 영·유아용 목욕용 제품
- 영·유아용 로션, 크림
- 영·유아용 (　　　　) 제품

해설

〈화장품의 유형 및 종류〉

## 83 내용량이 10ml 초과 50ml 이하 또는 10g 초과 50g 이하인 화장품은 전성분 기재, 표시를 생략할 수 있다. 괄호안에 들어갈 알맞은 단어를 기재하시오.

- 타르색소
- (　　　　　　　)
- 샴푸와 린스에 들어있는 인산염의 종류
- 과일산(AHA)
- 기능성화장품의 경우 그 효능, 효과가 나타나게 하는 원료
- 식품의약품안전처장이 사용 한도를 고시한 화장품의 원료

해설

〈기재·표시를 생략할 수 있는 성분〉

① 제조과정 중에 제거되어 최종 제품에는 남아 있지 않은 성분

② 안정화제, 보존제 등 원료 자체에 들어 있는 부수 성분으로서 그 효과가 나타나게 하는 양보다 적은 양이 들어 있는 성분

③ 내용량이 10밀리리터 초과 50밀리리터 이하 또는 중량이 10그램 초과 50그램 이하 화장품의 포장인 경우에는 다음 각 목의 성분을 제외한 성분

가. 타르색소
나. 금박
다. 샴푸와 린스에 들어 있는 인산염의 종류
라. 과일산(AHA)
마. 기능성화장품의 경우 그 효능·효과가 나타나게 하는 원료
바. 식품의약품안전처장이 배합 한도를 고시한 화장품의 원료

{ 정답 } 81 황색포도상구균　82 인체 세정용　83 금박

## 84 다음 보기에서 ㉠, ㉡에 해당하는 단어를 기재하시오. 영업자는 아래의 성분을 0.5%이상 함유하는 제품의 경우, 반드시 안정성 시험 자료를 보존해야 한다.

**보기**
- 레티놀 및 그 유도체
- 아스코빅애씨드 및 그 유도체
- ( ㉠ )
- 과산화화합물
- ( ㉡ )

**해설**

〈안정성 자료의 보존〉
- 화장품책임판매업자는 안정성 시험 자료를 0.5% 이상 함유하는 제품
- 레티놀 및 그 유도체
- 아스코빅애씨드(비타민C) 및 그 유도체
- 토코페롤(비타민E)
- 과산화화합물
- 효소
- 최종 제조된 제품의 사용기한이 만료되는 날부터 1년간 보존 할 것

## 85 다음에서 ㉠, ㉡에 해당하는 단어를 기재하시오.

맞춤형화장품은 판매장에서 소비자의 안전을 확보하기 위해 맞춤형화장품 조제에 사용하는 내용물 및 원료의 ( ㉠ )을/를 담당하는 ( ㉡ )은/는 화장품원료 및 화장품에 대한 전문지식이 필요하다. 따라서 자격시험을 통해 전문지식이 있는 자를 선별하여 소비자의 안전을 확보할 필요성이 있다.

**해설**

최종 혼합·소분된 맞춤형화장품은 「화장품법」 제8조 및 「화장품 안전 기준 등에 관한 규정(식약처 고시)」 제6조에 따른 유통화장품의 안전 관리 기준을 준수할 것

① 맞춤형화장품 조제에 사용하는 내용물 및 원료의 혼합·소분 범위에 대해 사전에 품질 및 안전성을 확보할 것
② 맞춤형화장품판매업을 신고한 자는 총리령으로 정하는 바에 따라 맞춤형화장품의 혼합, 소분 업무에 종사하는 자(이하 "맞춤형화장품조제관리사"라 한다)를 두어야 한다.
③ 맞춤형화장품조제관리사가 되려는 사람은 화장품과 원료 등에 대하여 식품의약품안전처장이 실시하는 자격시험에 합격하여야 한다.

84 ㉠ 토코페롤(비타민E) ㉡ 효소 85 ㉠ 혼합, 소분 ㉡ 맞춤형화장품조제관리사 { 정답 }

## 86 다음에서 ㉠, ㉡에 알맞은 단어를 기재하시오.

우수화장품 제조 및 품질관리 기준에서 ( ㉠ )은/는 주문 준비와 관련된 일련의 작업과 운송 수단에 적재하는 활동으로 제조소 외로 제품을 운반하는 것이다.
( ㉡ )은/는 화장품책임판매업자가 그 제조 등(타인에게 위탁 제조 또는 검사하는 경우를 포함하고 타인으로부터 수탁 제조 또는 검사하는 경우는 포함하지 않는다.)을 하거나 수입한 화장품의 판매를 위해 출하하는 것을 말한다.

해설

1. 출하 : 주문 준비와 관련된 일련의 작업과 운송 수단에 적재하는 활동으로 제조소 외로 제품을 운반하는 것을 말한다.
2. 시장출하 : 화장품책임판매업자가 그 제조 등(타인에게 위탁 제조 또는 검사하는 경우를 포함하고 타인으로부터 수탁 제조 또는 검사하는 경우는 포함하지 않는다.)을 하거나 수입한 화장품의 판매를 위해 출하하는 것을 말한다. (화장품법 시행규칙 별표1 품질관리)

## 87 비중이 0.9일 때 크림 50ml 제작 시 질량은 얼마인가? (100% 충전한다고 가정한다.)

해설

비중은 물이 기준이 되어 적용=〉비중0.9는 물보다 0.9배 무거운 것으로 본다. 따라서

〈주요식 암기〉

A. 비중=물체의 밀도/물의 밀도

B. 밀도=질량/부피

〈계산식〉

① 0.9=물체의 밀도/물의 밀도

② 물체의 밀도=질량/50ml, 물의 밀도=100%

③ $0.9=\frac{질량/50}{100\%}$

$0.9=\frac{질량/50}{100\%}\times100$

0.9=질량/50

질량=0.9×50=45

## 88 화장품법에 의하면 화장품책임판매업을 등록 하려는 자는 화장품의 품질관리 및 책임판매 후 안전 관리 기준을 갖추어야 하며, 이를 관리할 수 있는 ( )를 두어야 한다.

해설

〈책임판매관리자의 직무〉

① 품질관리 기준에 따른 품질관리 업무

② 책임판매 후 안전 관리 기준에 따른 안전확보 업무

③ 원료 및 자재의 입고(入庫)부터 완제품의 출고에 이르기까지 필요한 시험, 검사 또는 검정에 대하여 제조업자를 관리, 감독하는 업무

- 상시근로자수가 10명 이하인 화장품책임판매업을 경영하는 화장품책임판매업자가 책임판매관리자의 직무를 수행할 수 있다. 이 경우 책임판매관리자를 둔 것으로 본다.

{ 정답 } 86 ㉠ 출하 ㉡ 시장출하 87 45g 88 책임판매관리자

## 89 다음 괄호 안에 적당한 단어를 쓰시오.

액체가 일정방향으로 운동할 때 그 흐름에 평행한 평면의 양측에 내부마찰력이 일어난다. 이 성질을 ( )이라고 한다. 이것은 면의 넓이 및 그 면에 대하여 수직방향의 속도구배에 비례하며 일정온도에 대하여 그 액체의 고유한 정수이다. 그 단위로서는 포아스 또는 센티포아스를 쓴다.

해설

〈별표 10, 제2조 제10호 관련 일반 시험법〉

(점도측정법)

액체가 일정방향으로 운동할 때 그 흐름에 평행한 평면의 양측에 내부마찰력이 일어난다. 이 성질을 점성이라고 한다. 점성은 면의 넓이 및 그 면에 대하여 수직방향의 속도구배에 비례한다. 그 비례정수를 절대점도라 하고 일정온도에 대하여 그 액체의 고유한 정수이다. 그 단위로서는 포아스 또는 센티포아스를 쓴다.

절대점도를 같은 온도의 그 액체의 밀도로 나눈 값을 운동점도라고 말하고 그 단위로는 스톡스 또는 센티스톡스를 쓴다.

## 90 화장품제조업자는 화장품의 제조와 관련된 기록, 시설, 기구 등의 관리 방법 등에 대하여 작업에 지장이 없도록 관리, 유지 하도록 총리령으로 정하는 사항을 준수하여야 한다. 다음 ㉠, ㉡에 들어갈 적합한 단어를 쓰시오.

- 품질관리 기준에 따른 화장품책임판매업자의 지도, 감독 및 요청에 따를 것
- ( ㉠ ), 제조관리 기준서, ( ㉡ ) 및 품질관리기록서를 작성, 보관할 것

해설

〈화장품제조업자의 준수사항〉

① 품질관리 기준에 따른 화장품책임판매업자의 지도, 감독 및 요청에 따를 것
② 제조관리 기준서, 제품표준서, 제조관리기록서 및 품질관리기록서(전자문서 형식을 포함한다)를 작성, 보관할 것
③ 보건위생상 위해(危害)가 없도록 제조소, 시설 및 기구를 위생적으로 관리하고 오염되지 아니하도록 할 것
④ 화장품의 제조에 필요한 시설 및 기구에 대하여 정기적으로 점검하여 작업에 지장이 없도록 관리, 유지할 것

## 91 다음의 화장품 사용 시 주의 사항을 표시, 기재해야 하는 화장품은 무엇인가?

- 눈에 들어갔을 때에는 즉시 씻어낼 것
- 사용 후 물로 씻어내지 않으면 탈모 또는 탈색의 원인이 될 수 있으므로 주의할 것

해설

〈별표3 화장품 유형과 사용 시 주의 사항〉

모발용 샴푸

- 눈에 들어갔을 때에는 즉시 씻어낼 것
- 사용 후 물로 씻어내지 않으면 탈모 또는 탈색의 원인이 될 수 있으므로 주의할 것

89 점성(점도) 90 ㉠ 제품표준서 ㉡ 제조관리기록서 91 모발용 샴푸 { 정답 }

## 92 다음 ㉠, ㉡에 알맞은 단어를 기재하시오.

화장품 포장의 표시기준 및 표시 방법에서 화장품제조업자 또는 화장품책임판매업자의 주소는 등록필증에 적힌 소재지 또는 ( ㉠ ), ( ㉡ ) 업무를 대표하는 소재지를 기재, 표시해야 한다.

해설

〈화장품법 시행규칙 제19조 제6항 관련 별표 4 화장품 포장의 표시기준 및 표시방법〉

영업자의 상호 및 주소

- 영업자의 주소는 등록필증 또는 신고필증에 적힌 소재지 또는 반품·교환 업무를 대표하는 소재지를 기재·표시해야 한다.

## 93 ( )는 연한 갈색 또는 암갈색의 다양한 크기와 불규칙한 형태로 나타나는 후천적인 과색소 침착증으로 발생요인은 복합적인 요인이 작용하는데 자외선 과다 노출이나 임신, 경구피임약 복용, 난소질환, 에스트로겐 과다, 영양 실조, 내분비 기능 장애 등에 의해서도 약화 될 수 있다.

해설

기미 : 자외선 과다 노출이나 임신, 경구피임약 복용, 난소질환, 에스트로겐 과다, 영양 실조, 내분비 기능 장애 등의 원인으로 발생

## 94 기능성화장품 심사를 위해 제출해야 하는 자료 중 안전성확보를 위한 시험에 관한 자료는 다음과 같다.

- 단회투여독성 시험 자료
- 1차 피부자극 시험 자료
- 안점막지극시험 자료 또는 그 밖의 점막자극 시험 자료
- ( )
- 광독성 및 광감작성 시험 자료
- 인체첩포시험 자료
- 인체누적첩포시험 자료

해설

기능성화장품에서 〈안전성 확보를 위한 시험〉 참조

{ 정답 } 92 ㉠ 교환 ㉡ 반품 93 기미 94 피부감작성시험 자료

**95** **진피에 있는 망상층에서는 교원섬유(콜라겐)가 형성되는데 기질금속단백질분해효소 (MMP, Matrix metalloprotease )는 금속이온인 ( ㉠ )와/과 결합하여 교원섬유를 파괴한다. ㉠에 적합한 용어는 무엇인가?**

해설

① 기질 금속단백분해효소(matrix metalloproteinase, MMP)의 특성
- 세포외 기질의 적절한 분해와 새로운 기질의 침착에 밀접하게 관여한다.
- 아연 의존성 내부단백질분해효소로 세포외기질의 단백질을 가수분해하는 특성이 있다.

② 망상층
- 진피의 80%를 차지
- 굵고 치밀한 아교섬유다발
- 감각기관 (냉각, 온각, 압각)이 존재
- 교원섬유 사이에 탄력섬유가 연결(신축성과 탄력)
- 혈관, 림프관, 신경총, 땀샘 등이 존재

**96** **다음 설명 중 ㉠과 ㉡에 알맞은 말을 쓰시오.**

- 안면홍조와 같은 피부의 붉은 색은 ( ㉠ )에 의한 것으로 이 성분은 혈액 중 적혈구 안에 존재하여 산소를 운반한다.
- 피부의 노란 색 ( ㉡ )는 이 성분에 의한 것으로 식물에 많이 존재하며 화장품 색소로 사용되기도 한다.

해설

피부색을 결정짓는 요인은 멜라닌, 헤모글로빈, 카로틴이다.

**97** **다음에서 ㉠과 ㉡에 적합한 단어를 쓰시오.**

모발은 모근과 모간으로 분리되어 모근에 있는 ( ㉠ )은/는 모유두에 접하고 있는 세포로 세포분열과 증식에 관여하여 새로운 모발세포를 만들어낸다. 모발은 80~90%가 ( ㉡ )(이)라는 경단백질이 주성분이며 18가지 아미노산 중 시스틴이 14~18%로 다량 함유되어 있고 수분 10~14%, 미네랄과 미량원소, 멜라닌색소로 구성되어 있다.

해설

〈모발의 구조〉

1. 모근부 : 피부의 안쪽에 존재
   모모세포 – 모유두에 접하고 있는 세포, 세포분열 일어나며, 모발의 색을 결정
2. 모간부 : 가장 바깥층으로 투명한 비늘모양 세포로 구성
   ① 모표피(hair cuticle) – 단단한 케라틴 단백질로 구성
   ② 모피질(hair cortex) – 모발의 85 ~ 90%로 대부분을 차지하며 모발의 색과 윤 기를 결정하는 과립상의 멜라닌 색소 함유
   ③ 모수질(hair medulla)
   - 모발 중심부에 동공(속이 비어있는 상태)부위
   - 케라토하이알린, 지방, 공기 등이 채워져 있다.

95 ㉠ 아연이온 96 ㉠ 헤모글로빈 ㉡ 카로틴 97 ㉠ 모모세포 ㉡ 케라틴 { 정답 }

## 98 다음 화장품 pH시험법의 ㉠과 ㉡에 적합한 단어를 쓰시오.

검체 약 ( ㉠ )g 또는 ( ㉠ )ml를 취하여 100mL 비이커에 넣고 물 ( ㉡ )ml를 넣어 수욕상에서 가온하여 지방분을 녹이고 흔들어 섞은 다음 냉장고에서 지방분을 응결하여 여과한다. 이때 지방층과 물층이 분리되지 않을 때는 그대로 사용한다. 여액을 가지고 Ⅵ-1. 원료 47. pH측정법에 따라 시험한다. 다만, 성상에 따라 투명한 액상인 경우에는 그대로 측정한다.

해설

〈별표10. 일반시험법 제조 제10호 관련〉

〈별표4. 유통화장품 안전 관리시험방법(제6조관련)〉

pH시험법 – 검체 약 2g 또는 2mL를 취하여 100mL 비이커에 넣고 물 30mL를 넣어 수욕상에서 가온하여 지방분을 녹이고 흔들어 섞은 다음 냉장고에서 지방분을 응결시켜 여과한다. 이때 지방층과 물층이 분리되지 않을 때는 그대로 사용한다. 여액을 가지고 Ⅵ-1. 원료 47. pH측정법에 따라 시험한다. 다만, 성상에 따라 맑은 액상인 경우에는 그대로 측정한다.

## 99 다음은 탈모 증상 완화에 도움을 주는 기능성원료에 대한 설명이다. 이 원료를 한글로 적으시오.

- $C_{10}H_{20}O$/분자량 156.27mol
- 성상 : 이 원료는 무색의 결정으로 특이하고 상쾌한 냄새가 있고 맛은 처음에는 쏘는 듯하고 나중에는 시원하다. 이 원료는 에탄올 또는 에테르에 썩 잘 녹고 물에는 녹기 어렵다. 탈모증상 완화에 도움을 주는 기능성 원료이다.

해설

〈탈모증상 완화에 도움을 주는 기능성 원료〉

- 엘-멘톨 (l-Menthol, C10H20O) : 기능성화장품 원료
- 비오틴 (Biotin, C10H16N2O3S) : 모발컨디셔닝제, 피부컨디셔닝제
- 덱스판테놀(Dexpanthenol, C9H19NO4) : 기능성화장품 원료
- 징크피리치온(Zinc Pyrithione,C10H10N2O2S2Zn), 징크피리치온액(50%)
  : 〈보존제〉사용 후 씻어내는 제품에 0.5%, 기타 제품에는 사용금지

〈기타 성분〉 비듬 및 가려움을 덜어주고 씻어내는 제품(샴푸, 린스) 및 탈모증상의 완화에 도움을 주는 화장품에 총 징크피리치온으로서 1.0%, 기타 제품에는 사용금지

{ 정답 } 98 ㉠ 2 ㉡ 30 99 엘-멘톨

**100** **모발은 약 3~6년 동안 자라다가 성장을 멈추고 서서히 탈락 후 그 모공에서 다시 새로운 모발이 생성되는 성장주기를 갖는다. 성장기가 끝나고 서서히 성장하는 퇴화기를 거쳐 모발은 4개월 정도 성장이 멈추는 기간을 갖는데 이러한 (          )의 모발은 전체 모발의 약 10%를 차지하는데 이 시기의 모발이 20% 이상이면 병적 탈모로 간주한다.**

해설

〈모발의 성장주기〉

① 성장기
- 모발이 모세혈관에서 보내진 영양분에 의해 성장하는 시기
- 전체 모발의 85~90% 해당/ 성장기는 3~6년

② 퇴화기
- 대사과정이 느려져 세포분열이 정지 모발 성장이 정지되는 시기
- 전체 모발의 1% 해당/2~4주

③ 휴지기
- 모구의 활동이 완전히 멈추는 시기
- 전체 모발의 4~14% 해당/4~5개월

④ 발생기
- 휴지기에 들어간 모발은 모유두만 남기고 2~3개월 안에 자연히 떨어져 나간다.(1일 50~100개의 모발이 빠짐)
- 새로운 모발이 발생하는 시기

100 휴지기 { 정답 }

맞춤형화장품 조제관리사 | 국가시험 기출복원문제

2020년 10월 17일 시행

문항수 : 100개 점수 확인 : 개

**01** 다음 중 화장품법의 목적이 아닌 것은?

① 국민보건향상에 기여한다.
② 화장품의 제조, 수입, 판매에 관한 사항을 규정한다.
③ 화장품의 수출 등에 관한 사항을 규정한다.
④ 인체를 청결 미화하여 용모 변화를 증진시킨다.
⑤ 화장품 산업의 발전에 기여한다.

해설

**화장품법의 목적(화장품법 제1조)**
이 법은 화장품의 제조, 수입, 판매 및 수출 등에 관한 사항을 규정함으로써 국민보건향상과 화장품 산업의 발전에 기여함을 목적으로 한다. ④번 내용은 화장품의 정의

**02** 화장품법에서 정의한 용어에 대한 내용으로 바르지 않은 것은?

① 표시 – 화장품의 용기·포장에 기재하는 문자·숫자·도형 또는 그림 등을 말함
② 맞춤형화장품판매업 – 맞춤형화장품을 판매하는 영업
③ 화장품제조업 – 화장품의 전부를 제조(2차 포장 또는 표시만의 공정을 포함한다.)하는 영업
④ 화장품책임판매업 – 취급하는 화장품의 품질 및 안전 등을 관리하면서 이를 유통·판매하거나 수입대행형 거래를 목적으로 알선·수여하는 영업
⑤ 광고 – 라디오·텔레비전·신문·잡지·음성·음향·영상·인터넷·인쇄물·간판, 그 밖의 방법에 의하여 화장품에 대한 정보를 나타내거나 알리는 행위

해설

**(화장품법 제2조 제10호)**
화장품제조업 – 화장품의 전부 또는 일부를 제조(2차 포장 또는 표시만의 공정은 제외한다)하는 영업을 말한다.
※ 화장품을 직접 제조하는 영업/화장품제조를 위탁받아 제조하는 영업/화장품의 포장(1차 포장만 해당)을 하는 영업

{ 정답 } 01 ④ 02 ③

## 03 화장품법의 벌칙에 있어서 개별기준의 과태료 부과금액이 다른 하나를 고르시오.

① 화장품제조업자, 화장품책임판매업자로 등록하지 아니하고 기능성화장품을 판매하는 자

② 화장품에 사용할 수 없는 원료를 사용하였거나 유통화장품 안전 관리 기준에 적합하지 않은 화장품을 판매한 경우

③ 코뿔소 뿔 또는 호랑이 뼈와 그 추출물을 사용한 화장품을 제조 판매한 경우

④ 동물실험을 실시한 화장품 또는 동물실험을 실시한 화장품 원료를 사용하여 제조 또는 수입한 화장품을 유통 판매한 자

⑤ 화장품의 포장 및 기재, 표시 사항을 훼손 또는 위조, 변조한 경우

해설

①②③⑤ – 3년이하의 징역 또는 3천만원이하의 벌금, ④ 100만원이하 과태료

## 04 개인정보보호법에서 정보 주체로부터 개인정보 동의를 얻고자 할 때, 개인정보처리자가 개인정보의 처리에 대해 정보 주체의 동의를 받는 방법 중 잘못된 것은?

① 동의 내용이 적힌 서면을 정보 주체에게 직접 발급하거나 우편 또는 팩스 등의 방법으로 전달하고, 정보 주체가 서명하거나 날인한 동의서를 받는다.

② 관보나 인터넷 홈페이지에 개인정보 사용에 대해 고지하고, 별도의 동의를 받지 않아도 된다.

③ 인터넷 홈페이지 등에 동의 내용을 게재하고 정보 주체가 동의 여부를 표시하도록 한다.

④ 정보 주체에게 전화를 통하여 동의 내용을 알리고 동의의 의사 표시를 확인한다.

⑤ 동의 내용이 적힌 전자우편을 발송하여 정보 주체로부터 동의의 의사 표시가 적힌 전자우편을 받는다.

해설

② 개인정보 사용은 반드시 정보 주체의 직접적인 동의를 받아야 한다.
(개인정보보호법 시행령 제17조 제1항) 개인정보 처리에 대한 동의를 받는 법
개인정보처리자는 법 제22조에 따라 개인정보의 처리에 대하여 다음의 어느 하나에 해당하는 방법으로 정보 주체의 동의를 받아야 한다.

1. 동의 내용이 적힌 서면을 정보 주체에게 직접 발급하거나 우편 또는 팩스 등의 방법으로 전달하고, 정보추제가 서명하거나 날인한 동의서를 받는 방법
2. 전화를 통하여 동의 내용을 정보 주체에게 알리고 동의의 의사 표시를 확인하는 방법
3. 전화를 통하여 동의 내용을 정보 주체에게 알리고 정보 주체에게 인터넷주소 등을 통하여 동의 사항을 확인하도록 한 후 다시 전화를 통하여 그 동의 사항에 대한 동의의 의사 표시를 확인하는 방법
4. 인터넷 홈페이지 등에 동의 내용을 게재하고 정보 주체가 동의 여부를 표시하도록 하는 방법

03 ④ 04 ② { 정답 }

5. 동이 내용이 적힌 전자우편을 발송하여 정보 주체로부터 동의의 의사 표시가 적힌 전자우편을 받는 방법
6. 그 밖에 1~5까지의 규정에 따른 방법에 준하는 방법으로 동의 내용을 알리고 동의의 의사 표시를 확인하는 방법

## 05 다음 중 용어의 설명으로 옳지 않은 것은?

① 맞춤형화장품 – 화장품 중에서 고객 맞춤형으로 피부의 미백과 주름에 도움을 주는 제품으로 총리령으로 정하는 화장품

② 기능성 화장품 – 피부나 모발의 기능 약화로 인한 건조함, 갈라짐, 빠짐 각질화 등을 방지하거나 개선하는 데에 도움을 주는 제품으로 총리령으로 정하는 화장품

③ 안전용기, 포장 – 만 5세 미만의 어린이가 개봉하기 어렵게 설계, 고안된 용기나 포장

④ 유기농화장품 – 유기농 원료, 동식물 및 그 유래 원료 등을 함유한 화장품으로서 식품의약품안전처장이 정하는 기준에 맞는 화장품

⑤ 천연화장품 – 동식물 및 그 유래 원료 등을 함유한 화장품으로서 식품의약품안전처장이 정하는 기준에 맞는 화장품

해설

(화장품법 제2조) 맞춤형화장품
- 제조 또는 수입된 화장품의 내용물에 다른 화장품의 내용물이나 식품의약품안전처장이 정하는 원료를 추가하여 혼합한 화장품
- 제조 또는 수입된 화장품의 내용물을 소분한 화장품

## 06 화장품제조업의 등록이나 맞춤형화장품판매업의 신고를 할 수 있는 자는?

① 미성년후견인

② 등록이 취소된 날부터 2년이 지나지 않은 자

③ 화장품법을 위반하여 금고 이상의 형을 선고받고 그 집행이 끝나지 않은 자

④ 마약류의 중독자

⑤ 영업소가 폐쇄된 날로부터 1년이 지나지 않은 자

해설

화장품제조업의 등록이나 맞춤형화장품판매업의 신고를 할 수 없는 자
등록이 취소되거나 영업소가 폐쇄된 날부터 1년이 지나지 아니한 자(화장품법 제3조의3 제5호)

{ 정답 } 05 ① 06 ②

## 07 다음 괄호 안에 적절한 내용으로 알맞은 것은?

( ㉠ )으로 인정받아 판매 등을 하려는 화장품제조업자, 화장품책임판매업자 또는 총리령으로 정하는 대학, 연구소 등은 품목별로 안전성 및 유효성에 관하여 ( ㉡ )의 심사를 받거나( ㉡ )에게 보고서를 제출하여야 한다. 제출한 보고서나 심사받은 사항을 변경할 때에도 또한 같다.

① ㉠ 유기농화장품 ㉡ 보건복지부장관
② ㉠ 천연화장품 ㉡ 식품의약품안전평가원장
③ ㉠ 기능성화장품 ㉡ 보건복지부장관
④ ㉠ 맞춤형화장품 ㉡ 식품의약품안전처장
⑤ ㉠ 기능성화장품 ㉡ 식품의약품안전처장

해설

**(화장품법 제4조 제1항)**
기능성화장품으로 인정받아 판매 등을 하려는 화장품제조업자, 화장품책임판매업자(제3조 제1항에 따라 화장품책임판매업을 등록한 자를 말한다. 이하 같다) 또는 총리령으로 정하는 대학·연구소 등은 품목별로 안전성 및 유효성에 관하여 식품의약품안전처장의 심사를 받거나 식품의약품안전처장에게 보고서를 제출하여야 한다. 제출한 보고서나 심사받은 사항을 변경할 때에도 또한 같다.

## 08 화장품의 목적이라고 할 수 없는 것은?

① 노폐물을 제거하여 신체를 청결히 한다.
② 화장 등에 의해 자신을 아름답고 매력있게 가꾸고 마음을 풍요롭게 한다.
③ 피부의 수분증발을 방지하여 피부감염을 예방한다.
④ 자외선이나 건조 등으로부터 피부나 모발을 보호하고 노화를 방지한다.
⑤ 피부에 색조 및 입체감을 부여하여 준다.

해설

**화장품의 목적**
①·②·④·⑤ 외에 피부를 보호하고 건강을 유지하며, 쾌적한 생활을 즐기는 것이다.

07 ⑤ 08 ③ { 정답 }

**09** **화장품법 제14조에서 천연화장품 및 유기농화장품에 대한 인증내용으로 적절하지 않은 것은?**

① 식품의약품안전처장은 인증을 받은 화장품이 부정한 방법으로 인증을 받았거나 인증 기준에 적합하지 아니하게 된 경우에는 그 인증을 취소할 수 있다.

② 식품의약품안전처장은 인증업무를 효과적으로 수행하기 위하여 필요한 전문 인력과 시설을 갖춘 기관을 인증기관으로 지정하여 인증업무를 위탁할 수 있다.

③ 천연화장품 및 유기농화장품에 대한 인증의 유효기간은 3년이고, 유효기간을 연장 받으려면 만료 90일 전에 총리령으로 정한다.

④ 인증을 받으려는 화장품책임판매업자, 맞춤형화장품판매업자 등은 식품의약품안전처장에게 인증을 신청하여야 한다.

⑤ 식품의약품안전처장은 천연화장품 및 유기농화장품의 품질제고를 유도하고 소비자에게 보다 정확한 제품정보가 제공될 수 있도록 식품의약품안전처장이 정하는 기준에 적합한 천연화장품 및 유기농화장품에 대하여 인증할 수 있다.

해설

**(화장품법 제14조의2 제3항)**

식품의약품안전처장은 인증을 받은 화장품이 다음의 어느 하나에 해당하는 경우에는 그 인증을 취소하여야 한다.

- 거짓이나 그 밖의 부정한 방법으로 인증을 받은 경우
- 인증기준에 적합하지 아니하게 된 경우
- 인증을 받으려는 화장품제조업자, 화장품책임판매업자 또는 총리령으로 정하는 대학·연구소 등은 식품의약품안전처장에게 인증을 신청한다.

**10** **개인정보처리자는 정보 주체가 자신의 개인정보에 대한 열람을 요구하는 때를 대비하여 열람요구방법과 절차를 마련해야 한다. 이 경우에 주의해야 할 사항이 아닌 것은?**

① 서면, 전화, 전자우편, 인터넷 등 정보 주체가 쉽게 활용할 수 있는 방법으로 제공한다.

② 개인정보를 수집한 창구의 지속적 운영이 곤란한 경우 등 정당한 사유가 있는 경우를 제외하고는 최소한 개인정보를 수집한 창구 또는 방법과 동일하게 개인정보의 열람을 요구 할 수 있도록 한다.

③ 인터넷 홈페이지를 운영하는 개인정보처리자는 홈페이지에 열람요구 방법과 절차를 공개한다.

④ 열람 요구 방법과 절차는 개인정보처리자가 처리하기 쉬운 방법으로 제공한다.

⑤ 개인정보에 대한 열람이 해당 개인정보의 수집 방법과 절차에 비하여 어렵지 아니하게 제공해야 한다.

{ 정답 } 09 ④ 10 ④

해설

**(개인정보보호법 시행령 제41조 제2항) 개인정보의 열람 절차 등**

개인정보처리자는 정보 주체 자신의 개인정보에 대한 열람 요구 방법과 절차를 마련하는 경우 해당 개인정보의 수집 방법과 절차에 대하여 어렵지 아니하도록 다음의 사항을 준수하여야 한다.

- 서면, 전화, 전자우편, 인터넷 등 정보 주체가 쉽게 활용할 수 있는 방법으로 제공할 것
- 개인정보를 수집한 창구의 지속적 운영이 곤란한 경우 등 정당한 사유가 있는 경우를 제외하고는 최소한 개인정보를 수집한 창구 또는 방법과 동일하게 개인정보의 열람을 요구할 수 있도록 할 것
- 인터넷 홈페이지를 운영하는 개인정보처리자는 홈페이지에 열람 요구 방법과 절차를 공개할 것

**11 화장품책임판매업자의 변경등록 사항에 대한 벌칙으로 틀린 것은?**

① 화장품책임판매업자가 소재지 변경을 안 한 경우 1차 위반 시 판매업무정지 1개월

② 화장품책임판매업자가 폐업 등의 신고를 하지 않은 경우 50만원 과태료

③ 화장품책임판매업자의 변경 또는 상호의 변경을 등록하지 않은 경우 1차 위반시 판매업무정지 1개월

④ 화장품책임판매업자가 소재지 변경을 안 한 경우 4차 위반 시 등록취소

⑤ 화장품책임판매업자가 책임판매관리자의 변경을 하지 않은 경우 1차 위반시 시정명령

해설

화장품책임판매업자의 변경 또는 상호의 변경을 등록하지 않은 경우

- 1차 위반 – 시정명령
- 2차 위반 – 판매업무정지 1개월

**12 화장품법에서 책임판매관리자와 맞춤형화장품조제관리사가 안전성 확보 및 품질관리에 관한 교육을 매년 정기적으로 받지 않았을 때 벌칙으로 옳은 것은?**

① 3년 이하의 징역 또는 3천만원이하의 벌금

② 1년 이하의 징역 또는 1천만원이하의 벌금

③ 200만원 이하의 벌금

④ 100만원 이하의 과태료

⑤ 50만원 이하의 과태료

해설

**50만원 과태료**

① 화장품의 생산실적 또는 화장품 원료의 목록 등을 보고하지 아니한 자

② 책임판매관리자 및 맞춤형화장품조제관리사가 화장품의 안전성 확보 및 품질관리에 관한 교육을 매년 받지 않은 경우

③ 폐업 등의 신고를 하지 아니한 자

④ 화장품의 판매 가격을 표시하지 않은 경우(소비자에게 화장품을 직접 판매하는 자가 판매하려는 가격을 표시하여야 한다).

**《벌금 요약정리》**

3년 3000만원(관련: 자격, 화장품관련 안전 기준), 1년 1000만원(관련: 표시광고), 200만원(관련: 회수), 100만원(관련; 보고) 각각의 경우

11 ③ 12 ⑤ { 정답 }

**13** **화장품책임판매업장에 근무하는 A군과 맞춤형화장품판매업장에 근무하는 B군의 대화이다.**

> A군 : 우리 회사가 서울에서 대전으로 이사 온 지 3년이 지났는데 담당자가 퇴직하며 일처리를 하지 않아서 소재지 변경처리가 안 되어 있다고 하니 걱정이야
> B군 : 그럼 벌금을 내야 하나?
> 우리 회사도 이전한 지 한 달이 넘었는데 아직 변경처리를 안 한 것 같은데…
> 담당자에게 빨리 소재지 변경처리 하도록 알려야겠네.

**다음 중에서 행정처분의 기준에 해당하는 사항을 바르게 열거한 것은?**

① A군의 회사는 소재지 변경사항 등록을 하지 않아 과태료 3천만원이하의 벌금
② B군의 회사는 소재지 변경사항 등록을 하지 않아 과태료 3천만원이하의 벌금
③ A군의 회사는 소재지 변경사항 신고를 하지 않아 시정명령
④ A군의 회사는 소재지 변경사항 등록을 하지 않아 등록취소
⑤ B군의 회사는 소재지 변경사항 신고를 하지 않아 판매업무 정지 4개월

**해설**

① 화장품책임판매업자는 변경 사유가 발생한 날부터 30일(행정구역 개편에 따른 소재지 변경의 경우에는 90일) 이내에 화장품책임판매업 변경등록 신청서(전자문서로 된 신청서를 포함한다)에 화장품책임판매업 등록필증과 해당 서류(전자문서를 포함한다)를 첨부하여 지방식품의약품안전청장에게 제출
– 화장품책임판매업소 소재지의 변경신고를 하지 않은 경우: 등록취소 (4차)
② 맞춤형화장품판매업을 하려는 자는 총리령으로 정하는 바에 따라 식품의약품안전처장에게 신고하여야 한다. 신고한 사항 중 총리령으로 정하는 사항을 변경할 때에도 또한 같다. ⇒ 관할 지방식품의약처안전청에 15일 이내 신고. 변경사항은 30일 이내 신고
– 맞춤형화장품판매업소 소재지의 변경신고를 하지 않은 경우: 판매업무정지 1개월(1차)

**14** **화장품법 제15의2에서 동물실험을 실시한 화장품원료 등의 유통판매 금지에 해당하는 경우에 대한 설명으로 바르지 않은 것은?**

① 동물대체시험법이 존재하지 않아 동물실험이 불필요한 경우
② 보존제, 색소, 자외선차단제 등 특별히 사용상의 제한이 필요한 원료에 대하여 그 사용기준을 지정하거나 국민보건상 위해 우려가 제기되는 화장품 원료 등에 대한 위해평가를 하기 위하여 필요한 경우
③ 수입하려는 상대국의 법령에 따라 제품 개발에 동물실험이 필요한 경우
④ 다른 법령에 따라 동물실험을 실시하여 개발된 원료를 화장품의 제조 등에 사용하는 경우
⑤ 그 밖에 동물실험을 대체할 수 있는 실험을 실시하기 곤란한 경우로서 식품의약품안전처장이 정하는 경우

**해설**

**(화장품법 제15조의2 제1항)**
① 동물대체시험법(동물을 사용하지 아니하는 실험방법 및 부득이하게 동물을 사용하더라도 그 사용되는 동물의 개체

{ 정답 } 13 ④ 14 ①

수를 감소하거나 고통을 경감시킬 수 있는 실험방법으로서 식품의약품안전처장이 인정하는 것을 말한다)이 존재하지 아니하여 동물실험이 필요한 경우

**15** **다음 중 유통화장품 안전 기준 등에 관한 규정에 따른 유해물질로서 디아졸리디닐우레아, 디엠디엠하이단토인 등과 같은 일부 살균·보존제에서 검출되는 것은?**

① 메탄올 ② 디옥산 ③ 포름알데하이드
④ 카드뮴 ⑤ 수 은

해설

**유통화장품의 유해물질로서 포름알데하이드 :**
포름알데하이드 및 p–포름알데하이드는 화장품에 사용할 수 없는 원료이나 화장품에 사용되는 일부 살균·보존제(디아졸리디닐우레아, 디엠디엠하이단토인, 2–브로모–2–나이트로프로판–1,3–디올, 벤질헤미포름알, 소듐하이드록시메칠아미노아세테이트, 이미다졸리디닐우레아, 쿼터늄–15 등)가 수용성 상태에서 분해되어 일부 생성될 수 있다.

**16** **다음 중 유통화장품 안전 기준 등에 관한 규정에 따른 유해물질로서 검출한도가 제한되어있는 디옥산 검출시험을 위해 알아보았다. 화장품 제조시 디옥산 생성에 관여하는 물질인 것은?**

① 디글리세롤 ② 사이클론헥칠
③ 프로필렌글리콜 ④ 폴리에틸렌글리콜
⑤ 5–브로모–5–나이트로–1,3–디옥산

해설

유통화장품의 제한 유해물질로 디옥산 검체에 20% 황산나트륨용액, 폴리에틸렌글리콜을 검액 또는 표준액으로 사용

**17** **영·유아용화장품의 샴푸제조공정에서 사용되는 계면활성제로 비교적 피부에 자극적이지 않으며 세정의 효과를 갖는 것으로 옳게 짝지은 것은?**

① 양쪽성이온계면활성제 – 징크스테아레이트 (Zinc stearate)
② 양이온계면활성제 – 염화벤잘코코늄
③ 양쪽성이온계면활성제 – 소듐에칠라우로일타우레이트(Sodium Methyl Lauroyl Taurate)
④ 음이온계면활성제 – 폴리옥시에틸렌알킬에테르염
⑤ 비이온계면활성제 – 소르비탄 스테아레이트(Sorbitan Stearate)

해설

계면활성제는 계면에 흡착하여 계면의 성질을 현저히 변화시키는 물질로, 음이온계면활성제(세정작용과 기포형성 작용)와 양이온계면활성제(살균작용과 소독작용)로 구분한다. 양쪽성이온계면활성제는 음이온계면활성제보다 세정력은 떨어지나 피부자극이 낮아 베이비샴푸 등 제품에 이용된다.
※ 양쪽성이온계면활성제 종류: 아미노산형, 베타인형, 아미다졸린유효체의 합성원료가 있다.
〈종류〉 레시틴(Lecithin), 소듐에칠라우로일타우레이트(Sodium Methyl Lauroyl Taurate), 하이드로제네이티드레시틴(Hydrogenated Lecithin)

15 ③ 16 ④ 17 ③ { 정답 }

## 18 분자 속에 수산기(-OH)가 3개 이상 있고, 화장수에 5~20% 정도 들어 있으며, 보습효과와 유연제의 작용을 하지만 알레르기를 일으킬 수 있으므로 주의해야 하는 것은?

① 이소프로필알코올 ② 글리세린 ③ 붕산
④ 과산화수소 ⑤ 살리실산

해설

글리세린
- 1분자 속에 수산기 3개를 갖고 있는 3가 알코올이다.
- 피부를 부드럽게 하고 윤기와 광택을 준다.
- 무색의 단맛을 가진 끈끈한 액체로 수분흡수작용을 한다.
- 보습효과와 유연작용을 하며 화장수에 5~20% 들어 있다.
- 액이 너무 진하면 피부조직으로부터 수분을 흡수해서 피부가 거칠어지고 색을 검게 하며, 알레르기를 일으킬 수 있으므로 주의한다.

## 19 자외선으로부터 피부를 보호하는 자외선차단제 중 흡수작용의 원료로 바르게 짝지어진 것은?

① 드로메트리졸, 징크피리치온
② 징크옥사이드, 티타늄디옥사이드
③ 에칠헥실메톡시신나메이트, 벤조페논 -4
④ 클로로펜, 호모살레이트
⑤ p-클로로-m-크레졸, 징크피리치온

해설

- 보존제 - 클로로펜, 징크피리치온, p-클로로-m-크레졸
- 자외선차단제 - 징크옥사이드, 티타늄디옥사이드 (산란제)

## 20 화장품의 원료에서 사용상 제한이 필요한 보존제 성분을 사용한 것으로 옳지 않은 것은?

① 에칠라우로일알지네이트 하이드로클로라이드 0.1%
② 에칠헥실메톡시신나메이트 6.5%
③ 알킬디아미노에칠글라이신하이드로클로라이드용액(30%) 0.3%
④ 운데실레닉애씨드 및 그 염류 및 모노에탄올아마이드 - 사용 후 씻어내는 제품에 산으로서 0.2%
⑤ p-클로로-m-크레졸 0.04%

해설

자외선 차단제
- 에칠헥실메톡시신나메이트 7.5%
- 에칠라우로일알지네이트 하이드로클로라이드 0.4% 이내

{ 정답 } 18 ② 19 ③ 20 ②

**21** **화장품안전 기준 등에 관한 규정 제6조에 의해 퍼머넌트웨이브용 및 헤어스트레이트너 제품에 적합한 기준을 다음과 같이 설명하고 있다. 이 제품에서 반응하는 산화제로 옳은 것은?**

> 시스테인, 시스테인염류 또는 아세틸시스테인을 주성분으로 하는 냉2욕식 퍼머넌트웨이브용 제품 : 이 제품은 실온에서 사용하는 것으로서 시스테인, 시스테인염류 또는 아세틸시스테인을 주성분으로 하는 제1제 및 산화제를 함유하는 제2제로 구성된다.
> 가. 제1제 : 이 제품은 시스테인, 시스테인염류 또는 아세틸시스테인을 주성분으로 하고 불휘발성 무기알칼리를 함유하지 않은 액제이다. 이 제품에는 품질을 유지하거나 유용성을 높이기 위하여 적당한 알칼리제, 침투제, 습윤제, 착색제, 유화제, 향료 등을 첨가할 수 있다.
> 1) pH : 8.0~9.5
> 2) 알칼리 : 0.1N 염산의 소비량은 검체 1mL에 대하여 12mL이하
> 3) 시스테인 : 3.0~7.5%
> 4) 환원후의 환원성물질(시스틴) : 0.65%이하
> 5) 중금속 : 20㎍/g이하
> 6) 비소 : 5㎍/g이하
> 7) 철 : 2㎍/g이하

① 치오황산나트륨액
② 과산화수소수 함유제제
③ 디치오글라이콜릭애씨드
④ 브롬산나트륨 함유제제
⑤ 치오글라이콜릭애씨드 또는 그 염류

해설

나. 제2제 기준 : 1. 치오글라이콜릭애씨드 또는 그 염류를 주성분으로 하는 냉2욕식 퍼머넌트웨이브용 제품 나. 제2제의 기준에 따른다.

21 ⑤ { 정답 }

**22** **맞춤형화장품판매업장에서 조제관리사가 오래전에 방문한 고객의 상담자료를 보고 대화를 나누고 있다. 그들의 대화 속에서 필요한 성분들을 바르게 표시하고 있는 것을 고르시오.**

> 조제관리사 : 안녕하세요. 고객님 오랜만에 오셨네요.
> 고객 : 네 ~ 안녕하세요.
> 제가 요즘 들어 얼굴이 많이 건조하여 당김 현상이 심하고,
> 얼굴에 색소가 부쩍 많이 생긴 것 같아 찾아왔습니다.
> 조제관리사 : 네… 그러시군요. 먼저 피부측정을 해 보고 상담해 드리겠습니다.
> 예전에 방문한 자료를 보니 현재 상태가 수분도가 많이 떨어지시고, 부분 색소 발현이 많이 있으시네요.
> 고객 : 그럼 어떤 제품을 쓰면 좋을지 추천해 주세요.
> 조제관리사 : 네 ~ 알겠습니다.
> 고객님의 피부상태에 맞추어 수분을 보충하는 보습성분과 미백에 도움이 되는 제품을 만들어 드리겠습니다. 잠시만 기다려 주세요.

① 아데노신 – 닥나무추출물
② 1,3 부틸렌글리콜 – 레티놀
③ 살리실릭애씨드 – 징크피리치온
④ 소듐하이알루로네이트 – 에칠아스코빌에텔
⑤ 수용성 콜라겐 – 레티닐팔미테이트

해설

**보습과 미백 원료 필요**

- 보습제 : 글리세린, 히아루론산, 소듐하이알루로네이트, 콜라겐, 소듐콘드로이틴설페이트, 글리세린, 프로필렌글리콜, 1,3 부틸렌글리콜, 히아루론산나트륨
- 미백제 : 닥나무추출물, 에칠아스코빌에텔, 알파–비사보롤, 아스코빌테트라이소팔미테이트
- 주름개선제 : 아데노신, 레티놀, 레티닐팔미테이트, 폴리에톡실레이티드레틴아마이드
- 여드름 완화제 : 살리실릭애씨드
- 보존제 : 징크피리치온

**23** **「화장품 안전 기준 등에 관한 규정(식약처 고시)」 [별표 2]의 '화장품에 사용상의 제한이 필요한 원료'에서 제시된 것으로 기초화장품의 혼합원료에 사용가능한 것으로 옳은 것은?**

① 비타민 E 25%
② 살리실릭애씨드 및 그 염류 사용 후 씻어내는 두발용 제품 3%
③ 살리실릭애씨드 및 그 염류 인체 세정용 제품류 2%
④ 레조시놀 2%
⑤ 자몽씨추출물 2%

{ 정답 } 22 ④ 23 ⑤

해설

기초화장용 제품 : 수렴, 유연, 영양화장수, 마사지크림, 에센스오일, 파우더, 바디제품, 팩, 마스크, 눈주위 제품, 로션 크림 등

- 자몽씨추출물 2% : 천연산화방지제
- 레조시놀 2% : 산화염모제
- 비타민 E 20% : 산화방지제

**24** **화장품 사용 시의 주의 사항 및 알레르기 유발성분 표시 등에 관한 규정에서는 착향제 성분 중 알레르기 유발물질을 정하고 있다. 화장품의 품질향상을 위해 사용하는 착향제의 구성분으로 알레르기유발 성분에서 알려진 신남알과 연관성이 있는 것은?**

① 브로모신남알
② 나무이끼추출물
③ 벤질신나메이트
④ 클로로신남알
⑤ 에틸2,2-다이메틸하이드로신남알

해설

알레르기 유발물질 신남알 (Cinnamal) : 변성제, 감미제, 착향제 로 사용

O
||
OH═O−CH

신남알계 종류는 이와 유사한 구조식을 갖고 있다.

1. 신남알계열
   - 클로로신남알 (Chlorocinnamal) – 피부컨디셔닝제에 사용
   - 브로모신남알 (Bromocinnamal) – 감미제로 사용
   - 헥실신남알 (Hexyl Cinnamal) – 착향제로 사용
   - 에틸2,2–다이메틸하이드로신남알 (Ethyl 2,2–Dimethylhydrocinnamal) – 착향제로 사용
   - 아밀신남알 (Amyl Cinnamal) – 착향제로 사용
   - 신나밀알코올 (Cinnamyl Alcohol) – 감미제, 착향제로 사용
   - 아밀신나밀알코올 (Amylcinnamyl Alcohol) – 착향제로 사용
2. 벤질알코올과 신나믹애씨드의 에스터 물질
   - 벤질신나메이트 (Benzyl Cinnamate) – 착향제로 사용

**25** **자연에서 얻은 아로마오일 추출 방법 중 꽃에서 추출하는 증류 압착법으로 아로마 오일을 추출하는 과정에서 생성되는 물질이며, 꽃향기가 나고, 독특한 독성을 갖고 있어 알레르기 유발 물질로 분류되는 것은?**

① 클로로펜
② 시트랄
③ 프로폴리스
④ 플라보노이드
⑤ 폴리페놀

해설

모노페르펜 계열 물질 : 알레르기 유발
종류 : 리날롤, 리모넨, 시트랄, 시트로넬올, 제라니올 등

24 ⑤ 25 ② { 정답 }

**26** **화장품법 14조의 2에서 식품의약품안전처장은 천연화장품 및 유기농화장품의 품질제고를 유도하고 소비자에게 보다 정확한 제품정보가 제공될 수 있도록 식품의약품안전처장이 정하는 기준에 적합한 천연화장품 및 유기농화장품에 대하여 인증할 수 있다. 인증을 받으려는 화장품제조업자, 화장품책임판매업자 또는 총리령으로 정하는 대학·연구소 등은 식품의약품안전처장에게 인증을 신청하여야 한다. 이와 연관하여 법에서 규정한 내용 중에 바르지 않은 것은?**

① 천연화장품 및 유기농화장품에 대한 인증의 유효기간은 인증을 받은 날부터 3년으로 한다.

② 천연화장품 및 유기농화장품에 사용할 수 있는 원료는 천연원료, 천연유래원료, 물을 포함 한다.

③ 천연화장품 및 유기농화장품의 인증 유효기간은 2년으로 하며 식품의약품안전처장이 정하는 표시를 사용할 수 있다.

④ 천연화장품 및 유기농화장품으로 인증을 받은 화장품에 대해서는 총리령으로 정하는 인증표시를 할 수 있다.

⑤ 식품의약품안전처장은 거짓이나 그 밖의 부정한 방법으로 인증을 받은 경우 인증을 취소해야 한다.

해설

- 천연화장품 및 유기농화장품의 인증 유효기간은 3년
- 총리령으로 정하는 인증표시

**27** **친유성과 친수성 밸런스 척도(HLB값)가 10이상으로 높은 것은 ( ㉠ ) 유화제로 쓰이는 계면활성제이며, 친유기와 친수기를 갖고 있어서 물에 녹으면 물의 표면에서 볼 때 친수기는 물의 내부를 향하고 친유기는 공기 중으로 향한다. 물속에서는 ( ㉡ )을 형성하여 물의 표면장력을 약화시킨다. 다음에서 옳은 것은?**

① ㉠ 친유성 ㉡ 파장
② ㉠ 친수성 ㉡ 라멜라
③ ㉠ 친유성 ㉡ 미셀
④ ㉠ 친수성 ㉡ 미셀
⑤ ㉠ 친수성 ㉡ 이온

해설

HLB값 10 이하 지용성, HLB값10 이상 수용성(지질불용성)

{ 정답 } 26 ③ 27 ④

**28** **화장품에 사용가능 원료 중에서 하이드록시기(-OH)의 수가 3개 이상인 것을 다가알코올 이라한다. 이들 종류에 대한 설명으로 옳은 것은?**

① 에틸렌글리콜은 독성이 낮으며 글리세린대용으로 쓰인다.
② 프로필렌글리콜은 에몰리엔트 효과가 있어 보습제로 쓰인다.
③ 쎄틸알코올은 유화안정제로 쓰인다.
④ 스테아릴알코올은 계면활성제 혹은 점증제로 쓰인다.
⑤ 글리세롤 또는 글리세린은 다량 사용 시 피부에 자극을 준다.

해설

- 에틸렌글리콜, 프로필렌글리콜 : 2가 알코올 , 하이드록시기(수산기, -OH)의 수가 2개
- 쎄틸알코올 : C수 16개, 수산기 1개의 고급알코올
- 스테아릴알코올 : C수 18개, 수산기 1개의 고급알코올
- 글리세린 : 수산기 3개의 다가알코올, 10%이내 사용시 보습효과

**29** **인체 세포·조직 배양액의 안전성 평가에서 안전성 확보를 위한 자료를 작성 보관하여야 한다. 인체 세포·조직 배양액의 안전성 평가에 대한 자료가 아닌 것은?**

① 반복투여독성 시험자료
② 안점막자극 또는 기타점막자극 시험자료
③ 유전독성 시험자료
④ 2차 피부자극 시험자료
⑤ 인체첩포시험자료

해설

인체 세포·조직 배양액의 안전성 평가
가. 인체세포·조직배양액의 안전성 확보를 위하여 다음의 안전성시험 자료를 작성·보존하여야 한다.
(1) 단회투여독성 시험자료
(2) 반복투여독성 시험자료
(3) 1차피부자극 시험자료
(4) 안점막자극 또는 기타점막자극 시험자료
(5) 피부감작성시험자료
(6) 광독성 및 광감작성 시험자료(자외선에서 흡수가 없음을 입증하는 흡광도 시험자료를 제출하는 경우에는 제외함)
(7) 인체 세포·조직 배양액의 구성성분에 관한 자료
(8) 유전독성 시험자료
(9) 인체첩포시험자료

28 ⑤ 29 ④ { 정답 }

**30** **화장품법 시행규칙 제2조에서 총리령으로 정하는 기능성 화장품의 범위를 설명하고 있는 화장품으로 바르게 표현하고 있는 것은?**

① 여드름성 피부를 개선하는데 도움을 주는 화장품
② 일시적으로 모발의 색상을 변화시키는 제품
③ 피부에 탄력을 주어 피부의 주름을 없애주는 화장품
④ 피부장벽의 기능을 회복하여 가려움 등의 개선에 도움을 주는 화장품
⑤ 탈모 증상의 완화에 도움을 주는 화장품으로 흑채가 있다.

해설

**화장품법 시행규칙 제2조 기능성 화장품의 범위**

1. 피부에 멜라닌색소가 침착하는 것을 방지하여 기미·주근깨 등의 생성을 억제함으로써 피부의 미백에 도움을 주는 기능을 가진 화장품
2. 피부에 침착된 멜라닌색소의 색을 엷게 하여 피부의 미백에 도움을 주는 기능을 가진 화장품
3. 피부에 탄력을 주어 피부의 주름을 완화 또는 개선하는 기능을 가진 화장품
4. 강한 햇볕을 방지하여 피부를 곱게 태워주는 기능을 가진 화장품
5. 자외선을 차단 또는 산란시켜 자외선으로부터 피부를 보호하는 기능을 가진 화장품
6. 모발의 색상을 변화[탈염(脫染)·탈색(脫色)을 포함한다]시키는 기능을 가진 화장품. 다만, 일시적으로 모발의 색상을 변화시키는 제품은 제외한다.
7. 체모를 제거하는 기능을 가진 화장품. 다만, 물리적으로 체모를 제거하는 제품은 제외한다.
8. 탈모 증상의 완화에 도움을 주는 화장품. 다만, 코팅 등 물리적으로 모발을 굵게 보이게 하는 제품은 제외한다.
9. 여드름성 피부를 완화하는 데 도움을 주는 화장품. 다만, 인체세정용 제품류로 한정한다.
10. 피부장벽(피부의 가장 바깥 쪽에 존재하는 각질층의 표피를 말한다)의 기능을 회복하여 가려움 등의 개선에 도움을 주는 화장품
11. 튼살로 인한 붉은 선을 엷게 하는 데 도움을 주는 화장품

**31** **화장품 표시광고에서 화장품책임판매업자가 실증자료의 제출을 요청받은 경우 조치해야 할 내용으로 옳은 것은?**

① 실증자료를 요청받은 날로부터 30일 이내에 식품의약품안전처장에게 제출하여야 한다.
② 실증자료를 요청받은 날로부터 15일 이내에 식품의약품안전처장에게 제출하여야 한다.
③ 실증자료를 요청받은 날로부터 15일 이내에 소비자보호감시원에 제출하여야 한다.
④ 실증자료를 요청받은 날로부터 20일 이내에 지방식품의약품안전청장에게 제출하여야 한다.
⑤ 실증자료를 요청받은 날로부터 30일 이내에 지방식품의약품안전청장에게 제출하여야 한다.

해설

실증자료의 제출을 요청받은 영업자 또는 판매자는 요청받은 날부터 15일 이내에 그 실증자료를 식품의약품안전처장에게 제출하여야 한다.(화장품법 제14조 제3항)

{ 정답 } 30 ④ 31 ②

**32** **염모제 사용시 주의 사항으로 틀린 것은?**

① 두피, 얼굴, 목덜미에 상처가 있는 사람은 사용하지 말 것
② 프로필렌글리콜에 의한 알레르기 반응을 갖고 있는 사람은 사용하지 말 것
③ 혼합한 염모액을 밀폐된 용기에 보존하지 말 것
④ 용기를 버릴 때는 반드시 뚜껑을 열어서 버릴 것
⑤ 패치테스트는 체질변화에 따라 알레르기 부작용이 있을 수 있으므로 매회 실시하며, 패치테스트 상태는 첩포시 폐쇄상태로 유지

해설

염색 전 패치테스트는 48시간 전에 하고, 깨끗이 세척한 부위에 동전 크기로 바르고 자연건조시킨 후 그대로 방치한다.

**33** **기능성화장품 기준 및 시험방법 별표1에서 화장품 성분이 인체에 미치는 영향이 안전하도록 기능성화장품의 독성을 파악하기 위해 독성 시험법을 실시하였다. 그 중에서 인체사용시험에 대한 내용으로 바르지 않은 것은?**

① 인체첩포시험은 피부과 전문의 또는 연구소 및 병원, 기타 관련기관에서 5년이상 해당시험 경력을 가진 자의 지도하에 수행되어야 한다.
② 인체사용시험의 대상은 20명이상으로 한다.
③ 투여 농도 및 용량은 원료에 따라서 사용시 농도를 고려해서 여러 단계의 농도와 용량을 설정하여 실시한다.
④ 인체사용시험을 평가하기에 상등부 또는 전완부 등 적정한 부위를 폐쇄첩포 한다.
⑤ 투여농도 및 용량은 완제품의 경우 제품자체를 사용하여도 된다.

해설

**별표1 인체사용시험**

(1) 인체 첩포 시험 : 피부과 전문의 또는 연구소 및 병원, 기타 관련기관에서 5년이상 해당시험 경력을 가진 자의 지도하에 수행되어야 한다.
(가) 대 상 : 30명 이상
(나) 투여 농도 및 용량 : 원료에 따라서 사용시 농도를 고려해서 여러단계의 농도와 용량을 설정하여 실시하는데, 완제품의 경우는 제품자체를 사용하여도 된다.
(다) 첩포 부위 : 사람의 상등부(정중선의 부분은 제외)또는 전완부 등 인체사용시험을 평가하기에 적정한 부위를 폐쇄첩포 한다.

**34** **기능성화장품의 원료 중에서 염모제가 아닌 것을 고르시오.**

① 피크라민산　② 레조시놀　③ 염산 2,4 - 디아미노페놀
④ p-클로로-m-크레졸　⑤ 몰식자산

해설

p-클로로-m-크레졸 : 보존제

32 ⑤　33 ②　34 ④ { 정답 }

**35** **기능성화장품의 유효성평가를 위한 가이드라인에서 기능성화장품 인증을 위해 제출하는 시험자료 중 인체적용시험자료의 미백효과 평가를 위한 시험에 대한 내용으로 옳은 것은?**

① 피험자수는 통계적 비교가 가능하기 위해 20명 이상을 확보하도록 한다.

② 최소홍반량 측정을 위한 조사부위는 시험부위와 반드시 동일한 부위로 할 필요가 없다.

③ 시료 도포 전후 비교횟수는 아침 1회를 원칙으로 한다. 실험시료의 효능 및 이상반응을 고려하여 도포 횟수 및 도포 총량을 결정할 수 있다.

④ 자외선을 조사하는 동안에 피험자가 움직이지 않도록 한다. 조사가 끝난 후 24~48 시간 사이에 피험자의 홍반상태를 판정한다.

⑤ 자외선 조사부위 시험부위는 등 상부 내측에서만 선택 한다.

해설

① 피험자수는 통계적 비교가 가능하기 위해 20명 이상을 확보하도록 한다.
② 최소홍반량측정을 위한 조사부위는 시험부위와 동일한 부위로 한다.
③ 시료 도포 전후 비교횟수는 아침 저녁 2회를 원칙으로 한다. 실험시료의 효능 및 이상반응을 고려하여 도포 횟수 및 도포 총량을 결정할 수 있다.
④ 자외선을 조사하는 동안에 피험자가 움직이지 않도록 한다. 조사가 끝난 후 16~24 시간 사이에 피험자의 홍반상태를 판정한다.
⑤ 자외선 조사부위 시험부위는 등 상부, 하부 또는 복부, 허벅지, 상완, 하완 내측에서 선택한다.

**36** **기능성화장품의 유효성평가를 위한 인체적용시험자료의 미백효과 평가를 위한 시험에서 피험자로 선정할 수 없는 기준으로 틀린 것은?**

① 피부 질환을 포함하는 급성 혹은 만성 신체 질환이 없는 자

② 동일한 실험에 참가한 뒤 6개월이 경과되지 않은 자

③ 임신 또는 수유중인 여성과 임신 가능성이 있는 여성

④ 광알레르기 또는 광감작의 병력이 있는 자

⑤ 피부 질환의 치료를 위해 스테로이드가 함유된 피부 외형제를 1개월이상 사용하는 자

해설

지원자와의 면담에 의하여 다음 사항에 해당되는 사람은 피험자에서 제외시킨다.
가) 임신 또는 수유중인 여성과 임신 가능성이 있는 여성
나) 광알레르기 또는 광감작의 병력이 있는 자
다) 피부 질환의 치료를 위해 스테로이드가 함유된 피부 외형제를 1개월이상 사용하는 자
라) 동일한 실험에 참가한 뒤 6개월이 경과되지 않은 자
마) 민감성, 과민성 피부를 가진 자

{ 정답 } 35 ① 36 ①

**37** **자외선으로부터 피부를 보호하는 제품으로 자외선차단제가 있다. 이들 제품에 사용되는 원료 중에 피부에서 자외선을 흡수하여 차단하는 원료와 제한 농도가 옳은 것은?**

① 산화아연 20%, 이산화티타늄 20%
② 에칠헥실메톡시신나메이트 7.5%, 에칠헥실살리실레이트 5%
③ 드로메트리졸 10%, 옥토크릴렌 10%
④ 징크옥사이드 25%, 티타늄디옥사이드 25%
⑤ 벤조페논-8 5%, 옥시벤존 3%

해설

**자외선 흡수제(피부에서 자외선을 흡수시켜 차단)**

- 부틸메톡시디벤조일메탄(Butyl Methoxydibenzoylmethane)
- 벤조페논-1(~12) (Benzophenone-1(~12), 벤조페논-9,
- 에칠헥실메톡시신나메이트, 에칠헥실살리실레이트

**38** **화장품 사용 시 주의 사항으로 틀린 것은?**

① 퍼머넌트 웨이브 제품 및 헤어스트레이트너 제품은 섭씨 15도 이하의 어두운 장소에 보존하고, 색이 변하거나 침전된 경우에는 사용하지 말 것
② 외음부 세정제는 만 13세 이하의 어린이에게는 사용하지 말 것
③ 모발용 샴푸는 사용 후 물로 씻어내지 않으면 탈모 또는 탈색의 원인이 될 수 있으므로 주의할 것
④ 손·발의 피부연화 제품은 눈, 코 또는 입 등에 닿지 않도록 주의하여 사용할 것
⑤ 염모 시 주의 사항은 눈에 들어갔을 때 물 또는 미지근한 물로 15분 이상 잘 씻어준다.

해설

**외음부 세정제 사용시 주의 사항**

가) 정해진 용법과 용량을 잘 지켜 사용할 것
나) 만 3세 이하의 영유아에게는 사용하지 말 것
다) 임신 중에는 사용하지 않는 것이 바람직하며, 분만 직전의 외음부 주위에는 사용하지 말 것
라) 프로필렌 글리콜(Propylene glycol)을 함유하고 있으므로 이 성분에 과민하거나 알레르기 병력이 있는 사람은 신중히 사용할 것(프로필렌 글리콜 함유제품만 표시한다)

37 ② 38 ② { 정답 }

**39** **국민보건에 위해(危害)를 끼치거나 끼칠 우려가 있는 화장품이 유통 중인 사실을 알게 된 경우에는 지체 없이 해당화장품을 회수하거나 회수하는 데에 필요한 조치를 하여야 한다. 다음은 회수대상화장품에 대한 설명이다. 기준이 다른 것은?**

① 사용기한 또는 개봉 후 사용기간(병행표기된 제조연월일을 포함한다)을 위조 · 변조한 화장품

② 전부 또는 일부가 변패(變敗)된 화장품 또는 병원미생물에 오염된 화장품

③ 식품의약품안전처장이 지정 고시한 화장품에 사용할 수 없는 원료 또는 사용상의 제한을 필요로 하는 특별한 원료를 사용한 화장품

④ 화장품의 포장 및 기재 · 표시 사항을 훼손 또는 위조 · 변조한 화장품

⑤ 맞춤형화장품 판매업자가 맞춤형화장품조제관리사를 두지 아니하고 판매한 맞춤형화장품

해설

**화장품 안전 기준 등에 관한 규정 제4장 유통화장품 안전 관리 기준 제6조**

③ 가등급 : 식품의약품안전처장이 지정 고시한 화장품에 사용할 수 없는 원료 또는 사용상의 제한을 필요로 하는 특별한 원료(예 보존제, 색소, 자외선 차단제 등)를 사용한 화장품

① ② ④ ⑤ ⇒ 나등급

**40** **우수화장품 제조 및 품질관리 기준에 따른 용어의 정의에서 틀린 것은?**

① 일탈은 제조 또는 품질관리 활동 등 미리 정해진 기준을 벗어나 이루어진 행위를 말한다.

② 제조단위는 하나의 공정이나 일련의 공정으로 제조되어 균질성을 갖는 화장품의 일정한 분량을 말한다.

③ 재작업은 적절한 작업환경에서 건물과 설비가 유지되도록 정기적 비정기적인 지원 및 검출작업을 말한다.

④ 공정관리은 제조공정 중 적합판정기준의 충족을 보증하기 위하여 공정을 모니터링하거나 조정하는 모든 작업을 말한다

⑤ 출하는 주문 준비와 관련된 일련의 작업과 운송 수단에 적재하는 활동으로 제조소 외로 제품을 운반하는 것을 말한다.

해설

**우수화장품 제조 및 품질관리 기준에 따른 용어 정의**

③ 재작업은 적합 판정기준을 벗어난 완제품, 벌크제품 또는 반제품을 재처리하여 품질이 적합한 범위에 들어오도록 하는 작업을 말한다.

{ 정답 } 39 ③ 40 ③

**41** **알칸계 화합물에서 에스테르물질 (R－COO－R')에 해당하는 탄화수소화합물의 원료로 바르지 않은 것은?**

① 실리콘 오일 ② 쎄틸에칠헥사노이에이트 ③ 라놀린
④ 이소스테아린산 ⑤ 카나우바 왁스

해설

이소스테아린산 ; 유기산의 일종으로 불포화지방산
※ 에스테르 물질에는 대표적인 유성원료로 유지류, 왁스류가 있다.
1. 합성오일 – 실리콘 오일, 쎄틸에칠헥사노이에이트
2. 동물성 왁스 – 라놀린
3. 식물성 왁스 – 카나우바 왁스

**42** **보존제의 사용 한도가 올바르지 않은 것은?**

① 클로페네신 0.3%
② 브로모클로로펜 0.6%
③ 클로로자이레놀 0.5%
④ 이미다졸리디닐우레아 0.6%
⑤ 소듐하이드록시메칠아미노아세테이트 0.5%

해설

브로모클로로펜 0.1%

**43** **화장품법 4조 및 시행규칙 제9조에서 기능성화장품의 심사에 대한 내용으로 보기에서 괄호 안에 용어로 옳은 것은?**

① 법 제4조제1항에 따라 기능성화장품으로 인정받아 판매 등을 하려는 화장품제조업자, 화장품책임판매업자 또는 대학·연구기관·연구소(이하 "연구기관 등"이라 한다)는 기능성화장품 심사의뢰서(전자문서로 된 심사의뢰서를 포함한다)에 다음 각 호의 서류(전자문서를 포함한다)를 첨부하여 ( ㉠ )의 심사를 받아야 한다.
1. 안전성, 유효성 또는 기능을 입증하는 자료
 가. 기원 및 개발경위에 관한 자료
 나. 안전성에 관한 자료
 다. 유효성 또는 기능에 관한 자료
 라. 자외선차단지수(SPF), 내수성자외선차단지수(SPF, 내수성 또는 지속내수성) 및 자외선A 차단등급(PA) 설정의 근거자료
2. 기준 및 시험방법에 관한 자료(검체 포함)
 법 제1항에 따라 심사를 받은 사항을 변경하려는 자는 기능성화장품 변경심사 의뢰서(전자문서로 된 의뢰서를 포함한다)에 다음 각 호의 서류(전자문서를 포함한다)를 첨부하여 ( ㉠ )에게 제출하여야 한다.

41 ④ 42 ② 43 ② { 정답 }

① 지방식품의약품안전청장 ② 식품의약품안전평가원장
③ 소비자화장품안전 관리감시원 ④ 식품의약품안전처장
⑤ 보건복지부장관

해설

기능성화장품으로 인정받아 판매 등을 하려는 화장품제조업자, 화장품책임판매업자 또는 「기초연구진흥 및 기술개발 지원에 관한 법률」 제6조제1항 및 제14조의2에 따른 대학·연구기관·연구소(이하 "연구기관 등"이라 한다)는 기능성화장품 심사의뢰서(전자문서로 된 심사의뢰서를 포함한다)에 규정된 제출서류(전자문서를 포함한다)를 첨부하여 식품의약품안전평가원장의 심사를 받아야 한다.

**44 작업장의 공기청정도 기준이 틀린 것은?**

① 원료칭량실 – 낙하균 30개/hr 또는 부유균 200개/$m^2$
② clean bench – 낙하균 10개/hr 또는 부유균 20개/$m^2$
③ 내용물보관실 – 낙하균 30개/hr 또는 부유균 200개/$m^2$
④ 성형실 – 낙하균 30개/hr 또는 부유균 200개/$m^2$
⑤ 완제품보관소 – 낙하균 30개/hr 또는 부유균 200개/$m^2$

해설

완제품보관소 : 일반작업실로 관리 기준 없음. 환기장치만 설치

**45 제조위생관리 기준서에 포함되어야 하는 사항으로 옳은 것은?**

①제품명, 제조번호 또는 관리번호, 제조연월일
②세척방법과 세척에 사용되는 약품 및 기구
③시설 및 주요설비의 정기적인 점검방법
④시험검체 채취방법 및 채취 시의 주의 사항과 채취 시의 오염방지대책
⑤사용하려는 원자재의 적합판정 여부를 확인하는 방법

해설

①·④는 품질관리 기준서, ③·⑤는 제조관리 기준서에 포함되어야 하는 사항이다.

{ 정답 } 44 ⑤ 45 ②

**46 화장품을 제조하면서 검출된 의도되지 않은 물질로 프탈레이트류 종류로 옳은 것은?**

① 메틸벤질프탈레이트
② 프로필벤질프탈레이트
③ 에칠헥실프탈레이트
④ 부틸벤질프탈레이트
⑤ 디에칠벤질프탈레이트

해설

디부틸프탈레이트, 부틸벤질프탈레이트 및 디에칠헥실프탈레이트

**47 화장품을 제조하면서 검출된 물질을 인위적으로 첨가하지 않았으나, 제조 또는 보관 과정 중 포장재로부터 이행되는 등 비의도적으로 유래된 사실이 객관적인 자료로 확인되고 기술적으로 완전한 제거가 불가능한 경우가 있다. 그 중에서 미생물의 검출허용 한도는 다음과 같이 실험한다. 다음 보기에서 괄호 안에 알맞은 것은?**

(1) 세균수 시험
㉮ 한천평판도말법 직경 9~10cm 페트리 접시내에 미리 굳힌 세균 시험용 배지 표면에 전처리 검액 0.1mL이상 도말한다.
㉯ 한천평판희석법 검액 1mL를 같은 크기의 페트리접시에 넣고 그 위에 멸균 후 45℃로 식힌 15mL의 세균시험용 배지를 넣어 잘 혼합한다.
검체당 최소 2개의 평판을 준비하고 ㉠ (  )에서 적어도(  ) 배양하는데 이 최대 균집락수를 갖는 평판을 사용하되 평판당 300개 이하의 균집락을 최대치로 하여 총 세균수를 측정한다.
(2) 진균수 시험 : (1) 세균수 시험'에 따라 시험을 실시하되 배지는 진균수시험용 배지를 사용하여 배양온도 ㉡ (  )에서 적어도 (  ) 배양한 후 100개 이하의 균집락이 나타나는 평판을 세어 총 진균수를 측정한다.

① ㉠ 10~15℃, 24시간 ㉡ 20~25℃, 3일간
② ㉠ 30~35℃, 24시간 ㉡ 20~25℃, 3일간
③ ㉠ 30~35℃, 48시간 ㉡ 20~25℃, 5일간
④ ㉠ 20~25℃, 48시간 ㉡ 20~25℃, 5일간
⑤ ㉠ 10~15℃, 48시간 ㉡ 20~25℃, 5일간

해설

미생물 검출시험법

- 세균수 시험 : 30~35 ℃에서 적어도 48시간 배양
- 진균수 시험 : 20~25 ℃에서 적어도 5일간 배양

제6조(유통화장품의 안전 관리 기준) ① 유통화장품은 제2항부터 제5항까지의 안전 관리 기준에 적합하여야 하며, 유통화장품 유형별로 제6항부터 제9항까지의 안전 관리 기준에 추가적으로 적합하여야 한다. 또한 시험방법은 별표 4에 따라 시험하되, 기타 과학적·합리적으로 타당성이 인정되는 경우 자사 기준으로 시험할 수 있다.

46 ④ 47 ③ { 정답 }

**48** **화장품법 제6조의 유통화장품안전 기준에서 화장품을 제조하면서 인위적으로 첨가하지 않았으나, 제조 또는 보관 과정 중 비의도적으로 유래된 사실이 확인되었고 기술적으로 완전한 제거가 불가능한 경우 검출 해당 물질의 허용 한도를 제시하고 있다. 다음 중 제조된 화장품의 검출시험으로 나타난 결과로써 적합판정으로 옳은 것은?**

① 납 30㎍/g이하
② 수은 10 ㎍/g이하
③ 비소 5㎍/g이하
④ 디옥산 200㎍/g이하
⑤ 메탄올 : 물휴지 0.02%이하

해설

비소는 검출 제한량이 10㎍/g이하 이므로 사용가능
제6조(유통화장품의 안전 관리 기준) 2항 참조

**49** **화장품제조업자가 제품 품질에 대한 문제가 있거나 회수 반품된 제품의 폐기 또는 재작업을 하는 경우에 있어서 재작업에 대한 조건으로 옳은 것은?**

① 변질·변패 또는 병원미생물에 오염된 경우
② 품질에 문제가 있거나 회수·반품된 제품의 폐기 또는 재작업 여부는 품질보증 책임자의 승인 없이도 가능하다.
③ 제조일로부터 1년이 경과하지 않았거나 사용기한이 1년 이상 남아있는 경우
④ 적합판정기준을 벗어난 벌크제품만 재작업이 가능하다.
⑤ 제조일로부터 6개월이 경과하고 사용기한이 1년 이상 남아있는 경우

해설

제22조(폐기처리 등) [※ 우수화장품 제조 및 품질관리 기준]
① 품질에 문제가 있거나 회수·반품된 제품의 폐기 또는 재작업 여부는 품질보증 책임자에 의해 승인되어야 한다.
② 재작업은 그 대상이 다음 각 호를 모두 만족한 경우에 할 수 있다.
1. 변질·변패 또는 병원미생물에 오염되지 아니한 경우
2. 제조일로부터 1년이 경과하지 않았거나 사용기한이 1년 이상 남아있는 경우

{ 정답 } 48 ③ 49 ③

**50** **다음은 기능성 화장품 심사에서 안전성에 대한 시험자료이다.**

| | |
|---|---|
| ① 단회투여독성 시험 | ② 1차피부자극 시험 |
| ③ 안점막자극 또는 기타점막자극 시험 | ④ 피부감작성시험 |
| ⑤ (　　　　) 시험 및 광감작성시험 | ⑥ 인체사용시험 |

**위의 자료들은 화장품 성분이 생체에 미치는 영향으로 안전함을 뒷받침하는 객관적인 근거가 필요하므로 독성이나 피부자극,알레르기와 같은 작용에 대응한 다양한 예측 평가법이 있다. 괄호안에 해당하는 평가방법으로 바르지 않은 것은?**

① 안점막 자극 시험 – Draize방법

② 광독성 시험 – Morikawa법

③ 광감작성 시험 – Adjuvant and Strip 법

④ 인체사용시험 – Harber 법

⑤ 광감작성 시험 – Jordan 법

해설

**인체사용시험**

- Shelanski and Shelanski 법, Kilgman의 Maximization 법, Draize방법
- 광감작성 시험 : Adjuvant and Strip 법, Harber 법, Horio 법, Jordan 법
- 1차피부자극 시험, 안점막자극 또는 기타점막자극 시험, 인체 누적첩포시험 : Draize방법

**51** **유통화장품 안전 기준 등에 관한 규정에서 설명하고 있는 용어로 바르게 설명한 것은 ?**

① 반제품은 제조공정 단계에 있는 것으로서 필요한 제조공정을 더 거쳐야 벌크 제품이 되는 것을 말한다.

② 완제품은 출하를 위해 제품의 포장 및 첨부 문서에 표시공정 등을 포함한 모든 제조공정이 완료된 화장품을 말한다.

③ 재작업은 적합 판정기준을 벗어난 완제품, 벌크제품 또는 반제품을 재처리하여 품질이 적합한 범위에 들어오도록 하는 작업을 말한다.

④ 벌크제품은 충전(1차포장) 이전의 제조 단계까지 끝낸 제품을 말한다.

⑤ 감사는 제조공정 중 적합판정기준의 충족을 보증하기 위하여 공정을 모니터링하거나 조정하는 모든 작업을 말한다.

해설

⑤ 감사 : 제조 및 품질과 관련한 결과가 계획된 사항과 일치하는지의 여부와 제조 및 품질관리가 효과적으로 실행되고 목적 달성에 적합한지 여부를 결정하기 위한 체계적이고, 독립적인 조사를 말한다.

※ 공정관리 : 제조공정 중 적합판정기준의 충족을 보증하기 위하여 공정을 모니터링하거나 조정하는 모든 작업을 말한다.

50 ②　51 ⑤ { 정답 }

**52** **화장품 적합판정을 위해 시험용 검체는 오염되거나 변질되지 아니하도록 채취하고, 채취한 후에는 원상태에 준하는 포장을 해야 하며, 검체가 채취되었음을 표시하여야 한다. 제조된 화장품의 검체를 실시하고자 한다. 검체 시에 필요한 사항으로 옳지 않은 것은?**

① 농도별로 검체를 채취하여 실시한다.

② 반제품 검체는 담당자 입회하에 실시한다.

③ 완제품은 검체를 농도 희석 하지 않고 검사하여도 된다.

④ 모든 시험용 검체의 채취는 제조단위를 대표할 수 있도록 랜덤으로 실시한다.

⑤ 완제품은 검체를 반드시 희석하여 검사하여야 한다.

해설

완제품은 검체를 검사시 반드시 희석할 필요는 없다.

**53** **화장품제조업자가 화장품 제조과정에서 준수해야할 위생에 대한 규정이다. 화장품의 제조 공정이 끝나고 설비 및 기구를 세척 후 확인하는 방법으로 바르지 않은 것은?**

① HPLC법 ② 닦아내기 ③ 린스정량법

④ 디티존법 ⑤ TLC법

해설

디티존법 – 화장품에서 불가피하게 검출되는 물질에 대한 함량 확인 시험법

**54** **화장품제조업자는 원자재 공급자에 대한 관리감독을 적절히 수행하여 입고관리가 철저히 이루어지도록 하여야 한다. 다음 중 바르지 않은 것은 ?**

① 원자재 용기에 제조번호가 없는 경우에는 관리번호를 부여하여 보관하여야 한다.

② 원자재 입고절차 중 육안확인 시 물품에 결함이 있을 경우 입고를 보류하고 격리보관 및 폐기하거나 원자재 공급업자에게 반송하여야 한다.

③ 원자재 용기 및 시험기록서의 필수 기재 사항은 원자재 공급자명이다.

④ 원자재는 시험결과 적합판정된 것만을 선입선출방식으로 출고해야 하고 이를 확인할 수 있는 체계가 확립되어 있어야 한다.

⑤ 원료 담당자는 원료 입고시 입고된 원료의 구매요구서(발주서) 및 거래명세표에 원료명, 규격, 수량 등이 일치하는지 확인한다.

해설

④는 출고 관리에 대한 내용

{ 정답 } 52 ⑤ 53 ④ 54 ④

[입고관리]
① 화장품제조업자는 원자재 공급자에 대한 관리감독을 적절히 수행하여 입고관리가 철저히 이루어지도록 하여야 한다.
② 원자재 용기에 제조번호가 없는 경우에는 관리번호를 부여하여 보관하여야 한다.
③ 원자재 입고절차 중 육안확인 시 물품에 결함이 있을 경우 입고를 보류하고 격리보관 및 폐기하거나 원자재 공급업자에게 반송하여야 한다.]
④ 원자재 용기 및 시험기록서의 필수 기재 사항은 원자재 공급자가 정한 제품명, 원자재 공급자명, 수령일자, 공급자가 부여한 제조번호(혹은 관리번호)이다
⑤ 입고된 원자재는 "적합", "부적합", "검사 중" 등으로 상태를 표시하여야 한다.
⑥ 원료 담당자는 원료 입고시 입고된 원료의 구매요구서(발주서) 및 거래명세표에 원료명, 규격, 수량, 납품처 등이 일치하는지 확인한다.

**55 우수화장품 제조 및 품질관리 기준에 따라 원료 및 제조공정에서 작업소에 대한 내용으로 틀린 것은?**

① 원자재, 반제품 및 벌크 제품은 품질에 나쁜 영향을 미치지 아니하는 조건에서 보관하여야 하며 보관기한을 설정하여야 한다.
② 원자재, 반제품 및 벌크 제품은 바닥과 벽에 닿지 아니하도록 보관하고, 선입선출에 의하여 출고할 수 있도록 보관하여야 한다.
③ 원자재, 시험 중인 제품 및 부적합품은 각각 구획된 장소에서 보관하여야 한다. 다만, 서로 혼동을 일으킬 우려가 없는 시스템에 의하여 보관되는 경우에는 그러하지 아니한다.
④ 설정된 보관기한이 지나면 사용의 적절성을 결정하기 위해 재평가시스템을 확립하고, 동 시스템을 통해 확인 후 사용하도록 규정하여야 한다.
⑤ 원자재, 반제품 및 완제품은 적합판정이 된 것만을 사용하거나 출고하여야 한다.

해설

④ 설정된 보관기한이 지나면 사용의 적절성을 결정하기 위해 재평가시스템을 확립하여야 하며, 동 시스템을 통해 보관기한이 경과한 경우 사용하지 않도록 규정하여야 한다.

55 ④ { 정답 }

**56** **우수화장품 제조 및 품질관리 기준에서 품질관리를 위한 시험관리에 대한 내용으로 적절하지 않은 것은?**

① 원자재, 반제품 및 완제품에 대한 적합 기준을 마련하고 제조번호별로 시험 기록을 작성·유지하여야 한다.

② 완제품의 보관용 검체는 적절한 보관 조건에서 지정된 구역내 에서 제조단위별로 사용기한 경과 후 1년간 보관해야 한다.

③ 시험결과 적합 또는 부적합인지 분명히 기록하여야 한다.

④ 원자재, 반제품 및 완제품은 적합판정이 된 것만을 사용하거나 출고하여야 한다.

⑤ 모든 시험이 적절하게 이루어졌는지 시험기록은 검토한 후 적합, 부적합, 보류를 판정하여야 한다.

**해설**

②는 검체의 채취 및 보관 내용

**제4장 품질관리 [우수화장품 제조 및 품질관리 기준]**

**제20조(시험관리)**

① 품질관리를 위한 시험업무에 대해 문서화된 절차를 수립하고 유지하여야 한다.
② 원자재, 반제품 및 완제품에 대한 적합 기준을 마련하고 제조번호별로 시험 기록을 작성·유지하여야 한다.
③ 시험결과 적합 또는 부적합인지 분명히 기록하여야 한다.
④ 원자재, 반제품 및 완제품은 적합판정이 된 것만을 사용하거나 출고하여야 한다.
⑤ 정해진 보관 기간이 경과된 원자재 및 반제품은 재평가하여 품질기준에 적합한 경우 제조에 사용할 수 있다.
⑥ 모든 시험이 적절하게 이루어졌는지 시험기록은 검토한 후 적합, 부적합, 보류를 판정하여야 한다.
⑦ 기준일탈이 된 경우는 규정에 따라 책임자에게 보고한 후 조사하여야 한다. 조사결과는 책임자에 의해 일탈, 부적합, 보류를 명확히 판정하여야 한다.
⑧ 표준품과 주요시약의 용기에는 다음 사항을 기재하여야 한다.
〈명칭, 개봉일, 보관조건, 사용기한, 역가, 제조자의 성명 또는 서명(직접 제조한 경우)〉

**57** **우수화장품 제조 및 품질관리 기준에 관한 내용 중에 원료의 보관 방법으로 옳지 않은 것은?**

① 원료보관창고를 관련법규에 따라 시설 갖추고, 관련규정에 적합한 보관조건에서 보관한다.

② 여름에는 고온 다습하지 않도록 유지관리 한다.

③ 바닥 및 내벽과 10cm이상, 외벽과는 20cm 이상 간격을 두고 적재한다.

④ 방서, 방충 시설 갖추어야 한다.

⑤ 혼동될 염려 없도록 지정된 보관소에 원료를 보관 한다.

**해설**

**원료 보관 방법**

- 원료보관창고를 관련법규에 따라 시설 갖추고, 관련규정에 적합한 보관조건에서 보관
- 여름에는 고온 다습하지 않도록 유지관리

{ 정답 } 56 ② 57 ③

- 바닥 및 내벽과 10cm이상, 외벽과는 30cm 이상 간격을 두고 적재
- 방서, 방충 시설 갖추어야 함
- 지정된 보관소에 원료보관 (누구나 명확히 구분할 수 있게, 혼동될 염려 없도록 보관)
- 보관장소는 항상 정리·정돈

## 58 특정 미생물 한도 검출 시험법을 바르게 짝지어 놓은 것은?

① 대장균(Escherichia Coli) : 원자흡광도법

② 녹농균(Pseudomonas aeruginosa) : 유도결합플라즈마분광기법

③ 황색포도상구균, (Staphylococcus aureus) : 디티존법

④ 세균수 – 한천평판도말법,

⑤ 진균수 – 액체 크로마토그래프

해설

**미생물한도 검출을 위한 시험법은 다음과 같이 요약**

[별표4] 유통화장품 안전 관리 시험방법 (제6조 관련)

① 대장균(Escherichia Coli) : 검액조제 배지 → 유당액체배지
증균배양후 → 에오신메칠렌블루한천배지(EMB한천배지), 맥콘키한천배지

② 녹농균(Pseudomonas aeruginosa) : 검액조제 배지 → 카제인대두소화액배지
증균배양후 → 세트리미드한천배지(Cetrimide agar) 또는 엔에이씨한천배지(NAC agar),

③ 황색포도상구균, (Staphylococcus aureus) : 검액조제 배지 → 카제인대두소화액배지
증균배양후 → 보겔존슨한천배지(Vogel–Johnson agar), 베어드파카한천배지(Baird–Parker agar)

## 59 우수화장품 제조 및 품질관리 기준에서 검체 채취 및 보관에 대한 내용으로 옳지 않은 것은?

① 원료 검체 채취는 품질보증팀의 시험담당자가 원료관리 담당자 입회하에 실시한다.

② 시험용 검체는 오염되거나 변질되지 아니하도록 채취하고, 채취한 후에는 원상태에 준하는 포장을 해야 하며, 검체가 채취되었음을 표시하여야 한다.

③ 장기보관 된 반제품은 최대보관기간이 1년이 넘지 않은 경우 충전 전에 반제품 보관 담당자로부터 시험의뢰 접수 후 검체 채취한다.

④ 완제품의 보관용 검체는 적절한 보관조건 하에 지정된 구역 내에서 제조단위별로 사용기한 경과 후 1년간 보관하여야 한다.

⑤ 모든 시험용 검체의 채취는 제조단위를 대표할 수 있도록 랜덤 샘플링하여 실시한다.

해설

**제21조(검체의 채취 및 보관) [우수화장품 제조 및 품질관리 기준]**

① 시험용 검체는 오염되거나 변질되지 아니하도록 채취하고, 채취한 후에는 원상태에 준하는 포장을 해야 하며, 검체가 채취되었음을 표시하여야 한다.

58 ④ 59 ③ { 정답 }

② 시험용 검체의 용기에는 다음 사항을 기재하여야 한다.
1. 명칭 또는 확인코드 2. 제조번호 3. 검체채취 일자
③ 완제품의 보관용 검체는 적절한 보관조건 하에 지정된 구역 내에서 제조단위별로 사용기한 경과 후 1년간 보관하여야 한다. 다만, 개봉 후 사용기간을 기재하는 경우에는 제조일로부터 3년간 보관하여야 한다.
※ 장기보관 된 반제품은 최대보관기간이 6개월

## 60 화장품원료에 대한 위해요소의 위해평가는 화장품법 시행규칙 제17조와 같다.

| 평가과정 | 평가내용 |
|---|---|
| 1. 위험성 확인 | 인체내 독성 확인 |
| 2. 위험성 결정 | 인체 노출 허용량 산출 |
| 3. 노출 평가 | 인체에 노출된 양 산출 |
| 위해도 결정 | 1, 2, 3의 결과를 종합하여 인체에 미치는 위해영향을 판단하는 과정 |

**위의 절차에 따라 결정된 위해화장품의 공표 및 회수에 대한 내용으로 옳은 것은?**

① 2개 이상의 일반일간신문 및 해당 영업자의 인터넷 홈페이지에 게재한다.
② 지방식품의약품안전청의 인터넷 홈페이지에 게재를 요청한다.
③ 공표 결과를 지체 없이 식품의약품안전처장에게 통보하여야 한다.
④ 화장품을 회수하거나 회수하는 데에 필요한 조치로 화장품제조업자 또는 화장품책임판매업자는 해당 화장품에 대하여 즉시 판매 중지 등의 필요한 조치를 해야 한다.
⑤ 회수의무자는 회수대상화장품이라는 사실을 안 날부터 15일 이내에 회수계획서 서류를 첨부하여 지방식품의약품안전청장에게 제출하여야 한다.

해설

- 화장품 시행규칙 제28조(위해화장품의 공표)
  가. 1개 이상의 일반일간신문[당일 인쇄·보급되는 해당 신문의 전체 판(版)을 말한다] 및 해당 영업자의 인터넷 홈페이지에 게재하고, 식품의약품안전처의 인터넷 홈페이지에 게재를 요청
  나. 공표 결과를 지체 없이 지방식품의약품안전청장에게 통보하여야 한다.
  다. 회수
- 화장품을 회수하거나 회수하는 데에 필요한 조치
  - 화장품제조업자 또는 화장품책임판매업자 (이하 "회수의무자"라 한다)는 해당 화장품에 대하여 즉시 판매중지 등의 필요한 조치를 해야 한다.
  - 회수의무자는 회수대상화장품이라는 사실을 안 날부터 5일 이내에 회수계획서에 다음 각호의 서류를 첨부하여 지방식품의약품안전청장에게 제출하여야 한다.
    1. 해당 품목의 제조·수입기록서 사본
    2. 판매처별 판매량·판매일 등의 기록
    3. 회수 사유를 적은 서류

{ 정답 } 60 ④

**61** **화장품 제조업의 경우 포장용기의 청결성을 확보하기 위해 다음과 같이 처치해야 한다. 다음 설명에서 옳은 것은?**

① 자사에서 세척할 경우 세척방법의 확립을 필수절차로 확립하지 않아도 된다.
② 세척건조방법 및 세척확인방법은 대상으로 하는 용기에 따라 동일하게 실시한다.
③ 실제로 용기세척을 개시한 후에도 세척방법의 유효성은 간헐적으로 확인해야 한다
④ 용기공급업자(실제로 제조하고 있는 업자)에게 의존할 경우 용기 공급업자를 믿고 용기 제조방법을 신뢰하며 계약을 체결한다.
⑤ 용기는 매번 배치 입고 시에 무작위 추출하여 육안 검사를 실시하여 그 기록을 남긴다.

해설

• 포장 용기(병, 캔 등)의 청결성 확보 : 포장재는 모든 공정과정 중 실수방지가 필수이며 일차적으로 포장재의 청결성 확보가 중요하며, 용기(병, 캔 등)의 청결성 확보에는 자사에서 세척할 경우와 용기 공급업자에 의존할 경우가 있다.
① 자사에서 세척할 경우
가. 세척방법의 확립이 필수이며 일반적으로는 절차로 확립한다.
나. 세척건조방법 및 세척확인방법은 대상으로 하는 용기에 따라 다르다.
다. 실제로 용기세척을 개시한 후에도 세척방법의 유효성을 정기적으로 확인해야 한다.
② 용기공급업자(실제로 제조하고 있는 업자)에게 의존할 경우
가. 용기 공급업자를 감사하고 용기 제조방법이 신뢰할 수 있다는 것을 확인 후 신뢰할 수 있으면 계약을 체결한다.
나. 용기는 매번 배치 입고 시에 무작위 추출하여 육안 검사를 실시하여 그 기록을 남긴다.

**62** **맞춤형화장품판매업과 관련된 내용으로 옳은 것은?**

① 맞춤형화장품판매업을 하려는 자는 보건복지부장관의 허가를 요한다.
② 변경사항 발생시에도 보건복지부장관에게 신고하여야 한다.
③ 맞춤형화장품판매업자는 맞춤형화장품의 혼합·소분 업무를 해도 된다.
④ 맞춤형화장품의 혼합·소분에 종사하는 자인 맞춤형화장품조제관리사를 두지 않아도 된다.
⑤ 맞춤형화장품판매업을 하려는 자는 식품의약품안전처장에게 신고하여야 한다.

해설

맞춤형화장품판매업을 하려는 자는 총리령으로 정하는 바에 따라 식품의약품안전처장에게 신고하여야 한다. 신고한 사항 중 총리령으로 정하는 사항을 변경할 때에도 또한 같다.(화장품법 제3조의2 제1항)
– 맞춤형화장품의 혼합·소분에 종사하는 자인 맞춤형화장품조제관리사를 두어야 한다.

61 ⑤ 62 ⑤ { 정답 }

**63** **맞춤형화장품판매업자는 화장품책임판매업자로부터 받은 제품 원료의 사용기한 날짜가 2021년 7월 20일이었다. 이 원료를 사용하여 고객의 피부상태에 맞추어 맞춤형화장품을 혼합하여 판매할 경우 혼합·판매시 기재 표시하여야 하는 사용기한 표시로 옳은 것은?**

① 2022년 7월 20일 ② 2022년 7월 19일 ③ 2021년 7월 20일
④ 2023년 7월 19일 ⑤ 2024년 7월 19일

해설

**맞춤형화장품판매업자의 준수사항 개정안 참조**

- 혼합·소분에 사용하는 내용물 또는 원료의 사용기한 또는 개봉 후 사용기간을 초과하여 맞춤형화장품의 사용기한 또는 개봉 후 사용기간을 정하지 말 것

**★ 맞춤형화장품판매업자의 준수사항에 관한 규정**

**제2조(혼합·소분 안전 관리 기준)**「화장품법 시행규칙」 제12조의2제2호마목에 따른 "혼합·소분의 안전을 위해 식품의약품안전처장이 정하여 고시하는 사항"이란 다음 각 호와 같다.

1. 맞춤형화장품판매업자는 맞춤형화장품 조제에 사용하는 내용물 또는 원료의 혼합·소분의 범위에 대해 사전에 검토하여 최종 제품의 품질 및 안전성을 확보할 것. 다만, 화장품책임판매업자가 혼합 또는 소분의 범위를 미리 정하고 있는 경우에는 그 범위 내에서 혼합 또는 소분 할 것
2. 혼합·소분에 사용되는 내용물 또는 원료가 「화장품법」제8조의 화장품 안전 기준 등에 적합한 것인지 여부를 확인하고 사용할 것
3. 혼합·소분 전에 내용물 또는 원료의 사용기한 또는 개봉 후 사용기간을 확인하고, 사용기한 또는 개봉 후 사용기간이 지난 것은 사용하지 말 것
4. 혼합·소분에 사용되는 내용물 또는 원료의 사용기한 또는 개봉 후 사용기간을 초과하여 맞춤형화장품의 사용기한 또는 개봉 후 사용기간을 정하지 말 것. 다만 과학적 근거를 통하여 맞춤형화장품의 안정성이 확보되는 사용기한 또는 개봉 후 사용기간을 설정한 경우에는 예외로 한다.
5. 맞춤형화장품 조제에 사용하고 남은 내용물 또는 원료는 밀폐가 되는 용기에 담는 등 비의도적인 오염을 방지 할 것
6. 소비자의 피부 유형이나 선호도 등을 확인하지 아니하고 맞춤형화장품을 미리 혼합·소분하여 보관하지 말 것

**64** **맞춤형화장품 가이드라인[민원안내서]에서 제시하고 있는 맞춤형화장품의 혼합·소분시 주요 내용물에 대한 설명이다. 맞춤형화장품의 혼합·소분에 사용할 목적으로 화장품책임판매업자로부터 제공받은 것으로 다음 중에서 사용가능한 화장품으로 옳은 것은?**

① 화장품책임판매업자가 소비자에게 그대로 유통·판매할 목적으로 제조한 화장품
② 화장품책임판매업자가 소비자에게 그대로 유통·판매할 목적으로 수입한 화장품
③ 판매의 목적이 아닌 제품의 홍보·판매촉진 등을 위하여 미리 소비자가 시험·사용하도록 제조 또는 수입한 화장품
④ 판매할 목적으로 화장품책임판매업자가 만든 대용량의 제품
⑤ 기능성화장품 원료의 경우 화장품책임판매업자가 식품의약품안전처에 심사 또는 보고한경우

해설

**맞춤형화장품 혼합·소분에 사용되는 내용물의 범위**

{ 정답 } 63 ② 64 ④

맞춤형화장품의 혼합·소분에 사용할 목적으로 화장품책임판매업자로부터 제공받은 것으로 다음 항목에 해당하지 않는 것이어야 함

가. ① 화장품책임판매업자가 소비자에게 그대로 유통·판매할 목적으로 제조 또는 수입한 화장품

나. ② 판매의 목적이 아닌 제품의 홍보·판매촉진 등을 위하여 미리 소비자가 시험·사용하도록 제조 또는 수입한 화장품

**65** **다음 유통화장품 안전 관리 기준의 제품 중 액제, 로션, 크림제 및 이와 유사한 제형의 제품은 pH기준이 3.0~9.0이어야 한다. 다음 지문의 대화내용에서 pH 3.0~9.0 기준에 맞는 제품으로 소분이 가능한 제품에 해당하는 것은 ?**

맞춤형화장품업장에 고객이 방문하여 상담을 진행하였다.
- 맞춤형화장품조제관리사 : 안녕하세요
- 고객 : 안녕하세요. 혹시 제품 상담이 가능한 가요?
- 맞춤형화장품조제관리사 : 네 ~
- 고객 : 제가 필요한 제품을 만들어 소분해 주실 수 있는지요?
- 맞춤형화장품조제관리사 : 필요한 제품이 무엇인지 말씀해 주세요.
- 고객 : 그럼 (　　　　)제품을 100ml씩 3개로 소분해서 구매할 수 있을까요?
- 맞춤형화장품조제관리사 : 네~ 그럼 잠시 기다려주세요.

① 제모왁스　　② 클린징 폼　　③ 흑채
④ 로션　　⑤ 염모제

해설

pH기준 3.0~9.0이어야 하는 경우 : 물을 포함하지 않는 제품 및 사용 후 씻어내는 제품은 제외

**66** **영업자는 화장품을 판매할 때에는 어린이가 화장품을 잘못 사용하여 인체에 위해를 끼치는 사고가 발생하지 아니하도록 안전용기·포장을 사용하여야 한다. 다음에서 맞게 연결된 것은?**

안전용기 포장을 사용하여야 할 품목 및 용기포장의 기준 등에 관하여는 총리령으로 정한다.
① 안전용기, 포장 대상 품목 및 기준(일회용 제품, 용기 입구 부분이 펌프 또는 방아쇠로 작동되는 분무용기 제품, 압축 분무용기 제품(에어로졸 제품 등)
가. 아세톤을 함유하는 네일 에나멜 리무버 및 네일 폴리시 리무버
나. 어린이용 오일 등 개별포장 당 ( ㉠ )를 10 퍼센트 이상 함유하고 운동점도가 21센티스톡스(섭씨 40도 기준) 이하인 비에멀젼 타입의 액체상태의 제품
다. 개별포장당 메틸 살리실레이트를 ( ㉡ )퍼센트 이상 함유하는 액체상태의 제품) 안전용기·포장은 성인이 개봉하기는 어렵지 아니하나 만 5세 미만의 어린이가 개봉하기는 어렵게 된 것이어야 한다. 이 경우 개봉하기 어려운 정도의 구체적인 기준 및 시험방법은 산업통상자원부장관이 정하여 고시하는 바에 따른다.

① ㉠ 에탄올 ㉡ 5%　　② ㉠ 메틸 살리실레이트 ㉡ 10%
③ ㉠ 탄화수소류 ㉡ 10%　　④ ㉠ 탄화수소류 ㉡ 5%
⑤ ㉠ 살리실레이트 ㉡ 10%

65 ④　66 ④ { 정답 }

**67** **다음의 내용에서 바르게 연결한 것은?**

① 맞춤형화장품판매업을 하려는 자는 총리령으로 정하는 바에 따라 식품의약품안전처장에게 ( ㉠ )에 신고하여야 한다. 신고한 사항 중 총리령으로 정하는 사항을 변경할 때에는 ( ㉡ )에 신고하여야 하며 다음과 같다.
맞춤형화장품판매업을 신고한 자(이하 "맞춤형화장품판매업자"라 한다.)는 총리령으로 정하는 바에 따라 맞춤형화장품의 혼합, 소분 업무에 종사하는 자(이하 "맞춤형화장품조제관리사"라 한다)를 두어야 한다.
맞춤형화장품판매업자가 변경신고를 해야 하는 경우
가. 맞춤형화장품판매업자를 변경하는 경우
나. 맞춤형화장품판매업소의 상호 또는 소재지를 변경하는 경우
다. 맞춤형화장품조제관리사를 변경하는 경우
② 맞춤형화장품판매업자가 변경신고를 하려면 맞춤형화장품판매업 변경신고서(전자문서로 된 신고서를 포함한다)에 맞춤형화장품판매업 신고필증과 그 변경을 증명하는 서류(전자문서를 포함한다)를 첨부하여 맞춤형화장품판매업소의 소재지를 관할하는 ( ㉢ )에게 제출해야 한다. 이 경우 소재지를 변경하는 때에는 새로운 소재지를 관할하는 ( ㉢ )에게 제출해야 한다.

① ㉠ 30일 이내 ㉡ 60일 이내 ㉢ 식품의약품안전청장
② ㉠ 30일 이내 ㉡ 90일 이내 ㉢ 지방식품의약품안전청장
③ ㉠ 15일 이내 ㉡ 30일 이내 ㉢ 지방식품의약품안전청장
④ ㉠ 10일 이내 ㉡ 30일 이내 ㉢ 지방식품의약품안전청장
⑤ ㉠ 15일 이내 ㉡ 30일 이내 ㉢ 식품의약품안전처장

해설

맞춤형화장품판매업의 신고 15일이내 / 변경신고 30일이내
맞춤형화장품판매업 신고 서류는 지방식품의약품안전청장

**68** **맞춤형화장품의 혼합·소분에 사용되는 내용물 또는 원료의 제조번호와 혼합·소분기록을 추적할 수 있도록 맞춤형화장품판매업자가 숫자·문자·기호 또는 이들의 특징적인 조합으로 부여한 것을 무엇이라 하는가?**

① 제조단위 ② 관리번호 ③ 제조번호
④ 바코드 ⑤ 사용기한

해설

맞춤형화장품의 경우 식별번호를 제조번호로 함

{ 정답 } 67 ③ 68 ③

**69** **맞춤형화장품조제관리사는 다음 그림과 같이 1차 용기에 내용물 30g을 소분하여 2차 포장없이 그대로 판매하려고 한다. 맞춤형화장품판매업자는 그림에 표시되어 있는 용기의 내용을 파악하고 빠져있는 사항을 추가하여야 한다. 그 내용은?**

화장품명칭 : 보습영양크림
상호 : KS코스메틱
제조번호 : KS2020
사용기한 : 2021.10.20
cosmetics


① 제조업자의 연락처

② 영업자의 소재지

③ 내용물의 중량

④ 가격

⑤ 사용기한 또는 개봉 후 사용기간

해설

화장품의 1차 포장 또는 2차 포장에는 총리령으로 정하는 바에 따라 다음 각 호의 사항을 기재·표시하여야 한다. 다만, 내용량이 소량인 화장품의 포장 등 총리령으로 정하는 포장에는 화장품의 명칭, 화장품책임판매업자 또는 맞춤형화장품판매업자의 상호, 가격, 제조번호와 사용기한 또는 개봉 후 사용기간(개봉후 사용기간을 기재할 경우에는 제조연월일을 병행 표기하여야 한다. 이하 이 조에서 같다)만을 기재·표시할 수 있다. 맞춤형화장품의 경우 바코드는 사용하지 않아도 된다.

① 화장품의 명칭
② 영업자의 상호 및 주소
③ 해당 화장품 제조에 사용된 모든 성분(인체에 무해한 소량 함유 성분 등 총리령으로 정하는 성분은 제외한다)
④ 내용물의 용량 또는 중량
⑤ 제조번호
⑥ 사용기한 또는 개봉 후 사용 기간
⑦ 가격
⑧ 기능성화장품의 경우 "기능성화장품"이라는 글자 또는 기능성화장품을 나타내는 도안으로서 식품의약품안전처장이 정하는 도안
⑨ 사용할 때의 주의 사항
⑩ 그 밖에 총리령으로 정하는 사항

화장품법 제11조 화장품의 가격표시 : 가격은 소비자에게 화장품을 직접 판매하는 자가 판매하려는 가격을 표시하여야 한다.

69 ④ { 정답 }

**70** **맞춤형화장품 판매업장에서 일하는 A직원은 3월에 맞춤형화장품조제관리사 자격증을 취득하였고, B직원은 맞춤형화장품조제관리사 자격시험을 준비하고 있는 중이다. 다음 보기는 5월에 맞춤형화장품을 구입하였던 고객이 재방문하여 제품에 대한 상담을 한 대화이다. 보기를 읽어보고 옳은 것을 고르세요.**

> 직원 A : 고객님, 안녕하세요.
> 고객 : 안녕하세요. 지난 여름에 여행을 많이 다니다 보니 색소침착이 많이 생기고 탄력이 떨어진 것 같아 저의 피부상태에 맞는 제품을 구매하려 해요.
> 직원 A : 그러시면 여기로 앉으세요.
> 먼저 피부진단측정을 하여 도움을 드리도록 하겠습니다.
> 지난번 제품구매 시 피부상태와 비교해 보니 피부가 많이 건조하고, 색소가 증가하셨습니다.
> 고객 : 그럼 어떻게 해야 할까요. 추천해 주세요.
> 직원 A : 네~~, 우선 미백라인과 보습을 강화하여 탄력을 높여주는 제품으로 조제해 드리겠습니다.

① 직원A는 직원B에게 미백과 보습강화 성분을 조제해 드리라고 지시하였다.
② 직원B는 직원A의 지시에 따라 알맞은 성분을 배합하여 맞춤형화장품을 조제하여 고객에게 판매하였다.
③ 직원A는 내용물에 나아신아마이드, 알파비사보롤 원료를 배합하여 첨가하여 고객에게 주의 사항을 설명하고 판매하였다.
④ 직원B는 직원A의 지시에 따라 고보습의 히아루론산과 알파비사보롤 원료를 포함한 제품을 조제하였다.
⑤ 고객은 맞춤형화장품을 구매하며 상품명과 사용기한을 확인하였다.

**해설**

직원B는 맞춤형화장품조제관리사 자격증이 없으므로 조제작업을 해서는 안된다.
맞춤형화장품조제관리사는 기능성화장품 원료, 색소, 보존제를 임의 배합할 수 없다.

**71** **화장품법 18조에서 화장품에 사용가능한 안전용기·포장에 대한 규정으로 성인이 개봉하기는 어렵지 아니하나 만 5세미만의 어린이가 개봉하기 어렵게 된 것이어야 한다. 안전 용기를 사용해야하는 품목으로 바르게 설명한 것은?**

① 에탄올을 함유하는 네일 에나멜 리무버 및 네일 폴리시 리무버 제품
② 어린이용 오일 등 개별포장 당 탄화수소류를 10퍼센트 이상 함유하고 운동점도가 21 센티스톡스(섭씨40도 기준) 이하인 비에멀젼 타입의 액체상태의 제품
③ 안전용기, 포장 대상 품목 및 기준으로 일회용 제품, 용기 입구 부분이 펌프 또는 방아쇠로 작동되는 분무용기 제품

{ 정답 } 70 ⑤ 71 ②

④ 안전용기 포장을 사용하여야 할 품목 및 용기포장의 기준에서 개봉하기 어려운 정도의 구체적인 기준 및 시험방법은 보건복지부령으로 정한다.

⑤ 안전용기, 포장 대상 품목 및 기준으로 압축 분무용기 제품

해설

① 아세톤을 함유하는 네일 에나멜 리무버 및 네일 폴리시 리무버 제품

③ ⑤ 은 제외 항목

④ 안전용기 포장을 사용하여야 할 품목 및 용기포장의 기준에서 개봉하기 어려운 정도의 구체적인 기준 및 시험방법은 산업통상자원부장관이 정하여 고시한다.

**72** **화장품법 제14조 2항에 의하여 식품의약품안전처장은 천연화장품 및 유기농화장품의 품질제고를 유도하고 소비자에게 보다 정확한 제품 정보가 제공될 수 있도록 기준에 적합한 천연화장품 및 유기농화장품에 대하여 인증할 수 있다. 다음에서 올바르게 설명하고 있는 것은?**

① 천연화장품 및 유기농화장품 인증을 받은 화장품에 대해서는 식품의약품안전처장이 정하는 인증표시를 할 수 있다.

② 천연화장품 및 유기농화장품 인증을 받으려는 화장품제조업자, 화장품책임판매업자 또는 총리령으로 정하는 대학·연구소 등은 식품의약품안전처에 인증을 신청하여야 한다.

③ 식품의약품안전처장은 인증을 받은 화장품이 부정한 방법으로 인증을 받은 경우 시정명령을 내린다.

④ 인증의 유효기간은 인증을 받은 날부터 2년으로 하고 유효기간 만료 90일전에 연장신청을 한다.

⑤ 천연화장품 및 유기농화장품의 인증연장은 유효기간 만료 90일 전에 대통령령으로 정하는 바에 따라 신청하여야 한다.

해설

식품의약품안전처장은 인증을 받은 화장품이 다음 어느 하나에 해당하는 경우는 그 인증을 취소한다.

가. 거짓이나 그 밖의 부정한 방법으로 인증을 받은 경우

나. 인증기준에 적합하지 아니하게 된 경우

(1) 인증의 유효기간

① 인증의 유효기간은 인증을 받은 날부터 3년으로 한다.

② 인증의 유효기간을 연장 받으려는 자는 유효기간 만료 90일 전에 총리령으로 정하는 바에 따라 연장신청을 하여야 한다.

(2) 인증의 표시

① 인증을 받은 화장품에 대해서는 총리령으로 정하는 인증표시를 할 수 있다.

72 ② { 정답 }

**73** **맞춤형화장품 사용과 관련된 부작용 발생사례에 대해서는 지체 없이 보고해야한다. 다음 내용으로 옳게 설명한 것은?**

> 맞춤형화장품의 부작용 사례 보고(「화장품 안전성 정보관리 규정」에 따른 절차 준용)
> • 맞춤형화장품 사용과 관련된 부작용 발생사례에 대해서는 지체 없이 ( ㉠ )에게 보고해야 한다.
> • 맞춤형화장품 사용과 관련된 중대한 유해사례 등 부작용 발생 시 그 정보를 알게 된 날로 부터 ( ㉡ )이내 식품의약품안전처 홈페이지를 통해 보고하거나 우편·팩스·정보 통신망 등의 방법으로 보고해야 한다.

① ㉠ 보건복지부장관 ㉡ 15일
② ㉠ 식품의약품안전처장 ㉡ 5일
③ ㉠ 지방식품의약품안전청장 ㉡ 15일
④ ㉠ 식품의약품안전처장 ㉡ 15일
⑤ ㉠ 화장품책임판매업자 ㉡ 5일

해설

유해사례 발생시 맞춤형화장품판매업자는 식품의약품안전처장에게 보고 정보를 알게된 날로부터 15일이내 보고

**74** **맞춤형화장품판매업자가 판매할 수 있는 화장품에 대한 설명으로 옳은 것은?**

① 맞춤형화장품 판매업자가 맞춤형화장품조제관리사를 두지 아니하고 판매한 맞춤형 화장품
② 판매의 목적이 아닌 제품의 홍보·판매촉진 등을 위하여 미리 소비자가 시험·사용하도록 제조 또는 수입된 화장품
③ 화장품의 포장 및 기재·표시 사항을 훼손 또는 위조·변조한 화장품
④ 국민보건에 위해를 끼칠 우려가 있어 회수가 필요하다고 판단한 화장품
⑤ 식품의약품안전처장이 고시한 유통화장품 안전 관리 기준에 적합하지 아니한 화장품

해설

판매 금지 등(법 제 16조 제1항)에 위반되는 화장품
• 의약품으로 잘못 인식할 우려가 있게 기재·표시된 화장품
• 화장품제조업 혹은 화장품책임판매업 등록을 하지 아니한 자가 제조한 화장품 또는 제조·수입하여 유통·판매한 화장품
• 맞춤형화장품 판매업 신고를 하지 아니한 자가 판매한 맞춤형화장품
• 맞춤형화장품 판매업자가 맞춤형화장품조제관리사를 두지 아니하고 판매한 맞춤형화장품
• 판매의 목적이 아닌 제품의 홍보·판매촉진 등을 위하여 미리 소비자가 시험·사용하도록 제조 또는 수입된 화장품
• 화장품의 포장 및 기재·표시 사항을 훼손(맞춤형화장품 판매를 위하여 필요한 경우는 제외 한다) 또는 위조·변조한 화장품

**75** **화장품책임판매업자는 책임판매관리자가 품질관리 업무를 적정하고 원활하게 수행하기 위하여 업무를 수행하는 장소에는 품질관리 업무절차서 원본을 보관하고 그 외의 장소에는 원본과 대조를 마친 사본을 보관해야 한다. 다음 보기에서 화장품책임 책임 판매업자가 품질관리 업무절차서에 따라 업무를 수행할 때 옳은 것은?**

{ 정답 } 73 ④ 74 ③ 75 ⑤

ㄱ. 제조업자가 화장품을 적정하고 원활하게 제조한 것임을 확인하고 기록할 것
ㄴ. 제품의 품질 등에 관한 정보를 얻었을 때에는 해당정보가 인체에 영향을 미치는 경우 그 원인을 밝히고, 개선이 필요한 경우 적정한 조치를 하고 기록할 것
ㄷ. 제조판매한 제품의 품질이 불량하거나 품질이 불량할 우려가 있는 경우 회수 등 신속한 조치를 하고 기록할 것
ㄹ. 시장출하에 관하여 기록할 것
ㅁ. 제조번호별 품질검사를 철저히 한 후 그 결과를 기록할 것

① ㄱ, ㄴ, ㄷ ② ㄴ, ㄷ, ㅁ ③ ㄷ, ㄹ, ㅁ
④ ㄱ, ㄷ, ㄹ, ㅁ ⑤ ㄱ, ㄴ, ㄷ, ㄹ, ㅁ

해설

책임판매업자는 품질관리 업무절차서에 따라 다음의 업무를 수행해야 한다.
① 제조업자가 화장품을 적정하고 원활하게 제조한 것임을 확인하고 기록할 것
② 제품의 품질 등에 관한 정보를 얻었을 때에는 해당정보가 인체에 영향을 미치는 경우 그 원인을 밝히고, 개선이 필요한 경우 적정한 조치를 하고 기록할 것
③ 제조판매한 제품의 품질이 불량하거나 품질이 불량할 우려가 있는 경우 회수 등 신속한 조치를 하고 기록할 것
④ 시장출하에 관하여 기록할 것
⑤ 제조번호별 품질검사를 철저히 한후 그 결과를 기록할 것 다만 제조업자와 제조판매업자가 같은 경우 제조업자 또는『식품 의약품분야 시험 검사등에 관한 법률』제6조에 따른 식품의약품안전처장이 지정한 화장품 시험 검사기관에 품질검사를 위탁하여 제조번호별 품질검사 결과가 있는 경우에는 품질검사를 하지 않을 수 있다.
⑥ 그 밖에 품질관리에 관한 업무

## 76 모발의 탈모과정은 남성호르몬의 영향을 받는다. 다음 보기의 설명 중 탈모기전에 관여하는 효소의 이름은?

① 남성의 정소에서 만들어지는 테스토스테론은 모낭에서 탈모에 관여하는 효소(　　)와 결합하여 강력한 남성호르몬(DHT, dihydrotestone)으로 전환된다.
② DHT는 남성형 탈모유발유전자를 갖고 있는 모근조직에 작용하여 진피유두에 있는 안드로겐 수용체와 결합 후 결합정보가 세포DNA에 전사하여 세포사멸인자생산하고, 주변의 단백질을 파괴하며, 모주기를 퇴화기 단계로 전환한다.
③ DHT의 역할인 모근조직에서의 단백질 파괴는 모낭세포의 단백질 합성(세포분열억제) 지연으로 모낭의 성장기가 단축되어 휴지기 모낭의 비율증가가 반복되면서 남성형 탈모증이 진행된다.

① 카탈라아제 (catalase) ② 티로시나아제 (tyrosinase)
③ 5−알파−리덕타아제 (5 α−reductase) ④ 폴리머라아제(polymerase)
⑤ 징크피리치온

해설

5 α−reductase : 탈모발생에 주로 관여하는 효소

76 ③ { 정답 }

**77** **피부의 구조에서 각 층에 분포하는 주요세포들 중에서 분화과정이 가장 적게 일어나는 것은?**

① 리보조옴 ② 멜라닌세포 ③ 소포체
④ 머켈세포 ⑤ 각질세포

해설

분화(Differentiaion) : 생명체의 세포가 분열, 증식을 통해 발생하는 과정으로 조직이나 기관이 각각 형태와 기능이 변화하여 역할에 맞는 특이성을 확립해 가는 과정을 말함.

- 각질세포는 각질층에 분포하며 세포의 핵이 없어진 죽은 세포이고, 각질형성세포의 분화과정에 마지막 단계라고 볼 수 있다.

**78** **다음은 그림을 보고 설명한 내용이다. A, B, C 각 층에 대한 설명으로 바르지 않은 것은?**

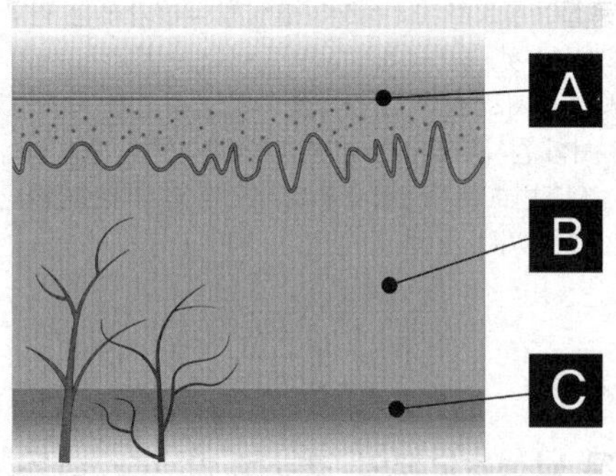


① A구조 중 유극층은 표피의 맨 아래에 존재하며, 각질형성세포와 멜라닌형성세포가 있다.
② A는 각질형성세포가 있어 세포분열과 분화과정을 통해 재생기능이 이루어진다.
③ B는 피지선과 한선이 분포되어 피부의 표면에 산성지방막을 형성하는데 도움이 된다.
④ B는 콜라겐과 엘라스틴이 분포되어 피부의 노화정도를 살펴볼 수 있다.
⑤ C는 지방조직이 분포되어 체온손실을 막아주며, 영양상태에 따라 두께가 달라진다.

해설

A : 표피 / B : 진피 / C : 피하지방

- 기저층은 표피의 맨 아래에 존재하며, 각질형성세포와 멜라닌형성세포가 있다.

{ 정답 } 77 ⑤ 78 ①

**79** **맞춤형화장품판매업자는 맞춤형화장품 조제관리사를 고용하여 고객에게 맞춤형화장품을 판매하였다. 맞춤형화장품 조제시에 필요한 혼합·소분 안전 관리 조치에 대한 사항으로 틀리게 설명하고 있는 것은?**

① 혼합·소분 전 사용되는 내용물 또는 원료의 품질관리가 선행되어야 하며 품질성적서로 대체가능하다.

② 혼합·소분에 사용되는 장비 또는 기구 등은 사용 전에 그 위생 상태를 점검하고, 사용 후에는 오염이 없도록 세척할 것

③ 혼합·소분 전에 내용물 및 원료의 사용기한 또는 개봉 후 사용기간을 확인하고, 사용기한 또는 개봉 후 사용기간이 지난 것은 사용하지 아니할 것

④ 혼합·소분에 사용되는 내용물의 사용기한 또는 개봉 후 사용기간을 초과하여 맞춤형화장품의 사용기한 또는 개봉 후 사용기간을 정할 것

⑤ 소비자의 피부상태나 선호도 등을 확인하지 아니하고 맞춤형화장품을 미리 혼합·소분하여 보관하거나 판매하지 말 것

**해설**

(2) 혼합·소분 안전 관리 기준

① 맞춤형화장품 조제에 사용하는 내용물 및 원료의 혼합·소분 범위에 대해 사전에 품질 및 안전성을 확보할 것 – 내용물 및 원료를 공급하는 화장품책임판매업자가 혼합 또는 소분의 범위를 검토하여 정하고 있는 경우 그 범위 내에서 혼합 또는 소분할 것

② 혼합·소분에 사용되는 내용물 및 원료는 「화장품법」 제8조의 화장품 안전 기준 등에 적합한 것을 확 하여 사용할 것 – 혼합·소분 전 사용되는 내용물 또는 원료의 품질관리가 선행되어야 함(다만, 책임판매업자에게서 내용물과 원료를 모두 제공받는 경우 책임판매업자의 품질검사 성적서로 대체 가능)

③ 혼합·소분 전에 손을 소독하거나 세정할 것. 다만, 혼합·소분 시 일회용 장갑을 착용하는 경우 예외

④ 혼합·소분 전에 혼합·소분된 제품을 담을 포장용기의 오염 여부를 확인할 것

⑤ 혼합·소분에 사용되는 장비 또는 기구 등은 사용 전에 그 위생 상태를 점검하고, 사용 후에는 오염이 없도록 세척할 것

⑥ 혼합·소분 전에 내용물 및 원료의 사용기한 또는 개봉 후 사용기간을 확인하고, 사용기한 또는 개봉 후 사용기간이 지난 것은 사용하지 아니할 것

⑦ 혼합·소분에 사용되는 내용물의 사용기한 또는 개봉 후 사용기간을 초과하여 맞춤형화장품의 사용기한 또는 개봉 후 사용기간을 정하지 말 것

⑧ 맞춤형화장품 조제에 사용하고 남은 내용물 및 원료는 밀폐를 위한 마개를 사용하는 등 비의도적인 오염을 방지 할 것

⑨ 소비자의 피부상태나 선호도 등을 확인하지 아니하고 맞춤형화장품을 미리 혼합·소분하여 보관하거나 판매하지 말 것

79 ④ { 정답 }

**80** **자외선에 의한 피부노화 중 진피층까지 침투하여 피부의 탄력을 저하시키는 원인을 유발하는 자외선을 바르게 설명하고 있는 것은?**

① 단파장의 UV C로 피부암의 주요원인이 된다.

② 장파장(300~400nm)의 UV B로 가장 많이 조사되는 자외선이다.

③ UV A는 생활자외선으로 하루 중 가장 많은 양이 조사 된다.

④ 가장 긴파장(320~400nm)의 UV A로 콜라겐과 엘라스틴의 파괴를 일으킨다.

⑤ 단파장(200~290nm)의 UV C로 살균효과가 있으며, 기미의 원인이 된다.

해설

UV A (320~400nm) : 피부 진피층까지 투과, 콜라겐과 엘라스틴의 파괴로 피부노화의 원인
UV B (290~320nm) : 생활자외선으로 하루 중 가장 많은 양이 조사
UV C (200~290nm) : 단파장으로 피부암발생 원인

**81** **사람이 많이 오고가는 공개된 지역의 안전을 위하여 설치 운영되고 있는 CCTV(영상정보처리기)는 그 밑에 안내판을 의무적으로 설치해야 한다. 그림에서 보여주고 있는 CCTV의 안내판 내용 중에 보충해야 할 사항은?**

해설

영상정보처리기기운영자는 정보 주체가 쉽게 인식할 수 있도록 다음의 사항이 포함된 안내판을 설치하는 등 필요한 조치를 하여야 한다(개인정보보호법 제25조 제4항)

- 설치목적 및 장소
- 촬영범위 및 시간
- 관리책임자의 성명 및 연락처
- 그 밖에 대통령령으로 정하는 사항

{ 정답 } 80 ④ 81 촬영범위와 시간

**82** **다음 중 괄호 안에 알맞게 쓰시오.**
**광고·표시의 경우 : 화장품의 1차 포장 또는 2차 포장에 영유아 또는 어린이가 사용할 수 있는 화장품임을 특정하여 표시하는 경우(화장품의 명칭에 영유아 또는 어린이에 관한 표현이 표시되는 경우를 포함한다) 다음과 같은 연령 기준을 정한다.**

화장품법 시행규칙 제10조의2(영유아 또는 어린이 사용 화장품의 표시·광고) ① 법 제4조의2제1항에 따른 영유아 또는 어린이의 연령 기준은 다음 각 호의 구분에 따른다.

1. 영유아 : 만 ( ㉠ )세 이하
2. 어린이 : 만 ( ㉡ )세 이상부터 만 ( ㉢ )세 이하까지

법 제4조의2 (영유아 또는 어린이 사용 화장품의 관리) ① 화장품책임판매업자는 영유아 또는 어린이가 사용할 수 있는 화장품임을 표시·광고하려는 경우에는 제품별로 안전과 품질을 입증할 수 있는 다음 각 호의 자료(이하 "제품별 안전성 자료"라 한다)를 작성 및 보관하여야 한다.

1. 제품 및 제조방법에 대한 설명 자료
2. 화장품의 안전성 평가 자료
3. 제품의 효능·효과에 대한 증명 자료

**83** **화장품법 제4조 제1항 및 화장품법 시행규칙 제9조1항에 따라 기능성 화장품을 만드는 기준에서 화장품의 제형을 정의하고 있다. 다음 보기에서 괄호의 내용을 알맞게 쓰시오.**

① 로션제 : ( ㉠ ) 등을 넣어 유성성분과 수성성분을 균질화하여 점액상으로 만든 것
② 액제 : 화장품에 사용되는 성분을 ( ㉡ ) 등에 녹여서 액상으로 만든 것
③ 크림제 : ( ㉠ ) 등을 넣어 유성성분과 수성성분을 균질화하여 반고형상으로 만든 것
④ 침적마스크제 : 액제, 로션제, 겔제 등을 부직포 등의 지지체에 침적하여 만든 것
⑤ 겔제 : 액체를 침투시킨 분자량이 큰 유기분자로 이루어진 반고형상
⑥ 에어로졸제 : 원액을 같은 용기 또는 다른 용기에 충전한 분사제(액화기체, 압축기체 등)의 압력을 이용하여 안개모양, 포말상 등으로 분출하도록 만든 것
⑦ 분말제 : 균질하게 분말상 또는 미립상으로 만든 것

82 ㉠ 3 ㉡ 4 ㉢ 13　　83 ㉠ 유화제 ㉡ 용제 { 정답 }

**84** **화장품의 정의에 다음 괄호 안에 알맞은 내용을 쓰시오.**

제2조(정의)

"화장품"이란 인체를 청결·미화하여 매력을 더하고 용모를 밝게 변화시키거나 피부·(　　　　)의 건강을 유지 또는 증진하기 위하여 인체에 바르고 문지르거나 뿌리는 등 이와 유사한 방법으로 사용되는 물품으로서 인체에 대한 작용이 경미한 것을
말한다.

**85** **맞춤형화장품판매업 가이드라인[민원안내서]에서 맞춤형화장품판매업은 혼합·소분(小分)한 맞춤형화장품을 판매하는 영업으로써 판매 시 소비자에게 제품에 대한 내용을 설명할 의무가 있다. 괄호에 알맞은 단어는?**

화장품법 시행규칙 제12조의 2
4항. 맞춤형화장품 판매 시 다음 각 목의 사항을 소비자에게 설명할 것

가. 혼합·소분에 사용된 (　㉠　)의 내용 및 특성
나. 맞춤형화장품 사용 시의 주의 사항

5항. 맞춤형화장품 사용과 관련된 부작용 발생사례에 대해서는 지체 없이 식품의약품안전처장에게 보고할 것

**86** **혼합·소분된 맞춤형화장품은 「화장품법」 제8조 및 「화장품 안전 기준 등에 관한 규정(식약처 고시)」 제6조에 따른 유통화장품의 안전 관리 기준을 준수해야 한다. 특히, 판매장에서 제공되는 맞춤형화장품에 대한 (　㉠　) 오염관리를 철저히 할 것 (예주기적 (　㉠　) 샘플링 검사)**

{ 정답 } 84 모발　85 ㉠ 내용물 · 원료　86 ㉠ 미생물

**87** **영유아 또는 어린이 사용 화장품의 안전용기 포장에 대한 다음 중 괄호안에 알맞게 쓰시오.**

안전용기 포장을 사용하여야 할 품목 및 용기포장의 기준 등에 관하여는 총리령으로 정한다.
① 안전용기, 포장 대상 품목 및 기준(일회용 제품, 용기 입구 부분이 펌프 또는 방아쇠로 작동되는 분무용기 제품, 압축 분무용기 제품(에어로졸 제품 등)은 제외)

가. 아세톤을 함유하는 네일 에나멜 리무버 및 네일 폴리시 리무버
나. 어린이용 오일 등 개별포장 당 탄화수소류를 ( ㉠ ) 퍼센트 이상 함유하고 운동점도가 21 센티스톡스(섭씨 40도 기준) 이하인 비에멀젼 타입의 액체상태의 제품
다. 개별포장당 메틸 살리실레이트를 ( ㉡ ) 퍼센트 이상 함유하는 액체상태의 제품) 안전용기·포장은 성인이 개봉하기는 어렵지 아니하나 만 5세 미만의 어린이가 개봉하기는 어렵게 된 것이어야 한다. 이 경우 개봉하기 어려운 정도의 구체적인 기준 및 시험방법은 산업통상자원부장관이 정하여 고시하는 바에 따른다.

해설

탄화수소류 10%, 메틸 살리실레이트 5%

**88** **기능성화장품 심사에 관한 규정 제13조 기능성화장품의 효능·효과 자료제출 중 자외선 차단성분은 자외선의 파장에 따른 흡수 또는 산란효과를 평가한 자료 및 자외선A 또는 자외선B에 대한 표시기준을 정하고 있다. 다음 보기에서 알맞은 내용을 쓰시오.**

자외선으로부터 피부를 보호하는데 도움을 주는 제품에 자외선차단지수(SPF) 또는 자외선A차단등급(PA)을 표시하는 때에는 다음 각 호의 기준에 따라 표시한다.
1. 자외선차단지수(SPF)는 측정결과에 근거하여 평균값(소수점이하 절사)으로부터 ( ㉠ )이하 범위내 정수(예 SPF평균값이 '23'일 경우 19~23 범위정수)로 표시하되, SPF 50이상은 "SPF50+"로 표시한다.
2. 자외선A차단등급(PA)은 측정결과에 근거하여 [별표 3] 자외선 차단효과 측정방법 및 기준에 따라 표시한다.

해설

제13조(효능·효과) 기능성화장품 중 자외선차단제의 효능·효과 표시

87 ㉠ 10 ㉡ 5 88 −20%(마이너스 20%) { 정답 }

## 89 다음 괄호에 알맞은 내용은?

기능성화장품 심사에 관한 규정 제4조에 따라 기능성화장품의 심사에 제출하여야 하는 자료의 종류는 다음 각 호와 같다.
가. ㉠ ( )에 관한 자료(다만, 화장품법 시행규칙 제2조제6호의 화장품은 (3)의 자료만 제출한다)
(1) 효력시험자료
(2) 인체적용시험자료
(3) 염모효력시험자료(화장품법 시행규칙 제2조제6호의 화장품에 한함)

해설

- 유효성 또는 기능에 관한 자료(다만, 화장품법 시행규칙 제2조제6호의 화장품은 (3)의 자료만 제출한다)

(1) 효력시험자료
(2) 인체적용시험자료
(3) 염모효력시험자료(화장품법 시행규칙 제2조제6호의 화장품에 한함)

## 90 다음의 내용에서 괄호 안에 적절한 단어를 쓰시오.

( ㉠ )라 함은 일상의 취급 또는 보통 보존 상태에서 외부로부터 고형의 이물이 들어가는 것을 방지하고, 고형의 내용물이 손실되지 않도록 보호할 수 있는 용기를 말한다. ( ㉠ )로 규정되어 있는 경우에는 ( ㉡ )로도 사용가능하다.

해설

※ [포장 용기의 구분]
① 밀폐용기 : 일상의 취급 또는 보통 보존상태에서 외부로부터 고형의 이물이 들어가는 것 을 방지하고 고 형의 내용물이 손실되지 않도록 보호할 수 있는 용기 ( 밀폐용기로 규정되어 있는 기밀용기도 사용 가능)
② 기밀용기 : 일상의 취급 또는 보통 보존상태에서 액상 또는 고형의 이물 또는 수분이 침 입하지 않고 내용 물을 손실, 풍화, 조해 또는 증발로부터 보호할 수 있는 용기 (기밀용기를 규정되어 있는 경우에는 밀봉 용기로 사용 가능)
③ 밀봉용기 : 일상의 취급 또는 보통 보존상태에서 기체 또는 미생물이 침입할 염려가 없는 용기
④ 차광용기 : 광선의 투과를 방지하는 용기 또는 투과를 방지하는 포장을 한 용기

{ 정답 } 89 ㉠ 유효성 또는 기능 90 ㉠ 밀폐용기, ㉡ 기밀용기

**91** **화장품법 시행규칙 제10조의3(제품별 안전성 자료의 작성·보관)에서 화장품의 표시·광고를 하려는 화장품책임판매업자는 법 제4조의2제1항제1호부터 제3호까지의 규정에 따른 제품별 안전성 자료 모두를 미리 작성해야 한다. 다음 내용에서 괄호 안에 맞는 내용을 쓰시오.**

제품별 안전성 자료의 보관기간은 다음 각 호의 구분에 따른다.

1. 화장품의 1차 포장에 사용기한을 표시하는 경우: 영유아 또는 어린이가 사용할 수 있는 화장품임을 표시·광고한 날부터 마지막으로 제조·수입된 제품의 사용기한 만료일 이후 ( ㉠ )년까지의 기간. 이 경우 제조는 화장품의 제조번호에 따른 제조일자를 기준으로 하며, 수입은 통관일자를 기준으로 한다.

2. 화장품의 1차 포장에 개봉 후 사용기간을 표시하는 경우: 영유아 또는 어린이가 사용할 수 있는 화장품임을 표시·광고한 날부터 마지막으로 제조·수입된 제품의 제조연월일 이후( ㉡ )년까지의 기간. 이 경우 제조는 화장품의 제조번호에 따른 제조일자를 기준으로 하며, 수입은 통관일자를 기준으로 한다.

제품별 안전성 자료의 작성·보관의 방법 및 절차 등에 필요한 세부 사항은 식품의약품안전처장이 정하여 고시한다.

해설

화장품법 시행규칙 제10조의 3 (제품별 안전성 자료의 작성·보관) 법문 내용참조

**92** **퍼머넌트웨이브용 및 헤어스트레이트너 제품에 주로 사용되는 치오글라이콜릭애씨드 또는 그 염류 및 에스텔류 성분은 어떤 기능성 화장품에 도움을 주는지 쓰시오.**

해설

치오글라이콜릭애씨드(Thioglycolic Acid)

- 배합목적 : 산화방지제, 제모제, 축모교정제, 환원제

① 퍼머넌트웨이브용 및 헤어스트레이트너 제품에 치오글라이콜릭애씨드로서 11% (다만, 가온2욕식 헤어스트레이트너 제품의 경우에는 치오글라이콜릭애씨드로서 5%, 치오글라이콜릭애씨드 및 그 염류를 주성분으로 하고 제1제 사용 시 조제하는 발열 2욕식 퍼머넌트웨이브용 제품의 경우 치오글라이콜릭애씨드로서 19%에 해당하는 양)
② 제모용 제품에 치오글라이콜릭애씨드로서 5%
③ 염모제에 치오글라이콜릭애씨드로서 1%
④ 사용 후 씻어내는 두발용 제품류에 2%
⑤ 기타 제품에는 사용금지

91 ㉠ 1 , ㉡ 3　92 염모제, 제모제 { 정답 }

## 93 기능성 화장품 기준 및 시험방법 통칙에서 화장품의 제형을 정의하고 있다. 다음 보기에서 괄호의 내용을 알맞게 쓰시오.

① 로션제 : ( ㉠ ) 등을 넣어 유성성분과 수성성분을 균질화하여 점액상으로 만든 것
② 액제 : 화장품에 사용되는 성분을 ( ㉡ ) 등에 녹여서 액상으로 만든 것
③ 크림제 : ( ㉠ ) 등을 넣어 유성성분과 수성성분을 균질화하여 반고형상으로 만든 것
④ 침적마스크제 : 액제, 로션제, 겔제 등을 부직포 등의 지지체에 침적하여 만든 것

## 94 화장품법 시행규칙 제12조의2에서 맞춤형화장품판매업자의 준수사항은 다음과 같다. 고객에게 판매한 맞춤형화장품의 제조번호, 사용기한 또는 개봉 후 사용기간, 판매일자 및 판매량이 포함되어 있는 ( ㉠ )을(를) 작성 보관하여야 한다.

맞춤형화장품판매업자가 준수해야 할 사항은 다음 각 호와 같다.

1. 맞춤형화장품 판매장 시설·기구를 정기적으로 점검하여 보건위생상 위해가 없도록 관리할 것
2. 다음 각 목의 혼합·소분 안전 관리 기준을 준수할 것
   가. 혼합·소분 전에 혼합·소분에 사용되는 내용물 또는 원료에 대한 품질성적서를 확인할 것
   나. 혼합·소분 전에 손을 소독하거나 세정할 것. 다만, 혼합·소분 시 일회용 장갑을 착용하는 경우에는 그렇지 않다.
   다. 혼합·소분 전에 혼합·소분된 제품을 담을 포장용기의 ( ㉠ ) 여부를 확인할 것
   라. 혼합·소분에 사용되는 장비 또는 기구 등은 사용 전에 그 위생 상태를 점검하고, 사용 후에는 오염이 없도록 세척할 것
   마. 그 밖에 가목부터 라목까지의 사항과 유사한 것으로서 혼합·소분의 안전을 위해 식품의약품안전처장이 정하여 고시하는 사항을 준수할 것
3. 고객에게 판매한 맞춤형화장품의 제조번호, 사용기한 또는 개봉 후 사용기간, 판매일자 및 판매량이 포함되어 있는 맞춤형화장품 ( ㉡ ) (전자문서로 된 ( ㉡ )를 포함한다)를 작성·보관할 것

해설

맞춤형화장품 판매내역서 기재 사항
가. 제조번호
나. 사용기한 또는 개봉 후 사용기간
다. 판매일자 및 판매량

{ 정답 } 93 ㉠ 유화제 ㉡ 용제 94 ㉠ 오염, ㉡ 판매내역서

## 95 괄호 안에 알맞은 단어를 쓰시오.

기능성 화장품에서 자외선으로부터 피부를 보호하기 위해 사용하는 자외선 차단성분을 확인하기 위해 ( ㉠ )측정법을 사용하며, 이는 물질이 일정한 범위의 좁은 파장의 빛을 흡수하는 정도를 측정하는 방법으로서 ( ㉠ )측정법에 따라 흡수스펙트럼을 측정할 때 특정 파장에서 흡수극대를 나타내는 것으로 특정자외선차단성분을 확인한다.

자외선 차단 성분의 사용원료 중 최대함량을 표시하면, 에칠헥실트리아존 5%, 에칠헥실메톡시신나메이트 7.5%, 디에칠헥실부타미노트리아존 · 옥토크릴렌 · 디메치코디에칠벤잘말로네이트 · 호모실레이트는 ( )%의 사용 제한을 정하고 있다.

해설

흡광도측정법은 물질이 일정한 좁은 파장범위의 빛을 흡수하는 정도를 측정하는 방법이다. 물질용액의 흡수스펙트라는 그 물질의 화학구조에 따라 정해진다. 따라서 여러가지 파장에 있어서 흡수를 측정하여 물질의 확인시험, 순도시험 또는 정량시험을 한다.

## 96 다음 괄호 안에 알맞은 단어를 쓰시오.

피부의 pH라 함은 피부 ( )의 pH를 말한다. 피부의 pH는 측정시 외부환경이나 영양상태 및 건강, 스트레스강도에 따라 영향을 받을 수 있다.

해설

pH 단위 : 수소이온농도지수를 말함
정상피부의 피부의 pH=4.5~5.5
산성지방막은 피부의 pH를 산성으로 유지시켜줌

## 97 화장품은 제품의 특성에 따라 색소를 사용하고 있으며, 화장품법에서 화장품 색소의 종류와 기준 및 시험방법을 정하고 있다. 특히 영·유아용 화장품을 제조할 때 사용할 수 없는 색소는?

해설

적색 2호, 적색 102호 : 영유아용 제품류 또는 만13세 이하 어린이가 사용하는 제품에 사용할 수 없음

95 ㉠ 흡광도 ㉡ 10 96 표피 또는 각질층 97 적색 2호, 적색 102호 { 정답 }

**98** **착향제의 구성성분 중 기재 표시 권장사항으로 알레르기 유발 성분에 대한 규제에서(화장품의 사용금지 또는 제한원료에서),**
**가. 사용 후 씻어내는 제품에는 ( ㉠ )% 초과**
**나. 사용 후 씻어내지 않는 제품에는 ( ㉡ )% 초과 함유로 규정하고 있다.**

해설

「착향제 구성 성분 중 기재·표시 권장 성분」

- 착향제는 "향료"로 표시하되, 화장품 착향제 구성 성분 중 알레르기 유발 물질(식약처 고시)의 경우 해당 성분의 명칭을 표시하여야 함
- 사용 후 씻어내는 제품에는 0.01% 초과, 사용 후 씻어내지 않는 제품에는 0.001% 초과 함유하는 경우에 한함

**99** **피부의 주요생리기능 중에는 햇빛을 받으면 뼈를 단단하게 하는 기능이 있다. 이때 작용하는 자외선의 조사는 피부의 표피층에서 비타민 ( ㉠ )를 형성하게 되는데 인체 피부의 기저층 내에서 비타민 전구체의 형태인 ( ㉡ )으로 존재하고 있다가 자외선에 의해 비타민 ( ㉠ )를 형성한다.**

해설

프로비타민 : 비타민D 전구체

- 에르고칼시페롤 ( 비타민 D2 ): 에르고스테롤이 프로비타민 D2
- 콜레칼시페롤 ( 비타민 D3 ) : 피부층에서 7-디하이드로 콜레스테롤이 프로비타민 D3로 작용

**100** **유통화장품에서 불검출한도를 제한하고 있는 미생물 한도를 알아보기 위한 시험법을 다음과 같이 설명하고 있다.**

(1) 세균수 시험
 ㉮ 한천평판도말법 직경 9~10cm 페트리 접시 내에 미리 굳힌 세균시험용 배지 표면에 전처리 검액 0.1mL이상 도말한다.
 ㉯ 한천평판희석법 검액 1mL를 같은 크기의 페트리접시에 넣고 그 위에 멸균 후 45℃로 식힌 15mL의 세균시험용 배지를 넣어 잘 혼합한다.
 검체당 최소 2개의 평판을 준비하고 30~35℃에서 적어도 48시간 배양하는데 이때 최대 균집락수를 갖는 평판을 사용하되 평판당 300개 이하의 균집락을 최대치로 하여 총 세균수를 측정한다.
(2) 진균수 시험 : '(1) 세균수 시험'에 따라 시험을 실시하되 배지는 진균수시험용 배지를 사용하여 배양온도 20~25℃에서 적어도 5일간 배양한 후 100개 이하의 균집락이 나타나는 평판을 세어 총 진균수를 측정한다.

**아래의 표는 유통화장품 안전 관리 기준에서 미생물 시험법을 이용하여 허용한도를 알아본 실험 결과로서, 영·유아 화장품의 미생물허용한도를 체크한 결과 다음과 같이 확**

{ 정답 } 98 ㉠ 0.01 ㉡ 0.001  99 ㉠ D, ㉡ 프로비타민 D 혹은 7-디하이드로 콜레스테롤  100 ㉠ 500, ㉡ 적합

**인되었다. 실험결과를 보고 괄호 안에 알맞은 내용을 쓰시오.**

| | A | B | C |
|---|---|---|---|
| 세균수 | 68 | 48 | 70 |
| 진균수 | 54 | 43 | 62 |

**위의 결과 세균수는 ( ㉠ )개/ml이하 이므로, ( ㉡ )하다**

해설

(1) 미생물한도는 다음 각 호와 같다. ★★

1. 총호기성생균수는 영·유아용 제품류 및 눈화장용 제품류의 경우 500개/g(mL) 이하
2. 물휴지의 경우 세균 및 진균수는 각각 100개/g(mL) 이하
3. 기타 화장품의 경우 1,000개/g(mL) 이하
4. 대장균(Escherichia Coli), 녹농균(Pseudomonas aeruginosa), 황색포도상구균, (Staphylococcus aureus)은 불검출

맞춤형화장품조제관리사

# 모의고사

## 1장 화장품법의 이해

3회 기출문제

**01 개인정보보호법 및 정보통신망법에 따라 개인정보를 제3자에게 제공할 수 있는 경우 (제17조, 제39조)에 해당하지 않는 것은?**

① 법률에 특별한 규정이 있거나 법령상 의무를 준수하기 위하여 불가피한 경우

② 공공기관이 법령 등에서 정하는 소관 업무의 수행을 위하여 불가피한 경우

③ 개인정보처리자의 정당한 이익을 달성하기 위하여 필요한 경우로서 명백하게 정보 주체의 권리보다 우선하는 경우

④ 정보 주체 또는 그 법정대리인이 의사 표시를 할 수 없는 상태에 있거나 주소불명 등으로 사 전 동의를 받을 수 없는 경우로서 명백히 정보 주체 또는 제3자의 급박한 생명, 신체, 재산 의 이익을 위하여 필요하다고 인정되는 경우

⑤ 정보 주체의 동의를 받은 경우

**02 법 제5조제2항에 따라 화장품책임판매업자가 준수해야 할 사항은?**

① 품질관리 기준을 준수할 것

② 제조업자에게 품질검사를 위탁하는 경우 최종 제품의 경우만 품질관리를 철저히 할 것

③ 제조업자로부터 받은 제품표준서 및 품질관리기록서(전자문서 형식을 포함한다)를 보관할 것

④ 제조번호별로 품질검사를 철저히 한 후 유통시킬 것

⑤ 책임판매 후 안전 관리 기준을 준수할 것

**03 식품의약품안전처장은 국민 건강상 위해를 방지하기 위하여 화장품 관련 법령 및 제도(화장품의 안전성 확보 및 품질관리에 관한 내용)에 관한 교육을 받을 것을 명할 수 있다. 이때 교육명령의 대상이 아닌 것은?**

답안 표기란

| | |
|---|---|
| 01 | ① ② ③ ④ ⑤ |
| 02 | ① ② ③ ④ ⑤ |
| 03 | ① ② ③ ④ ⑤ |

① 심사를 받지 아니하거나 보고서를 제출하지 아니한 기능성화장품을 판매한 영업자
② 총리령에 따라 법을 지키지 아니하는 자에 대하여 시정명령을 받은 영업자
③ 준수사항을 위반한 맞춤형화장품판매업자
④ 준수사항을 위반한 화장품책임판매업자
⑤ 준수사항을 위반한 화장품제조업자

★★★(법개정에 따른 문제)

**04 화장품법 제5조5항에 따라 화장품책임판매관리자 및 맞춤형화장품조제관리사는 화장품의 안전성 확보 및 품질관리에 관한 교육을 매년 받아야 한다. 교육이수 의무에 대한 사항으로 틀린 것은?**

① 맞춤형화장품조제관리사의 최초 교육은 종사한 날부터 당해년도 이내에 교육이수를 한다.
② 화장품책임판매관리자로 선임된 후 최초 교육은 종사한 날부터 6개월 이내에 한다.
③ 조제관리사로 선임된 경우 자격시험에 합격한 날이 종사한 날 이전 1년 이내이면 최초 교육을 면제한다.
④ 보수교육은 최초교육을 받은 날로부터 매년 1회 교육이수를 해야 한다.
⑤ 맞춤형화장품조제관리사의 보수교육은 자격시험에 합격한 날이 종사한 날로부터 1년이내이면 자격시험에 합격한 날을 기준으로 매년 1회 교육이수를 해야 한다.

★★★(법개정에 따른 문제)

**05 맞춤형화장품판매업자의 준수사항에 대한 사항으로 틀린 것은?**

① 맞춤형화장품판매업자는 매장마다 맞춤형화장품조제관리사를 두어야 한다.
② 맞춤형화장품판매업을 하려는 자는 총리령으로 정하는 바에 따라 식품의약품안전처장에게 신고하여야 한다.
③ 맞춤형화장품판매업자가 맞춤형화장품조제관리사 자격을 취득한 경우 여러 매장에서 겸직을 할 수 있다.
④ 맞춤형화장품판매업을 신고한 자는 총리령으로 정하는 바에 따라 맞춤형화장품의 혼합·소분 업무에 종사하는 자를 두어야 한다.
⑤ 맞춤형화장품판매업자가 소재지변경에 따른 변경신고를 하려면 변경신고서와 신고필증, 변경 증빙 자료를 첨부하여 소재지를 관할하는 지방식품의약품안전청장에게 제출해야 한다.

답안 표기란

04 ① ② ③ ④ ⑤
05 ① ② ③ ④ ⑤

★★★(법개정에 따른 문제)

**06** **법 제3조제3항에 따라 화장품책임판매업자가 두어야 하는 책임판매관리자에 해당하는 사람으로 자격기준이 틀린 것은?**

① 「의료법」에 따른 의사 또는 「약사법」에 따른 약사, 그 밖에 화장품 제조 또는 품질관리 업무에 2년 이상 종사한 경력이 있는 사람

② 이공계 학과 또는 향장학·화장품과학·한의학·한약학과 등을 전공한 학사 이상의 학위를 취득한 사람

③ 학사 이상의 학위를 취득한 사람으로서 간호학과, 간호과학과, 건강간호학과를 전공하고 화학·생물학·생명과학·유전학·유전공학·향장학·화장품과학·의학·약학 등 관련 과목을 20학점 이상 이수한 사람

④ 맞춤형화장품조제관리사 자격시험에 합격한 사람으로서 화장품 제조 또는 품질관리 업무에 2년 이상 종사한 경력이 있는 사람

⑤ 전문대학을 졸업한 사람으로서 간호학과, 간호과학과, 건강간호학과를 전공하고 화학·생물학·생명과학·유전학·유전공학·향장학·화장품과학·의학·약학 등 관련 과목을 20학점 이상 이수한 후 화장품 제조나 품질관리 업무에 1년 이상 종사한 경력이 있는 사람

★★★2회 기출

**07** **「개인정보보호법」에 따라 영상정보처리기기를 설치·운영하는 자는 정보 주체가 쉽게 인식할 수 있도록 다음 사항이 포함된 안내판을 설치하는 등 필요한 조치를 하여야 한다. 다음 보기에서 필요한 조치를 모두 고른 것은?**

> **보기**
> ㄱ. 개인정보 제공받는 자
> ㄴ. 설치 목적 및 장소
> ㄷ. 제공받는 개인정보의 보관 방법
> ㄹ. 촬영 범위 및 시간
> ㅁ. 관리책임자 성명 및 연락처

① ㄱ, ㄴ, ㄷ　　② ㄴ, ㄷ, ㅁ　　③ ㄴ, ㄹ, ㅁ

④ ㄷ, ㄹ, ㅁ　　⑤ ㄱ, ㄷ, ㅁ

| 답안 표기란 | |
|---|---|
| 06 | ① ② ③ ④ ⑤ |
| 07 | ① ② ③ ④ ⑤ |

★★★(3회 기출)

**08** 화장품법 제2조에 따른 화장품의 정의에 대한 사항이다. 다음 괄호 안에 알맞은 내용을 쓰시오.

> "화장품"이란 인체를 청결·미화하여 매력을 더하고 용모를 밝게 변화시키거나 피부·( ㉠ )의 건강을 유지 또는 증진하기 위하여 인체에 바르고 문지르거나 뿌리는 등 이와 유사한 방법으로 사용되는 물품으로서 인체에 대한 작용이 경미한 것을 말한다. 다만, 「약사법」 제4호의 의약품에 해당하는 물품은 제외한다.

**09** 「화장품법 시행규칙」 제10조에 따라 영·유아·어린이사용 화장품의 관리를 다음과 제시하고 있다. 다음 괄호 안에 알맞은 내용을 쓰시오.

> ① 영·유아·어린이 사용 화장품 관리 대상
> - 표시 : 화장품 1차 포장 또는 2차 포장에 영·유아 또는 어린이가 사용할 수 있는 화장품임을 특정하여 표시하는 경우(화장품의 명칭에 영·유아 또는 어린이에 관한 표현이 표시되는 경우 포함)
>
> ② 제품별 안전성 자료 보관 기간
> - 화장품의 1차 포장에 사용기한을 표시하는 경우 : 영유아 또는 어린이가 사용할 수 있는 화장품임을 표시·광고한 날부터 마지막으로 제조·수입된 제품의 ( ㉠ ) 이후 1년까지의 기간(제조는 화장품의 제조번호에 따른 제조일자를 기준으로 하며, 수입은 통관일자를 기준으로 함)
> - 화장품의 1차 포장에 개봉 후 사용기간을 표시하는 경우 : 영유아 또는 어린이가 사용할 수 있는 화장품임을 표시·광고한 날부터 마지막으로 제조·수입된 제품의 ( ㉡ ) 이후 3년까지의 기간 (제조는 화장품의 제조번호에 따른 제조일자를 기준으로 하며, 수입은 통관일자를 기준으로 함)

★★★(3회 기출)

**10** 「개인정보보호법」 제17조제2항에 따라 고객의 개인정보를 제3자에게 제공 시 고객에게 알리고 동의를 구하여야 한다. 다음 괄호 안에 알맞은 내용을 쓰시오.

> 개인정보 제3자 제공에 대한 동의를 받을 때 알려야하는 사항
> - 개인정보를 제공받는 자
> - 개인정보를 제공받는 자의 개인정보 ( ㉠ )
> - 제공하는 개인정보의 항목
> - 개인정보를 제공받는 자의 개인정보 보유 및 ( ㉡ )
> - 동의를 거부할 권리가 있다는 사실 및 동의 거부에 따른 불이익이 있는 경우에는 그 불이익의 내용

답안 표기란

08

09

10

# 2장 화장품제조 및 품질관리

**11** **화장품 표시·광고 실증을 위한 인체적용시험방법으로 여드름 피부에 적합한 피시험자 선정에서 제외대상 기준에 바르지 않은 것은?**

① 정신질환, 정신지체 장애 등이 있는 사람
② 최근 1개월 이내 국소 여드름 약품 또는 스테로이드제 등 시험에 영향을 미칠 수 있는 약품을 안면부에 도포한 사람
③ 동일한 시험에 참가한 뒤 6개월이 경과되지 않는 사람
④ 최근 1개월 이내 AHA(Alpha HydroxyAcid), 살리실산 등이 포함된 여드름 치료 목적의 화장품을 사용한 사람
⑤ 최근 1개월 이내 여드름 치료 목적으로 스킨스케일링, 레이저, 광역동 치료, 피부관리 등을 받은 사람

**12** **「화장품법 시행규칙」 [별표 3]의 화장품 종류에 따라 포장에 표시하여야 하는 내용물과 사용 시의 주의 사항으로 옳은 것은?**

① 팩은 알갱이가 눈에 들어갔을 때에는 물로 씻어내고, 이상이 있는 경우에는 전문의와 상담할 것
② 두발염색용 제품은 눈, 코, 입 등에 닿지 않도록 주의하여 사용할 것
③ 외음부 세정제는 정해진 용법과 용량을 잘 지켜 사용할 것
④ 퍼머넌트웨이브는 제품 밀폐된 실내에서 사용할 때에는 반드시 환기할 것
⑤ 체취방지용 제품은 만 3세 이하의 영·유아에게는 사용하지 말 것

**13** **화장품 보관 및 취급상의 주의 사항에 대한 내용으로 올바른 것은?**

① 용기를 버릴 때는 반드시 뚜껑을 열어서 버릴 것
② 혼합한 제품은 밀폐된 용기에 보존할 것
③ 혼합한 제품의 잔액은 밀폐된 용기에 보존할 것
④ 용기를 버릴 때는 반드시 뚜껑을 닫아서 버릴 것
⑤ 직사광선을 피하고 공기와의 접촉을 피해 밀폐된 장소에 보관할 것

**14** **아래의 〈품질성적서〉는 화장품책임판매업자로부터 받은 맞춤형화장품의 시험 결과이고, 〈보기〉는 기능성 화장품 제품의 전성분 표시이다. 이를 바탕으로 맞춤형화장품조제관리사 A가 고객 B에게 할 수 있는 상담으로 옳은 것은?**

답안 표기란

11 ① ② ③ ④ ⑤
12 ① ② ③ ④ ⑤
13 ① ② ③ ④ ⑤
14 ① ② ③ ④ ⑤

〈품질성적서〉

| 시험 항목 | 시험 결과 |
|---|---|
| 에칠헥실메톡시신나메이트 | 70% |
| 나이아신아마이드 | 95% |
| 납(Lead) | 불검출 |
| 수은(Mercury) | 불검출 |
| 포름알데하이드(Formaldehyde) | 불검출 |
| 비소 | 5㎍/g |

**보기** 정제수, 글리세린, 다이메치콘, 스테아릭애씨드, 스테아릴알코올, 폴리솔베이트60, 솔비
탄올리에이트, 하이알루로닉애씨드, 에칠헥실메톡시신나메이트, 벤질알코올, 레티닐팔미테이트, 베타인, 나이아신아마이드, 카보머, 트리에탄올아민, 토코페롤

① B : 이 제품은 나이아신아마이드 95%나 함유되어 있네요? 더 좋은 제품인가요?

A : 네. 나이아신아마이드 10% 넘게 함유된 제품으로 주름에 더욱 큰 효과를 주는 제품입니다.

② B : 이 제품 성적서에 비소가 검출된 것으로 보이는데 판매 가능한 제품인가요?

A : 죄송합니다. 당장 판매 금지 후 책임판매자를 통하여 회수 조치하도록 하겠습니다.

③ B : 이 제품은 품질성적서를 보니까 보존제가 첨가되지 않은 제품으로 보이네요?

A : 네. 저희 제품은 모두 보존제를 사용하지 않습니다. 안심하고 사용하셔도 됩니다.

④ B : 이 제품은 자외선 차단 효과가 있습니까?

A : 네. 이중기능성 화장품으로 미백에도 도움을 주고 자외선 차단 효과가 있습니다.

⑤ B : 요즘 색소 때문에 고민이 많아요. 이 제품은 색소 개선에 도움이 될까요?

A : 네. 이 제품은 색소뿐만 아니라 주름에도 도움을 주는 이중기능성 화장품입니다.

답안 표기란

**15** **다음은 화장품 성분별 특성에 따라 취급 및 보관 방법을 설명하고 있다. 틀리게 설명하고 있는 것은?**

① 화장품에 사용되는 정제수는 투명, 무취, 무색으로 오염되지 않아야 하고 부패, 변질되지 않는 물을 사용해야 한다.

② 원료는 그 제조사로부터 품질성적서를 요구하여 품질을 확인해야 한다.

③ 유성 성분을 제품 내 배합 시 항산화 기능을 가지는 성분을 같이 배합한다.

④ 비타민A는 보관 시 햇빛이 잘 들고 바람이 잘 통하는 곳에 보관한다.

⑤ 에탄올과 같은 화기성 및 가연성이 있거나 위험한 물질은 반드시 지정된 인화성 물질 보관 함 또는 밀봉하여 화기에서 멀리 보관해야 한다.

★★

**16** **〈보기〉는 「화장품법」제10조에 따른 기준에 맞게 주름 기능성화장품의 전성분을 표시한 것이다. 해당 제품은 식품의약품안전처에 자료 제출이 생략되는 기능성화장품 주름 고시 성분과 사용상의 제한이 필요한 원료를 최대 사용 한도로 제조하였다. 이때, 유추 가능한 감초뿌리 추출물의 함유 범위(%)는?**

> **보기** 정제수, 사이클로펜타실록세인, 글리세린, 소듐하이알루로네이트, 다이메티콘, 다이메티콘/비닐다이메티콘크로스폴리머, 세틸피이지/피피지-10/1다이메 티콘, 올리브오일, 호호바오일, 토코페릴아세테이트, 벤질알코올, 감초뿌리추출물, 아데노신, 스쿠알란, 솔비탄세스퀴올리에이트, 알란토인

① 5~10 ② 4~7 ③ 0.04~1

④ 1~2 ⑤ 0.5~ 1

★★ 3회기출

**17** **피부결이 거칠고, 여드름으로 고민하는 고객에게 알파-하이드록시애시드를 7 % 첨가한 필링에센스를 맞춤형화장품으로 추천하였다. 〈보기 1〉은 맞춤형화장품의 전성분이며, 이를 참고 하여 고객에게 설명해야 할 사용상 주의 사항을 〈보기 2〉에서 모두 고르면?**

| 답안 표기란 |
|---|
| 15 ① ② ③ ④ ⑤ |
| 16 ① ② ③ ④ ⑤ |
| 17 ① ② ③ ④ ⑤ |

| 보기 1 | 정제수, 에탄올, 알파-하이드록시애시드, 피이지-60하이드로제네이티드캐스터오일, 세테아레스-30, 1,2-헥산다이올, 부틸렌글라이콜, 파파야열매추출물, 로즈마리잎 추출물, 살리실릭애씨드, 카보머, 트리에탄올아민, 알란토인, 판테놀, 향료 |
|---|---|

**보기 2**

ㄱ. 만 3세 이하 어린이에게는 사용하지 말 것
ㄴ. 알갱이가 눈에 들어갔을 때에는 물로 씻어내고 이상이 있는 경우에는 전문의와 상담할 것
ㄷ. 햇빛에 대한 피부의 감수성을 증가시킬 수 있으므로 자외선차단제를 함께 사용할 것
ㄹ. 화장품을 사용 시 또는 사용 후 직사광선에 의하여 사용부위가 붉은 반점, 부어오름 또는 가려움증 등의 이상 증상이나 부작용이 있는 경우 전문의 등과 상담할 것
ㅁ. 섭씨 15도 이하의 어두운 장소에 보존하고, 색이 변하거나 침전된 경우에는 사용하지  말 것
ㅂ. 신장 질환이 있는 사람은 사용 전에 의사, 약사, 한의사와 상의할 것

① ㄱ, ㄴ, ㅂ ② ㄹ, ㅁ, ㅂ ③ ㄴ, ㄷ, ㅂ
④ ㄷ, ㄹ, ㅁ ⑤ ㄱ, ㄷ, ㄹ

**18** **화장품의 대표적인 수성원료인 정제수(물) 사용에 대한 설명으로 틀린 것은?**

① 비극성인 탄화수소기와 극성인 하이드록시기(-OH)가 존재하여 식물의 소수성 및 친수성 물질의 추출 및 기타 화장품 성분의 용제(용매)로도 사용
② 정제수는 일반적으로 이온 교환법과 역삼투 방식을 통하여 물을 정제한 후 자외선 살균법 을 통하여 정제수를 살균 및 보관하도록 한다.
③ 물속에 금속이온(예 칼슘, 마그네슘 등)이 존재할 시, 화장품 제품 내 원료의 산화 촉진, 변색과 변취, 기타 화장품 성분들의 작용을 저해하는 요소로 작용할 수 있어 정제수를 사 용한다.
④ 정제수는 화장품에 가장 많이 사용되는 원료 중 하나로 일부 메이크업 화장품을 제외한 거 의 모든 화장품에 사용한다.
⑤ 정제수 내 미량의 금속이온들의 존재를 배제할 수 없을 때는, 금속 이온 봉쇄제(예 EDTA 및 그 염류)를 제품에 첨가하도록 한다.

답안 표기란

18 ① ② ③ ④ ⑤

★★ 3회 기출

**19 계면활성제는 화학구조 및 특성에 따라 물과 기름이 혼합되는 성질을 바탕으로, 유화제, 용해보조제(가용화제), 분산제, 세정제 등의 특징을 갖는다. 다음 중에서 천연물 유래 계면활성제로 사용되고 있는 것이 아닌 것은?**

① 레시틴
② 콜레스테롤
③ 벤잘코늄클로라이드
④ 세테아릴올리베이트
⑤ 라우릴글루코사이드

★★ 3회 기출

**20 인체적용제품의 위해성 평가에 관한 규정에서 화장품 위해평가가 필요한 경우에 대한 설정으로 바르지 않는 것은?**

① 비의도적 오염물질의 기준 설정
② 불법으로 유해물질을 화장품에 혼입한 경우
③ 안전역을 근거로 사용 한도를 설정
④ 위해성에 근거하여 사용금지를 설정
⑤ 화장품 안전 이슈 성분의 위해성

**21 화장품의 원료 중 물에 녹지 않는 성질 및 기타 화학적 성질을 갖고 있는 물질을 녹이는데 사용하는 성분을 유성원료라고 한다. 이 유성원료들에 대한 설명으로 바르지 않은 것은?**

① 실리콘은 실록산 결합(−Si−O−Si−)을 가지는 유기 규소 화합물을 통칭한다.
② 왁스는 고급지방산에 고급알코올이 결합된 에스테르 화합물을 통칭하며, 상온에서 고체형 태의 특성을 가진다.
③ 지방산은 지질(lipid)의 구성분자로 탄화수소 사슬 끝에 카르복실산(COOH)이 연결된 구조 를 가진 물질을 말한다.
④ 고급알코올 탄소수가 3개 이상인 알코올을 통칭한다.
⑤ 계면활성제는 극성(친수성)과 비극성(소수성)이 한 분자 내에 존재하는 물질이다.

| 답안 표기란 | |
|---|---|
| 19 | ① ② ③ ④ ⑤ |
| 20 | ① ② ③ ④ ⑤ |
| 21 | ① ② ③ ④ ⑤ |

**22** **비타민(vitamin)은 생체의 정상적인 발육과 영양을 유지하는 데 미량으로 필수적인 유기 화합물을 총칭한다. 화장품에 사용되는 비타민 종류 및 명칭을 바르게 연결하고 있는 것은?**

① 비타민 A – 토코페롤
② 비타민 B2 – 리보플라빈
③ 비타민 E – 레티놀
④ 비타민 C – 코밸러민
⑤ 비타민 B12 – 아스코르빈산

★★ 3회 기출

**23** **「화장품의 색소 종류와 기준 및 시험방법」 제2조에서 색소를 다음과 같이 정의하고 있다. 용어의 정의가 바르지 않은 것은?**

① "타르색소"는 제1호의 색소 중 콜타르, 그 중간생성물에서 유래되었거나 유기 합성하여 얻은 색소 및 그 레이크, 염, 희석제와의 혼합물을 말한다.
② "색소"는 화장품이나 피부에 색을 띠게 하는 것을 주요 목적으로 하는 성분을 말한다.
③ "순색소"는 중간체, 희석제, 기질 등을 포함하지 아니한 순수한 색소를 말한다.
④ "타르색소"는 레이크 제조 시 순색소를 확산시키는 목적으로 사용되는 물질을 말한다.
⑤ "레이크"라 함은 타르색소를 기질에 흡착, 공침 또는 단순한 혼합이 아닌 화학적 결합으로 확산시킨 색소를 말한다.

★★ 3회 기출

**24** **pH 조절제는 수용액의 수소이온 농도를 조절하는데 중요한 기타원료이다. 화장품에 주로 사용되는 중화제의 종류에 해당하는 것은?**

① 에칠아스코빌에텔
② 트라이에탄올아민(TEA, triethanolamine)
③ 테트라소듐이디티에이(tetrasodium EDTA)
④ 아스코빌글루코사이드
⑤ 폴리에톡실레이티드레틴아마이드(polyethoxylated retinamide)

답안 표기란

22 ① ② ③ ④ ⑤
23 ① ② ③ ④ ⑤
24 ① ② ③ ④ ⑤

★★ 3회 기출

**25** **화장품법 시행규칙 제19조 제6항 [별표4]에서 화장품 포장의 표시기준 및 표시방법을 설명하고 있다. 다음 중 화장품 제조에 사용된 성분표시에 대한 내용을 바르지 않게 설명하고 있는 것은?**

① 화장품 제조에 사용된 함량이 많은 것부터 기재·표시한다. 다만, 1퍼센트 이하로 사용된 성분, 착향제 또는 착색제는 순서에 상관없이 기재·표시할 수 있다.

② 착향제는 "향료"로 표시할 수 있다. 다만, 착향제의 구성 성분 중 식품의약품안전처장이 정하여 고시한 알레르기 유발성분이 있는 경우에는 향료로 표시할 수 없고, 해당 성분의 명칭을 기재·표시해야 한다.

③ 색조 화장용 제품류, 눈 화장용 제품류, 두발염색용 제품류 또는 손발톱용 제품류에서 호수별로 착색제가 다르게 사용된 경우 '± 또는 +/−'의 표시 다음에 사용된 모든 착색제 성분을 함께 기재·표시할 수 있다.

④ 영업자는 식품의약품안전처장에게 기능성화장품의 근거자료를 제출하고, 화장품 원료에 모든 성분들을 반드시 표시 기재해야 한다.

⑤ 산성도(pH) 조절 목적으로 사용되는 성분은 그 성분을 표시하는 대신 중화반응에 따른 생성물로 기재·표시할 수 있고, 비누화반응을 거치는 성분은 비누화반응에 따른 생성물로 기재·표시할 수 있다.

★★ 3회 기출

**26** **「화장품법 시행규칙」 [별표 3] 제1호에 따른 13가지 유형 중에서 기초화장품의 세부유형별 효과로 피부표면층에 부착된 피지, 각질층의 딱지, 피지의 산화분해물, 땀의 잔여물 등의 피부 생리의 대사산물이나 공기 중의 먼지, 미생물, 메이크업 화장품 등을 제거하는 제품의 특징을 바르게 설명한 것은?**

① 클렌징 워터 – O/W형과 W/O형의 유화타입으로 나눌 수 있고, O/W의 경우 사용 후 물로 씻을 수 있음

② 클렌징 오일 – 수용성 고분자와 계면활성제를 이용한 고분자젤 타입과 유분을 다량 함유한 유화타입의 액정타입이 있음.

③ 클렌징 로션 – O/W형의 유화타입으로 크림타입보다 사용이 쉬우며 사용 후 감촉이 산뜻함. 크림 타입보다 클렌징력이 다소 낮을 수 있음

| 답안 표기란 |
|---|
| 25 ① ② ③ ④ ⑤ |
| 26 ① ② ③ ④ ⑤ |

④ 클렌징 크림 – 액상타입으로 사용하기 간편하며, 빠른 거품 생성으로 사용성이 뛰어남

⑤ 클렌징 젤 – 유성성분으로 오일 성분 외에 계면활성제 등을 배합하여 사용 후 물로 헹구어 내는 유형으로 헹구어 낼 때 O/W형으로 유화됨

**27** **「화장품법 시행규칙」[별표 4] 화장품 포장의 표시기준 및 표시방법(제19조제6항 관련)에서 화장품 제조에 사용된 성분 중 착향제는 "향료"로 표시할 수 있다. 다만, 착향제의 구성 성분 중 식품의약품안전처장이 정하여 고시한 알레르기 유발성분이 있는 경우에는 향료로 표시할 수 없고, 해당 성분의 명칭을 기재·표시해야 한다. 착향제의 구성성분 중에서 알레르기 유발성분인 것은?**

① 스쿠알란　② 닥나무추출물　③ 라벤더 오일
④ 티트리 오일　⑤ 나무이끼 추출물

★★★ 매회기출

**28** **「화장품법 시행규칙」 제18조 화장품의 포장 대상 품목 및 기준에서 안전용기·포장을 사 용하여야 하는 품목에 대한 설명으로 틀린 것은?**

① 안전용기·포장은 성인이 개봉하기는 어렵지 아니하나 만 13세 미만의 어린이가 개봉하기는 어렵게 된 것이어야 한다.

② 아세톤을 함유하는 네일에나멜 리무버 및 네일폴리시 리무버

③ 어린이용오일 등 개별포장당 탄화수소류를 10% 이상 함유하고 운동점도가 21 센티스톡스 (섭씨 40도 기준) 이하인 비에멀션 타입의 액체상태의 제품

④ 개별포장당 메틸살리실레이트를 5% 이상 함유하는 액체상태의 제품

⑤ 일회용 제품, 용기 입구 부분이 펌프 또는 방아쇠로 작동되는 분무용기 제품, 압축 분무용기 제품(에어로졸 제품 등)은 제외

답안 표기란

| | |
|---|---|
| 27 | ① ② ③ ④ ⑤ |
| 28 | ① ② ③ ④ ⑤ |

**29** 「화장품 사용 시의 주의 사항 및 알레르기 유발성분 표시에 관한 규정」 제2조(그 밖에 사용 시의 주의 사항), [별표 1] 화장품의 함유 성분별 사용 시의 주의 사항 표시 문구이다. 대상제품과 표시문구가 바르지 않은 것은?

| | 대상 제품 | 표시 문구 |
|---|---|---|
| ① | 과산화수소 및 과산화수소 생성물질 함유 제품 | 눈에 접촉을 피하고 눈에 들어갔을 때는 즉시 씻어낼 것 |
| ② | 스테아린산아연 함유 제품(기초화장용 제품류 중 파우더 제품에 한함) | 사용 시 흡입되지 않도록 주의할 것 |
| ③ | 알부틴 5% 이상 함유 제품 | 알부틴은「인체적용시험자료」에서 구진과 경미한 가려움이 보고된 예가 있음 |
| ④ | 알루미늄 또는 그 염류 함유 제품 (체취방지용 제품류에 한함) | 신장질환이 있는 사람은 사용 전에 의사, 약사, 한의사와 상의할 것 |
| ⑤ | 아이오도프로피닐부틸카바메이트(IPBC) 함유 제품 (목욕용제품, 샴푸류 및 바디클렌저 제외) | 만 3세 이하 어린이에게는 사용하지 말 것 |

★

**30** 다음 〈보기〉에서 맞춤형화장품조제관리사 A와 고객 B의 대화를 보고, 고객의 이야기를 듣고 나서 맞춤형화장품조제관리사가 제시한 성분으로 옳은 것은?

> **보기** **고객** : 최근 TV광고에서 효능이 좋다고 하는 화장품을 구매했어요. 그런데 끈적임도 심하고, 퍼짐성이나 발림성이 무거워서 불편함을 겪고 있고, 윤기가 너무 없습니다.
> 다만, 동물성 원료는 피했으면 좋겠네요. 제게 추천할 만한 성분이 들어갈 맞춤형화 장품을 조제해 주실 수 있을까요?
> **조제관리사** : 고객님의 의견을 반영해서 동물성 원료가 아닌 성분으로 맞춤형화장품을 조제 해 드리겠습니다.

① 라놀린(lanolin)
② 스쿠알란(squalane)
③ 에뮤오일(emu oil)
④ 라다넘오일(cistus ladaniferus oil)
⑤ 밍크오일(mink oil)

답안 표기란

29 ① ② ③ ④ ⑤
30 ① ② ③ ④ ⑤

★★ 3회 기출

**31** 「화장품법 시행규칙」 제17조에 의하면, 화장품 원료 등의 위해평가는 다음 각 호의 과정을 거쳐 실시한다. 보기에서 ㉠, ㉡ 안에 들어갈 단어를 쓰시오.

> 보기
> 1. 위해요소의 인체 내 독성을 확인하는 위험성 확인과정
> 2. 위해요소의 인체노출 허용량을 산출하는 ( ㉠ ) 과정
> 3. 위해요소가 인체에 노출된 양을 산출하는 노출평가과정
> 4. 제1호부터 제3호까지의 결과를 종합하여 인체에 미치는 위해 영향을 판단하는 ( ㉡ ) 과정

**32** 화장품책임판매업자는 제12조의 11항에 따라 다음 사항을 준수해야 한다. 보기에서 알맞은 말을 쓰시오.

> 보기
> 다음 각 목의 어느 하나에 해당하는 성분을 0.5퍼센트 이상 함유하는 제품의 경우에는 해당 품목의 ( ㉠ )를 최종 제조된 제품의 사용기한이 만료되는 날부터 ( ㉡ ) 년간 보존할 것
>
> 가. 레티놀(비타민A) 및 그 유도체
> 나. 아스코빅애시드(비타민C) 및 그 유도체
> 다. 토코페롤(비타민E)
> 라. 과산화화합물
> 마. 효소

★★★

**33** 다음은 고객 상담 결과에 따라 만든 맞춤형화장품 영양크림의 최종 성분 비율이다. 〈대화〉에서 괄호 안에 들어갈 말을 기입하시오. (㉠은 한글 성분명, ㉡은 숫자)

| 성분 | 비율 |
|---|---|
| 정제수 | 73.5% |
| 알로에추출물 | 15.0% |
| 베타-글루칸 | 5.0% |
| 부틸렌글라이콜 | 5.0% |
| 글리세린 | 3.0% |
| 하이드록시에틸셀룰로오스 | 1.0% |
| 카보머 | 0.5% |
| 벤조페논-4 | 0.1% |
| 페녹시에탄올 | 0.6% |
| 다이소듐이디티에이 | 0.2% |
| 향료 | 0.4% |

답안 표기란

31

32

33

〈대화〉

A : 제품에 사용된 보존제는 어떤 성분이고 문제가 없나요?

B : 제품에 사용된 보존제는 ( ㉠ )입니다. 해당 성분은 화장품법에 따라 보존제로 사용될 경우 ( ㉡ )% 이하로 사용하도록 하고 있습니다. 해당 성분은 한도 내로 사용되었으며, 쓰는 데 문제는 없습니다.

답안 표기란

34

35

**34** 화장품법 제14조의 3 위해화장품의 회수계획 및 회수절차 등에서

1. 위해성등급이 가등급이 경우인 화장품은 회수 시작한 날부터 ( ㉠ ) 이내 보고
2. 위해성등급이 나등급 혹은 다등급인 화장품은 회수 시작한 날부터 ( ㉡ ) 이내 보고 하도록 한다.

★★ 기출유사문제

**35** 다음 보기의 문항에서 설명하고 있는 물질명을 쓰시오.

$C_{15}H_{26}O$ : 222.37

이 원료는 칸데이아 나무 *Vanillosmopsis erythropoppa* Schult. Bip의 가지와 잎을 분별 증류하여 얻은 에센셜 오일이다.

**제법** : 칸데이아 나무가지와 잎 100kg을 감압하에서(0.4 mmHg, 100℃) 18시간 동안 증류하여 얻은 칸데이아 오일(Candeia oil) 1.1kg을 다시 감압하에서(0.1 mmHg) 온도별로 분별 증류하여 이 원료 825g을 얻는다.

**성상** : 이 원료는 무색의 오일상으로 냄새는 없거나 특이한 냄새가 있다.

## 3장 유통 화장품 안전 관리

답안 표기란

36 ① ② ③ ④ ⑤

37 ① ② ③ ④ ⑤

38 ① ② ③ ④ ⑤

★★(3회 기출)

**36** 다음은 우수화장품 제조 및 품질관리 기준에 의한 CGMP 3대 요소이다. 괄호 안에 해당하는 단어는?

> [CGMP 3대 요소]
> ① 인위적인 과오의 최소화
> ② (　　　　) 및 교차오염으로 인한 품질저하 방지
> ③ 고도의 품질관리체계 확립

① 환경오염　② 미생물오염　③ 위생관리
④ 실내오염　⑤ 제품함량

★★★(매회 3기출)

**37** 다음은 「화장품 안전 기준 등에 관한 규정」 제6조 유통화장품 안전 관리 기준에 따른 내용 량의 기준이다. 다음 내용에서 괄호 안에 내용에 올바른 것은?

> 제품( ㉠ )개를 가지고 시험할 때 그 평균 내용량이 표기량에 대하여 ( ㉡ )% 이상(다만, 화장 비누의 경우 건조중량을 내용량으로 한다). ( ㉡ )% 이상의 기준치를 벗어날 경우는 6개를 더 취하여 시험할 때 ( ㉢ )개의 평균 내용량이 ( ㉡ )% 기준치 이상이어야 한다.

| | ㉠ | ㉡ | ㉢ |
|---|---|---|---|
| ① | 3 | 97 | 6 |
| ② | 3 | 97 | 9 |
| ③ | 3 | 95 | 6 |
| ④ | 6 | 97 | 12 |
| ⑤ | 3 | 95 | 9 |

**38** 「화장품 안전 기준 등에 관한 규정」 제5조(유통화장품의 안전 관리 기준)에 따른 미생물 한도를 살펴보고 부적합한 품질의 제품을 반품하고자 한다. 어느 제품일까요?

| | 제품 | 미생물 한도(호기성 생균수) |
|---|---|---|
| ① | 아이크림 | 550개/g(mL) |
| ② | 어린이 로션 | 1200개/g(mL) |
| ③ | 마스카라 | 400개/g(mL) |
| ④ | 에센스 | 800개/g(mL) |
| ⑤ | 바디로션 | 1000개/g(mL) |

**39** 「화장품법 시행규칙」 제14조의2(회수 대상 화장품의 기준 및 위해성 등급 등)에 의한 회수 대상 화장품의 기준으로 유통 중인 화장품 중에서 회수대상에 해당하지 않는 것은?

① 화장품제조업 또는 화장품책임판매업 등록을 하지 아니한 자가 제조한 화장품 또는 제조·수입하여 유통·판매한 화장품
② 화장품에 사용할 수 없는 원료를 사용하였거나 유통화장품 안전관리 기준에 적합하지 아니한 화장품
③ 화장품제조업 또는 화장품책임판매업 신고를 하지 아니한 자가 판매한 맞춤형화장품
④ 맞춤형화장품 판매를 위해 필요한 화장품의 포장 및 기재·표시 사항을 훼손한 화장품
⑤ 맞춤형화장품조제관리사를 두지 아니하고 판매한 맞춤형화장품

**40** 작업장의 시설 상태에 대한 설명으로 바르지 않은 것은?

① 수세실과 화장실은 접근이 쉬워야 하나 생산구역과 분리되어 있을 것
② 바닥, 벽, 천장은 가능한 청소하기 쉽게 매끄러운 표면을 지니고 소독제 등의 부식성에 저항력 보유할 것
③ 제조하는 화장품의 종류·제형에 따라 적절히 구획·구분되어 있어 교차오염 우려가 없을 것
④ 작업장 내의 외관 표면은 가능한 매끄럽게 설계하고, 청소 및 소독제의 부식성에 저항력이 있을 것
⑤ 외부와 연결된 창문은 가능한 환기가 잘되고 청결을 유지하기 위해 수시로 열어둘 것

**41** CGMP 지정을 받기 위해서는 청정도 기준에 제시된 청정도 등급 이상으로 설정하여 공기조절을 하여야 한다. 공기의 온·습도, 공중미립자, 풍량, 풍향, 기류를 일련의 도관을 사용해서 제어하는 "센트럴 방식"이 화장품에 가장 적합한 공기 조절 방식이다. 다음에서 공기조절 방식요소와 대응설비가 바르게 연결되어있는 것은?

① 청정도 – 공기 정화기
② 실내온도 – 송풍기
③ 기류 – 가습기
④ 습도 – 열교환기
⑤ 차압 – 공기조절기

| 답안 표기란 |
|---|
| 39 ① ② ③ ④ ⑤ |
| 40 ① ② ③ ④ ⑤ |
| 41 ① ② ③ ④ ⑤ |

★★3회 기출

**42** **다음 지문에서 작업장별 시설 준수 사항으로 틀린 것은?**

① 보관구역은 통로가 물건만 이동하는 구역으로서 물건의 이동에 불편함을 초래하거나, 교차오염의 위험이 없어야 함
② 원료 취급 구역은 원료보관소와 칭량실은 구획되어 있어야 함
③ 제조 구역은 폐기물은 주기적으로 버려야 하며 장기간 모아놓거나 쌓아 두어서는 안 됨
④ 포장 구역은 제품의 교차 오염을 방지할 수 있도록 설계해야 함
⑤ 화장실, 탈의실 및 손 세척 설비가 직원에게 제공되어야 하고 작업구역과 분리되어야 하며 쉽게 이용할 수 있어야 함

★★★ 매회기출

**43** **작업실에 청정도 등급에 따른 관리 기준을 바르게 연결한 것은?**

① 내용물 보관소 – 낙하균 : 10 개/hr 또는 부유균 : 20 개/㎥
② 원료 칭량실 – 낙하균 : 30 개/hr 또는 부유균 : 200 개/㎥
③ 포장실 – 낙하균 : 30 개/hr 또는 부유균 : 200 개/㎥
④ 완제품 보관소 – 낙하균 : 20 개/hr 또는 부유균 : 100 개/㎥
⑤ 제조실 – 낙하균 : 10 개/hr 또는 부유균 : 20 개/㎥

★★

**44** **해당 작업실에 청정공기 순환에 대한 설명으로 올바른 것은?**

① Clean Bench – 20회/hr 이상 또는 차압관리
② 포장실 – 환기장치
③ 완제품 보관소 – 차압관리
④ 성형실 – 10회/hr 이상 또는 환기장치
⑤ 제조실 – 20회/hr 이상 또는 차압장치

답안 표기란

42 ① ② ③ ④ ⑤
43 ① ② ③ ④ ⑤
44 ① ② ③ ④ ⑤

★★★ (2, 3회 기출)

**45** 작업장의 이물질에 대한 오염은 육안 등으로 판정하고, 미생물에 대한 오염은 낙하균 또는 부유균 평가법으로 오염 상태를 판단한다. 이때 작업장의 낙하균 측정법을 보기에서 설명하고 있다. 괄호 안에 알맞은 단어를 표기한 것은?

A. 원리 : 한천평판 배지를 일정시간 노출시켜 배양접시에 낙하된 미생물을 배양하여 증식된 집락수를 측정하고 단위시간 당의 생균수로서 산출하는 방법

B. 배지
- 세균용 : 대두카제인 소화한천배지(tryptic soy agar)
- 진균용 : 사부로포도당 한천배지(sabouraud dextrose agar) 또는 포테이토덱스트로즈 한천 배지(potato dextrose agar)에 배지 100ml당 클로람페니콜 50mg을 넣음

C. 기구
- 배양접시(내경 9cm), 배양접시에 멸균된 배지(세균용, 진균용)를 각각 부어 굳혀 낙하균 측정용 배지를 준비

C. 낙하균 측정할 장소의 측정 위치 선정 및 노출 시간 결정
- 측정 위치
  - 일반적으로 작은 방을 측정하는 경우에는 약 5개소 측정
  - 비교적 큰방일 경우에는 측정소 증가
- 노출 시간
  - 노출시간은 공중 부유 미생물수의 많고 적음에 따라 결정되며, 노출시간이 1시간 이상 이 되면 배지의 성능이 떨어지므로 예비시험으로 적당한 노출시간을 결정하는것이 좋음
  - 청정도가 높은 시설(예 : 무균실 또는 준무균실) : 30분 이상 노출
  - 청정도가 낮고, 오염도가 높은시설(예: 원료 보관실, 복도, 포장실, 창고) : 측정시간 단축

D. 낙하균 측정
- 선정된 측정 위치마다 세균용 배지와 진균용 배지를 1개씩 놓고 배양접시의 뚜껑을 열 어 배지에 낙하균이 떨어지도록 함
- 위치별로 정해진 노출시간이 지나면, 배양접시의 뚜껑을 닫아 배양기에서 배양, 일반적 으로 세균용 배지는 ( , ), 진균용 배지는 ( , ) 배양, 배양 중에 확산균의 증식에 의해 균수를 측정할 수 없는 경우가 있으므로 매일 관찰하고 균 수의 변동 기록
- 배양 종료 후 세균 및 진균의 평판 마다 집락수를 측정하고, 사용한 배양접시 수로 나누어 평균 집락수를 구하고 단위시간 당 집락수를 산출하여 균수로 함

| | 세균용 배지 | 진균용 배지 |
|---|---|---|
| ① | 10~25℃, 48시간 이상 | 10~25℃, 5일 이상 |
| ② | 20~35℃, 32시간 이상 | 20~35℃, 3일 이상 |
| ③ | 30~35℃, 48시간 이상 | 20~25℃, 5일 이상 |
| ④ | 30~35℃, 72시간 이상 | 20~25℃, 7일 이상 |
| ⑤ | 20~35℃, 48시간 이상 | 20~35℃, 5일 이상 |

답안 표기란

45 ① ② ③ ④ ⑤

★★3회기출

**46** **작업장 위생 유지를 위해 필요한 세제의 요구조건으로 옳지 않은 것은?**

① 우수한 세정력이 있어야 한다.
② 세정 후 표면에 잔류물이 없는 건조 상태이어야 한다.
③ 사용 및 계량의 편리성이 있어야 한다.
④ 세제의 주요 성분인 계면활성제는 음이온 및 비이온 계면활성제로 구성되어야 한다.
⑤ 인체 및 환경에 안전성이 있어야 한다.

**47** **세제의 주요구성분과 그들의 성분연결이 바르게 짝지어진 것은?**

① 계면활성제 – 알킬설포베테인(ASB)
② 살균제 – 폴리올(Polyol)
③ 유기폴리머 – 소듐사이트레이트(Sodium Citrate)
④ 용제 – 활성염소
⑤ 표백성분 – 알데히드류

**48** **작업장 내 위생관리를 위하여 직원 위생관리를 철저히 하여야 한다. 다음의 내용에서 직원 위생관리 기준에 맞지 않는 것은?**

① 적절한 위생관리 기준 및 절차를 확립해야한다.
② 방문객 및 교육훈련을 받지 않은 직원은 제조 , 관리, 보관 구역으로 출입을 금한다.
③ 피부에 외상이 있거나 질병에 걸린 직원은 건강이 양호해지거나 화장품의 품질에 영향을 주지 않는다는 의사의 소견이 있기 전까지는 화장품과 직접적으로 접촉되지 않도록 격리한다.
④ 화장품 오염방지를 위해 규정된 작업복을 착용하고 음식물의 반입은 금지한다.
⑤ 제조소 내의 모든 직원이 준수하도록 위생교육을 한다.

| 답안 표기란 | |
|---|---|
| 46 | ① ② ③ ④ ⑤ |
| 47 | ① ② ③ ④ ⑤ |
| 48 | ① ② ③ ④ ⑤ |

★★ 기출

**49** **「맞춤형화장품판매업 가이드라인」(식품의약품안전처)에 따라 맞춤형 화장품의 조제 시 혼합·소분의 안전 관리 기준에 대한 내용으로 적합하지 않은 것은?**

① 내용물 및 원료를 공급하는 화장품책임판매업자가 혼합 또는 소분의 범위를 검토하여 정하고 있는 경우 그 범위 내에서 혼합 또는 소분할 것
② 혼합·소분 전에 손을 소독하거나 세정할 것
③ 혼합·소분 전에 혼합·소분된 제품을 담을 포장용기의 오염여부 확인할 것
④ 혼합·소분 전에 내용물 및 원료의 사용기한 또는 개봉 후 사용기간을 확인하고, 사용기한 또는 개봉 후 사용기간이 지난 것은 사용하지 아니할 것
⑤ 맞춤형화장품 조제에 사용하고 남은 내용물 및 원료는 비의도적인 오염을 방지하기 위해 폐기할 것

★★ 기출

**50** **맞춤형 화장품 혼합 · 소분 안전 관리 기준에서 아래 보기에 들어가는 주요 내용의 단어를 바르게 기입한 것은?**

보기
① 맞춤형화장품 ( ㉠ )를 작성·보관할 것(전자문서로 된 판매내역을 포함)
※ ( ㉠ ) 기재 사항
• 제조번호(맞춤형화장품의 경우 ( ㉡ )를 제조번호로 함)
• 사용기한 또는 개봉 후 사용기간
• 판매일자 및 판매량
② 원료 및 내용물의 입고, 사용, 폐기 내역 등에 대하여 기록 관리할 것
③ 맞춤형화장품 판매 시 다음 각 목의 사항을 소비자에게 설명할 것
• 혼합·소분에 사용되는 내용물 또는 원료의 특성
• 맞춤형화장품 사용 시의 주의 사항
④ 맞춤형화장품 사용과 관련된 부작용 발생사례에 대해서는 지체없이 식품의약품안전처장에게 보고할 것

① ㉠ 제품관리 기준서 ㉡ 제품번호
② ㉠ 제품표준서 ㉡ 관리번호
③ ㉠ 판매내역서 ㉡ 관리번호
④ ㉠ 판매내역서 ㉡ 식별번호
⑤ ㉠ 제품표준서 ㉡ 제품번호

답안 표기란
49 ① ② ③ ④ ⑤
50 ① ② ③ ④ ⑤

**51** 작업자인 직원은 세정 과정만 거쳐도 청결 유지가 가능하나 단지 세정만으로 위생적이 되는 것은 아니다. 간혹 청결한 상태로 보이나 유해 미생물이 다량으로 잔재되어 있는 경우도 있으므로, 이러한 경우는 적절한 소독을 통해 미생물을 제거함으로써 위생적으로 유지할 수 있어야 한다. 다음 보기에서 소독제에 해당하는 것만 묶어 놓은 것은?

보기
㉠ 아이오다인과 아이오도퍼(Iodine & Iodophors)
㉡ 소듐트리포스페이트(Sodium Triphosphate)
㉢ 칼슘카보네이트(Calcium Carbonate)
㉣ 클로록시레놀(Chloroxylenol)
㉤ 알킬벤젠설포네이트(ABS)
㉥ 헥사클로로펜(Hexachlorophene, HCP)

① ㉠, ㉤, ㉥ ② ㉠, ㉡, ㉢ ③ ㉠, ㉣, ㉥
④ ㉡, ㉤, ㉥ ⑤ ㉢, ㉣, ㉥

**52** 설비 기구의 세척 후 위생상태 판정방법으로 맞지 않은 것은?

① 원자흡광도법 ② 닦아내기 판정법
③ 콘택트 플레이트법 ④ 면봉 시험법
⑤ 린스정량법

★★★

**53** 제조 설비별 세척과 위생처리에 대한 내용으로 틀리게 설명되어 있는 것은?

① 탱크 : 제품에 접촉하는 모든 표면은 검사와 기계적인 세척을 위해 접근할 수 있도록 함
② 호스 : 부속품이 해체할 수 없도록 설계 되는 것이 바람직하며, 가는 부속품의 사용은 가는 관이 미생물 또는 교차오염문제를 일으킬 수 있어 청소하기 어렵기 때문에 최소화되어야 함
③ 칭량장치 : 칭량장치의 기능을 손상시키지 않기 위해서 청소할 때에는 적절한 주의가 필요 하며, 먼지 등의 제거는 부드러운 브러시 등을 활용함
④ 펌프 : 펌프는 일상적인 예정된 청소와 유지관리를 위하여 허용된 작업 범위에 대해 라벨 을 확인해야 함
⑤ 혼합·교반장치 : 다양한 작업으로 인해 혼합기와 구성 설비의 빈번한 청소가 요구될 경우, 쉽게 제거될 수 있는 혼합기를 선택하면 철저한 청소를 할 수 있음

답안 표기란

51 ① ② ③ ④ ⑤
52 ① ② ③ ④ ⑤
53 ① ② ③ ④ ⑤

★★

**54** 기계 설비는 내구연한이 있고, 사용 조건과 설비 관리의 적절성에 따라 내구연한이 단축되거나 연장될 수 있으며, 설비의 최적 운용은 제품 생산성 및 품질과 직결된다. 따라서 설비 기구의 유지 보수 점검은 중요하며 설비 생애(Life cycle) 각 단계별 점검은 생산성을 높이는 활동이라 할 수 있다. 다음 보기에서 괄호 안에 알맞은 단어를 순서대로 확인하시오.

- 설비 관리 : 설비 관리는 조사, 분석, 설계, 설치, 운전, 보전, 그리고 폐기에 이르는 설비 생애(life cycle)의 전 단계에 걸쳐서 설비의 생산성을 높이는 활동
- 설비 생애
  1. ( ㉠ ) 검토 단계
  2. 설계, 제작, 설치, 검수 단계
  3. 사용과 유지·관리 단계(일상 점검, ㉡ )
  4. 고장 발생과 수리 단계
  5. ( ㉢ ) 단계

① ㉠조사검토 ㉡설치점검 ㉢유지보수
② ㉠조사분석 ㉡보전 ㉢폐기
③ ㉠신규설비 ㉡정기점검 ㉢폐기 · 매각
④ ㉠설치관리 ㉡운전 ㉢보전
⑤ ㉠설비 ㉡정기점검 ㉢보전

**55** 「화장품 안전 기준 등에 관한 규정」 제6조에 따라 유통화장품의 안전관리 기준은 화장품을 제조하면서 인위적으로 첨가하지 않았으나, 제조 또는 보관 과정 중 포장재로부터 이행되는 등 비의도적으로 유래된 사실이 객관적인 자료로 확인되고 기술적으로 완전한 제거가 불가능한 경우에 해당 물질의 검출 허용 한도를 정하고 있다. 다음 〈보기〉같은 영양크림의 품질성적서에서 시험결과를 틀리게 설명하고 있는 것은?

보기

| 항목 | 시험결과 |
|---|---|
| 니켈 | 10㎍/g |
| 안티몬 | 30㎍/g |
| 디옥산 | 90 ㎍/g |
| 프탈레이트 | 500 ㎍/g |
| 진균수 | 500개/g(mL) |
| 황색포도상구균 | 불검출 |

답안 표기란

54 ① ② ③ ④ ⑤

55 ① ② ③ ④ ⑤

① 니켈 적합판정 ② 안티몬 부적합판정
③ 디옥산 부적합판정 ④ 프탈레이트 부적합판정
⑤ 진균수 부적합판정

답안 표기란

56 ① ② ③ ④ ⑤

57 ① ② ③ ④ ⑤

★★ 3회 기출

**56** **「우수화장품 제조 및 품질관리 기준(CGMP)」 제3장(제조)제2절(원자재의 관리)제11조(입고관리)에 의하면 원료의 입고관리시 필요한 사항은 다음과 같다. 〈보기〉에서 주어진 괄호안에 단어를 맞게 적은 것은?**

> **보기** 제조업자는 원자재 공급자에 대한 관리감독을 적절히 수행하며 입고관리를 철저히 이행하여야 한다.
> 1. 원자재의 입고 시 ( ㉠ ), 원자재 공급업체 성적서 및 현품이 서로 일치하여야 하며 필요한 경우 운송 관련 자료를 추가적으로 확인할 수 있음
> 2. 원자재 용기에 제조번호가 없는 경우에는 관리번호를 부여하여 보관하여야 함
> 3. 원자재 입고절차 중 육안확인 시 물품에 결함이 있을 경우 입고를 보류하고 격리보관 및 폐기하거나 원자재 공급업자에게 반송함
> 4. 입고된 원자재는 "적합", "부적합", "( ㉡ )" 등으로 상태를 표시하여야 하며 동일 수준의 보증이 가능한 다른 시스템이 있다면 대체할 수 있음

① ㉠ 품질성적서 ㉡ 기준일탈
② ㉠ 시험기록서 ㉡ 검사 중
③ ㉠ 구매요구서 ㉡ 검사 중
④ ㉠ 원료규격서 ㉡ 검사 중
⑤ ㉠ 구매확인서 ㉡ 기준일탈

★★ 3회 기출

**57** **다음은 포장재의 용어 정의에 대한 내용이다. 바르게 쓰인 것은?**

① 원자재 : 화장품의 포장에 사용되는 모든 재료를 말하며 운송을 위해 사용되는 외부 포장재는 제외한 것
② 포장재 : 화장품 원료 및 자재, 즉 화장품 제조 시 사용된 원료, 용기, 포장재, 표시재료, 첨부문서 등
③ 1차 포장 : 1차 포장을 수용하는 1개 또는 그 이상의 포장과 보호재 및 표시의 목적으로 한 포장(첨부 문서 등)
④ 2차 포장 : 화장품 제조 시 내용물과 직접 접촉하는 포장용기
⑤ 안전용 용기·포장 : 만 5세 미만의 어린이가 개봉하기 어렵게 설계·고안된 용기나 포장

★

**58** **제조업자는 보관 중인 원료 및 내용물의 사용을 위한 출고 기준에 의하여 제조에 필요한 원료 및 내용물을 출고해야 한다. 다음 출고기준에 대한 내용으로 틀린 것은?**

① 선입선출 방식에 의해 출고 한다.

② 나중에 입고된 물품이 사용기한이 짧은 경우 또는 특별한 사유가 발생할 경우, 먼저 입고된 물품보다 먼저 출고할 수 있다.

③ 특별한 환경을 제외하고 재고품 순환은 오래된 것이 먼저 사용되도록 보증해야 함

④ 원료의 용기는 밀폐된 상태로 청소와 검사가 용이하도록 충분한 간격으로 바닥과 떨어진 곳에 보관되어야 함

⑤ 입고 및 출고 상황을 관리·기록해야 함

**59** **원료 및 내용물의 품질에 문제가 있거나 회수·반품된 제품의 폐기 기준을 설정하여 관리하는 것은 중요하다. 다음 보기에서 ㉠, ㉡에 해당하는 것을 바르게 표시한 것은?**

> **보기** ( ㉠ )이란 적합판정기준을 벗어난 완제품 또는 벌크제품을 재처리하여 품질이 적합한 범위에 들어오도록 하는 작업을 의미하며, 뱃치 전체 또는 일부에 추가 처리(한 공정 이상의 작업을 추가하는 일)를 하여 부적합품을 적합품으로 다시 가공하는 일을 말한다.
>
> • 기준일탈 제품이 발생했을 때
> – 모두 문서에 남김
> – 기준일탈이 된 완제품 또는 벌크제품은 ( ㉠ ) 할 수 있음
> – 폐기하는 것이 가장 바람직하며 ( ㉠ ) 여부는 ( ㉡ ) 에 의해 승인되어 진행
> – 먼저 권한 소유자(부적합 제품의 제조 책임자)에 의한 원인 조사가 필요함
> – 다음 ( ㉠ )을 해도 제품 품질에 악영향을 미치지 않는 것을 예측함

① ㉠ 반제품 ㉡ 책임판매업자

② ㉠ 재작업 ㉡ 품질보증책임자

③ ㉠ 교정 ㉡ 품질관리책임자

④ ㉠ 재작업 ㉡ 품질관리책임자

⑤ ㉠ 기준일탈 ㉡ 품질보증책임자

답안 표기란

58 ① ② ③ ④ ⑤

59 ① ② ③ ④ ⑤

★★ 매회기출

**60 내용물 및 원료의 변질은 최종 화장품(완제품)의 품질에 큰 영향을 미친다. 완제품의 품질 향상을 위하여 보관중인 원료 및 내용물의 변질 상태를 확인하기 위한 절차에 대한 내용으로 바르지 않은 것은?**

① 시험용 검체는 오염되거나 변질되지 아니하도록 채취하고, 채취한 후에는 원상태에 준하는 포장을 해야 한다.

② 채취한 후에는 검체가 채취되었음을 표시하여야 한다.

③ 시험용 검체의 용기에는 명칭 또는 확인코드를 표시하여야 한다.

④ 관능검사로 변질 상태를 확인하며 필요할 경우, 이화학적 검사를 실시한다.

⑤ 시험용 검체는 여러 번 재보관과 재사용을 반복하는 것이 효율적이다.

## 4장 맞춤형 화장품 이해

**61 맞춤형화장품은 소비자 중심으로 소비자의 특성 및 기호에 따라 즉석에서 제품을 혼합·소 분하여 판매하는 소량 생산 방식이다. 다음은 맞춤형화장품조제사가 화장품 혼합·소분 시 오염방지를 위하여 안전 관리 기준을 준수하여야 하는 사항으로 바르지 않은 것은?**

① 혼합·소분 전에는 손을 소독 또는 세정할 것

② 혼합·소분 전에 혼합·소분에 사용되는 내용물 또는 원료에 대한 품질성적서를 확인할 것

③ 혼합·소분에 사용되는 장비 또는 기기 등은 사용 전 · 후로 오염이 없도록 세척할 것

④ 혼합·소분된 제품을 담을 용기의 오염여부를 사전에 확인할 것

⑤ 혼합·소분 전에는 일회용 장갑을 반드시 착용할 것

답안 표기란

| | |
|---|---|
| 60 | ① ② ③ ④ ⑤ |
| 61 | ① ② ③ ④ ⑤ |

★★★

**62** **다음 〈보기〉에서 화장품을 혼합·소분하여 맞춤형화장품을 조제·판매하는 과정에 대한 설명으로 옳은 것을 모두 고른 것은?**

보기

ㄱ. 맞춤형화장품판매업으로 신고한 매장에서 맞춤형화장품조제관리사가 500 ㎖의 샤워 코오롱을 소분하여 50 ㎖씩으로 조제하였다.

ㄴ. 메틸살리실레이트(Methyl Salicylate)를 10% 이상 함유하는 액체 상태의 맞춤형화장 품을 분무 용기에 포장하여 고객에게 판매하였다.

ㄷ. 맞춤형화장품조제관리사가 고객에게 맞춤형화장품이 아닌 일반 화장품을 판매하였다.

ㄹ. 맞춤형화장품판매업자에게 원료를 공급하는 화장품책임판매업자가 화장품법 제4조에 따라 해당원료를 포함하여 기능성화장품에 대한 심사를 받거나 보고서를 제출한 경우, 식품의약품안전처장이 고시한 기능성화장품의 효능·효과를 나타내는 원료를 내용물에 추가하여 맞춤형화장품을 조제할 수 있다.

ㅁ. 맞춤형화장품판매업으로 신고한 매장에서 맞춤형화장품조제관리사가 맞춤형화장품을 조제할 때 기미를 방어하기 위해 에틸헥실메톡시신나메이트10%를 추가 하였다.

① ㄱ, ㄴ, ㄹ ② ㄱ, ㄷ, ㄹ ③ ㄱ, ㄷ, ㅁ
④ ㄴ, ㄷ, ㅁ ⑤ ㄴ, ㄹ, ㅁ

★★ 기출

**63** **자외선 노출시 피부의 기저층에 존재하는 멜라노사이트의 영향으로 색소침착 되는 기미 피부를 방어하기 위하여 색소형성과정에서 영향을 미치는 물질을 확인할 수 있다.**

① 멜라닌이 형성되는 경로는 피부의 기저층에 존재하는 멜라노사이트(melanocyte)에서 케라티노사이트(keratinocyte)로 이동하여 피부색을 변화시키는 것으로 알려져 있다.
② 색소형성과정은 피부의 기저층에서 각질층으로 멜라닌이 올라오며, 티로신이 티로시나 아제 (Tyrosinase)에 의해 도파(DOPA), 도파퀴논(DOPA–quinone)을 거쳐 생성되는 화학적인 반응에 의해 일어난다.

**멜라닌 색소형성과정에서 티로시나아제(Tyrosinase)의 활성 작용에 필수적인 영향을 미칠 것으로 추정하는 물질은?**

① 사이토카인 ② 리소조옴 ③ 구리이온
④ 멜라노좀 ⑤ 아연이온

답안 표기란

62 ① ② ③ ④ ⑤

63 ① ② ③ ④ ⑤

**64** **피부의 부속기관으로 모발의 성장주기 중에서 성장기에 대한 설명으로 옳은 것은?**

① 전체 모발의 14%정도로 모유두만 남기고 2~3개월 안에 자연 탈락된다.
② 새로운 모발이 발생하는 시기이다.
③ 모발이 모세혈관에서 보내주는 영양분에 의해 성장하는 시기이다.
④ 모구의 활동이 멈추는 시기이다.
⑤ 대사과정이 느려지면서 세포분열이 정지한다.

**65** **〈보기〉는 맞춤형화장품판매업자의 준수사항의 일부이다. 보기의 괄호 안에 들어갈 말로 옳은 것은? (맞춤형화장품조제관리사 자격시험 예시문항)**

> 보기
> **※ 맞춤형화장품판매업자의 준수사항**
> 최종 혼합, 소분된 맞춤형화장품은 소비자에게 제공되는 '유통화장품'이므로 그 안전성을 확보하기 위하여「화장품법」 제8조 및 식품의약품안전처 고시 「( ㉠ )」의 제6조에 따른 ( ㉡ )을 준수해야 한다.

① ㉠ 화장품 안전 기준 등에 관한 규정 ㉡ 유통화장품의 안전 관리 기준
② ㉠ 우수화장품 제조 및 품질관리 기준 ㉡ 화장품 안전 기준 등에 관한 규정
③ ㉠ 유통화장품의 안전 관리 기준 ㉡ 화장품의 색소 종류와 기준 및 시험방법
④ ㉠ 화장품 전성분 표시지침 ㉡ 화장품 중 배합금지성분 분석법
⑤ ㉠ 우수화장품 제조 및 품질관리 기준 ㉡ 유통화장품의 안전 관리 기준

**66** **맞춤형화장품 판매시 필요한 맞춤형화장품판매업자의 준수사항으로 해당하지 않는 것은?**

① 맞춤형화장품 판매내역서(전자문서로 된 판매내역서를 포함한다)를 작성·보관할 것
② 판매내역서에는 사용기한 또는 개봉 후 사용기간, 판매일자 및 판매량만 기록되어있으면 된다.
③ 혼합·소분에 사용된 내용물·원료의 내용 및 특성을 소비자에게 설명할 것
④ 맞춤형화장품 사용 시의 주의 사항을 소비자에게 설명할 것
⑤ 맞춤형화장품 사용과 관련된 부작용 발생 시 지체 없이 식품의약품안전처장에게 보고할 것

| 답안 표기란 |
|---|
| 64 ① ② ③ ④ ⑤ |
| 65 ① ② ③ ④ ⑤ |
| 66 ① ② ③ ④ ⑤ |

**67** 「화장품법」 제8조(화장품 안전 기준 등)에 의하여 맞춤형화장품판매업자가 화장품을 판매하였을 경우, 맞춤형화장품 사용과 관련된 부작용 발생시 보고할 사항으로 바르지 않은 것은?

① 맞춤형화장품 사용과 관련된 중대한 유해사례 등 부작용 발생 시 그 정보를 알게 된 날로 부터 15일 이내 식품의약품안전처 홈페이지를 통해 보고해야 한다.

② 중대한 유해사례 또는 이와 관련하여 식품의약품안전처장이 보고를 지시한 경우, 그 정보 를 알게 된 날로부터 15일 이내 식품의약품안전처 홈페이지를 통해 보고해야 한다.

③ 맞춤형화장품 사용과 관련된 중대한 유해사례 등 부작용 발생 시 그 정보를 알게 된 날로 부터 5일 이내 우편·팩스·정보통신망 등의 방법으로 보고해야 한다.

④ 판매중지나 회수에 준하는 외국정부의 조치 또는 이와 관련하여 식품의약품안전처장이 보 고를 지시한 경우 15일 이내 식품의약품안전처 홈페이지를 통해 보고해야 한다.

⑤ 맞춤형화장품 사용과 관련된 부작용 발생 사례에 대해서는 지체없이 식품의약품안전처장 에게 보고해야 한다.

**68** 피부의 생리기능에 대한 내용이 옳지 않은 것은?

① 자외선에 대한 보호기능 ② 감각작용
③ 흡수작용 ④ 비타민 D 생성작용
⑤ 배설작용

★★★ 매회 기출

**69** 교원섬유(콜라겐)와 탄력섬유(엘라스틴), 기질로 구성되어 있으며, 피부의 90%이상을 차지하고 있는 곳까지 침투하여 콜라겐과 엘라스틴의 파괴로 탄력성을 저하시키고, 주름형성을 유도하는 자외선과 파장표시의 연결이 올바른 것은?

① UV A – 200~290nm ② UV B – 200~290nm
③ UV B – 290~320nm ④ UV A – 320~400nm
⑤ UV C – 200~290nm

**70** 맞춤형화장품의 품질·안전 확보를 위하여 맞춤형판매업소의 시설기준을 다음과 같이 권장하고 있다. 시설기준에 맞지 않는 것은?

답안 표기란

67 ① ② ③ ④ ⑤
68 ① ② ③ ④ ⑤
69 ① ② ③ ④ ⑤
70 ① ② ③ ④ ⑤

① 맞춤형화장품의 혼합·소분 공간은 다른 공간과 구분 또는 구획할 것
② 피부 외상 및 증상이 있는 직원은 건강 회복 전까지 혼합·소분 행위 금지
③ 맞춤형화장품 조제관리사가 아닌 기계를 사용하여 맞춤형화장품을 혼합하거나 소분하는 경우에는 구분·구획된 것으로 본다.
④ 맞춤형화장품 간 혼입이나 미생물오염 등을 방지할 수 있는 시설 또는 설비 등을 확보할 것
⑤ 맞춤형화장품의 품질유지 등을 위하여 시설 또는 설비 등에 대해 주기적으로 점검·관리 할 것

★★

**71** **비타민은 미량으로 인체의 생리작용에 영향을 미치며, 대사를 원활하게 하는 것으로 알려져 있다. 적혈구 생성에 필수비타민이고, 피부와 모발 대사에 관여하는 것으로 비타민과 그의명칭이 바르게 짝지어진 것은?**

① 비타민 D – 칼시페롤
② 비타민 B9 – 엽산
③ 비타민 B1 – 티아민
④ 비타민 A – 레티놀
⑤ 비타민 C – 아스코르빈산

**72** **다음 보기는 화장품 표시 광고 실증에 대한 시행규정이다. (식품의약품안전처 고시 별표5) ㉠, ㉡에 적합한 말로 쓰여진 것은?**

**보기** 실증자료가 있을 경우 표시광고가 가능한 표현

| 평가법 | 물리화학적 평가법 |
|---|---|
| 여드름 피부 사용에 적합 | 인체 적용시험자료 제출 |
| 항균(인체세정용 제품에 한함) | 인체 적용시험자료 제출 |
| 피부노화 완화 | 인체 적용시험자료 또는 ㉠ (　　) 제출 |
| 일시적인 셀룰라이트 감소 | 인체 적용시험자료 제출 |
| 붓기, 다크서클 완화 | 인체 적용시험자료 제출 |
| 피부 혈행 개선 | 인체 적용시험자료 제출 |
| ㉡ (　　) | 기능성화장품에서 해당기능을 실증한 자료제출 |
| 효소 증가·감소 또는 활성화 | 기능성화장품에서 해당기능을 실증한 자료제출 |

① ㉠ 인체효력시험자료　㉡ 셀룰라이트 증가 감소

답안 표기란

| 71 | ① ② ③ ④ ⑤ |
|---|---|
| 72 | ① ② ③ ④ ⑤ |

② ㉠ 인체외 시험자료 ㉡ 색소 증가 감소
③ ㉠ 인체효력시험자료 ㉡ 콜라겐 증가·감소 또는 활성화
④ ㉠ 인체외 시험자료 ㉡ 콜라겐 증가·감소 또는 활성화
⑤ ㉠ 기능성효력시험자료 ㉡ 주름개선

**73** **맞춤형화장품에 혼합 가능한 화장품 원료로 바른 것은?**

① 나이아신아마이드 ② 벤잘코늄클로라이드
③ 징크피리치온 ④ 라놀린
⑤ 참나무이끼추출물

**74** **고객이 만 13세 이하의 어린이가 사용할 보습크림 화장품을 만들어달라고 하였다. 맞춤형화장품조제관리사는 고객의 의뢰에 맞추어 보습크림을 만들어 주려고 한다. 맞춤형화장품의 혼합에 사용된 원료로 적합하지 않은 것은?**

① 아스코르빈산(ascorbic acid) ② 글리세린(glycerin)
③ 살리실릭애씨드 및 염류 ④ 비즈왁스(beeswax)
⑤ 레시틴(lecithin)

**75** **탈모는 정상적으로 모발이 존재해야 할 부위에 모발이 없는 상태를 말하며, 일반적으로 두피의 성모가 빠지는 것을 의미한다. 탈모발생에 관여하는 것을 짝지어 놓은 것은?**

① 에르고스테롤 – FSH ② 5 α–reductase – DHT
③ 테스토스테론 – LH ④ 콜레스테롤 – DHT
⑤ tyrosinase – DHT

**76** **맞춤형화장품판매업 신고를 할 수 없는 자에 해당하지 않는 것을 묶어 놓은 것은?**

> ㉠ 피성년후견인 또는 파산선고를 받고 복권되지 아니한 자
> ㉡ 「보건범죄 단속에 관한 특별조치법」을 위반하여 금고 이상의 형을 선고받고 그 집행이 끝나지 아니하거나 그 집행을 받지 아니하기로 확정되지 아니한 자
> ㉢ 마약류의 중독자
> ㉣ 등록이 취소되거나 영업소가 폐쇄 된 날부터 1년이 지나지 아니한 자
> ㉤ 정신질환자(다만, 전문의가 화장품제조업자로서 적합하다고 인정하는 사람은 제외)

① ㉢ ㉣ ㉤ ② ㉢ ㉤ ③ ㉠ ㉢ ㉤
④ ㉡ ㉢ ㉤ ⑤ ㉡ ㉢

| 답안 표기란 |
|---|
| 73 ① ② ③ ④ ⑤ |
| 74 ① ② ③ ④ ⑤ |
| 75 ① ② ③ ④ ⑤ |
| 76 ① ② ③ ④ ⑤ |

**77** **맞춤형화장품판매업의 변경 신고 사항이 아닌 것은?**

① 맞춤형화장품판매업자의 변경
② 맞춤형화장품판매업소의 상호 변경
③ 맞춤형화장품판매업소의 소재지 변경
④ 맞춤형화장품 조제관리사의 변경
⑤ 맞춤형화장품판매업자의 소재지 변경

**78** **인체의 체표면을 둘러싸고 있는 피부의 표피구조와 각각에 분포하는 구성세포를 짝지어 놓은 것이 틀린 것은?**

① 유극층(가시층) – 랑게르한스 세포(langerhans cell )
② 기저층(바닥층) – 각질형성세포(keratinocyte)
③ 기저층(바닥층) – 멜라닌형성세포(melanocyte)
④ 유극층(가시층) – 머켈세포 (merkel cell )
⑤ 기저층(바닥층) – 머켈세포(merkel cell )

★★

**79** **탈모 증상완화 및 예방에 사용할 화장품 원료 성분으로 옳은 것은?**

① 징크옥사이드 ② 호모실레이트 ③ 비오틴(biotin)
④ 베타인 ⑤ 옥토크릴렌

★★ 기출

**80** **기능성화장품 기준 및 시험방법에서 용기에 대한 설명으로 옳은 것은?**

① 밀폐용기 : 광선의 투과를 방지하는 용기 또는 투과를 방지하는 포장을 한 용기
② 기밀용기 : 일상의 취급 또는 보통 보존상태에서 기체 또는 고형의 이물 또는 수분이 침입하지 않고 내용물을 손실, 풍화, 조해 또는 증발로부터 보호할 수 있는 용기
③ 밀봉용기 : 일상의 취급 또는 보통의 보존 상태에서 기체 또는 미생물이 침입할 염려가 없는 용기
④ 차광용기 : 일상의 취급 또는 보통 보존상태에서 외부로부터 고형의 이물이 들어가는 것을 방지하고 고형의 내용물이 손실되지 않도록 보호할 수 있는 용기
⑤ 밀폐용기 : 일상의 취급 또는 보통 보존상태에서 액상 또는 고형의 이물 또는 수분이 침입하지 않고 내용물을 손실, 풍화, 조해 또는 증발로부터 보호할 수 있는 용기

| 답안 표기란 | |
|---|---|
| 77 | ① ② ③ ④ ⑤ |
| 78 | ① ② ③ ④ ⑤ |
| 79 | ① ② ③ ④ ⑤ |
| 80 | ① ② ③ ④ ⑤ |

**81** 피부 구조에서 진피의 구성세포인 섬유아세포에서 분비되는 물질은?

① 섬유질, 교소체, 데스모좀
② 콜라겐, 엘라스틴, 프로테오글리칸
③ 콜라겐, 층판소체, 기질
④ 멜라닌, 카로틴, 림프액
⑤ 피브린, 멜라닌, 콜라겐

**82** 표피의 구성세포가 아닌 것은?

① 랑게르한스 세포
② 머켈 세포
③ 비만 세포
④ 각질세포
⑤ 멜라닌세포

**83** 기능성화장품 심사를 받기 위하여 자료를 제출하고자 하는 경우, 기능성화장품 기준 및 시험방법 [별표1]에서 액성을 산성, 알칼리성 또는 중성으로 나타낸 것은 따로 규정이 없는 한 리트머스지를 써서 검사한다. 그리고 액성을 구체적으로 표시할 때에는 pH값을 쓴다. pH의 범위를 바르게 정리한 것은?

① 미산성 pH 약 3~6.5
② 강알칼리성 pH 약 3~5
③ 강산성 pH 약 3이하
④ 미알칼리성 pH 약 6.5~9
⑤ 약알칼리성 pH 약 11이상

**84** 다음 〈보기〉에서 화장품을 혼합·소분하여 맞춤형화장품을 조제·판매하는 과정에 대한 설명으로 혼합·소분 안전 관리 기준에 해당하는 것을 모두 고른 것은?

ㄱ. 혼합·소분 전에 혼합·소분에 사용되는 내용물 또는 원료에 대한 품질 성적서를 확인 할 것
ㄴ. 혼합·소분 전에 손을 소독하거나 세정할 것. 다만, 혼합·소분 시 일회용 장갑을 착용하는 경우에는 그렇지 않다.
ㄷ. 맞춤형화장품 사용과 관련된 부작용 발생사례에 대해서는 지체 없이 식품의약품안전처 장에게 보고할 것
ㄹ. 혼합·소분에 사용되는 장비 또는 기구 등은 사용 전에 그 위생 상태를 점검하고, 사용 후에는 오염이 없도록 세척할 것
ㅁ. 맞춤형화장품 판매 시 혼합·소분에 사용된 내용물·원료의 내용 및 특성과 사용 시 주의 사항을 설명할 것

답안 표기란

81 ① ② ③ ④ ⑤
82 ① ② ③ ④ ⑤
83 ① ② ③ ④ ⑤
84 ① ② ③ ④ ⑤

① ㄱ, ㄴ, ㄹ　② ㄱ, ㄷ, ㄹ　③ ㄱ, ㄷ, ㅁ
④ ㄴ, ㄷ, ㅁ　⑤ ㄴ, ㄹ, ㅁ

| 답안 표기란 |
|---|
| 85 ① ② ③ ④ ⑤ |
| 86 ① ② ③ ④ ⑤ |
| 87 ① ② ③ ④ ⑤ |

**85** **다음 〈보기〉는 맞춤형화장품의 전성분 표시이다. 맞춤형화장품에 사용된 성분 중 사용상의 제한이 필요한 보존제에 해당하는 것은?**

> **보기** 정제수, 글리세린, 다이프로필렌글라이콜, 토코페릴아세테이트, 다이메티콘, 토코페롤
> 비닐다이메티콘크로스폴리머, C12-14파레스-3, 벤조익애씨드 및 그 염류, 향료

① 다이프로필렌글라이콜　② 벤조익애씨드 및 그 염류
③ 토코페릴아세테이트　④ 다이메티콘
⑤ 토코페롤

★★기출
**86** **맞춤형화장품 조제 과정 중 내용물과 원료를 혼합할 때 사용되는 기구는?**

① 디스펜서(dispenser)　② pH 측정기(pH meter)
③ 점도계(viscometer)　④ 균질화기(homogenizer)
⑤ 경도계(rheometer)

**87** **「화장품법 시행규칙」 제19조 4항에 명시되어있는 화장품의 표시 광고에 대한 범위와 준수사항으로 맞춤형화장품 판매 시 포장 기재·표시 항목 중 그밖에 총리령으로 정하는 사항에 해당하지 않는 것은?**

① 기능성화장품의 경우 심사받거나 보고한 효능·효과, 용법·용량
② 사용기한 또는 개봉 후 사용기간 (개봉 후 사용기간의 경우 제조연월일 병기)
③ 인체 세포·조직 배양액이 들어있는 경우 그 함량
④ 기능성화장품의 경우에는 “질병의 예방 및 치료를 위한 의약품이 아님”이라는 문구
⑤ 만 4세 이상부터 만 13세 이하까지의 어린이가 사용할 수 있는 제품임을 특정하여 표시·광 고하려는 경우에 사용기준이 지정·고시된 원료 중 보존제의 함량

★★ 3회 기출

**88** **화장품 실증의 대상은 제조업자, 책임판매업자 또는 판매자가 자기가 행한 표시·광고 중 사실과 관련한 사항으로 사실과 다르게 소비자를 속이거나 소비자가 잘못인식하게 할 우려가 있어 식약처장이 실증이 필요하다고 인정하는 표시광고를 말한다. 아래 내용에서 ㉠, ㉡에 바른 내용으로 짝지어진 것은?**

| 구분 | 내용 |
|---|---|
| 실증자료 | 표시·광고에서 주장한 내용 중에서 사실과 관련한 사항이 진실임을 증명하기 위하여 작성된 자료 |
| 실증방법 | 표시·광고에서 주장한 내용 중 사실과 관련한 사항이 진실임을 증명하기 위해 사용되는 방법 |
| ( ㉠ ) | 화장품의 표시·광고 내용을 증명할 목적으로 해당 화장품의 효과 및 안전성을 확인하기 위하여 사람을 대상으로 실시하는 시험 또는 연구 |
| 인체 외 시험 | 실험실의 배양접시, 인체로부터 분리한 ( ㉡ ) 및 피부, 인공피부 등 인위적 환경에서 시험물질과 대조물질 처리 후 결과를 측정하는 것 |

① ㉠ 효력시험 ㉡ 모발
② ㉠ 인체적용시험 ㉡ 조갑
③ ㉠ 인체 외 시험 ㉡ 모발
④ ㉠ 기능성화장품시험 ㉡ 피부조직
⑤ ㉠ 인체적용시험 ㉡ 모발

**89** **다음 보기의 괄호 안에 적절한 단어를 쓰세요.**

> **보기** 「화장품법 시행령」 제2조의2(영업의 세부 종류와 범위)에 근거한 ( ㉠ )의 영업의 범위
> • 제조 또는 수입된 화장품의 내용물에 다른 화장품의 내용물이나 ( ㉡ )이 정하여 고시하는 원료를 추가하여 혼합한 화장품을 판매하는 영업
> • 제조 또는 수입된 화장품의 내용물을 소분(小分)한 화장품을 판매하는 영업

★★ 3회 기출

**90** **다음 보기의 괄호 안에 적절한 단어를 쓰세요.**

> **보기** 피부장벽의 구성 단백질로 각질층에 존재하는 케라틴을 서로 붙게 하는 역할을 하며, 각질유리과립안에서 전구물질로 존재하다가 단백질분해 효소에 의해 아미노산으로 분해되는 것을 ( ㉠ )이라 한다.

답안 표기란

88 ① ② ③ ④ ⑤
89
90

★★

**91** **다음 보기에서 맞춤형화장품 판매업에 대한 세부 규정을 제시하고 있다. 괄호 안에 알맞은 단어를 쓰세요.**

> **보기** 「화장품법」 제3조의2
>
> ① 맞춤형화장품판매업을 하려는 자는 총리령으로 정하는 바에 따라 식품의약품안전처장에게 ( ㉠ )하여야 한다. ( ㉠ )한 사항 중 총리령으로 정하는 사항을 변경할 때에도 또한 같다.
>
> ② 제1항에 따라 맞춤형화장품판매업을 ( ㉠ )한 자(이하 "맞춤형화장품판매업자"라 한다)는 총리령으로 정하는 바에 따라 맞춤형화장품의 혼합·소분 업무에 종사하는 자(이하 "㉡"라 한다)를 두어야 한다.

★★ 3회 기출

**92** **화장품 포장재는 그 사용 목적에 따라 재질, 형태 등이 매우 다양하기 때문에 포장재 제조에 이용되는 소재의 종류는 매우 다양하다. 보기의 괄호 안에 알맞은 단어를 쓰시오.**

**보기** 실증자료가 있을 경우 표시광고가 가능한 표현

| 포장재 종류 | 품질 특성 |
|---|---|
| ( ㉠ ) | 딱딱함, 투명성 우수, 광택, 내약품성 우수함 |
| 고밀도 폴리에틸렌 (HDPE) | 광택이 없음, 수분 투과가 적음 |

★★★ 매회기출

**93** **맞춤형화장품 조제에 있어서 화장품제형의 물리적 특성에 따른 용어 정의를 다음과 같이 설명하고 있다. 보기의 괄호 안에 알맞은 단어는?**

> **보기** 화장품 제형의 용어정의
>
> ① 로션제 : ( ㉠ )등을 넣어 유성성분과 수성성분을 균질화하여 ( ㉡ )으로 만든 것
>
> ② 크림제 : ( ㉠ ) 등을 넣어 유성성분과 수성성분을 균질화하여 ( ㉢ )으로 만든 것
>
> ③ 침적마스크제 : 액제, 로션제, 갤제 등을 부직포 등의 지지체에 침적하여 만든 것
>
> ④ 겔제 : 액체를 침투시킨 분자량이 큰 유기분자로 이루어진 ( ㉢ )으로 만든 것
>
> ⑤ 분말제 : 균질하게 분말상 또는 미립상으로 만든 것

답안 표기란

91

92

93

★★ 3회 기출

**94** **화장품 시행규칙 별표 3 제2호 화장품 사용시 주의 사항으로 함유성분별 표시문구를 보고 괄호 안에 알맞은 단어를 채우시오.**

| | 대상제품 | 표시문구 |
|---|---|---|
| 1 | (㉠ 및 )함유제품 | 눈에 접촉을 피하고 눈에 들어갔을 때는 즉시 씻어낼 것 |
| 2 | 벤잘코늄클로라이드, 벤잘코늄브로마이드 및 벤잘코늄사카리네이트 함유 제품 | 눈에 접촉을 피하고 눈에 들어갔을 때는 즉시 씻어낼 것 |
| 3 | 스테아린산아연 함유 제품(기초화장용 제품류 중 파우더 제품에 한함) | 사용 시 흡입되지 않도록 주의할 것 |
| 4 | 살리실릭애씨드 및 그 염류 함유 제품(샴푸 등 사용 후 바로 씻어내는 제품 제외) | 만13세 이하 어린이에게는 사용하지 말 것 |
| 5 | ( ㉡ ) 함유 제품 | ( ㉡ ) 성분에 과민하거나 알레르기가 있는 사람은 신중히 사용할 것 |
| 6 | 포름알데하이드 0.05% 이상 검출된 제품 | 포름알데하이드 성분에 과민한 사람은 신중히 사용할 것 |

★★ 3회 기출

**95** **맞춤형화장품 판매 시 1차 포장에 표시 기재할 내용이다. 기능성화장품의 경우 포장 용기에 들어갈 문장에서 괄호 안에 넣을 단어는?**

> **보기** 화장품 용기의 표시·기재
> - 기능성화장품의 경우 심사받거나 보고한 효능·효과, 용법·용량
> - 기능성화장품의 경우에는 '질병의 ( ㉠ )를 위한 ( ㉡ )이 아님'이라는 문구

★★★

**96** **맞춤형화장품판매업자는 맞춤형화장품조제관리사 자격시험에 합격한 후 맞춤형화장품판매 영업장에 방문한 고객에게 상담 후 필요한 제품을 조제하여 주었다. 보기는 고객 상담 결과에 따른 맞춤형화장품 에센스의 최종 성분 비율이다. 〈대화〉에서 ( ) 안에 들어갈 말을 쓰시오.**

답안 표기란

94

95

96

보기

| 정제수 | 75% |
| --- | --- |
| 알로에추출물 | 15.0% |
| 베타-글루칸 | 5.0% |
| 부틸렌글라이콜 | 5.0% |
| 글리세린 | 3.0% |
| 하이드록시에틸셀룰로오스 | 1.0% |
| 카보머 | 0.5% |
| 벤조페논-4 | 0.1% |
| 디엠디엠하이단토인 | 0.5% |
| 다이소듐이디티에이 | 0.2% |
| 향료 | 0.2% |

ㄱ. 혼합·소분 전에 혼합·소분에 사용되는 내용물 또는 원료에 대한 품질 성적서를 확인 할 것
ㄴ. 혼합·소분 전에 손을 소독하거나 세정할 것. 다만, 혼합·소분 시 일회용 장갑을 착용하는 경우에는 그렇지 않다.
ㄷ. 맞춤형화장품 사용과 관련된 부작용 발생사례에 대해서는 지체 없이 식품의약품안전처 장에게 보고할 것
ㄹ. 혼합·소분에 사용되는 장비 또는 기구 등은 사용 전에 그 위생 상태를 점검하고, 사용 후에는 오염이 없도록 세척할 것
ㅁ. 맞춤형화장품 판매 시 혼합·소분에 사용된 내용물·원료의 내용 및 특성과 사용 시 주의 사항을 설명할 것

보기

〈대화〉

A : 제품에 사용된 보존제는 어떤 성분이고 문제가 없나요?

B : 제품에 사용된 보존제는 ( ㉠ )입니다. 해당 성분은 화장품법에 따라 보존제로 사용될 경우 ( ㉡ ) 이하로 사용하도록 하고 있습니다.

해당 성분은 한도 내로 사용되었으며, 쓰는 데 문제는 없습니다.

★★ 기출

**97** 티로시나아제는 사람의 피부에 색소발현 효소로 알려져 있다. 생물체의 일부 단백질 활성부위에 존재하며, 동물의 멜라닌 (melanin) 색소의 생합성, 사과 및 바나나 같은 과일의 갈변 현상, 여러 무척추동물에서의 상처 부위 경화, 박테리아의 경우 자외선으로부터 DNA 보호 등 다양한 생명현상에 관여하는 티로시나아제의 활성부위에 존재하여 멜라닌 형성을 유도하는 성분으로 알려진 것은?

답안 표기란

97

답안 표기란

98

99

100

**98** 맞춤형화장품 조제관리사가 되려는 사람은 화장품과 원료 등에 대하여 식품의약품안전처 장이 실시하는 자격시험에 합격하여야 한다. 다음 내용에서 괄호 안에 알맞은 것은?

> 식품의약품안전처장은 맞춤형화장품 조제관리사가 거짓이나 그 밖의 부정한 방법으로 시험에 합격한 경우에는 자격을 취소하여야 하며, 자격이 취소된 사람은 취소된 날부터 (　　)간 자격시험에 응시할 수 없다.

★★ 기출

**99** 다음 괄호 안에 알맞은 단어를 쓰시오.

> 멜라닌형성세포 안에 있는 (　　　)은 멜라닌으로 채워진 막형태의 과립으로 멜라닌을 수지상돌기의 끝으로 이동시키는 역할을 한다. 흑인의 (　　　)의 크기는 아시아인이나 유럽 백인의 (　　　)의 크기에 비해 크고 밀도가 높고, 농도가 짙으며 멜라닌을 분비기능이 활발하다.

★★ 기출

**100** 〈보기〉는 「기능성화장품 기준 및 시험방법」 [별표 9]의 일부로서 '탈모 증상 완화에 도움을 주는 기능성화장품'의 원료 규격의 신설을 주요 내용으로 고시한 일부 원료에 대한 설명이다. 보기에서 설명하고 있는 원료명을 한글로 쓰시오.

**보기**

- **분자식(분자량)** : $(C_5H_4ONS)_2Zn$ (317.70)
- **정량할 때** 90.0～101.0%를 함유한다.
- **성 상**
  1) 이 원료는 황색을 띤 회백색의 가루로 냄새는 없다.
  2) 이 원료는 디메틸설폭시드에 녹고 디메틸포름아미드 또는 클로로포름에 조금 녹으며 물 또는 에탄올에 거의 녹지 않는다.
  3) 이 원료는 수산화나트륨시액에 녹는다.
- **확인시험**
  1) 이 원료 1g을 회화하여 잔류물에 묽은염산을 넣어 녹인 액은 아연염의 정성반응을 나타낸다.
  2) 이 원료 10mg을 시험관에 넣고 금속나트륨 작은 조각을 넣어 유리봉으로 저으면서 약한 불로 가열 용융한 다음 물 5mL를 넣어 녹이고 여과한다. 이 여액에 납시액 1mL를 넣으면 검은색의 침전이 생긴다.
  3) 이 원료 5 mg을 시험관에 넣고 2,4-디니트로클로로벤젠 10mg을 넣어 약한 불로 약 1시간 가열한다. 여기에 수산화칼륨·에탄올시액 4mL를 넣으면 액은 진한 적갈색을 나타낸다.

# 2회 맞춤형화장품 조제관리사 모의고사

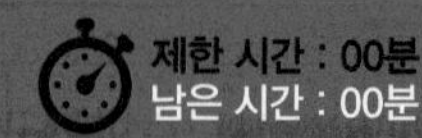


## 1장 화장품법의 이해

★★★ 메회기출

**01 맞춤형화장품판매업의 변경신고에 대한 설명으로 옳지 않은 것은?**

① 맞춤형화장품판매업소에 근무하는 맞춤형화장품조제관리사가 퇴사해서 다른 조제관리사를 채용한 경우
② 맞춤형화장품판매업소가 다른 지역으로 이사한 경우
③ 맞춤형화장품판매업 변경신고는 신고필증과 그 변경을 증명하는 서류를 첨부하여 관할 소재지 지방식품의약품안전청장에게 제출
④ 지방식품의약품안전청장은 맞춤형화장품판매업 변경신고를 받은 경우에 법인 등기사항증명서를 확인
⑤ 지방식품의약품안전청장은 변경신고가 그 요건을 갖춘 때에는 맞춤형화장품판매업 신고대장과 신고필증의 뒷면에 각각의 변경사항을 기재

★1회 기출

**02 화장품법 시행규칙에 따른 화장품 유형의 분류 중 잘못 연결된 것은?**

① 인체 세정용 제품류 – 액체 비누
② 목욕용 제품류 – 바디 클렌저
③ 기초화장용 제품류 – 메이크업 리무버
④ 방향용 제품류 – 오데코롱
⑤ 두발 염색용 제품류 – 염모제

★ 2회 기출

**03 개인정보보호법 제25조에 의거 영상정보처리기기운영자가 정보 주체가 쉽게 인식할 수 있도록 안내판을 설치하여 필요한 조치를 하여야 하는 사항으로 틀린 것은?**

① 관리책임자의 연락처　② 설치목적 및 장소
③ 촬영범위 및 시간　④ 관리책임자의 성명
⑤ 그 밖에 총리령으로 정하는 사항

답안 표기란

| | |
|---|---|
| 01 | ① ② ③ ④ ⑤ |
| 02 | ① ② ③ ④ ⑤ |
| 03 | ① ② ③ ④ ⑤ |

★★★ 매회 기출

**04 화장품법의 벌칙에서 위반내용에 대한 부과기준이 다른 하나를 고르시오.**

① 화장품에 사용할 수 없는 원료를 사용하였거나 유통화장품 안전관리 기준에 적합하지 아니한 화장품을 판매한 경우
② 천연화장품이나 유기농화장품이 아닌 화장품을 천연화장품 또는 유기농화장품으로 잘못 인식할 우려가 있는 표시 또는 광고를 한 경우
③ 누구든지 화장품의 용기에 담은 내용물을 나누어 판매하는 경우
④ 판매의 목적이 아닌 제품의 홍보·판매촉진 등을 위하여 미리 소비자가 시험·사용하도록 제조 또는 수입된 화장품을 판매한 경우
⑤ 실증자료의 제출을 요청받고도 제출기간 내에 이를 제출하지 아니한 채 계속하여 표시·광고를 하는 때에는 실증자료를 제출할 때까지 그 표시·광고 행위의 중지명령에 따르지 아니한 경우

★★

**05 화장품법 시행규칙 제4조에 의거 기능성화장품 심사에서 제출자료의 범위 중 안전성을 입증하는 자료로 옳지 않은 것은?**

① 1차 피부 자극 시험 자료
② 다회 투여 독성 시험 자료
③ 안 점막 자극 시험 자료
④ 광감작성 시험 자료
⑤ 인체 첩포시험 자료

★★

**06 다음 화장품판매업의 준수사항 관련 내용으로 옳지 않은 것은?**

① 화장품제조업자 – 품질관리 기준에 따른 화장품책임판매업자의 지도, 감독 및 요청에 따르며, 화장 품의 제조에 필요한 시설 및 기구에 대하여 정기적으로 점검하여 작업에 지장이 없도록 관리, 유지 할 것
② 화장품책임판매업자 – 화장품의 품질관리 기준, 책임판매 후 안전관리 기준, 품질 검사 방법 및 실시 의무, 안전성·유효성 관련 정보사항 등의 보고 및 안전대책 마련 의무 등에 관한 사항 준수할 것
③ 화장품책임판매업자 – 혼합, 소분의 안전을 위해 식품의약품안전처장이 정하여 고시하는 사항을 준수 할 것
④ 맞춤형화장품판매업자 – 맞춤형화장품 판매장 시설·기구를 정기적으로 점검하여 보건위생상 위해가 없도록 관리할 것
⑤ 맞춤형화장품판매업자 – 맞춤형화장품 사용과 관련된 부작용 발생사례에 대해서는 지체 없이 식품의약 품안전처장에게 보고할 것

답안 표기란

| | | | | | |
|---|---|---|---|---|---|
| 04 | ① | ② | ③ | ④ | ⑤ |
| 05 | ① | ② | ③ | ④ | ⑤ |
| 06 | ① | ② | ③ | ④ | ⑤ |

★2회기출

**07** **화장품책임판매업장에 근무하는 A군과 맞춤형화장품판매업장에 근무하는 B군의 대화이다.**

> A군 : 우리 회사가 서울에서 대전으로 이사 온 지 1년이 지났는데 담당자가 퇴직하며 일처리를 하지 않아서 소재지 변경처리가 안 되어 있다고 하니 걱정이야
> B군 : 그럼 벌금을 내야 하나?
> 우리 회사도 이전한 지 한 달이 넘었는데 아직 변경처리를 안 한 것 같은데…
> 담당자에게 빨리 소재지 변경처리 하도록 알려야겠네.

**다음 중에서 행정처분의 기준에 해당하는 사항을 바르게 열거한 것은?**

① A군의 회사는 소재지 변경사항 등록을 하지 않아 3천만원이하의 벌금
② B군의 회사는 소재지 변경사항 등록을 하지 않아 1천만원이하의 벌금
③ A군의 회사는 소재지 변경사항 신고를 하지 않아 시정명령
④ A군의 회사는 소재지 변경사항 등록을 하지 않아 등록취소
⑤ B군의 회사는 소재지 변경사항 신고를 하지 않아 판매업무 정지 6개월

**08** **다음은 화장품법 시행규칙 제15조에 따른 폐업 등의 신고에 대한 내용이다. 괄호 안에 알맞은 단어를 쓰시오.**

> 화장품 영업자가 폐업 또는 휴업하거나 휴업 후 그 업을 재개하려는 경우에는 그 폐업, 휴업, 재개한 날부터 ( ㉠ )에 화장품책임판매업 등록필증, 화장품제조업 등록필증 및 맞춤형화장품판매업 신고필증을 첨부하여 신고서(전자문서로 된 신고서를 포함한다)를 ( ㉡ )에게 제출하여야 한다.

| 답안 표기란 | |
|---|---|
| 07 | ① ② ③ ④ ⑤ |
| 08 | |

★★★

**09** 다음은 화장품법 제4조에 따른 기능성화장품의 심사 자료의 요건에 대한 내용으로 어떤 기능을 입증하는 자료인가?

(1) 일반사항
「비임상시험관리 기준」(식품의약품안전처 고시)에 따라 시험한 자료. 다만, 인체첩포시험 및 인체누적첩포시험은 국내·외 대학 또는 전문 연구기관에서 실시하여야 하며, 관련분야 전문의사, 연구소 또는 병원 기타 관련기관에서 5년 이상 해당 시험경력을 가진 자의 지도 및 감독 하에 수행·평가되어야 함

(2) 시험방법
(가) [별표 1] 독성 시험법에 따르는 것을 원칙으로 하며 기타 독성 시험법에 대해서는 「의약품등 의 독성 시험기준」(식품의약품안전처 고시)을 따를 것
(나) 다만 시험방법 및 평가기준 등이 과학적·합리적으로 타당성이 인정되거나 경제협력개발기구 (Organization for Economic Cooperation and Development) 또는 식품의약품안전처가 인정하는 동물대체시험법인 경우에는 규정된 시험법을 적용하지 아니할 수 있음

**10** 다음은 화장품법 시행규칙 제10조의 3에 따른 제품별 안전성 자료의 작성 및 보관의 화장품의 1차 포장에 개봉 후 사용기간을 표시하는 경우에 대한 내용이다. 괄호 안에 알맞은 단어를 쓰시오.

영유아 또는 어린이가 사용할 수 있는 화장품임을 표시·광고한 날부터 마지막으로 제조·수입된 제품의 제조연월일 이후 (㉠ )까지의 기간. 이 경우 제조는 화장품의 제조번호에 따른 제조일자를 기준으로 하며, 수입은 (㉡ )를 기준으로 한다.

답안 표기란

09

10

## 2장 화장품제조 및 품질관리

답안 표기란

11 ① ② ③ ④ ⑤

12 ① ② ③ ④ ⑤

13 ① ② ③ ④ ⑤

★

**11 화장품에 사용하는 원료의 특성이 옳은 것은?**

① 알코올은 R-OH 화학식의 물질로 탄소수가 1~3개인 알코올에는 스테아릴 알코올이 있다.

② 고급지방산은 탄소수가 20~25개인 R-COOH화학식의 물질로 팔미틱애씨드가 해당된다.

③ 왁스는 고급지방산과 고급알코올의 에스테르 결합으로 구성되어 있고 스테아릴알코올이 해당된다.

④ 보습제는 피부에 적절한 수분함량을 유지하는 작용시키기 위해 사용되고 디메치콘이 해당된다.

⑤ 금속이온봉쇄제는 원료 중에 혼입되어 있는 이온을 제거할 목적으로 사용되고 EDTA가 해당된다.

★★

**12 다음 〈보기〉 중 맞춤형화장품조제관리사가 올바르게 업무를 처리한 경우를 모두 고르시오.**

> **보기**
> ㉠ 조제관리사는 피부 미백 개선 제품을 조제하기 위하여 알부틴을 2%로 배합, 조제하여 판매하였다.
> ㉡ 고객으로부터 선택된 맞춤형화장품을 조제관리사가 매장 조제실에서 직접 조제하여 전달하였다.
> ㉢ 조제 제품의 보존기간 향상을 위해서 보존제를 0.1% 추가하여 제조하였다.
> ㉣ 조제관리사는 제조된 화장품을 용기에 소분하여 판매하였다.

① ㉠, ㉡　　② ㉠, ㉢　　③ ㉠, ㉣

④ ㉡, ㉢　　⑤ ㉡, ㉣

**13 화장품의 원료에서 사용상 제한이 필요한 보존제 성분을 사용한 것으로 옳은 것은?**

① 프로피오닉애씨드 및 그 염류 2%

② 메칠이소치아졸리논 : 사용 후 씻어내는 제품에 0.01%

③ 클로로펜 : 0.05%

④ p-클로로-m-크레졸 : 0.2%

⑤ 디메칠옥시졸리딘 : 0.1%

**14** 화장품 안전 기준 등에 관한 규정 별표2에서 정하고 있는 자외선차단성분과 그 사용 한도가 옳지 않은 것은?

① 드로메트리졸 1.0% ② 에칠헥실매톡시신나메이트 5%
③ 옥토크릴렌 10% ④ 시녹세이트 5%
⑤ 호모살레이트 10%

★★특별기출

**15** 화장품은 제품의 특성에 따라 색소를 사용하고 있으며, 화장품법에서 화장품 색소의 종류와 기준 및 시험방법을 정하고 있다. 특히 영·유아용 화장품을 제조할 때 사용할 수 없는 색소는?

① 적색 207호 ② 적색 206호 ③ 적색 106호
④ 적색 104호 ⑤ 적색 102호

★★ 특별기출

**16** 화장품 사용 시의 주의 사항 및 알레르기 유발성분 표시 등에 관한 규정에서 착향제 성분 중 테르펜 계열의 알레르기 유발물질이 아닌 것은?

① 피넨 ② 제라니올 ③ 시트로넬랄
④ 리모넨 ⑤ 시트랄

(맞춤형화장품조제관리사 자격시험 예시문항)

**17** 피부결이 매끄럽지 못해 고민하는 고객에게 글라이콜릭애씨드(Glycolic Acid)를 5.0% 첨가한 필링에센스를 맞춤형화장품으로 추천하였다. 〈보기 1〉은 맞춤형화장품의 전성분이며, 이를 참고하여 고객에게 설명해야 할 주의 사항을 〈보기 2〉에서 모두 고른 것은?

| 보기 1 | 정제수, 에탄올, 글라이콜릭애씨드, 피이지-60하이드로제네이티드캐스터오일, 버지니아풍 년화수, 세테아레스-30, 1,2-헥산다이올, 부틸렌글라이콜, 파파야열매추출물, 로즈마리잎 추출물, 살리실릭애씨드, 카보머, 트리에탄올아민, 알란토인, 판테놀, 향료 |
|---|---|

| 보기 2 | ㄱ. 화장품을 사용 시 또는 사용 후 직사광선에 의하여 사용부위가 붉은 반점, 부어오름 또는 가려움증 등의 이상 증상이나 부작용이 있는 경우 전문의 등과 상담할 것<br>ㄴ. 알갱이가 눈에 들어갔을 때에는 물로 씻어내고 이상이 있는 경우에는 전문의와 상담할 것<br>ㄷ. 햇빛에 대한 피부의 감수성을 증가시킬 수 있으므로 자외선차단제를 함께 사용할 것<br>ㄹ. 만 3세 이하 어린이에게는 사용하지 말 것<br>ㅁ. 사용 시 흡입하지 않도록 주의할 것<br>ㅂ. 신장 질환이 있는 사람은 사용 전에 의사, 약사, 한의사와 상의할 것 |
|---|---|

답안 표기란

14 ① ② ③ ④ ⑤
15 ① ② ③ ④ ⑤
16 ① ② ③ ④ ⑤
17 ① ② ③ ④ ⑤

① ㄱ, ㄴ, ㄷ　② ㄱ, ㄴ, ㄹ　③ ㄱ, ㄷ, ㄹ
④ ㄴ, ㄹ, ㅁ　⑤ ㄷ, ㅁ, ㅂ

**18** **화장품 유형별 사용상의 주의 사항으로 제모제의 주의 사항으로 옳지 않은 것은?**

① 생리 전후, 산전, 산후, 병후의 환자에는 사용하지 말 것
② 얼굴, 상처, 부스럼, 습진, 짓무름, 기타의 염증, 반점 또는 자극이 있는 피부에 사용하지 말 것
③ 자극감이 나타날 수 있으므로 매일 사용하지 말 것
④ 만 13세 이하의 어린이에게는 사용하지 말 것
⑤ 눈에 들어가지 않도록 하며 눈 또는 점막에 닿았을 경우 미지근한 물로 씻어내고 붕산수(농도 약2%)로 헹구어 낼 것

★★

**19** **화장품법 시행규칙 제14조의2 회수 대상 화장품의 기준에 따른 회수 대상 화장품의 위해성 등급의 구분 설명으로 옳지 않은 것은?**

① 가등급 – 전부 또는 일부가 변패(變敗)된 화장품 또는 병원미생물에 오염된 화장품
② 가등급 – 식품의약품안전처장이 지정 고시한 화장품에 사용할 수 없는 원료 또는 사용상의 제한을 필요로 하는 특별한 원료(예. 보존제, 색소, 자외선 차단제 등)를 사용한 화장품
③ 나등급 – 어린이가 화장품을 잘못 사용하여 인체에 위해를 끼치는 사고가 발생하지 아니하도록 안전 용기 · 포장을 사용해야함을 위반한 화장품
④ 다등급 – 사용기한 또는 개봉 후 사용기간(병행 표기된 제조연월일을 포함한다)을 위조 · 변조한 화장 품
⑤ 다등급 – 화장품제조업 혹은 화장품책임판매업 등록을 하지 아니한 자가 제조한 화장품 또는 제조 · 수입하여 유통 · 판매한 화장품

**20** **화장품의 취급 및 보관상에 주의할 것으로 옳지 않은 것은?**

① 혼합한 제품을 밀폐된 용기에 보존하지 말 것
② 혼합한 제품의 잔액은 효과가 없으니 버릴 것
③ 용기를 버릴 때에는 반드시 뚜껑을 닫아서 버릴 것
④ 용기를 버릴 때에는 반드시 뚜껑을 열어 분리해서 버릴 것
⑤ 직사광선을 피하고 공기와의 접촉을 피하여 서늘한 곳에 보관할 것

| 답안 표기란 |
|---|
| 18 ① ② ③ ④ ⑤ |
| 19 ① ② ③ ④ ⑤ |
| 20 ① ② ③ ④ ⑤ |

★★★

**21** 착향제 성분 중 사용 후 씻어내는 제품 0.01% 초과 또는 사용 후 씻어 내지 않는 제품 0.001% 초과 함유하는 경우에만 기재, 표시해야 하는 알레르기 유발성분으로 옳지 않은 것은?

① 아밀신나밀알코올 ② 페녹시에탄올
③ 벤질알코올 ④ 벤질살리실레이트
⑤ 나무이끼추출물

★★

**22** 다음에서 설명하는 ㉠, ㉡에 적합한 것은?

- 세정작용과 기포형성 작용이 우수하여 탈지력이 너무 강해 피부가 거칠어지는 원인이 되며 비누, 샴푸 등에 사용하는 ( ㉠ )계면활성제 이다.
- 모발에 흡착하여 대전방지 효과가 있어 헤어린스에 이용되는 ( ㉡ )계면활성제 이다.

① ㉠ 양이온성, ㉡ 음이온성 ② ㉠ 음이온성, ㉡ 양쪽성
③ ㉠ 음이온성, ㉡ 양이온성 ④ ㉠ 양이온성, ㉡ 비이온성
⑤ ㉠ 양쪽성, ㉡ 양이온성

**23** 기능성화장품의 원료 중 사용상 제한이 필요한 원료에서 염모제가 아닌 것은?

① 디엠디엠하이단토인 ② 피크라민산 나트륨
③ 과붕산나트륨 ④ 레조시놀
⑤ 황산 m–아미노페놀

★★

**24** 자외선으로부터 피부를 보호하는 자외선차단제 중 자외선 산란작용의 무기계원료와 함량으로 바르게 짝지어진 것은?

① 벤조페논–4 (1.5%) ② 부틸메톡시디벤조일메탄 (5%)
③ 티타늄옥사이드 (10%) ④ 에칠헥실디메칠파바 (15%)
⑤ 에칠헥실살리실레이트 (1.0%)

★★★

**25** 기능성 화장품의 심사의뢰서에 첨부할 안전성에 관한 자료들을 설명한 것이다. 옳지 않은 것은?

① 광독성 및 광감작성 시험 자료
② 1차 피부자극 시험 자료
③ 안 점막 자극 또는 그 밖의 점막자극 시험 자료
④ 단회투여 독성 시험 자료
⑤ 자외선차단지수 및 자외선A 차단 등급 설정의 근거 자료

답안 표기란

| | |
|---|---|
| 21 | ① ② ③ ④ ⑤ |
| 22 | ① ② ③ ④ ⑤ |
| 23 | ① ② ③ ④ ⑤ |
| 24 | ① ② ③ ④ ⑤ |
| 25 | ① ② ③ ④ ⑤ |

★★

**26 화장품법 규정에 의해 2차 포장에 전성분을 표시를 하고자 한다. 표시·기재하여야 할 사항으로 옳 지 않은 것은?**

① 혼합원료는 혼합된 개별 성분의 명칭을 기재 표시한다.

② 화장품에 사용된 모든 원료의 표시는 글자크기를 5포인트 이상으로 하고, 함량이 많은 것부터 기재 표시한다.

③ 두발염색용 제품류에서 호수별로 착색제가 다르게 사용된 경우 ± 또는 +/−의 표시 다음에 사용된 모든 착색제 성분을 각각 기재 표시 한다.

④ 산성도(pH) 조절 목적으로 사용되는 성분은 그 성분을 표시하는 대신 중화반응에 따른 생성물로 기 재·표시할 수 있다.

⑤ 착향제는 식품의약품안전처장이 정하여 고시한 알레르기 유발성분이 있는 경우에는 향료로 표시할 수 없고, 해당 성분의 명칭을 기재·표시해야 한다.

**27 화장품에 사용가능 원료 중에서 고급지방산과 알코올의 탈수반응에 의해 축합하여 생긴 화합물을 합성에스테르라고 한다. 이들 종류로 옳지 않은 것은?**

① 이소프로필 미리스테이트는 용해성이 우수하고 유분감이 낮다.

② 이소프로필 팔미테이트는 샴푸, 린스에 쓰인다.

③ 세틸에칠헥사노이에이트는 피부컨디셔닝제에 쓰인다.

④ 세틸팔미테이트는 수분증발차단제에 쓰인다.

⑤ 에틸렌글리콜 모노에틸 에테르는 두발용화장품에 쓰인다.

★2회기출

**28 화장품원료에 대한 위해요소의 위해평가는 화장품법 시행규칙 제17조와 같다.**

| 평가과정 | 평가내용 |
|---|---|
| 1. 위험성 확인 | 인체내 독성 확인 |
| 2. 위험성 결정 | 인체 노출 허용량 산출 |
| 3. 노출 평가 | 인체에 노출된 양 산출 |
| 위해도 결정 | 1, 2, 3의 결과를 종합하여 인체에 미치는 위해영향을 판단하는 과정 |

**위의 절차에 따라 결정된 위해화장품의 공표 및 회수에 대한 내용으로 옳은 것은?**

답안 표기란

26 ① ② ③ ④ ⑤
27 ① ② ③ ④ ⑤
28 ① ② ③ ④ ⑤

① 1개 이상의 일반일간신문 및 해당 영업자의 인터넷 홈페이지에 게재한다.
② 지방식품의약품안전청의 인터넷 홈페이지에 게재를 요청한다.
③ 공표 결과를 지체 없이 식품의약품안전처장에게 통보하여야 한다.
④ 화장품을 회수하거나 회수하는 데에 필요한 조치로 화장품제조업자 또는 맞춤형화장품판매업자는 해당 화장품에 대하여 즉시 판매 중지 등의 필요한 조치를 해야 한다.
⑤ 회수의무자는 회수대상화장품이라는 사실을 안 날부터 15일 이내에 회수계획서 서류를 첨부하여 식품의약품안전처에 제출하여야 한다.

(맞춤형화장품조제관리사 자격시험 예시문항)

**29** **〈보기〉는 어떤 미백 기능성화장품의 전성분표시를 「화장품법」제10조에 따른 기준에 맞게 표시한 것이다. 해당 제품은 식품의약품안전처에 자료 제출이 생략되는 기능성화장품 미백 고시 성분과 사용상의 제한이 필요한 원료를 최대 사용 한도로 제조하였다. 이때, 유추 가능한 녹차추출물 함유 범위(%)는?**

> **보기** 정제수, 사이클로펜타실록세인, 글리세린, 닥나무추출물, 소듐하이알루로네이트, 녹차추출 물, 다이메티콘, 다이메티콘/비닐다이메티콘크로스폴리머, 세틸피이지/피피지-10/1다이메 티콘, 올리브오일, 호호바오일, 토코페릴아세테이트, 페녹시에탄올, 스쿠알란, 솔비탄세스 퀴올리에이트, 알란토인

① 7~10 ② 5~7 ③ 3~5
④ 1~2 ⑤ 0.5~1

**30** **다음 기능성화장품 심사에 관한 규정에 따라 자외선차단지수(SPF)는 측정결과에 근거하여 평균값 이 60일 경우, SPF는 SPF( ㉠ )+라고 표시한다. ㉠에 적합한 것은?**

① 60 ② 50 ③ 40
④ 30 ⑤ 20

**31** **다음은 품질관리 및 제조관리를 적정하고 원활하게 실시하기 위함으로 맞춤형화장품의 내용물 및 원료에 대한 품질검사결과 내용을 확인해 볼 수 있는 서류는 무엇인가?**

| 답안 표기란 |
| --- |
| 29 ① ② ③ ④ ⑤ |
| 30 ① ② ③ ④ ⑤ |
| 31 |

★1회 기출

**32** **다음 괄호안에 알맞은 말을 쓰시오.**

기능성 화장품의 심사 시 유효성 또는 기능에 관한 자료 중 인체적용시험 자료를 제출하는 경우에는 (          ) 제출을 면제할 수 있다. 이 경우에는 자료제출을 면제받은 성분에 대해서는 효능 효과를 기재할 수 없다.

★1회 기출

**33** **다음 괄호안에 들어갈 용어를 쓰시오.**

(          )는(은) 화장품의 사용 중에 발생한 것으로 바람직하지 않고, 의도되지 않은 징후 또는 증상, 질병을 말하며 화장품과 반드시 인과관계를 갖고 있어야 하는 것은 아니다.

★

**34** **다음에서 설명하고 있는 것은 무엇인가 쓰시오.**

자외선차단지수(SPF)는 측정결과에 근거하여 평균값(소수점이하 절사)으로부터 ( ㉠ )이하 범위내 정수(예 PF평균값이 '23'일 경우 19~23 범위정수)로 표시하되, SPF 50이상은 ( ㉡ )로 표시한다.

★★★

**35** **다음 내용에서 괄호안에 알맞은 말을 쓰시오.**

「착향제 구성 성분 중 기재·표시 권장 성분」

① 착향제는 "향료"로 표시하되, 화장품 착향제 구성 성분 중 알레르기 유발 물질(식약처 고 시)의 경우 해당 성분의 명칭을 표시하여야 함

② 사용 후 씻어내는 제품에는 ( ㉠ )% 초과, 사용 후 씻어내지 않는 제품에는 ( ㉡ )% 초과 함유하는 경우에 한함

| 답안 표기란 |
|---|
| 32 |
| 33 |
| 34 |
| 35 |

## 3장 유통 화장품 안전 관리

| 답안 표기란 | |
|---|---|
| 36 | ① ② ③ ④ ⑤ |
| 37 | ① ② ③ ④ ⑤ |
| 38 | ① ② ③ ④ ⑤ |

**36 우수화장품 제조 및 품질관리 기준에 따른 내용으로 괄호안에 알맞은 용어로 옳은 것은?**

> • (　　　　)이란 제조공정단계에 있는 것으로서 필요한 제조공정을 더 거쳐야 벌크제품이 되는 것을 말한다.
> • 재작업은 적합판정을 벗어난 완제품, 벌크제품 또는 (　　　　)을 재처리하여 품질이 적합한 범위에 들어오도록 하는 작업을 말한다.

① 벌크제품　② 반제품　③ 완제품
④ 원자재　⑤ 원료

★
**37 우수화장품 제조 및 품질관리 기준에 따른 용어의 정의로 옳은 것은?**

① 일탈은 규정된 합격 판정 기준에 일치하지 않는 검사, 측정 또는 시험결과를 말한다.
② 제조단위는 제조공정 중 적합판정기준의 충족을 보증하기 위하여 공정을 모니터링하거나 조정하는 모든 작업을 말한다.
③ 재작업은 적절한 작업환경에서 건물과 설비가 유지되도록 정기적 비정기적인 지원 및 검출작업을 말한다.
④ 공정관리은 하나의 공정이나 일련의 공정으로 제조되어 균질성을 갖는 화장품의 일정한 분량을 말한다.
⑤ 출하는 주문 준비와 관련된 일련의 작업과 운송 수단에 적재하는 활동으로 제조소 외로 제품을 운 반하는 것을 말한다.

**38 화장품법 시행규칙 제9조 우수화장품 제조 및 품질관리 기준에 따른 작업소의 위생으로 옳지 않은 것은?**

① 곤충, 해충이나 쥐를 막을 수 있는 대책을 세우고 정기적으로 점검 확인한다.
② 적절한 위생관리 기준 및 절차를 마련하고 작업소 외의 직원들만 이를 준수한다.
③ 제조, 관리 및 보관구역의 바닥, 천장, 벽 및 창문을 항상 청결하게 유지한다.
④ 제조시설이나 설비의 세척에 사용되는 세제 또는 소독제는 효능이 입증된 것을 사용하고 잔류하거나 적용하는 표면에 이상을 초래하지 아니하여야 한다.

⑤ 제조시설이나 설비는 적절한 방법으로 청소하여야 하며 필요한 경우 위생관리 프로그램을 운영하여야 한다.

| 답안 표기란 |
| --- |
| 39 ① ② ③ ④ ⑤ |
| 40 ① ② ③ ④ ⑤ |
| 41 ① ② ③ ④ ⑤ |

**39** **우수화장품 제조 및 품질관리 기준에 따른 설비, 기구의 위생 기준으로 옳지 않은 것은?**

① 설비 및 기구는 사용목적에 적합하며 위생 유지가 가능하고 청소가 가능해야 한다.

② 설비 및 기구는 제품의 오염 방지 및 배수가 용이하도록 설계되어 설치해야 한다.

③ 설비 등의 위치는 원자재나 직원의 이동으로 인해 제품의 품질에 영향을 주지 않도록 한다.

④ 사용하지 않은 부속품과 연결 호스들도 청소하며 위생관리를 위해 건조상태를 유지한다.

⑤ 작업소 천정 주위의 대들보, 덕트, 파이프 등은 노출이 되도록 설계하고, 청소하기 용이하도록 파이프는 고정하여 벽에 닿게 한다.

**40** **설비 세척의 원칙으로 옳지 않는 것은?**

① 반드시 세제를 사용해서 세척한다.

② 브러시 등으로 문질러 지우는 방법을 고려한다.

③ 분해할 수 있는 설비는 분해해서 세밀하게 세척한다.

④ 세척 후에는 미리 정한 규칙에 따라 반드시 세정결과를 '판정' 한다.

⑤ 세척의 유효기간을 정하고 유효기간 만료시 규칙적으로 재세척한다.

**41** **품질보증 책임자는 화장품의 품질보증을 담당하는 부서의 책임자로서 다음과 같은 사항을 이행해야 한다. 다음 내용 중에서 옳지 않은 것은?**

① 적합 판정한 원자재 및 제품의 출고 여부 결정

② 부적합품이 규정된 절차대로 처리되고 있는지 확인

③ 품질에 관련된 모든 문서와 절차의 검토 및 승인

④ 교육훈련이 제공될 수 있도록 연간계획을 수립하고 정기적으로 교육을 실시

⑤ 품질 검사가 규정된 절차에 따라 진행되는지의 확인

답안 표기란

42 ① ② ③ ④ ⑤
43 ① ② ③ ④ ⑤
44 ① ② ③ ④ ⑤
45 ① ② ③ ④ ⑤

**42** **우수화장품 제조 및 품질관리 기준에 따른 원자재 관리의 내용으로 옳지 않은 것은?**

① 제조업자는 원자재 공급자에 대한 관리감독을 적절히 수행하여 입고관리가 철저히 이루어지도록 하여야 한다.

② 원자재는 시험결과 적합판정된 것만을 선입선출방식으로 출고해야 하고 이를 확인할 수 있는 체계가 확립되어 있어야 한다.

③ 원자재 입고절차 중 육안 확인 시 물품에 결함이 있을 경우 즉시 폐기처분 한다.

④ 원자재 용기에 제조번호가 없는 경우에는 관리번호를 부여하여 보관하여야 한다.

⑤ 원자재, 시험 중인 제품 및 부적합품은 각각 구획된 장소에서 보관하여야 한다.

★★

**43** **유통화장품 안전 관리 기준에서 비의도적인 물질인 디옥산 검출 시험 방법으로 옳은 것은?**

① 디티존법 ② 원자흡광도법
③ 액체 크로마토그래피법 ④ 기체(가스)크로마토그래피법
⑤ 유도결합 플라즈마 분광기법

★★

**44** **유통화장품 안전 관리에서 검출되지 말아야하지만 비의도적인 물질로 눈 화장용 제품은 35㎍/g 이하, 색조 화장용 제품은 30㎍/g이하, 그 밖의 제품은 10㎍/g 이하여야 하는 물질은?**

① 납 ② 니켈 ③ 비소
④ 카드뮴 ⑤ 디옥산

★★

**45** **유통화장품 안전 관리 기준에서 납, 비소, 니켈, 카드뮴의 공통적인 시험 방법은?**

① 디티존법
② 원자흡광도법
③ 기체(가스)크로마토그래피법
④ 수은 분해장치, 수은분석기이용법
⑤ 액체 크로마토그래피법

★★
**46** **다음 미생물한도에 관한 설명이다. 옳지 않은 것은?**

① 총호기성생균수는 영 · 유아용 제품류의 경우 50개/g(mL)이하
② 물휴지의 경우 세균 및 진균수는 각각 100개/g(mL)이하
③ 총호기성생균수는 눈화장용 제품류의 경우 500개/g(mL)이하
④ 녹농균(Pseudomonas aeruginosa) 불검출
⑤ 기타 화장품의 경우 1,000개/g(mL)이하

★
**47** **화장품법 제6조의 유통화장품안전 기준에서 화장품을 제조하면서 인위적으로 첨가하지 않았으나, 제조 또는 보관 과정 중 비의도적으로 유래된 사실이 확인되었고 기술적으로 완전한 제거가 불가능한 경우 검출 해당 물질의 허용 한도를 제시하고 있다. 다음 중 제조된 화장품의 검출시험으로 나타난 결과로써 적합판정으로 옳지 않은 것은?**

① 납 : 점토를 원료로 사용한 분말제품은 50㎍/g이하
② 니켈 : 눈 화장용 제품은 35㎍/g 이하
③ 수은 : 1㎍/g이하
④ 카드뮴 : 5㎍/g이하
⑤ 포름알데하이드 : 물 휴지는 200㎍/g이하

★
**48** **완제품 포장 생산 중 이상이 발견되거나 작업 중 파손 또는 부적합 판정이 난 포장재의 회수 결정 후 폐기절차를 순서대로 나열하세요.**

> 부적합 판정 시
> ㉠ 해당부서에 통보
> ㉡ 기준일탈조치서 작성
> ㉢ 회수 입고된 포장재에 부적합라벨 부착

① ㉢, ㉡, ㉠　② ㉢, ㉠, ㉡　③ ㉡, ㉢, ㉠
④ ㉡, ㉠, ㉢　⑤ ㉠, ㉡, ㉢

답안 표기란

46 ① ② ③ ④ ⑤
47 ① ② ③ ④ ⑤
48 ① ② ③ ④ ⑤

★★2회 기출

**49** **화장품을 제조하면서 검출된 물질을 인위적으로 첨가하지 않았으나, 제조 또는 보관 과정 중 포장재로부터 이행되는 등 비의도적으로 유래된 사실이 객관적인 자료로 확인되고 기술적으로 완전한 제거가 불가능한 경우가 있다. 그 중에서 미생물의 검출허용 한도는 다음과 같이 실험한다. 다음 보기에서 괄호 안에 알맞은 것은?**

(1) 세균수 시험 :
 ㉮ 한천평판도말법 직경 9~10cm 페트리 접시내에 미리 굳힌 세균 시험용 배지 표면에 전처리 검액 0.1mL이상 도말한다.
 ㉯ 한천평판희석법 검액 1mL를 같은 크기의 페트리접시에 넣고 그 위에 멸균 후 45℃로 식힌 15mL의 세균시험용 배지를 넣어 잘 혼합한다. 검체당 최소 2개의 평판을 준비하고 ㉠ (  )에서 적어도(  ) 배양하는데 이 최대 균집락수를 갖는 평판을 사용하되 평판당 300개 이하의 균집락을 최대치로 하여 총 세균수를 측정한다.
(2) 진균수 시험 : (1) 세균수 시험'에 따라 시험을 실시하되 배지는 진균수 시험용 배지를 사용하여 배양온도 ㉡ (  )에서 적어도 (  ) 배양한 후 100 개 이하의 균집락이 나타나는 평판을 세어 총 진균수를 측정한다.

① ㉠ 30~35℃, 48시간 ㉡ 20~25℃, 5일간
② ㉠ 30~35℃, 24시간 ㉡ 20~25℃, 3일간
③ ㉠ 20~25℃, 48시간 ㉡ 20~25℃, 5일간
④ ㉠ 10~15℃, 48시간 ㉡ 20~25℃, 5일간
⑤ ㉠ 10~15℃, 24시간 ㉡ 20~25℃, 3일간

(맞춤형화장품조제관리사 자격시험 예시문항)

**50** **다음은 우수화장품 제조 및 안전 관리 기준(CGMP)에 따른 제21조 및 제22조의 내용이다. 검체의 채취 및 보관과 폐기처리 기준을 모두 고른 것은?**

ㄱ. 완제품의 보관용 검체는 적절한 보관조건하에 지정된 구역 내에서 제조단위별로 사용기한 경과 후 1년간 보관하여야 한다. 다만, 개봉 후 사용기간을 기재하는 경우에는 제조일로부터 1년간 보관하여야 한다.
ㄴ. 재작업은 그 대상이 다음 각 호를 모두 만족한 경우에 할 수 있다. 1. 변질·변패 또는 병원 미생물에 오염되지 아니한 경우, 2. 제조일로부터 1년이 경과하지 않았거나 사용기한이 1년 이상 남아있는 경우
ㄷ. 원료와 포장재, 벌크제품과 완제품이 적합판정기준을 만족시키지 못할 경우 "기준일탈 제품"으로 지칭한다. 기준일탈제품이 발생했을 때는 신속히 절차를 정하고, 정한 절차를 따라 확실한 폐기처리를 하고 실시한 내용을 모두 문서에 남긴다.
ㄹ. 원자재는 검사가 완료되어 적합 혹은 부적합 판정이 완료되면 폐기하는 것은 보관기간을 연장할 수 없다.
ㅁ. 품질에 문제가 있거나 회수·반품된 제품의 폐기 또는 재작업 여부는 화장품책임판매업자에 의해 승인되어야 한다.

| 답안 표기란 |
|---|
| 49 ① ② ③ ④ ⑤ |
| 50 ① ② ③ ④ ⑤ |

① ㄱ, ㄴ　　② ㄴ, ㄷ　　③ ㄷ, ㄹ
④ ㄷ, ㅁ　　⑤ ㄹ, ㅁ

| 답안 표기란 |
|---|
| 51 ① ② ③ ④ ⑤ |
| 52 ① ② ③ ④ ⑤ |
| 53 ① ② ③ ④ ⑤ |

**51** **우수화장품 제조 및 품질관리 기준에 관한 내용 중에 원료의 보관 방법으로 옳지 않은 것은?**

① 원료보관창고를 관련법규에 따라 시설 갖추고, 관련규정에 적합한 보관조건에서 보관한다.
② 여름에는 고온 다습하지 않도록 유지관리 한다.
③ 혼동될 염려 없도록 지정된 보관소에 원료를 보관 한다.
④ 방서, 방충 시설 갖추어야 한다.
⑤ 바닥 및 내벽과 20cm이상, 외벽과도 20cm 이상 간격을 두고 적재한다.

**52** **화장품제조업자가 화장품 제조과정에서 준수해야할 위생에 대한 규정이다. 화장품의 제조 공정이 끝나고 설비 및 기구를 세척 후 확인하는 방법으로 옳지 않은 것은?**

① HPLC법　　② TOC측정기법　　③ 원자흡광광도법
④ 린스정량법　　⑤ TLC법

★★★매회 기출

**53** **다음 우수화장품 제조 및 품질관리 기준에서 기준일탈 제품의 폐기처리 순서이다. 바르게 나열한 것은?**

1. 폐기 처분 또는 재작업 또는 반품
2. 기준일탈의 처리
3. 기준일탈 조사
4. 격리 보관
5. 시험, 검사, 측정이 틀림없음을 확인
6. 기준일탈 제품에 불합격라벨 첨부시험
7. 시험, 검사, 측정에서 기준일탈 결과 나옴

① 3 → 2 → 6 → 7 → 4 → 1 → 5
② 4 → 2 → 6 → 3 → 7 → 1 → 5
③ 5 → 3 → 4 → 2 → 7 → 5 → 1
④ 6 → 2 → 7 → 3 → 5 → 4 → 1
⑤ 7 → 3 → 5 → 2 → 6 → 4 → 1

★

**54** **화장품법에서 총리령으로 정하는 화장품의 기재 사항으로 화장품의 포장에 기재·표시하여야 하는 사항으로 옳지 않은 것은?**

① 기능성화장품의 경우 심사받거나 보고한 효능·효과, 용법·용량
② 식품의약품안전처장이 정하는 바코드
③ 인체 세포·조직 배양액이 들어있는 경우 그 함량
④ 사용기준이 지정·고시된 원료 외의 보존제, 색소, 자외선차단제
⑤ 성분명을 제품 명칭의 일부로 사용한 경우 그 성분명과 함량

**55** **일정한 제조단위분량에 대하여 제조관리 및 출하에 관한 모든 사항을 확인할 수 있도록 표시된 것으로서 숫자·문자·기호 또는 이들의 특징적인 조합을 무엇이라고 하는가?**

① 뱃치번호 ② 제조단위 ③ 공정관리
④ 유지관리 ⑤ 품질보증

★★1회 기출

**56** **화장품을 제조하면서 다음 물질을 인위적으로 첨가하지 않았으나, 제조 과정 중에 비의도적으로 유래된 사실이 객관적인 자료로 확인되었다. 영유아용 크림과 영양크림의 시험결과가 다음과 같을 때 그 설명으로 옳은 것은?**

| 제품명 | 영유아용 크림 | 영양 크림 |
|---|---|---|
| 성상 | 유백색의 크림상 | 유백색의 크림상 |
| 점도(cP) | 35,080 | 21,700 |
| pH | 8.05 | 7.21 |
| 총호기성생균수(개/g(ml) | 350 | 481 |
| 납(㎍/g) | 8 | 12 |
| 비소(㎍/g) | 11 | 9 |
| 수은(㎍/g) | 0.5 | 2 |

① 영유아용 크림과 영양 크림의 납 시험 결과는 모두 적합하다.
② 영유아용 크림과 영양 크림의 총호기성 생균수 시험결과는 모두 적합하다.
③ 영유아용 크림과 영양 크림의 비소 시험 결과는 모두 적합하다.
④ 영유아용 크림과 영양 크림의 수은 시험 결과는 모두 적합하다.
⑤ 영유아용 크림과 영양 크림의 pH기준치가 부적합하다.

답안 표기란

54 ① ② ③ ④ ⑤
55 ① ② ③ ④ ⑤
56 ① ② ③ ④ ⑤

**57** 다음은 충전·포장시 발생된 불량자재의 처리에 대한 내용이다. 품질 부서에서 적합으로 판정된 포장재라도 생산 중 이상이 발견되거나 작업 중 파손 또는 부적합 판정이 난 포장재는 다음과 같이 처리한다. 괄호 안에 알맞은 말은?

> ① 생산팀에서 생산 공정 중 발생한 불량 포장재는 정상품과 구분하여 물류팀에 반납한다.
> ② 물류팀 담당자는 부적합 포장재를 부적합 자재 보관소에 따로 보관
> ③ 물류팀 담당자는 부적합 포장재를 ( ㉠ 또는 ㉡ ) 후 해당업체에 시정조치 요구

① ㉠ 반납 ㉡ 폐기
② ㉠ 반품 ㉡ 보관
③ ㉠ 추후 반품 ㉡ 폐기조치
④ ㉠ 재고 점검 ㉡ 반품
⑤ ㉠ 반품 ㉡ 폐기처분

★★★매회 기출

**58** 작업장의 공기청정도 기준이 틀린 것은?

① 원료보관소 – 낙하균 30개/hr 또는 부유균 200개/$m^3$
② clean bench – 낙하균 10개/hr 또는 부유균 20개/$m^3$
③ 미생물실험실 – 낙하균 30개/hr 또는 부유균 200개/$m^3$
④ 충전실 – 낙하균 30개/hr 또는 부유균 200개/$m^3$
⑤ 원료칭량실 – 낙하균 30개/hr 또는 부유균 200개/$m^3$

★★★

**59** 인체 세포·조직 배양액의 안전성 평가에서 안전성 확보를 위한 자료를 작성 보관하여야 한다. 안전성 평가에 대한 자료로 옳지 않은 것은?

① 단회투여독성 시험자료
② 반복투여독성 시험자료
③ 유전독성 시험자료안점막자극 또는 기타점막자극 시험자료
④ 인체적용시험자료
⑤ 인체첩포시험자료

답안 표기란

57 ① ② ③ ④ ⑤
58 ① ② ③ ④ ⑤
59 ① ② ③ ④ ⑤

★★

**60** **유통화장품 안전 관리 시험방법에 따른 제품 안에서 비의도적으로 검출되는 물질의 함량 검출시험법이다. 다음 내용의 시험법으로 옳은 것은?**

> ① 검액 및 표준액을 가지고 다음 조건으로 기체크로마토그래프법의 절대검량선법에 따라 시험한다. 필요하면 표준액의 검량선 범위 내에서 검체 채취량 또는 희석배수를 조정할 수 있다.
> ② 검체 약 1.0g을 정밀하게 달아 20% 황산나트륨용액 1.0mL를 넣고 잘 흔들어 섞어 검액으로 한다. 따로 1,4-디옥산 표준품을 물로 희석하여 0.0125, 0.025, 0.05, 0.1, 0.2, 0.4, 0.8mg/mL의 액으로 한 다음, 각 액 50μL씩을 취하여 각각에 폴리에틸렌글리콜 400 1.0g 및 20% 황산나트륨용액 1.0mL를 넣고 잘 흔들어 섞은 액을 표준액으로 한다.
> ③ 검액 및 표준액을 가지고 다음 조건으로 기체크로마토그래프법의 절대검량선법에 따라 시험한다. 필요하면 표준액의 검량선 범위 내에서 검체 채취량 또는 희석배수를 조정할 수 있다.

① 디티존법
② 원자흡광광도법(AAS)
③ 안티몬
④ 포름알데하이드
⑤ 디옥산

## 4장 맞춤형 화장품 이해

★★

**61** **맞춤형화장품판매업에 대한 설명으로 옳은 것을 다 고르시오.**

> ㉠ 맞춤형화장품판매업을 하려는 자는 대통령령으로 정하는 바에 따라 관할 지방식품의약품안전청장에 15일 이내 신고
> ㉡ 제조 또는 수입된 화장품 내용물에 다른 화장품의 내용물이나 식품의약품안전처장이 정하여 고시하는 원료를 추가하여 혼합한 화장품을 판매하는 영업
> ㉢ 원료와 원료를 혼합한 화장품을 판매하는 영업
> ㉣ 기능성화장품의 효능·효과를 나타내는 원료를 기능성원료로 심사받은 내용물과 원료의 최종 혼합한 화장품을 판매하는 영업
> ㉤ 제조 또는 수입된 화장품의 내용물을 소분한 화장품을 판매하는 영업

① ㉠ ㉡ ㉢
② ㉠ ㉡ ㉣
③ ㉠ ㉢ ㉤
④ ㉡ ㉢ ㉣
⑤ ㉡ ㉣ ㉤

★★

**62** **다음은 맞춤형화장품판매업으로 신고 할 수 없는 사람을 나열한 것이다. 옳은 것을 모두 고르시오.**

| 답안 표기란 |
|---|
| 60 ① ② ③ ④ ⑤ |
| 61 ① ② ③ ④ ⑤ |
| 62 ① ② ③ ④ ⑤ |

㉠ 정신질환자
㉡ 피성년후견인
㉢ 보건범죄 단속에 관한 특별조치법을 위반하여 금고 이상의 형을 선고받고 그 집행이 끝나지 아니하거나 그 집행을 받지 아니하기로 확정되지 아니한 자
㉣ 마약류 중독자
㉤ 화장품법 제24조에 따라 등록이 취소되거나 영업소가 폐쇄된 날부터 1년이 지나지 아니한 자

① ㉠ ㉡ ㉢ ② ㉠ ㉡ ㉣ ③ ㉠ ㉢ ㉤
④ ㉡ ㉢ ㉤ ⑤ ㉡ ㉣ ㉤

★1회 기출

**63 다음 중 맞춤형화장품조제관리사가 판매 가능한 경우를 모두 고르시오.**

㉠ 화장품책임판매업자로부터 받은 크림에 라벤더오일을 추가해서 판매하였다.
㉡ 100ml 향수를 50ml로 소분해서 판매하였다.
㉢ 화장품책임판매업자로부터 기능성화장품 심사받은 내용물에 기능성원료를 추가해서 판매하였다.
㉣ 일반화장품을 판매하였다.
㉤ 화장품책임판매업자로부터 받은 자외선차단제 크림에 티타늄디옥사이드를 추가해서 판매하였다.

① ㉠ ㉡ ㉢ ② ㉠ ㉡ ㉣ ③ ㉠ ㉢ ㉤
④ ㉡ ㉢ ㉣ ⑤ ㉢ ㉢ ㉤

**64 다음 피부의 구조를 설명한 것으로 옳지 않은 것은?**

① 피부의 구조의 표피에 있는 기저층은 표피의 맨 아래에 존재하며, 각질형성세포와 멜라닌형성세포가 있다.
② 표피의 구성세포에는 머켈 세포가 있어 면역기능을 담당하며 세포와 세포사이에는 림프액이 존재 하여 혈액순환과 세포사이의 물질교환을 용이하게 한다.
③ 진피는 피부의 90% 이상 차지하고 있으며 많은 혈관과 신경, 림프관이 분포하여 표피에 영양을 공급해 준다.
④ 진피의 구성세포는 콜라겐과 엘라스틴, 기질이 있으며 피부의 주름과 탄력에 관여한다.
⑤ 피하지방에는 지방조직이 분포되어 체온손실을 막아주며 신체의 부위와 영양상태에 따라 두께가 달라진다.

| 답안 표기란 |
|---|
| 63 ① ② ③ ④ ⑤ |
| 64 ① ② ③ ④ ⑤ |

**65** 다음 모발의 성장주기에 대한 내용으로 옳은 것은?

① 성장기는 모발이 모세혈관에서 보내진 영양분에 의해 성장하는 시기이다.
② 퇴화기는 모구 활동이 완전히 멈추는 시기이다.
③ 휴지기는 휴지기에 들어간 모발은 모유두만 남기고 2~3개월안에 자연히 떨어져 나간다.
④ 발생기는 대사과정이 느려져 세포분열이 정지 모발 성장이 정지되는 시기이다
⑤ 성장주기는 성장기는 3~6개월, 퇴화기는 2~4주, 휴지기는 4~5개월에 해당한다.

★★
**66** 맞춤형화장품 원료에 대한 설명으로 옳은 것을 모두 고르시오.

> ㉠ 식품의약품안전처장은 위해평가가 완료된 경우에는 해당 화장품 원료 등을 화장품의 제조에 사용할 수 없는 원료로 지정하거나 그 사용기준을 지정하여야 한다.
> ㉡ 식품의약품안전처장은 지정 · 고시된 원료의 사용기준의 안전성을 정기적으로 검토하여야 하고, 그 결과에 따라 지정 · 고시된 원료의 사용기준은 변경할 수 없다.
> ㉢ 식품의약품안전처장은 화장품의 제조 등에 사용할 수 없는 원료를 지정하여 고시하여야 한다.
> ㉣ 식품의약품안전처장은 보존제, 색소, 자외선차단제 등과 같이 특별히 사용상의 제한이 필요한 원료에 대하여는 그 사용기준을 지정하여 고시하여야 하며, 사용기준이 지정 · 고시된 원료 외의 보존제, 색소, 자외선차단제 등은 사용할 수 없다.

① ㉠ ㉡ ㉢　② ㉠ ㉡ ㉣　③ ㉠ ㉢ ㉣
④ ㉡ ㉢ ㉣　⑤ ㉡ ㉣

★★★
**67** 맞춤형판매업자가 맞춤형화장품 판매 시 표시 사항 중 총리령으로 정하는 사항으로 옳지 않은 것은?

① 기능성화장품의 경우 심사받거나 보고한 효능 · 효과, 용법 · 용량
② 성분명을 제품 명칭의 일부로 사용한 경우 그 성분명과 함량(방향용 제품은 제외한다)
③ 인체 세포 · 조직 배양액이 들어있는 경우 그 함량
④ 화장품에 천연 또는 유기농으로 표시 · 광고하려는 경우에는 원료의 함량
⑤ 만 5세 이하의 영유아용 제품류인 경우 사용기준이 지정, 고시된 원료 중 보존제의 함량

답안 표기란

65 ① ② ③ ④ ⑤
66 ① ② ③ ④ ⑤
67 ① ② ③ ④ ⑤

★★
**68 맞춤형화장품판매업자가 맞춤형화장품 판매 시 기재, 표시를 생략할 수 있는 성분이나 사항으로 옳 지 않은 것은?**

① 제조과정 중에 제거되어 최종 제품에는 남아 있지 않은 성분은 생략할 수 있다.
② 안정화제, 보존제 등 원료 자체에 들어 있는 부수 성분으로서 그 효과가 나타나게 하는 양보다 적은 양이 들어 있는 성분은 생략할 수 있다.
③ 내용량이 10ml 초과 50ml 이하 화장품의 포장인 경우 샴푸에 들어 있는 인산염 종류의 성분을 생략 할 수 있다.
④ 내용량이 10g 초과 50g 이하 화장품의 포장인 경우 제조번호를 생략할 수 있다.
⑤ 맞춤형화장품판매업자는 식품의약품안전처장이 정하는 바코드를 생략할 수 있다.

★★
**69 맞춤형판매업자가 표시 또는 광고를 해서는 안되는 사항으로 옳지 않은 것은?**

① 의약품으로 잘못 인식할 우려가 있는 표시 또는 광고
② 기능성화장품이 아닌 화장품을 기능성화장품으로 잘못 인식할 우려가 있는 표시 또는 광고
③ 천연화장품이 아닌 화장품을 천연화장품으로 잘못 인식할 우려가 있는 표시 또는 광고
④ 사실과 다르게 소비자를 속이거나 소비자가 잘못 인식하도록 할 우려가 있는 표시 또는 광고
⑤ 기능성화장품의 안정성·유효성에 관한 심사결과와 같은 내용의 표시 또는 광고

★★★
**70 실증자료가 있을 경우 화장품 표시, 광고를 할 수 있는 표현으로 옳은 것은?**

① 눈밑 다크서클을 제거해 줄 수 있습니다.
② 셀룰라이트를 일시적으로 감소시켜 줍니다.
③ 부종을 제거해 줍니다.
④ 여드름을 치료해줍니다.
⑤ 혈액순환이 잘되어 피부가 혈색이 좋아집니다.

| 답안 표기란 |
|---|
| 68 ① ② ③ ④ ⑤ |
| 69 ① ② ③ ④ ⑤ |
| 70 ① ② ③ ④ ⑤ |

(맞춤형화장품조제관리사 자격시험 예시문항)

**71** **피부결이 매끄럽지 못해 고민하는 고객에게 글라이콜릭애씨드(Glycolic Acid)를 5.0 % 첨가한 필링에센스를 맞춤형화장품으로 추천하였다. 〈보기 1〉은 맞춤형화장품의 전성분이며, 이를 참고하여 고객에게 설명해야 할 주의 사항을 〈보기 2〉에서 모두 고른 것은?**

> **보기 1**
> 정제수, 에탄올, 글라이콜릭애씨드, 피이지-60하이드로제네이티드 캐스터오일, 버지니아풍 년화수, 세테아레스-30, 1,2-헥산다이올, 부틸렌글라이콜, 파파야열매추출물, 로즈마리잎 추출물, 살리실릭애씨드, 카보머, 트리에탄올아민, 알란토인, 판테놀, 향료

> **보기 2**
> ㄱ. 화장품을 사용 시 또는 사용 후 직사광선에 의하여 사용부위가 붉은 반점, 부어오름 또는 가려움증 등의 이상 증상이나 부작용이 있는 경우 전문의 등과 상담할 것
> ㄴ. 알갱이가 눈에 들어갔을 때에는 물로 씻어내고 이상이 있는 경우에는 전문의와 상담할 것
> ㄷ. 햇빛에 대한 피부의 감수성을 증가시킬 수 있으므로 자외선차단제를 함께 사용할 것
> ㄹ. 만 3세 이하 어린이에게는 사용하지 말 것
> ㅁ. 사용 시 흡입하지 않도록 주의할 것
> ㅂ. 신장 질환이 있는 사람은 사용 전에 의사, 약사, 한의사와 상의할 것

① ㄱ, ㄴ, ㅂ ② ㄱ, ㄷ, ㄹ ③ ㄴ, ㄷ, ㅂ
④ ㄷ, ㄹ, ㅁ ⑤ ㄹ, ㅁ, ㅂ

★★★매회 기출

**72** **맞춤형화장품조제관리사는 매장을 방문한 고객과 다음과 같은 대화를 나누었다. 고객에게 추천 가능한 제품으로 옳은 것을 고르시오.**

> **고객** : 요즘 스트레스 때문에 머리 감을 때마다 머리가 많이 빠지고 피부에 여드름도 나서 걱정이예요.
> **조제관리사** : 피부측정 후 도와드릴게요.
> 측정 후
> 탈모를 완화시켜주는 성분을 함유한 제품과 여드름을 완화시켜줄 수 있는 제품을 추천해 드릴께요.

> **보기**
> ㉠ 덱스판테놀 함유제품 ㉡ 치오글리콜산 함유제품
> ㉢ 살리실릭애씨드 함유제품 ㉣ 레티닐팔미테이트 함유제품

① ㉠㉡ ② ㉠㉢ ③ ㉠㉣
④ ㉡㉢ ⑤ ㉡㉣

| 답안 표기란 |
|---|
| 71 ① ② ③ ④ ⑤ |
| 72 ① ② ③ ④ ⑤ |

★
**73** **화장품의 pH 범위가 다음과 같은 제품 중 액제, 로션, 크림 및 유사한 제형의 액상제품은 pH 기준이 3.0~9.0이어야 한다. 다음 중 해당되지 않는 것은?**

① 영 유아 인체세정용 제품류
② 색조화장용 제품류
③ 두발용 제품류(샴푸, 린스 제외)
④ 면도용 제품류(셰이빙크림, 셰이빙 폼 제외)
⑤ 기초화장용 제품류(클렌징 워터, 클렌징 오일,클렌징 로션, 클렌징 크림 등 메이크업 리무버 제품 제외)

**74** **맞춤형화장품 혼합, 소분 장비 및 도구의 위생관리로 옳지 않은 것은?**

① 세척한 작업 장비 및 도구는 잘 건조하여 다음 사용 시까지 오염 방지
② 작업 장비 및 도구 세척 시에 사용되는 세제·세척제는 잔류하거나 표면 이상을 초래하지 않는 것을 사용
③ 자외선 살균기 이용 시 충분한 자외선 노출을 위해 적당한 간격을 두고 장비 및 도구를 서로 겹쳐서 여러층으로 보관할 것
④ 맞춤형화장품 혼합·소분 장소가 위생적으로 유지될 수 있도록 주기를 정하여 판매장 등의 특성에 맞 도록 위생관리 할 것
⑤ 맞춤형화장품판매업소에서는 작업자 위생, 작업환경위생, 장비·도구 관리 등 맞춤형화장품판매업 소에 대한 위생 환경 모니터링 후 그 결과를 기록하고 판매업소의 위생 환경상태를 관리할 것

★★★ 매회기출
**75** **맞춤형화장품 판매업자의 준수사항으로 혼합·소분 안전 관리 기준에 대한 설명으로 옳지 않은 것은?**

① 맞춤형화장품 조제에 사용하는 내용물 및 원료의 혼합·소분 범위에 대해 사전에 품질 및 안전성을 확보할 것
② 혼합·소분 전에 혼합·소분된 제품을 담을 포장 용기의 오염 여부를 확인할 것
③ 혼합·소분 전에 내용물 및 원료의 사용기한 또는 개봉 후 사용기간을 확인하고, 사용기한 또는 개 봉 후 사용기간이 지난 것은 사용하지 아니할 것
④ 혼합·소분에 사용되는 내용물의 사용기한 또는 개봉 후 사용기간을 초과하여 맞춤형화장품의 사용기 한 또는 개봉 후 사용기간을 정할 것
⑤ 소비자의 피부상태나 선호도 등을 미리 파악하여 맞춤형화장품을 미리 혼합·소분하여 보관하거나 판매하지 말 것

| 답안 표기란 |
|---|
| 73 ① ② ③ ④ ⑤ |
| 74 ① ② ③ ④ ⑤ |
| 75 ① ② ③ ④ ⑤ |

★1회 기출

**76** **일상의 취급 또는 보통 보존상태에서 외부로부터 고형의 이물이 들어가는 것을 방지하고 고형의 내용물이 손실되지 않도록 보호할 수 있는 용기는?**

① 밀폐용기 ② 기밀용기 ③ 밀봉용기
④ 차광용기 ⑤ 유리용기

**77** **화장품법 시행규칙 제19조 6항에 따른 화장품 포장의 표시기준 및 표시방법으로 옳지 않은 것은?**

① 사용기한은 "사용기한" 또는 "까지" 등의 문자와 "연월일"을 소비자가 알기 쉽도록 기재·표시해야 한다.
② 사용기한은 "연월"로 표시하는 경우 사용기한을 넘는 범위에서 기재·표시해야 한다.
③ 개봉 후 사용기간은 "개봉 후 사용기간"이라는 문자와 "○○월" 또는 "○○개월"을 조합하여 기재·표시하거나, 개봉 후 사용기간을 나타내는 심벌과 기간을 기재·표시할 수 있다.
④ 기능성화장품 기재, 표시 문구는 기재·표시된 "기능성화장품" 글자 바로 아래에 "기능성화장품" 글자와 동일한 글자 크기 이상으로 기재·표시해야 한다.
⑤ 도안의 크기는 용도 및 포장재의 크기에 따라 동일 배율로 조정하고 알아보기 쉽도록 인쇄 또는 각인 등의 방법으로 표시해야 한다.

**78** **맞춤형화장품의 혼합·소분에 사용할 목적으로 화장품책임판매업자로부터 제공받은 원료에 해당하지 않는 것으로 옳은 것은?**

① 맞춤형화장품판매업자가 소비자에게 유통·판매할 목적으로 제조 또는 수입한 화장품을 혼합한 화장품
② 판매의 목적이 아닌 제품의 홍보·판매촉진 등을 위하여 미리 소비자가 시험·사용하도록 제조 또는 수입한 화장품
③ 맞춤형화장품조제관리사가 제조 수입한 화장품을 소분한 화장품
④ 맞춤형화장품판매업자가 판매를 목적으로 수입한 화장품을 소분한 화장품
⑤ 판매를 목적으로 제품의 홍보, 판매촉진을 위하여 소비자에게 미리 사용하게 하는 화장품

답안 표기란

76 ① ② ③ ④ ⑤
77 ① ② ③ ④ ⑤
78 ① ② ③ ④ ⑤

★★★매회기출

**79** **영, 유아용 제품류 또는 만 13세 이하 어린이 제품에 사용금지 보존제로 옳은 것은?**

① 아이오도프로피닐부틸카바메이트
② 니트로메탄
③ 아트라놀
④ 천수국꽃추출물
⑤ 메칠렌글라이콜

★

**80** **10ml 미만 소용량 및 견본품에 표시, 기재 사항으로 아닌 것은?**

① 책임판매업자 상호　② 화장품 명칭
③ 제조번호　④ 가격
⑤ 화장품 전성분

**81** **화장품의 혼합방식으로 옳은 것은?**

① 유화 : 대표적인 화장품으로는 투명스킨, 헤어토닉등이 있다.
② 가용화 : 하나의 상에 다른 상이 미세한 상태로 분산되어 있는 것
③ 분산 : 한 종류의 액체(용매)에 계면활성제를 이용하여 불용성 물질을 투명하게 용해시키는 것
④ 유화 : 한 종류의 액체(분산상)에 불용성의 액체(분산매)를 미립자 상태로 분산시키는 것
⑤ 가용화 : 대표적인 화장품으로는 립스틱, 파운데이션 등이 있다.

★ 특별기출

**82** **미백기능성 화장품의 전성분이 다음과 같을 때 알파-비사보롤의 함량으로 가장 적절한 것은? (단, 페녹시에탄올은 사용 한도까지 사용하였음)**

> 정제수, 글리세린, 호호바오일, 에탄올, 헥산다이올, 알파-비사보롤, 녹차추출물, 페녹시에탄올, 피이지-60하이드로제네이티드캐스터오일, 향료, 토코페릴아세테이트, 디소듐이디티에이

① 0.01~0.05%　② 0.1~0.5%　③ 1.0~2.0%
④ 2.0~3.0%　⑤ 3.0~4.0%

답안 표기란

79 ① ② ③ ④ ⑤
80 ① ② ③ ④ ⑤
81 ① ② ③ ④ ⑤
82 ① ② ③ ④ ⑤

답안 표기란

83 ① ② ③ ④ ⑤
84 ① ② ③ ④ ⑤
85 ① ② ③ ④ ⑤

★
**83** **다음은 화장품 함유 성분별 사용 시의 주의 사항으로 ㉠에 적절한 단어는 무엇인가?**

> 코치닐추출물 함유 제품이므로 이 성분에 과민하거나 ( ㉠ )이/가 있는 사람은 신중히 사용할 것

① 알레르기 ② 감광성 ③ 감작성
④ 소양감 ⑤ 피부질환

★
**84** **맞춤형화장품 판매장에 방문한 고객의 요청이 다음과 같다. 피부상태 측정 후에 고객의 요청에 따라 맞춤형화장품조제관리사는 ㉠과 ㉡을 혼합하여 맞춤형화장품을 조제할 때 그 혼합이 적절한 것은?**

> **고객** : 여행을 자주 다녀서 피부가 타고 거칠어졌어요. 그리고 피부가 건조해지고 세안 후 당기는 것 같아요. 피부가 하얗고 촉촉하게 해주는 제품으로 조제 부탁드려요.
> **조제관리사** : 화장품 내용물은 ( ㉠ )에 보습성분( ㉡ )을 혼합해서 맞춤형화장품을 조제해 드리겠습니다.

① ㉠ 주름개선 기능성화장품 크림 ㉡ 호호바 오일
② ㉠ 주름개선 기능성화장품 크림 ㉡ 세라마이드
③ ㉠ 미백 기능성화장품 크림 ㉡ 레티닐팔미테이트
④ ㉠ 미백 기능성화장품 크림 ㉡ 소듐하이알루로네이트
⑤ ㉠ 자외선 차단 크림 ㉡ 프로필렌글리콜

★★★
**85** **맞춤형화장품판매장에서 이루어지는 맞춤형화장품조제관리사와 고객과의 대화 내용 중 옳은 것은?**

> ① **고객** : 요즘 야외 활동이 많아서 피부가 탄것 같아요. 어떤 화장품을 사용해야 할까요?
> **조제관리사** : 아스코빌글루코사이드가 주성분인 기능성화장품을 추천드립니다.
> ② **고객** : 세안 후에 크림을 발라도 피부가 많이 당기는데 어떻게 해야 하나요?
> **조제관리사** : 피부의 수분량을 측정하고 수분량이 부족하면 건성피부용 크림 내용물에 아데노신을 추가하여 크림을 조제하여 드릴테니 사용해 보세요.
> ③ **고객** : 피부 진단은 맞춤형화장품 판매장에 와서 받아야 하나요?
> **조제관리사** : 바쁘시니 판매장을 방문하지 마시고 전화로 피부진단을 받으시면 맞춤형화장 품을 조제하여 택배로 보내드리겠습니다.

④ **고객** : 피부가 민감해서 자외선차단제를 사용하고 싶은데 어떤 자외선크림을 사용해야 할지 추천해 줄 수 있나요?
**조제관리사** : 무기계 자외선차단제인 에칠헥실메톡시신나메이트가 포함된 자외선크림을 추천해 드리겠습니다.
⑤ **고객** : 요즘 잔주름이 많아진 것 같은데 어떤 화장품을 사용해야 하나요?
**조제관리사** : 에칠아스코빌에텔이 주성분인 기능성화장품을 추천드립니다.

★★★

**86 맞춤형화장품조제관리사와 매장을 방문한 고객은 대화를 나누었다. 대화 내용 중 ㉠, ㉡에 적합한 것은?**

**고객** : 최근 심한 냉방으로 얼굴이 많이 당기고 건조해진 것 같아요.
**조제관리사** : 평소 보습관리를 해주시나요?
**고객** : 전혀 안하고 있어요. 그래서 피부가 더욱 건조해진 것 같아요.
**조제관리사** : 육안으로 볼 때 많이 건조해 보이고 잔주름이 보이네요. 피부측정기로 피부수분량을 측정하겠습니다.

잠시 후.
**조제관리사** : 고객님은 한 달 전 측정 시보다 얼굴에 피부수분량이 많이 감소하였으며, 잔주름이 생겼습니다. 그래서 ( ㉠ )이/가 포함된 주름개선 기능성 화장품에 보습력을 높이는 ( ㉡ )을/를 추가하여 크림을 조제하여 드리겠습니다.
**고객** : 네, 알겠습니다.

① ㉠ 아스코빌글루코사이드 ㉡ 레티놀
② ㉠ 레티닐팔미테이트 ㉡ 알부틴
③ ㉠ 레티놀 ㉡ 소듐하이알루로네이트
④ ㉠ 아데노신 ㉡ 아스코빌글루코사이드
⑤ ㉠ 나이아신아마이드 ㉡ 프로필렌글리콜

답안 표기란

86 ① ② ③ ④ ⑤

★★★

**87** **맞춤형화장품 판매장에 방문한 고객의 요청이 다음과 같다. 피부상태 측정 후에 고객의 요청에 따라 맞춤형화장품조제관리사는 고객에게 맞는 성분을 골라 화장품을 조제해서 판매하였다. 다음 〈보기〉에서 알맞게 골라 짝지어진 것을 고르시오.**

> **고객** : 최근 등산을 많이 해서 그런지 피부가 많이 타고 잔주름도 생겼어요. 미백효과와 주름개선에 효과가 있는 화장품을 추천해 주세요. 그리고 민감한 피부여서 화장품에 대한 알레르기가 가끔 나타납니다.

| 보기 | 레티닐팔미테이트, 레티놀, 아데노신, 닥나무추출물, 알부틴, 나이아신아마이드, 알파-비사보롤, 티타늄디옥사이드, 징크옥사이드, 살리실릭애씨드, 쿠마린, 제라니올, 신남알, 리모넨 |
|---|---|

① 알파 – 비사보롤 함유, 살리실릭애씨드 함유, 리모넨 함유
② 알부틴 함유, 레티닐팔미테이트 함유, 쿠마린 함유
③ 티타늄디옥사이드 함유, 아데노신 함유, 제라니올 제외
④ 알파 – 비사보롤 함유, 징크옥사이드 함유, 신남알 제외
⑤ 닥나무추출물 함유, 레티놀 함유, 리모넨 제외

★★★

**88** **맞춤형화장품 판매장에 방문한 고객의 요청이 다음과 같다. 피부상태 측정 후에 고객의 요청에 따라 맞춤형화장품조제관리사는 고객에게 맞는 성분을 골라 화장품을 조제해서 판매하였다. 다음 〈보기〉에서 알맞은 것을 고르시오.**

> **고객** : 낮에 외출이 잦을 것 같아 피부에 자극이 적고 자외선차단 효과 있는 제품을 추천받고 싶고요. 최근 피부에 조금씩 여드름이 생기고 있어 여드름 완화에 효과가 있는 제품도 추천받고 싶어요.
> **조제관리사** : 자외선을 차단해주는 자외선차단제와 여드름을 완화시켜 주는 제품을 추천드립니다.
> **고객** : 네, 알겠습니다.

① ㉠ 징크옥사이드 함유 ㉡ 레티놀 함유
② ㉠ 벤조페논 함유 ㉡ 티트리 오일 함유
③ ㉠ 티타늄디옥사이드 함유 ㉡ 살리실릭애씨드 함유
④ ㉠ 옥시벤존 ㉡ 아스코빌글루코사이드 함유
⑤ ㉠ 에칠헥실메톡시신나메이트 ㉡ 프로필렌글리콜 함유

| 답안 표기란 |
|---|
| 87 ① ② ③ ④ ⑤ |
| 88 ① ② ③ ④ ⑤ |

답안 표기란

89

90

91

92

93

**89** 다음은 맞춤형화장품판매업자 변경 시 제출해야 할 서류에 대한 내용이다. 괄호안에 알맞은 말을 쓰시오.

> 상속의 경우에는「가족관계의 등록 등에 관한 법률」제15조 제1항 제1호의 (　　　　)를 제출해야 한다.

**90** 다음은 맞춤형화장품판매업에 관한 내용이다. 괄호안에 알맞은 단어를 쓰시오.

> ① 맞춤형화장품판매업자는 판매장마다 (　　　　)를 둘 것
> ② 맞춤형화장품의 혼합·소분의 업무는 맞춤형화장품판매장에서 자격증을 가진(　　　　)만이 할 수 있음

**91** 다음은 맞춤형화장품조제관리사 자격시험에 관한 설명이다. 괄호 안에 알맞은 단어를 쓰시오.

> ① 맞춤형화장품조제관리사가 되려는 사람은 화장품과 원료 등에 대하여 식품의약품안전처장이 실 시하는 자격시험에 합격하여야 한다.
> ② 식품의약품안전처장은 맞춤형화장품조제관리사가 거짓이나 그 밖의 부정한 방법으로 시험에 합격한 경우에는 자격을 취소하여야 하며, 자격이 취소된 사람은 취소된 날부터 ( ㉠ )간 자격시험에 응시할 수 없다.
> ③ 식품의약품안전처장은 자격시험 업무를 효과적으로 수행하기 위하여 필요한 전문인력과 시설을 갖춘 기관 또는 단체를 시험운영기관으로 지정하여 시험업무를 위탁할 수 있다.
> ④ 자격시험의 시기, 절차, 방법, 시험과목, 자격증의 발급, 시험운영기관의 지정 등 자격시험에 필요한 사항은 ( ㉡ )으로 정한다.

**92** 다음 괄호 안에 알맞은 단어를 쓰시오.

> 각질층은 케라틴 58%, 천연보습인자 31%, 각질세포간 지질 11% 등으로 구성되어 있으며, 세포와 세포를 단단히 결합시켜 수분증발을 억제시켜주는 층상의 (　　　　) 구조로 되어있다.

**93** 다음은 화장품 제형에 대한 내용으로 괄호 안에 알맞은 용어를 쓰시오.

> 유화제 등을 넣어 유성성분과 수성성분을 균질화하여 반고형상으로 만든 것을 말한다.

★★
**94** 고객이 맞춤형화장품조제관리사에게 피부에 노화로 탄력이 저하되고 주름이 많이 생겨 주름개선 기능을 가진 화장품을 맞춤형으로 구매하기를 상담하였다. 주름개선 기능성 원료를 〈보기〉에서 고르시오.

> 티타늄디옥사이드, 에칠헥실메톡시신나메이트, 나이아신아마이드, 아데노신, 닥나무추출물, 소듐하이알루로네이트

★
**95** 다음은 맞춤형화장품 판매 시 소비자에게 설명해 줘야 하는 내용이다. 무엇에 대한 설명인지 쓰시오.

> ① 혼합·소분에 사용되는 ( ㉠ ) 또는 ( ㉡ )의 특성
> ② 맞춤형화장품 사용 시의 주의 사항

**96** 다음은 맞춤형화장품 사용과 관련된 부작용 발생사례에 대한 설명이다. 괄호 안에 적당한 단어는?

> 맞춤형화장품의 부작용 사례 보고(「화장품 안전성 정보관리 규정」에 따른 절차 준용)
> • 맞춤형화장품 사용과 관련된 중대한 유해사례 등 부작용 발생 시 그 정보를 알게 된 날로부터 (㉠ )이내 식품의약품안전처 홈페이지를 통해 보고하거나 우편·팩스·정보통신망 등의 방법으로 보고 해야 한다.
> ① 중대한 유해사례 또는 이와 관련하여 (㉡ )이 보고를 지시한 경우:「화장품 안전성 정보관리 규정(식약처 고시)」별지 제1호 서식
> ② 판매중지나 회수에 준하는 외국정부의 조치 또는 이와 관련하여 (㉡ )이 보고를 지시한 경우 :「화장품 안전성 정보관리 규정(식약처 고시)」별지 제2호 서식

★
**97** 화장품법 시행규칙 제18조 안전용기, 포장 대상 품목 및 기준에 대한 설명이다. 괄호 안에 적당한 단어를 기재하시오.

> ① 법 제9조제1항에 따른 안전용기·포장을 사용하여야 하는 품목은 다음 각 호(1~3)와 같다. 다만, 일회용 제품, 용기 입구 부분이 펌프 또는 방아쇠로 작동되는 분무용기 제품, 압축 분무용기 제품(에어로졸 제품 등)은 제외한다.
> 1. 아세톤을 함유하는 네일 에나멜 리무버 및 네일 폴리시 리무버
> 2. 어린이용 오일 등 개별포장 당 탄화수소류를 ( ㉠ )퍼센트 이상 함유하고 운동점도가 21센티스톡스(섭씨 40도 기준) 이하인 비에멀젼 타입의 액체상태의 제품

답안 표기란

| | |
|---|---|
| 94 | |
| 95 | |
| 96 | |
| 97 | |

3. 개별포장당 메틸 살리실레이트를 5퍼센트 이상 함유하는 액체상태의 제품

② 제1항에 따른 안전용기·포장은 성인이 개봉하기는 어렵지 아니하나 만 ( ㉡ ) 미만의 어린이가 개봉하기는 어렵게 된 것이어야 한다. 이 경우 개봉하기 어려운 정도의 구체적인 기준 및 시험방법은 ( ㉢ )이 정하여 고시하는 바에 따른다.

**98** 다음은 맞춤형화장품 혼합, 소분에 사용되는 내용물의 범위에 대한 설명이다. 괄호 안에 적당한 단어를 기재하시오.

맞춤형화장품의 혼합·소분에 사용할 목적으로 ( ㉠ )로부터 제공받은 것으로 다음 항목에 해당하지 않는 것이어야 함

① ( ㉠ )가 소비자에게 그대로 유통·판매할 목적으로 제조 또는 수입한 화장품

② 판매의 목적이 아닌 제품의 홍보·( ㉡ ) 등을 위하여 미리 소비자가 시험·사용하도록 제조 또는 수입한 화장품

★★

**99** 다음은 맞춤형화장품판매업자의 준수사항으로 괄호 안에 알맞은 단어를 쓰시오.

맞춤형화장품판매업자는 다음 항목이 포함된 맞춤형화장품 (㉠ )를 작성·보관할 것

(전자문서로 된 판매내역을 포함)

① (㉡ ) : 맞춤형화장품의 경우 식별번호

② 사용기한 또는 개봉 후 사용기간

③ 판매일자 및 판매량

★★★

**100** 다음 화장품의 함유 성분별 사용 시 주의 사항에 대한 설명이다. 괄호 안에 알맞은 말은?

① 살리실릭애씨드 및 그 염류 함유 제품 (샴푸 등 사용 후 바로 씻어내는 제품 제외)

② 아이오도프로피닐부틸카바메이트(IPBC) 함유 제품 (목욕용제품, 샴푸류 및 바디클렌저 제외)은 ( )어린이에게는 사용하지 말 것

답안 표기란

98

99

100

# 3회 맞춤형화장품 조제관리사 모의고사

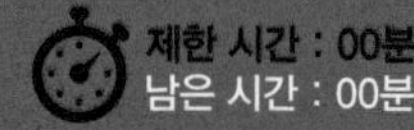


## 1장 화장품법의 이해

답안 표기란

01 ① ② ③ ④ ⑤

02 ① ② ③ ④ ⑤

★ 특별시험

**01 개인정보보호법에 근거한 고객 상담으로 옳지 않은 것은?**

① 소비자 피부진단 데이터 등을 활용하여 연구·개발 등 목적으로 사용하고자 하는 경우, 소비자에게 별도의 사전 안내 및 동의를 받지 않아도 된다.

② 맞춤형화장품판매장에서 수집된 고객의 개인정보는 개인정보보호법령에 따라 적법하게 관리하여야 한다.

③ 맞춤형화장품판매장에서 판매내역서 작성 등 판매관리 등의 목적으로 고객 개인의 정보를 수집할 경우 개인정보보호법에 따라 개인 정보 수집 및 이용목적, 수집 항목 등에 관한 사항을 안내하고 동의를 받아야 한다.

④ 고객관리 프로그램을 PC에 설치하거나 웹 서비스에 접속하여 고객정보를 관리하는 경우 고객정보 책임자를 지정하여 고객정보 보호수칙을 지키도록 한다.

⑤ 수집된 고객의 개인정보는 개인정보보호법에 따라 분실, 도난, 유출, 위조, 변조 또는 훼손되지 않도록 취급하여야 한다.

★

**02 화장품 표시, 광고 시 준수해야 할 사항에 대한 내용으로 옳지 않은 것은?**

① 저속하거나 혐오감을 주는 표현·도안·사진 등을 이용하는 표시·광고를 하지 말 것

② 국제적 멸종위기종의 가공품이 함유된 화장품임을 표현하거나 암시하는 표시·광고를 하지 말 것

③ 사실 유무와 관계없이 다른 제품을 비방하거나 비방한다고 의심이 되는 표시·광고를 하지 말 것

④ 배타성을 띤 “최고” 또는 “최상” 등의 절대적 표현의 표시·광고를 하지 말 것

⑤ 외국과의 기술제휴를 하고 외국과의 기술제휴 등을 표현하는 표시·광고를 하지 말 것

★★
**03** **다음 행정처분에 관한 내용으로 옳지 않은 것은?**

① 코뿔소 뿔의 추출물을 사용한 화장품 – 3년 이하의 징역 또는 3천만원 이하의 벌금
② 화장품책임판매업자로 등록을 하지 아니하고 기능성화장품을 판매하려는 자 – 1년 이하의 징역 또는 1천만원 이하의 벌금
③ 화장품의 1차 포장에 총리령으로 정하는 바에 따라 기재, 표시를 위반한 자 – 200만원 이하의 벌금
④ 화장품 안전 기준에 따른 명령을 위반하여 보고를 하지 아니한 자 – 100만원 과태료
⑤ 폐업 등의 신고를 하지 아니한 자 – 50만원 과태료

**04** **화장품법 시행규칙에 따라 안전용기, 포장을 사용하여야 할 품목 및 용기포장의 기준 등에 관하여는 총리령으로 정하고 있다. 다음 내용으로 옳지 않는 것은?**

① 일회용 제품, 용기 입구 부분이 펌프 또는 방아쇠로 작동되는 분무용기 제품, 압축 분무용기 제품
② 아세톤을 함유하는 네일 에나멜 리무버 및 네일 폴리시 리무버
③ 어린이용 오일 등 개별포장 당 탄화수소류를 20퍼센트 이상 함유한 제품
④ 어린이용 오일 등 개별포장 당 운동점도가 21센티스톡스(섭씨 40도 기준) 이하인 비에멀젼 타입의 액체상태의 제품
⑤ 개별포장당 메틸 살리실레이트를 5퍼센트 이상 함유하는 액체상태의 제품)안전용기·포장은 성인이 개봉하기는 어렵지 아니하나 만 5세 미만의 어린이가 개봉하기는 어렵게 된 것

★ 2회 기출
**05** **다음은 기능성화장품 심사에 관한 규정에 따른 효능, 효과에 대한 내용이다, 괄호안에 들어갈 알맞은 것은?**

> 자외선으로부터 피부를 보호하는데 도움을 주는 제품에 자외선차단지수(SPF)을 표시하는 때에는 다음기준에 따라 표시한다.
> 자외선차단지수(SPF)는 측정결과에 근거하여 평균값(소수점이하 절사)으로부터 (            )범위내 정수(예 SPF평균값이 '23'일 경우 19~23 범위정수)로 표시하되, SPF 50이상은 "SPF50+"로 표시한다.

① –5% 이하 ② –10% 이하 ③ –15% 이하
④ –20% 이하 ⑤ –25% 이하

| 답안 표기란 |
|---|
| 03 ① ② ③ ④ ⑤ |
| 04 ① ② ③ ④ ⑤ |
| 05 ① ② ③ ④ ⑤ |

★★
**06** **화장품책임판매업자의 결격사유에 해당하지 않는 것을 모두 고르시오.**

㉠ 정신질환자
㉡ 피성년후견인
㉢ 마약중독자
㉣ 금고 이상의 형을 선고받고 그 집행이 끝나지 아니한 자
㉤ 등록이 취소되거나 영업소가 폐쇄된 날부터 1년이 지나지 아니한 자

① ㉠ ㉡　② ㉠ ㉢　③ ㉡ ㉢
④ ㉡ ㉣　⑤ ㉢ ㉤

**07** **화장품 영업자의 판매금지에 대한 설명으로 옳지 않은 것은?**

① 화장품제조업 등록하고 제조하여 화장품 책임판매업자에게 공급
② 화장품책임판매업 등록하고 수입한 화장품을 판매
③ 맞춤형화장품판매업 신고를 하지 않고 맞춤형화장품을 조제하여 판매
④ 맞춤형화장품판매장에서 맞춤형화장품조제관리사를 두고 맞춤형화장품을 판매
⑤ 맞춤형화장품판매업자가 의약품으로 잘못 인식할 우려가 있게 기재된 화장품을 판매

**08** **화장품의 표시, 광고 내용의 실증자료를 제출할 때에는 이를 증명할 수 있는 자료를 첨부하여 식품의약품안전처장에게 제출하여야 한다. 다음 괄호 안에 알맞는 것을 쓰시오.**

가. ( ㉠ )
나. 시험·조사기관의 명칭, 대표자의 성명, 주소 및 전화번호
다. ( ㉡ ) 및 실증결과
라. 실증자료 중 영업상 비밀에 해당되어 공개를 원하지 않는 경우에는 그 내용 및 사유

**09** **다음은 천연화장품 및 유기농화장품 인증에 관한 내용이다. 괄호안에 알맞은 말을 쓰시오.**

① 인증의 유효기간은 인증을 받은 날부터 (　　)으로 한다.
② 인증의 유효기간을 연장 받으려는 자는 유효기간 만료 90일 전에 총리령으로 정하는 바에 따라 연장신청을 하여야 한다.

답안 표기란

| | |
|---|---|
| 06 | ① ② ③ ④ ⑤ |
| 07 | ① ② ③ ④ ⑤ |
| 08 | |
| 09 | |

★1회 기출

**10** **다음 괄호 안에 알맞은 용어를 쓰시오.**

(　　　) 시험은 화장품 성분이 생체에 미치는 영향으로 안전함을 뒷받침하는 객관적인 근거가 필요하므로 독성이나 피부자극, 알레르기와 같은 작용에 대응하는 다양한 예측 평가법이 있다.

| 답안 표기란 | |
|---|---|
| 10 | |
| 11 | ① ② ③ ④ ⑤ |
| 12 | ① ② ③ ④ ⑤ |

## 2장 화장품제조 및 품질관리

★★ 3회 기출

**11** **화장품법 시행규칙 별표3 제2호에서 화장품 세부 유형에 따른 사용 시 주의 사항으로 바르게 연결된 것은?**

① 두발용, 두발염색용 – 섭씨 15도 이하의 어두운 장소에 보존하고, 색이 변하거나 침전된 경우에는 사용하지 말 것

② 외음부 세정제 – 임신 중에는 사용하지 않는 것이 바람직하며, 분만 직전의 외음부 주위에는 사용하지 말 것

③ 팩 – 밀폐된 실내에서 사용한 후에는 반드시 환기할 것

④ 퍼머넌트웨이브 제품 – 눈 주위를 피하여 사용할 것

⑤ 고압가스를 사용하지 않는 분무형 자외선 차단제 – 눈에 들어갔을 때는 즉시 씻어낼 것

**12** **제품의 포장재질· 포장방법에 관한 기준 등에 관한 규칙 제4조 별표2에 따라 제품의 종류에 따른 포장공간비율과 포장횟수를 준수해야한다. 다음에서 바르지 않은 것은?**

① 단위제품,인체 및 두발 세정용 제품류 : 포장공간비율 15% 이하, 포장횟수 2차 이내

② 단위제품,그 밖의 화장품류(방향제 포함) : 포장공간비율 10% 이하 (향수 제외), 포장횟수 2차 이내

③ 종합제품의 경우: 포장공간비율 25% 이내, 포장횟수 2차 이내

④ 종합제품으로서 포장용 완충재를 사용한 제품의 포장공간비율은 20% 이하로 함

⑤ 종합제품으로서 세제류 : 포장공간비율 15% 이하 , 포장횟수 2차 이내

| 답안 표기란 |
|---|
| 13 ① ② ③ ④ ⑤ |
| 14 ① ② ③ ④ ⑤ |
| 15 ① ② ③ ④ ⑤ |

**13** **화장품 안정성 시험 가이드라인(식품의약품안전처)에서 화장품의 안정성을 시험하는 방법들에 대한 설명이 바르지 않은 것은?**

① 장기보존시험 – 시험기간은 6개월 이상 원칙
② 가속시험 – 시험기간은 6개월 이상 원칙
③ 장기보존시험 – 측정 시기는 시험개시 때와 1년간은 3개월마다, 2년까지는 6개월마다
④ 가혹시험 – 시험기간은 6개월 이상 원칙
⑤ 개봉 후 안정성시험 – 시험 항목은 개봉할 수 없는 용기로 되어 있는 제품(스프레이 등), 일회용 제품 등은 개봉 후 안정성시험을 수행할 필요 없음

**14** **화장품 유형별 제품의 효과에 대한 설명으로 바르지 않은 것은?**

① 색조화장용 제품류 – 수분이나 오일성분으로 인한 피부의 번들거림 또는 결점을 감추어 줌
② 기초화장용 제품류 – 피부 화장을 지워 줌
③ 두발용 제품류 – 두피 및 두발을 깨끗하게 세정함으로써 비듬과 가려움을 개선함
④ 인체 세정용 제품류 – 얼굴의 세정을 통하여 청결 및 상쾌감을 부여함
⑤ 방향용 제품류 – 얼굴을 세정하고 좋은 냄새가 나게 함

★★

**15** **「화장품법 시행규칙」[별표 4] 화장품 포장의 표시기준 및 표시방법(제19조제6항 관련)**
**화장품 제조에 사용된 성분 중에서 착향제는 "향료"로 표시할 수 있다. 다만, 착향제의 구성 성분 중 식품의약품안전처장이 정하여 고시한 알레르기 유발성분이 있는 경우에는 향료로 표시할 수 없고, 해당 성분의 명칭을 기재·표시해야 한다.**
**보기에서 해당 알레르기 유발성분이 제품의 내용량에서 차지하는 함량의 비율이 얼마인지 확인 후 성분표시 대상인지 대상이 아닌지를 바르게 체크한 것은?**

| 보기 | 화장품 착향제 중 알레르기 유발물질 표시 지침에 따라 사용 후 씻어내지 않는 바디로션(500g) 제품에 제라니올이 0.05g 포함 |
|---|---|

① 0.25% 성분표시대상
② 0.02% 성분표시대상이 아님
③ 0.01% 성분표시대상
④ 0.0025 성분표시대상이 아님
⑤ 0.01% 성분표시대상이 아님

답안 표기란

16 ① ② ③ ④ ⑤
17 ① ② ③ ④ ⑤
18 ① ② ③ ④ ⑤

**16** **화장품법 시행규칙 제9조 기능성화장품의 심사에서 식품의약품안전처장이 제품의 효능, 효과를 나타내는 성분 함량을 고시한 품목의 경우 제출을 생략하는 자료가 아닌 것은?**

① 기원(起源) 및 개발 경위에 관한 자료
② 안전성에 관한 자료
③ 인체 적용시험 자료
④ 검체를 포함한 기준 및 시험방법에 관한 자료
⑤ 인체 첩포시험(貼布試驗) 자료

★★(3회 기출)

**17** **화장품 사용방법에 대한 설명으로 바르지 않은 것은?**

① 화장품 사용 시 깨끗한 손이나 깨끗하게 관리된 도구 사용
② 화장품에 먼지나 미생물의 유입방지를 위해 사용 후 항상 뚜껑을 꼭 닫아서 보관한다.
③ 화장품은 별도의 보관조건을 명시한 경우만 직사광선을 피해 서늘한 곳에 보관한다.
④ 화장품을 여러 사람이 같이 사용하면 감염, 오염의 위험이 있으므로 주의하고, 판매장의 테스트용 제품은 사용할 때 일회용 도구 사용을 권장 한다.
⑤ 화장품의 사용기한과 사용법을 확인하고 사용기한 내에 사용한다.

**18** **다음은 「화장품 사용 시의 주의 사항 및 알레르기 유발성분 표시에 관한 규정」 제2조(그 밖에 사용 시의 주의 사항), [별표 1] 화장품의 함유 성분별 사용 시의 주의 사항 표시 문구이다. 대상제품 ㉠에 해당하는 것은?**

| | 대상 제품 | 표시 문구 |
|---|---|---|
| ① | 과산화수소 및 과산화수소 생성물질 함유 제품 | 눈에 접촉을 피하고 눈에 들어갔을 때는 즉시 씻어낼 것 |
| ② | ( ㉠ ) 함유 제품 | 눈에 접촉을 피하고 눈에 들어갔을 때는 즉시 씻어낼 것 |
| ③ | 알부틴 2% 이상 함유 제품 | 알부틴은「인체적용시험자료」에서 구진과 경미한 가려움이 보고된 예가 있음 |
| ④ | 알루미늄 또는 그 염류 함유 제품 (체취방지용 제품류에 한함) | 신장질환이 있는 사람은 사용 전에 의사, 약사, 한의사와 상의할 것 |
| ⑤ | 아이오도프로피닐부틸카바메이트(IPBC) 함유 제품 (목욕용제품, 샴푸류 및 바디클렌저 제외) | 만 3세 이하 어린이에게는 사용하지 말 것 |

① 카민
② 벤잘코늄클로라이드, 벤잘코늄브로마이드
③ 부틸파라벤, 프로필파라벤, 이소부틸파라벤
④ 코치닐추출물
⑤ 폴리에톡실레이티드레틴아마이드 0.2% 이상

| 답안 표기란 |
|---|
| 19 ① ② ③ ④ ⑤ |
| 20 ① ② ③ ④ ⑤ |

**19** **알파-하이드록시애시드(α-hydroxyacid, AHA)(이하 AHA라 함)에 대한 설명으로 옳지 않은 것은?**

① 시트릭애씨드(citric acid)는 구연산이라고도 하며, 카르복시기(-COOH)가 3개 붙어있는 AHA이다.
② AHA는 카르복실기(-COOH)로부터 첫 번째 탄소 α(알파) 위치에 하이드록시기가 결합되어 있다.
③ 글라이콜릭애씨드(glycolic acid)는 덜익은 열매나 사탕수수에서 발견되는 AHA이다.
④ 락틱애씨드(lactic acid)는 산패한 우유에서 생성되는 AHA이다.
⑤ 타타릭애씨드(tartaric acid)는 덜익은 사과나 복숭아에서 발견되는 AHA이다.

**20** **기능성화장품의 세부유형별 효과를 바르게 설명하고 있는 것은?**

① 피부미백에 도움을 주는 제품 - 피부에 침착된 멜라닌색소의 색을 엷게 하여 피부의 미백에 도움을 줌
② 피부의 주름개선에 도움을 주는 제품 - 피부에 탄력을 주어 피부의 주름 완화 또는 개선
③ 피부를 곱게 태워주거나 자외선으로부터 피부를 보호하는 데에 도움을 주는 제품 - 강한 햇볕을 방지하여 피부를 곱게 태워줌
④ 두발의 색상 변화· 제거 또는 영양공급에 도움을 주는 제품 - 일시적인 두발의 색상을 변화(탈염(脫染)·탈색(脫色)을 포함)시키는 기능을 가진 화장품
⑤ 피부나 두발의 기능 약화로 인한 건조함, 갈라짐, 빠짐, 각질화 등을 방지하거나 개선하는데에 도움을 주는 제품 - 피부장벽(피부의 가장 바깥쪽에 존재하는 각질층의 표피를 말함)의 기능을 회복하여 가려움 등을 개선함

★★

**21** 「화장품법」 제5조의2(위해화장품의 회수)에 따른 회수대상화장품의 위해성 등급은 그 위해성이 높은 순서에 따라 가등급, 나등급 및 다등급으로 구분하고 있다. 다음내용에서 위해성 등급이 다른 것은?

① 병원 미생물에 오염된 화장품
② 코뿔소 뿔을 사용한 화장품
③ 전부 혹은 일부가 변패한 화장품
④ 기능성 화장품의 주원료 함량이 기준치에 부적합한 화장품
⑤ 이물이 혼입되었거나 부착된 화장품 중 보건위생상 위해를 발생할 우려가 있는 화장품

**22** 「화장품법 시행규칙」 제14조의3(위해화장품의 회수계획 및 회수절차 등)에 따라 위해화장품의 회수계획 및 회수절차이다.

> 1. 화장품을 회수하거나 회수하는 데에 필요한 조치를 하려는 화장품제조업 또는 화장품책임판매업(이하 "회수의무자"라 함)은 해당 화장품에 대하여 즉시 판매중지 등의 필요한 조치를 하여야 하고, 회수대상화장품이라는 사실을 안 날부터 ( ㉠ ) 이내에 회수계획서에 다음 서류를 첨부하여 지방식품의약품안전청장에게 제출하여야 함(다만, 제출기한까지 회수계획서의 제출이 곤란하다고 판단될 때는 지방식품의약품안전청장에게 그 사유를 밝히고 제출기한 연장을 요청하여야 함)
> 2. 위해성 등급에 따른 회수 기간
>    1) 위해성 등급이 가등급인 화장품: 회수를 시작한 날부터 ( ㉡ ) 이내
>    2) 위해성 등급이 나등급 또는 다등급인 화장품: 회수를 시작한 날부터 ( ㉢ ) 이내

① ㉠ 15일 ㉡ 5일 ㉢ 30일
② ㉠ 5일 ㉡ 15일 ㉢ 20일
③ ㉠ 5일 ㉡ 15일 ㉢ 30일
④ ㉠ 5일 ㉡ 15일 ㉢ 15일
⑤ ㉠ 15일 ㉡15일 ㉢30일

답안 표기란

21 ① ② ③ ④ ⑤
22 ① ② ③ ④ ⑤

**23** 「화장품 안전성 정보관리 규정」 제1조 및 제2조는 화장품의 취급·사용 시 인지되는 안전성(유해사례) 관련 정보를 체계적이고 효율적으로 수집·검토·평가하여 적절한 안전대책을 마련함으로써 국민보건상의 위해를 방지함에 있다. 이에 해당하는 법문의 주요 용어 중 중대한 유해사례에 해당하지 않는 것은?

① 사망을 초래하거나 생명을 위협하는 경우
② 화장품의 사용 중 발생한 바람직하지 않고 의도되지 아니한 징후, 증상 또는 질병
③ 지속적 또는 중대한 불구나 기능저하를 초래하는 경우
④ 선천적 기형 또는 이상을 초래하는 경우
⑤ 입원 또는 입원기간의 연장이 필요한 경우

★★3회 기출

**24** 화장품 품질은 안정성, 안전성, 사용성, 유용성에 의해서 결정될 수 있다. 화장품은 매일 사용하는 제품으로 안전성이 무엇보다 중요하다. 따라서 화장품 내 사용되는 내용물 및 원료는 입고 시 품질관리 여부를 확인하고 품질성적서를 확인하여야 한다. 아래 어린이용 바디로션(100ml)의 품질성적서를 보고 제품의 판정이 바르지 않은 것은?

품질성적서

제조일자 2020. 12.10
제조업체명 : 0000

사용기한 2022.8.20

| 시험항목 | 시험결과 |
|---|---|
| 성상 | 미색의 불투명한 반고형액체 |
| 내용물(%) | 100 |
| pH | 6.5 |
| 비소 (㎍/g) | 9 |
| 납 (㎍/g) | 10 |
| 총호기성 생균수 [개/g(㎖)] | 610 |
| 카드뮴(㎍/g) | 5.5 |
| 포장상태 | 양호 |

① pH는 적합하다.
② 비소는 적합하다
③ 총호기성 생균수는 적합하다.
④ 납은 적합하다.
⑤ 카드뮴은 부적합하다

답안 표기란

23 ① ② ③ ④ ⑤
24 ① ② ③ ④ ⑤

★★3회 기출

**25** **「화장품 안전성 정보관리 규정」 제5조, 제6조에 의하여 안전성 정보를 보고하여야 한다. 다음 내용에서 바르지 않은 것은?**

① 화장품 책임판매업자는 다음 화장품 안전성 정보를 알게 된 때에는 그 정보를 알게 된 날로부터 15일 이내에 식품의약품안전처장에게 신속히 보고하여야 한다.

② 신속보고는 화장품 책임판매업자가 화장품 안전성 정보를 알게 된 때에는 그 정보를 알게 된 날로부터 5일 이내에 식품의약품안전처장에게 신속히 보고하여야 한다.

③ 신속보고는 식품의약품안전처 홈페이지를 통해 보고하거나 전화 · 우편 · 팩스 · 정보통신망 등의 방법으로 할 수 있다.

④ 정기보고는 식품의약품안전처 홈페이지를 통해 보고하거나 전화 · 우편 · 팩스 · 정보통신망 등의 방법으로 할 수 있다.

⑤ 화장품 책임판매업자는 신속보고 되지 아니한 화장품의 안전성 정보를 서식에 따라 작성한 후 매 반기 종료 후 1월 이내에 식품의약품안전처장에게 보고하여야 한다.

**26** **기능성 화장품의 심사기준에 따른 효능 · 효과는 화장품법 제2조의2에 적합해야 한다. 다음에서 특히 자외선 차단제에 대한 효능효과 표시방법에 대한 설명으로 틀린 것은?**

① 자외선으로부터 피부를 보호하는데 도움을 주는 제품에 자외선 차단지수(SPF) 또는 자외선A차단등급(PA)을 표시한다.

② 자외선차단지수(SPF) 는 측정결과에 근거하여 평균값(소수점 이하 절사)으로부터 –20%이하 범위 내 정수로 SPF평균값이 23일 경우 19~23 범위정수로 표시한다.

③ 자외선차단지수(SPF) 10이하 제품의 경우 자외선차단지수(SPF), 내수성자외선차단지수 (SPF, 내수성 도는 지속내수성) 및 자외선A차단등급(PA)설정의 근거자료제출을 면제한다.

④ 자외선차단지수(SPF) 는 측정결과에 근거하여 SPF50이상은 SPF50+로 표시한다.

⑤ 자외선 차단등급(PA)은 측정결과에 근거하여 표시한다.

답안 표기란

25 ① ② ③ ④ ⑤

26 ① ② ③ ④ ⑤

**27** **다음은 광물성 오일의 개념 및 특성을 설명한 것이다. 틀린 것은?**

① 유성원료의 한 종류로 미네랄오일, 파라핀, 페트롤라튬 등이 있다.

② 대부분 원유를 정제하는 과정에서 생성되는 부산물로 주성분은 알케인(alkane)과 파라핀 이다.

③ 비극성인 특성을 기반으로 피부표면에서 수분증발 억제(밀폐제) 목적으로 사용한다.

④ 광물성 오일은 증발하지 않고, 산화되지 않는 특성이 있다.

⑤ 광택제로 사용되며, 기포제거성도 높다.

★★

**28** **화장품 조제 시 용매에 난용성 물질을 용해시키기 위한 목적으로 사용되는 계면활성제를 가용화제라고 한다. 다음 괄호 안에 단어를 한글로 바르게 표현한 것은?**

> * 계면활성제의 구조는 친유기(소수성)와 친수기로 구성되어 있다.
> [가용화의 원리]
> 물에 계면활성제를 용해하였을 때 계면활성제의 소수성 부분은 가능한 한 물과 접촉을 최소화하려고 할 것이며 희석 용액에서 계면활성제는 주로 물과 공기의 표면에 단분자막 형태로 존재할 것임. 그러나 계면활성제의 농도가 증가하면 계면활성제의 소수성 부분끼리 서로 모이게 될 것이며 집합체를 형성함. 이러한 집합체를 (            )이라 한다.

① 에멀젼(emulsion)　　② 유화제(emulsifer)

③ 미셀(micelle)　　④ 분산(dispersion)

⑤ 콜로이드(colloid)

**29** **다음 지문에서 내용에 맞게 괄호 안에 알맞은 단어와 종류가 잘 연결되어 있는 것은?**

> (            )는 이온성에 친수기를 갖는 대신 하이드록시기(–OH)나 에틸렌옥사이드(ethylene oxide)에 의한 물과의 수소결합에 의한 친수성을 가지며, 전하를 가지지 않는 계면활성제라고 한다.
> • 전하를 가지지 않으므로 물의 경도로 인한 비활성화에 잘 견디는 특징이 있으며, 피부에 대하여 안전성이 높으며 유화력 등이 우수하므로 세정제를 제외한 에멀젼 제품 및 스킨케어 제품에서의 유화제로 사용됨

① 양이온 계면활성제 – 알킬디메틸암모늄클로라이드

② 비이온성 계면활성제 – 솔비탄세스퀴올리에이트

③ 양쪽성 계면활성제 – 아이소스테아라미도프로필베타인

④ 음이온 계면활성제 – 소듐라우레스–3 카복실레이트

⑤ 비이온성 계면활성제 – 라우라미도프로필베타인

| 답안 표기란 |
|---|
| 27 ① ② ③ ④ ⑤ |
| 28 ① ② ③ ④ ⑤ |
| 29 ① ② ③ ④ ⑤ |

★★ 3회 기출

**30** **다음 괄호 안에 알맞은 단어를 쓰세요.**

기능성화장품의 심사를 받지 아니하고 식품의약품안전평가원장에게 보고서를 제출하여야 하는 대상은 다음 각 호와 같다.
화장품법 시행규칙 제10조의 3에서 이미 심사를 받은 기능성화장품 및 식품의약품안전처장이 고시한 기능성화장품과 비교하여 다음 각 목의 사항이 모두 같은 품목(이미 심사를 받은 제2조제4호 및 제5호의 기능성화장품으로서 그 효능·효과를 나타나게 하는 성분·함량과 식품의약품안전처장이 고시한 제2조제1호부터 제3호까지의 기능성화장품으로서 그 효능·효과를 나타나게 하는 성분·함량이 서로 혼합된 품목만 해당한다)
가. 효능·효과를 나타나게 하는 원료의 종류·규격 및 함량
나. 효능·효과(제2조제4호 및 제5호에 따른 효능·효과의 경우 자외선차단지수의 측정값 이 (　　　) 이하의 범위에 있는 경우에는 같은 효능·효과로 본다)
다. 기준[산성도(pH)에 관한 기준은 제외한다] 및 시험방법
라. 용법·용량
마. 제형

★★ 3회 기출

**31** **「화장품법 시행규칙」 제2조에 기능성화장품의 범위를 명시하고 있다. 다음 보기에서 ㉠, ㉡ 안에 들어갈 단어를 쓰시오.**

보기

기능성화장품 고시 원료의 세부 종류 중에서
1. 피부에 멜라닌색소가 침착하는 것을 방지하여 기미·주근깨 등의 생성을 억제함으로써 피부의 미백에 도움을 주는 기능을 가진 화장품
2. 피부에 침착된 멜라닌색소의 색을 엷게 하여 피부의 미백에 도움을 주는 기능을 가진 화장품
3. 피부에 탄력을 주어 피부의 주름을 완화 또는 개선하는 기능을 가진 화장품
4. 강한 햇볕을 방지하여 피부를 곱게 태워주는 기능을 가진 화장품
5. 자외선을 차단 또는 산란시켜 자외선으로부터 피부를 보호하는 기능을 가진 화장품
6. 모발의 색상을 변화[탈염(脫染)·탈색(脫色)을 포함한다]시키는 기능을 가진 화장품. 다만, 일시적으로 모발의 색상을 변화시키는 제품은 제외한다.
7. 체모를 제거하는 기능을 가진 화장품. 다만, 물리적으로 체모를 제거하는 제품은 제외 한다.
8. 탈모 증상의 완화에 도움을 주는 화장품. 다만, 코팅 등 물리적으로 모발을 굵게 보이 게 하는 제품은 제외한다.
9. 여드름성 피부를 완화하는 데 도움을 주는 화장품. 다만, ( ㉠ ) 제품류로 한정한다.
10. 피부장벽(피부의 가장 바깥쪽에 존재하는 각질층의 표피를 말한다)의 기능을 회복하여 가려움 등의 개선에 도움을 주는 화장품
11. ( ㉡ )로 인한 붉은 선을 엷게 하는 데 도움을 주는 화장품

답안 표기란

30

31

답안 표기란

32

33

34

**32** 화장품법 시행규칙 제19조 제6항 [별표4]에서 화장품 포장의 표시기준 및 표시방법에서 화장품 제조에 사용된 성분표시이다. 괄호 안에 들어갈 단어를 쓰세요.

> 산성도(pH) 조절 목적으로 사용되는 성분은 그 성분을 표시하는 대신 (㉠ )에 따른 생성물로 기재·표시할 수 있고, 비누화 반응을 거치는 성분은 비누화 반응에 따른 생성물로 기재·표시할 수 있다.
>
> 〈pH 조절제 특징〉
> - 감도조절제의 중화과정 및 최종 제품의 pH를 조절하는 데 사용됨
> - pH는 수용액의 수소 이온 농도를 나타내는 지표로서, 중성의 수용액은 pH 7이며, pH가 7보다 낮으면 산성, 높으면 염기성임
> - 화장품에 사용되는 대표적인 중화제로는 (㉡ ), 시트릭애씨드(citric acid), 알지닌(arginine), 포타슘하이드록사이드(KOH), 소듐하이드록사이드(NaOH) 등이 있음

★★ 3회 기출

**33** 방향화장품의 세부 유형별 효과로 다음 괄호 안에 알맞은 단어를 쓰세요.

> (㉠ ) 화장품은 착향제가 주체인 화장품으로서,
> (㉠ ) 사용 목적은 다음과 같다.
> - 인체에 좋은 냄새가 나는 효과를 줌
> - 비교적 단시간 동안 인체에 방향 효과를 주기 위해 사용
> - 제품의 매력을 높이는 역할. 원치 않은 냄새를(㉠ )로 마스킹(masking) 하는 역할

★★

**34** 다음 보기에서 괄호 안에 들어갈 말을 쓰시오.

> **보기** 화장품 원료로 이용되는 계면활성제의 구조는 친유부와 친수부로 되어있는데 친수부의 종류에 따라 비이온성, 양이온성, 음이온성 및 양쪽성 계면활성제로 분류된다. 이러한 계면활성제 중에서 '세트리모늄클로라이드(Cetrimonium Chloride)'는 모발에 대한 정전기방지 효과가 있어서 린스 등 에 사용되는 원료로 ( ㉠ ) 계면활성제로 분류되며, 피부자극이 적어서 기초화장품에 자주 사용되는 수크로오스올리에이트 (Sucrose Oleate) 혹은 글라이콜 스테아레이트 (Glycol Stearate) 원료는 ( ㉡ ) 계면활성제로 분류된다.

★★
**35** **화장품법 시행규칙 별표3 제2호에서 화장품 세부 유형에 따른 사용 시 주의 사항이다. 다음 괄호 안에 알맞는 단어를 쓰세요.**

> ※ 모발용 샴푸의 사용 시 주의 사항
> • 눈에 들어갔을 때 즉시 씻어낼 것
> • 사용 후 물로 씻어내지 않으면 (          ) 또는 탈색의 원인이 될 수 있으므로 주의 할 것
> • 함유성분 : p–니트로–o–페닐렌디아민, 2–아미노–4–니트로페놀

| 답안 표기란 |
|---|
| 35 |
| 36 ① ② ③ ④ ⑤ |
| 37 ① ② ③ ④ ⑤ |

# 3장 유통 화장품 안전 관리

★★3회 기출
**36** **다음에서 작업장별 시설 준수 사항으로 바르게 설명한 것은?**

① 원료 취급 구역은 원료보관소와 칭량실은 같은 공간내 배치되어 있어야 한다.
② 제조 구역의 모든 호스는 필요 시 청소하거나 위생 처리해야 하고, 호스는 정해진 지역 바닥에 정리하여 보관해야 한다.
③ 화장실, 탈의실 및 손 세척 설비가 직원에게 제공되어야 하고 작업구역 내부 가까운 위치에 배치되어야 하며 쉽게 이용할 수 있어야 한다.
④ 포장 구역은 설비의 팔레트, 포장 작업의 다른 재료들의 폐기물, 사용되지 않는 장치, 질서를 무너뜨리는 다른 재료가 있어서는 안 된다.
⑤ 보관구역은 용기(저장조 등)들은 열어서 깨끗하고 정돈된 방법으로 보관해야 한다.

★★★ 매회기출
**37** **작업실에 필요한 청정도 등급과 관리 기준을 바르게 연결한 것은?**

① Clean Bench – 1등급 – 낙하균: 10개/hr 또는 부유균: 20개/m$^3$
② 충전실 – 3등급 – 낙하균: 30 개/hr 또는 부유균: 200개/m$^3$
③ 미생물 시험실 – 1등급 – 낙하균: 10개/hr 또는 부유균: 20개/m$^3$
④ 원료 칭량실 – 2등급 – 낙하균: 10개/hr 또는 부유균: 20개/m$^3$
⑤ 원료 보관소 – 3등급 – 낙하균: 30개/hr 또는 부유균: 200개/m$^3$

| 답안 표기란 |
|---|
| 38 ① ② ③ ④ ⑤ |
| 39 ① ② ③ ④ ⑤ |
| 40 ① ② ③ ④ ⑤ |
| 41 ① ② ③ ④ ⑤ |

**38** **작업장의 방충·방서관리에 대한 내용이 아닌 것은?**

① 작업장 주변에 벌레가 좋아하는 것을 제거
② 빛이 작업장 밖으로 새어나가지 않게 함
③ 작업장 주변을 조사 및 구제를 실시
④ 모든 작업장은 월 1회 이상 전체 소독 실시
⑤ 작업장 폐수구에 트랩을 설치한다.

**39** **세제의 구성 성분은 계면활성제, 살균제, 금속이온봉지제, 유기폴리머, 용제, 연마제 및 표백성분으로 구성되어 있다. 이들 세제 구성분의 주요 특성을 정의한 것이 틀린 것은?**

① 계면활성제 – 비이온, 음이온, 양성 계면활성제로 세정제의 주요 성분
② 살균제 – 살균작용, 색상개선
③ 금속이온봉지제 – 입자 오염에 효과적이며, 세정 효과를 증가
④ 유기 폴리머 – 세정효과를 강화, 세정제 잔류성 강화
⑤ 연마제 – 기계적 작용에 의한 세정효과 증대

**40** **화장품 제조 작업에 있어서 작업자에 의한 오염 발생은 매우 중요한 사항이다. 그러므로 작업장 안에서 직원의 청결 상태 기준을 확립하여 철저히 관리하여야 한다. 다음 내용에서 작업자의 위생관리를 위한 작업복의 청결기준에 해당하는 것이 아닌 것은?**

① 땀의 흡수 및 방출이 용이하고 가벼워야 한다.
② 청정도에 맞는 적절한 작업복, 모자와 신발을 착용하고 필요할 경우 마스크, 장갑을 착용
③ 임시 작업자 및 외부 방문객이 작업실로 입실 시 탈의실에서 해당 작업복을 착용 후 입실
④ 보온성이 적당하여 작업에 불편이 없어야 한다.
⑤ 작업 시 섬유질의 발생이 적고 먼지의 부착성이 적어야 하며 세탁이 용이하여야 함

**41** **화장품 생산에 관여되는 모든 설비 및 기구는 위생적으로 관리되어야 한다. 이에 따른 설비 기구의 위생 기준은 다음과 같다. 바른 내용이 아닌 것은?**

① 설비는 제품 및 청소 소독제와 화학반응을 일으키지 않을 것
② 시설 및 기구에 사용되는 소모품은 제품의 품질에 영향을 주지 않도록 할 것

③ 천정 주위의 대들보, 파이프, 도관 등은 가급적 노출되지 않도록 설계할 것
④ 사용목적에 적합하고, 청소가 가능하며, 필요한 경우 위생·유지 관리가 가능하여야 함
⑤ 파이프는 받침대로 고정하고 벽에 닿게 하여 청소가 용이하도록 설계할 것

★★ 3회 기출

**42** **설비 및 기구의 세척은 제품 잔류물과 흙, 먼지, 기름때 등의 오염물을 제거하는 과정으로 세척과 소독 절차의 첫 번째 단계이다. 작업소 위생 관리를 위해 설비세척을 하는 경우 세척제의 유형과 종류로 바르지 않은 것은?**

① 무기산과 약산성 세척제 – 황산, 염산
② 중성 세척제 – 약한 계면 활성제 용액
③ 약알칼리, 알칼리 세척제 – 수산화암모늄
④ 부식성 알칼리 세척제 – 수산화칼륨
⑤ 양이온 계면활성제 – 차아염소산나트륨

★★ 3회 기출

**43** **「우수화장품 제조 및 품질관리 기준(CGMP) 해설서(민원인 안내서)」(식품의약품안전처)에 의하면 제조설비별 구성요건은 다음과 같이 정리하고 있다. 이들의 내용이 적절하지 않은 것은?**

① 호스는 화장품 생산 작업에 훌륭한 유연성을 제공하기 때문에 한 위치에서 또 다른 위치로 제품의 전달을 위해 화장품 산업에서 광범위하게 사용한다.
② 필터, 여과기는 화장품 원료와 완제품에서 원하는 입자크기, 덩어리 모양을 파쇄를 위해, 불순물을 제거하기 위해 그리고 현탁액에서 초과물질을 제거하기 위해 사용한다.
③ 혼합·교반장치는 교차오염의 가능성을 최소화하고 역류를 방지하도록 설계되어야 한다.
④ 칭량 장치는 원료, 제조과정 재료 그리고 완제품을 요구되는 성분표 양과 기준을 만족하는 지를 보증하기 위해 중량적으로 측정하기 위해 사용한다.
⑤ 게이지와 미터는 온도, 압력, 흐름, pH, 점도, 속도, 부피 그리고 다른 화장품의 특성을 측 정 및 또는 기록하기 위해 사용되는 기구이다.

답안 표기란

42 ① ② ③ ④ ⑤
43 ① ② ③ ④ ⑤

★★ 3회 기출

**44** 「우수화장품 제조 및 품질관리 기준(CGMP)」 제3장(제조)제2절(원자재의 관리)제11조(입고관리)에 의하면 제조업자는 원자재 공급자에 대한 관리감독을 적절히 수행하며 입고관리를 철저히 이행하여야 한다. 원료의 입고관리시 필요한 사항은 다음과 같다. 〈보기〉에서 주어진 괄호안에 단어를 맞게 적은 것은?

> 보기
> 1. 원자재의 입고 시 구매 요구서, 원자재 공급업체 성적서 및 현품이 서로 일치하여야 하며 필요한 경우 운송 관련 자료를 추가적으로 확인할 수 있음
> 2. 원자재 용기에 제조번호가 없는 경우에는 ( ㉠ )를 부여하여 보관하여야 함
> 3. 원자재 입고절차 중 육안확인 시 물품에 결함이 있을 경우 입고를 보류하고 격리보관 및 폐기하거나 원자재 공급업자에게 반송함
> 4. 입고된 원자재는 "적합", "부적합", "( ㉡ )" 등으로 상태를 표시하여야 하며 동일 수준의 보증이 가능한 다른 시스템이 있다면 대체할 수 있음

① ㉠ 제품번호 ㉡ 기준일탈　　② ㉠ 관리번호 ㉡ 검사 중
③ ㉠ 식별번호 ㉡ 검사 중　　④ ㉠ 제조번호 ㉡ 검사 중
⑤ ㉠ 관리번호 ㉡ 기준일탈

★★ 3회기출

**45** 다음 보기에서는 재작업의 절차를 설명하고 있다. 괄호 안에 알맞은 것은?

> 보기
> • (　　　　)가 원인 조사 지시
> • 재작업 전의 품질이나 공정의 적절함 등을 고려하여 품질에 악영향을 미치지 않는 것을 예측
> • 재작업 처리 실시 결정은 (　　　　)가 실시
> • 승인이 끝난 재작업 절차서 및 기록서에 따라 실시
> • 재작업 한 최종 제품 또는 벌크제품의 제조기록, 시험기록을 충분히 남김
> • 품질이 확인, (　　　　)의 승인 없이는 다음 공정에 사용 및 출하할 수 없음

① 품질보증책임자　② 책임판매관리자　③ 품질관리책임자
④ 책임판매업자　⑤ 화장품제조업자

★★★ 매회 기출

**46** 우수화장품 제조 및 품질관리 기준에서 기준일탈(out of specification)이란 규정된 합격판정기준에 일치하지 않는 검사, 측정 또는 시험결과를 말한다. 다음 보기에서 기준일탈원료의 폐기절차를 순서대로 바르게 나열한 것은?

| 답안 표기란 |
|---|
| 44 ① ② ③ ④ ⑤ |
| 45 ① ② ③ ④ ⑤ |
| 46 ① ② ③ ④ ⑤ |

〈기준 일탈 원료의 폐기 절차〉
㉠ 기준 일탈의 조사
㉡ 시험, 검사, 측정에서 기준 일탈 결과 나옴
㉢ "시험, 검사, 측정이 틀림없음"을 확인
㉣ 격리 보관
㉤ 기준 일탈 제품에 불합격라벨 첨부
㉥ 기준 일탈의 처리
㉦ 폐기 처분

① ㉠ ㉡ ㉢ ㉣ ㉤ ㉥ ㉦
② ㉠ ㉢ ㉡ ㉤ ㉥ ㉦ ㉣
③ ㉡ ㉠ ㉢ ㉥ ㉤ ㉣ ㉦
④ ㉡ ㉠ ㉢ ㉣ ㉤ ㉥ ㉦
⑤ ㉠ ㉡ ㉢ ㉤ ㉣ ㉥ ㉦

★★ 3회 기출

**47** 「우수화장품 제조 및 품질관리 기준(CGMP) 해설서(민원인 안내서)」에 의한 제품보관 및 사용기간에 대한 내용이다. 다음 보기는 제품 보관환경에 대한 설명으로 괄호 안에 알맞은 것은?

> **보기** 제품의 보관 환경은 다음과 같다.
> ㉠ 출입 제한
> ㉡ 오염 방지
> • 시설대응, 동선 관리가 필요
> ㉢ 방충·방서 대책
> ㉣ 온도·습도·차광
> • 필요한 항목을 설정한다.
> • (　　　), 제품표준서 등을 토대로 제품마다 설정

① 안전성 시험결과　② 안정성 시험결과　③ 품질관리 확인서
④ 시험기록서　⑤ 관능검사서

**48** 액상화장품의 pH기준으로 적합하지 않은 것은?

① 영·유아 바디로션 pH 6.5　② 아이크림 pH 5.9
③ 영양 에센스 pH 5.5　④ 흑채 pH 7.2
⑤ 염모제 pH 8.6

**49** 「우수화장품 제조 및 품질관리 기준(CGMP)」 제4장 품질관리 제21조에 의하여 시험용 검체의 재취 및 보관에 대한 내용을 보기와 같이 제시하고 있다. 완제품의 보관용 검체 보관에 대한 내용으로 다음 괄호 안에 적합한 것은?

답안 표기란
47 ① ② ③ ④ ⑤
48 ① ② ③ ④ ⑤
49 ① ② ③ ④ ⑤

※ 검체의 채취 및 보관
- 시험용 검체는 오염되거나 변질되지 아니하도록 채취하고, 채취한 후에는 원상태에 준하는 포장을 해야하며, 검체가 채취되었음을 표시하여야 함
- 시험용 검체의 용기에는 다음 사항을 기재하여야 함
  - 명칭 또는 확인코드
  - 제조번호
  - 검체채취 일자
- 완제품의 보관용 검체는 적절한 보관조건 하에 지정된 구역 내에서 제조 단위별로 사용기한 경과 후 (㉠ )간 보관, 개봉 후 사용기간을 기재하는 경우에는 제조일로부터 (㉡ )간 보관하여야 함

① ㉠ 3년 ㉡ 3년 ② ㉠ 1년 ㉡ 1년 ③ ㉠ 3년 ㉡ 5년
④ ㉠ 1년 ㉡ 3년 ⑤ ㉠ 2년 ㉡ 2년

답안 표기란

50 ① ② ③ ④ ⑤

**50** **유통화장품은 유통화장품 유형별로 안전 관리 기준에 적합하여야 한다. 「화장품 안전 기준 등에 관한 규정」 제6조에 따라 유통화장품의 안전 관리 기준은 다음과 같이 명시한다. 보기의 괄호에 검출량과 검출방법이 바르게 연결된 것은?**

보기 화장품을 제조하면서 인위적으로 첨가하지 않았으나, 제조 또는 보관 과정 중 포장재로부터 이행되는 등 비의도적으로 유래된 사실이 객관적인 자료로 확인되고 기술적으로 완전한 제거가 불가능한 경우에 해당 물질의 검출 허용 한도를 다음과 같이 정함.

| 항목 | 기준 |
|---|---|
| 납 | 점토를 원료로 사용한 분말제품 : 50㎍/g 이하, 그 밖의 제품 : 20㎍/g 이하 |
| 니켈 | 눈 화장용 제품 : 35㎍/g 이하, 색조화장용 제품 : 30㎍/g 이하, 그 밖의 제품 : 10㎍/g 이하 |
| 비소 | ( )㎍/g 이하 |
| 수은 | 1㎍/g 이하 |
| 안티몬 | 10㎍/g 이하 |
| 카드뮴 | 5㎍/g 이하 |
| 디옥산 | 100㎍/g 이하 |
| 프탈레니트류 | 총합으로서 100㎍/g 이하 (디부틸프탈레이트, 부틸벤질프탈레이트 및 디에칠헥실프탈레이트에 한함) |

| 제한용량 | 검출법 |
|---|---|
| ① 5 | AAS |
| ② 10 | AAS |
| ③ 100 | ICP-MS |
| ④ 5 | ICP |
| ⑤ 1 | 기체크로마토그래프 |

★★★매회 기출

**51** **우수화장품 제조 및 품질관리 기준(CGMP)에 따른 용어의 정의가 바르지 않은 것은?**

① 불만 : 제품이 규정된 적합판정기준을 충족시키지 못한다고 주장하는 외부 정보를 말한다.

② 원료 : 벌크 제품의 제조에 투입하거나 포함되는 물질을 말한다.

③ 일탈 : 제조 또는 품질관리 활동 등의 미리 정하여진 기준을 벗어나 이루어진 행위를 말한다.

④ 제조단위 : 하나의 공정이나 일련의 공정으로 제조되어 균질성을 갖는 화장품의 일정한 분량을 말한다.

⑤ 출하 : 원료 물질의 칭량부터 혼합, 충전(1차포장), 2차포장 및 표시 등의 일련의 작업을 말한다.

★★★매회 기출

**52** **우수화장품 제조 및 품질관리 기준(CGMP)에 따른 용어의 정의가 바르지 않은 것은?**

① 벌크제품은 충전(1차포장) 이전의 제조 단계까지 끝낸 제품을 말한다.

② 반제품은 제조공정 단계에 있는 것으로서 필요한 제조공정을 더 거쳐야 벌크 제품이 되는 것을 말한다.

③ 원자재는 벌크 제품의 제조에 투입하거나 포함되는 물질을 말한다.

④ 재작업은 적합 판정기준을 벗어난 완제품, 벌크제품 또는 반제품을 재처리하여 품질이 적 합한 범위에 들어오도록 하는 작업을 말한다.

⑤ 완제품은 출하를 위해 제품의 포장 및 첨부 문서에 표시공정 등을 포함한 모든 제조공정이 완료된 화장품을 말한다.

답안 표기란

51 ① ② ③ ④ ⑤

52 ① ② ③ ④ ⑤

**53** 화장품의 품질보증을 담당하는 부서의 책임자로서 품질보증 책임자의 역할에 대한 설명으로 바르지 않은 것은?

① 품질에 관련된 모든 문서와 절차의 검토 및 승인한다.
② 일탈이 있는 경우 이의 조사 및 기록을 한다.
③ 책임판매 후 안전 관리 기준에 따른 안전확보를 한다.
④ 부적합품이 규정된 절차대로 처리되고 있는지의 확인한다.
⑤ 불만처리와 제품회수에 관한 사항을 주관한다.

★★ 특별시험 기출

**54** 기능성 화장품의 시험 또는 저장할 때의 온도는 원칙적으로 구체적인 수치를 기재하여야 한다. 다만 화장품법 제2조 제1호 관련 기능성화장품 기준 및 시험방법에서 명시하는 온도는 다음과 같다. 기준 온도의 표시가 틀린 것은?

① 표준온도 20℃
② 상온 15~ 25℃
③ 실온 10~30℃
④ 미온 30~40℃
⑤ 냉소 1~15℃

★★

**55** 화장품법 제5조 제2항 및 같은 법 시행규칙 제12조 제2항에 따른 우수화장품 제조 및 품질관리 기준(CGMP)에 대해 설명하고 있는 것으로 괄호에 알맞는 단어는?

> 식품의약품안전처장이 정하여 고시하는 우수화장품 제조관리 기준을 화장품제조업자에게 준수하도록 권장하고 있다.
> 1. CGMP 의 목적
> 우수화장품을 제조 공급하여 (㉠ ) 및 국민보건향상에 기여함을 목적으로 한다.
> 2. CGMP의 3대 요소
> • 인위적인 과오의 최소화
> • 미생물 오염 및 (㉡ )으로 인한 품질저하 방지
> • 고도의 품질관리체계 확립

① ㉠ 인권보호 ㉡ 환경오염
② ㉠ 소비자보호 ㉡ 교차오염
③ ㉠ 생산자보호 ㉡ 교차오염
④ ㉠ 소비자보호 ㉡ 환경오염
⑤ ㉠ 품질보호 ㉡ 교차오염

답안 표기란

53 ① ② ③ ④ ⑤
54 ① ② ③ ④ ⑤
55 ① ② ③ ④ ⑤

**56** **포장재 설비는 제품에 닿는 포장설비(1차 포장)와 제품에 닿지 않는 포장설비(2차 포장)로 나누어진다. 이에 대한 내용으로 그 종류와 용도를 연결한 것으로 옳은 것은?**

① 제품충전기 – 1차 포장에 사용
② 코드화기기 – 1차 포장에 사용
③ 용기 공급 장치 – 2차 포장에 사용
④ 라벨기기 – 1차 포장에 사용
⑤ 뚜껑을 덮는 봉인장치 – 2차 포장에 사용

★★★
**57** **다음은 우수화장품 제조 및 품질관리 기준 제2절 원자재 관리에서 입고관리에 대한 사항이다. 바르지 않은 것은?**

① 원자재 용기에 제조번호가 없는 경우에는 관리번호를 부여하여 보관하여야 한다.
② 제조업자는 원자재 공급자에 대한 관리감독을 적절히 수행하여 입고관리가 철저히 이루어지도록 하여야 한다.
③ 원자재 입고절차 중 육안확인 시 물품에 결함이 있을 경우 입고를 보류하고 격리보관 및 폐기하거나 원자재 공급업자에게 반송하여야 한다.
④ 입고된 원자재는 '적합', '부적합', '검사 중' 등으로 상태를 표시하여야 한다.
⑤ 원자재 용기 및 시험기록서의 필수적인 기재 사항으로 사용기한이 있다.

★★★ 매회기출
**58** **화장품을 제조하면서 다음 물질을 인위적으로 첨가하지 않았으나, 제조 또는 보관 과정 중 포장재로부터 이행되는 등 비의도적으로 유래된 사실이 객관적인 자료로 확인되고 기술적으로 완전한 제거가 불가능한 경우 해당 물질의 검출 허용 한도를 정하고 있다. 이들 물질과 검출량 시험방법을 바르게 연결하고 있는 것은?**

① 니켈 – 유도결합 플라즈마 분광기법(ICP)
② 안티몬 – 디티존법
③ 카드뮴 – 액체 크로마토그래피법
④ 미생물 한도 – 원자흡광도법(ASS)
⑤ 디옥산 – 유도결합 플라즈마 질량분석기 (ICP–MS)

답안 표기란

56 ① ② ③ ④ ⑤
57 ① ② ③ ④ ⑤
58 ① ② ③ ④ ⑤

★★ 3회 기출

**59 내용물 및 원료의 관리 기준'과 동일한 CGMP 조항들에 준하여 입고된 포장재를 보관한다. 다음 내용의 보관관리 기준을 살펴보고 바르지 않은 내용을 찾는다면?**

① 포장재가 재포장될 경우 원래의 용기와 동일하게 표시되어야 한다.

② 바닥과 벽에 닿지 아니하도록 보관하고, 반드시 선입선출에 의하여 출고할 수 있도록 보관한다.

③ 원자재, 시험 중인 제품 및 부적합품은 각각 구획된 장소에서 보관해야 한다.

④ 보관조건은 각각의 포장재에 적합해야 하고, 과도한 열기, 추위, 햇빛 또는 습기에 노출되어 변질되 는 것을 방지할 수 있어야 한다.

⑤ 물건의 특징 및 특성에 맞도록 보관·취급하며, 특수한 보관조건은 적절하게 준수·모니터링 되어야 한다.

★★ 3회 기출

**60 완제품의 완성도를 높이며 소비자의 안전한 사용을 위하여 필요한 포장재의 폐기 기준이 설정되어야 한다. 다음 보기에서 포장재의 폐기절차를 순서대로 바르게 나열한 것은?**

보기
※ 포장재의 폐기 절차
㉠ 격리 보관
㉡ 기준 일탈 포장재에 부적합 라벨 부착
㉢ 폐기물 보관소로 운반하여 분리수거 확인
㉣ 폐기물 수거함에 분리수거 카드 부착
㉤ 폐기물 대장 기록
㉥ 인계

① ㉠ ㉡ ㉣ ㉥ ㉢ ㉤　　② ㉡ ㉠ ㉢ ㉤ ㉣ ㉥

③ ㉡ ㉠ ㉣ ㉢ ㉤ ㉥　　④ ㉠ ㉢ ㉤ ㉣ ㉡ ㉥

⑤ ㉢ ㉣ ㉡ ㉠ ㉤ ㉥

답안 표기란

59 ① ② ③ ④ ⑤

60 ① ② ③ ④ ⑤

## 4장 맞춤형 화장품 이해

답안 표기란

61 ① ② ③ ④ ⑤

62 ① ② ③ ④ ⑤

**61** **맞춤형화장품으로 옳지 않은 것은?**

① 수입한 화장품의 내용물에 다른 화장품 내용물을 혼합한 화장품

② 제조한 화장품의 내용물을 소분한 화장품

③ 제조한 화장품의 내용물에 식약처장이 정하는 색소를 추가하여 혼합한 화장품

④ 제조할 화장품의 원료에 식약처장이 정하는 원료를 추가하여 혼합한 화장품

⑤ 수입한 화장품의 내용물을 소분한 화장품

★

**62** **맞춤형화장품의 주요 규정에 따라 맞춤형화장품판매업의 변경신고에 대한 설명으로 옳지 않은 것은?**

① 맞춤형화장품판매업자가 변경사유가 발생했을 때에는 발생한 날로부터 15일 이내에 관할 지방식품의약처안전청에 신고하여야 한다.

② 맞춤형화장품판매업자 변경사유가 양도, 양수의 경우에는 신고서와 이를 증빙할 수 있는 서류를 제출해야 한다.

③ 맞춤형화장품판매업자 변경사유가 상속의 경우에는 신고서와 가족관계증명서를 제출해야 한다.

④ 맞춤형화장품판매업소 상호 변경 시 법인인 경우에는 신고서와 사업자등록증 및 법인등기부등본을 제출해야 한다.

⑤ 맞춤형화장품조제관리사가 변경 되었을 경우 신고서와 맞춤형화장품조제관리사 자격증 사본을 제출 해야 한다.

★★★

**63 맞춤형화장품 혼합에 사용되는 원료의 범위에 대한 설명으로 옳지 않은 것은?**

① 원료의 품질유지를 위해 원료에 보존제가 포함된 경우에는 예외적으로 허용

② 기능성화장품의 효능·효과를 나타내는 원료의 경우 맞춤형화장품 내용물에 혼합 허용

③ 원료의 경우 개인 맞춤형으로 추가되는 색소, 향, 기능성 원료 등이 해당되며 이를 위한 원료의 조합도 허용

④ 기능성화장품의 효능·효과를 나타내는 원료는 내용물과 원료의 최종 혼합 제품을 기능성화장품으로 기 심사 받은 경우에 한하여, 기 심사 받은 조합·함량 범위 내에서만 사용 가능

⑤ 식약처장이 고시한 기능성화장품의 효능·효과를 나타내는 원료는 기능성화장품에 대한 심사를 받거나 보고서를 제출한 경우 사용 가능

★ 2회 기출

**64 맞춤형화장품판매업자는 화장품책임판매업자로부터 받은 제품 원료의 사용기한 날짜가 2021년 6월 1일이었다. 이 원료를 사용하여 고객의 피부상태에 맞추어 맞춤형화장품을 혼합하여 판매할 경우 기재 표시하여야 하는 사용기한 표시로 옳은 것은?**

① 2021년 6월 1일 ② 2022년 6월 1일
③ 2022년 5월 31일 ④ 2023년 5월 31일
⑤ 2024년 6월 1일

**65 맞춤형화장품판매업소의 혼합·소분 장소 위생관리로 옳지 않은 것은?**

① 맞춤형화장품 혼합 전·후 작업자의 손 세척 및 장비 세척을 위한 세척시설 구비

② 맞춤형화장품조제관리사가 피부 외상이 있을 경우 혼합, 소분 행위 금지

③ 작업대, 바닥, 벽, 천장 및 창문 청결 유지

④ 맞춤형화장품 혼합 · 소분 장소와 판매 장소는 구분없이 관리

⑤ 방충·방서 대책 마련 및 정기적 점검·확인

| 답안 표기란 |
| --- |
| 63 ① ② ③ ④ ⑤ |
| 64 ① ② ③ ④ ⑤ |
| 65 ① ② ③ ④ ⑤ |

★★
**66** 영, 유아용 제품류 또는 만 13세 이하 어린이가 사용할 수 있음을 특정하여 표시하는 제품에 사용금지 보존제로 옳은 것은?

① 살리실릭애씨드 및 염류 ② 니트로메탄
③ 아트라놀 ④ 천수국꽃추출물
⑤ 메칠렌글라이콜

**67** 피부구조에서 표피층에 있으며 가시모양의 돌기가 있어 인접세포와 연결되어 면역기능을 담당하고 세포와 세포사이에는 림프액이 존재하며 혈액순환과 세포사이의 물질교환을 용이하게 하여 영양공급에 관여하는 곳은 어디인가?

① 각질층 ② 투명층 ③ 과립층
④ 유극층 ⑤ 기저층

**68** 모발의 85~90%로 대부분을 차지하고 있으며 모발의 색과 윤기를 결정하는 과립상의 멜라닌 색소가 함유되어 있고 모발의 질을 결정하는 중요한 부분이다. 모간부위의 어느 부분에 속하는가?

① 모표피 ② 외모근초 ③ 입모근
④ 모수질 ⑤ 모피질

**69** 탈모증상의 완화에 도움을 주는 성분으로 옳지 않은 것은?

① 엘멘톨 ② 살리실릭애씨드
③ 덱스판테놀 ④ 징크피리치온
⑤ 비오틴

★ 1회 기출
**70** 일상의 취급 또는 보통 보존상태에서 외부로부터 고형의 이물이 들어가는 것을 방지하고 고형의 내용물이 손실되지 않도록 보호할 수 있는 용기는?

① 기밀용기 ② 밀봉용기 ③ 밀폐용기
④ 차광용기 ⑤ 유리용기

답안 표기란

| | |
|---|---|
| 66 | ① ② ③ ④ ⑤ |
| 67 | ① ② ③ ④ ⑤ |
| 68 | ① ② ③ ④ ⑤ |
| 69 | ① ② ③ ④ ⑤ |
| 70 | ① ② ③ ④ ⑤ |

★★

**71** **화장품 제조에 사용된 성분 기재, 표시 사항에 대한 설명으로 옳지 않은 것은?**

① 혼합원료는 혼합된 개별 성분의 명칭을 기재·표시한다.

② 글자의 크기는 5포인트 이상으로 한다.

③ 화장품 제조에 사용된 함량이 많은 것부터 기재·표시한다. 다만, 1퍼센트 이하로 사용된 성분, 착향제 또는 착색제는 순서에 상관없이 기재·표시할 수 있다.

④ 착향제는 "향료"로 표시할 수 있다. 다만, 착향제의 구성 성분 중 식품의약품안전처장이 정하여 고시한 알레르기 유발성분이 있는 경우에는 향료로 표시할 수 없고, 해당 성분의 명칭을 기재·표시해야 한다.

⑤ 색조 화장용 제품류, 눈 화장용 제품류, 두발염색용 제품류 또는 손발톱용 제품류에서 호수별로 착색제가 다르게 사용된 경우 모든 착색제 성분을 함께 기재·표시할 수 있다.

**72** **피부유형을 결정하는 요인으로 옳지 않은 것은?**

① 수분의 함량 ② 피부 조직의 상태

③ 피부 탄력성 ④ 피부관리 유무

⑤ 피부 모공상태

★ 1회 기출

**73** **다음은 무엇을 설명하는 것인가?**

> 색소형성의 첫 단계에 작용하는 효소로서 구리이온이 필수적인 것으로 알려져 있고, 활성부위에 2개의 구리이온 결합부위를 가지고 있으며 촉매활성에 주요한 역할을 한다.
> 대표적인 구리이온과의 킬레이트 작용물질인 폴리페놀 유도체, 트로폴론 유도체 등이 효소를 억제한다.

① 멜라닌 ② 헤모글로빈 ③ 티로시나아제

④ 카로틴 ⑤ 아미노산

**74** **맞춤형화장품의 부작용의 종류가 아닌 것은?**

① 붓기 ② 따끔거림 ③ 홍반반응

④ 인설생성 ⑤ 백반증

| 답안 표기란 | |
|---|---|
| 71 | ① ② ③ ④ ⑤ |
| 72 | ① ② ③ ④ ⑤ |
| 73 | ① ② ③ ④ ⑤ |
| 74 | ① ② ③ ④ ⑤ |

★

**75** 맞춤형화장품판매업을 하려는 자는 총리령으로 정하는 바에 따라 식품의약품안전처장에게 신고해야 하는 기간은?

① 30일 이내　② 25일 이내　③ 20일 이내
④ 15일 이내　⑤ 10일 이내

**76** 다음은 부작용 발생 등에 따른 유해사례 발생 시 처리절차에 대한 내용이다. 괄호안에 알맞은 것으로 옳은 것은?

㉠ 맞춤형화장품 사용과 관련된 부작용 발생사례에 대해서는 지체 없이 (㉠ )에게 보고해야 한다.
㉡ 맞춤형화장품 사용과 관련된 중대한 유해사례 등 부작용 발생 시 그 정보를 알게 된 날로부터 (㉡ ) 식품의약품안전처 홈페이지를 통해 보고하거나 우편·팩스·정보통신망 등의 방법으로 보고해야 한다.

① ㉠ 식품의약품안전처장 ㉡ 20일이내
② ㉠ 식품의약품안전처장 ㉡ 15일이내
③ ㉠ 식품의약품안전청장 ㉡ 30일이내
④ ㉠ 지방식품의약품안전청장 ㉡ 10일이내
⑤ ㉠ 지방식품의약품안전청장 ㉡ 15일이내

(맞춤형화장품조제관리사 자격시험 예시문항)

**77** 다음에서 화장품을 혼합·소분하여 맞춤형화장품을 조제·판매하는 과정에 대한 설명으로 옳은 것을 모두 고른 것은?

㉠ 맞춤형화장품조제관리사가 고객에게 맞춤형화장품이 아닌 일반화장품을 판매하였다.
㉡ 메틸살리실레이트(Methyl Salicylate)를 5% 이상 함유하는 액체 상태의 맞춤형화장품을 일반 용기에 충전·포장하여 고객에게 판매하였다.
㉢ 맞춤형화장품판매업으로 신고한 매장에서 맞춤형화장품조제관리사가 200㎖의 향수를 소분하여 50㎖ 향수를 조제하였다.
㉣ 맞춤형화장품판매업으로 신고한 매장에서 맞춤형화장품조제관리사가 맞춤형화장품을 조제할 때 미생물에 의한 오염을 방지하기 위해 페녹시에탄올(Phenoxyethanol)을 추가 하였다.
㉤ 맞춤형화장품판매업자에게 원료를 공급하는 화장품책임판매업자가 화장품법 제4조에 따라 해당 원료를 포함하여 기능성화장품에 대한 심사를 받거나 보고서를 제출한 경우, 식품의약품안전처 장이 고시한 기능성화장품의 효능·효과를 나타내는 원료를 내용물에 추가하여 맞춤형화장품을 조제할 수 있다.

① ㉠ ㉡ ㉣　② ㉠ ㉢ ㉣　③ ㉠ ㉢ ㉤
④ ㉡ ㉢ ㉤　⑤ ㉡ ㉣ ㉤

| 답안 표기란 | |
|---|---|
| 75 | ① ② ③ ④ ⑤ |
| 76 | ① ② ③ ④ ⑤ |
| 77 | ① ② ③ ④ ⑤ |

★★
**78** **맞춤형화장품 표시 사항으로 옳지 않은 것은?**

① 맞춤형화장품의 표시 사항은 맞춤형화장품의 용기·포장에 기재하는 문자·숫자·도형 또는 그림 등을 말한다.

② 맞춤형화장품 제조에 사용된 모든 성분을 표시, 기재하여야 한다.

③ 맞춤형화장품판매장에서 화장품을 혼합, 조제한 화장품을 판매하려면 제품의 포장에 가격을 소비자 가 알기 쉽도록 표시한다.

④ 기능성화장품의 경우 "기능성화장품"이라는 글자 또는 기능성화장품을 나타내는 도안을 포장용기에 잘 보일수 있도록 표시한다.

⑤ 기재·표시는 다른 문자 또는 문장보다 쉽게 볼 수 있는 곳에 하여야 하며, 읽기 쉽고 이해하기 쉬운 한글로 정확히 기재·표시하여야 하되, 한자 또는 외국어를 함께 기재할 수 있다.

★
**79** **기능성화장품 심사에서 실증자료가 있을경우 표시, 광고 할 수 있는 표현과 제출할 실증자료로 옳은 것은?**

① 여드름 피부 사용에 적합하다 – 인체 외 시험 자료

② 일시적으로 셀룰라이트가 감소한다. – 인체 외 시험 자료

③ 눈밑 다크서클을 완화시켜 준다. – 인체 외 시험 자료

④ 물휴지에 항균효과가 있다. – 기능성화장품에서 해당 기능을 실증한 자료

⑤ 피부의 혈행을 개선 시켜준다. – 인체 적용시험 자료

**80** **화장품 시행규칙 별표3 제2조에 따른 화장품의 함유 성분별 사용 시의 주의 사항으로 옳지 않은 것은?**

① 실버나이트레이트 함유 제품 – 신장 질환이 있는 사람은 사용 전에 의사, 약사, 한의사와 상의할 것

② 아이오도프로피닐부틸카바메이트(IPBC) 함유 제품 (목욕용제품, 샴푸류 및 바디클렌저 제외) – 만 3 세 이하 어린이에게는 사용하지 말 것

③ 이소프로필파라벤 함유 제품(영·유아용 제품류 및 기초화장용 제품류(만 3세 이하 어린이가 사용하는 제품) 중 사용 후 씻어내지 않는 제품에 한함) – 만 3세 이하 어린이의 기저귀가 닿는 부위에는 사용하지 말 것

④ 코치닐추출물 함유 제품 – 과민하거나 알레르기가 있는 사람은 신중히 사용할 것

⑤ 스테아린산아연 함유 제품(기초화장용 제품류 중 파우더 제품에 한함) –사용 시 흡입되지 않도록 주의할 것

답안 표기란

| | |
|---|---|
| 78 | ① ② ③ ④ ⑤ |
| 79 | ① ② ③ ④ ⑤ |
| 80 | ① ② ③ ④ ⑤ |

★ 2회 기출

**81 화장품법 제 4조 제1항에 따른 화장품 제형에 대한 내용으로 옳은 것은?**

① 로션제는 화장품에 사용되는 성분을 용제 등에 녹여서 액상으로 만든 것

② 액제는 액체를 침투시킨 분자량이 큰 유기분자로 이루어진 반고형상액제

③ 크림제는 유화제 등을 넣어 유성성분과 수성성분을 균질화하여 반고형상으로 만든 것

④ 침적마스크제 : 유화제 등을 넣어 유성성분과 수성성분을 균질화하여 점액상으로 만든 것

⑤ 겔제 : 균질하게 분말상 또는 미립상으로 만든 것

★★2회 기출

**82 맞춤형화장품 판매업장에서 일하는 A직원은 3월에 맞춤형화장품조제관리사 자격증을 취득하였고, B직원은 맞춤형화장품조제관리사 자격시험을 준비하고 있는 중이다. 다음보기는 4월에 맞춤형화장품을 구입하였던 고객이 재방문하여 제품에 대한 상담을 한 대화이다. 보기에서 옳은 것을 고르세요.**

> **직원 A** : 고객님, 안녕하세요.
> **고객** : 안녕하세요. 지난 여름에 야외활동을 많이 다니다 보니 얼굴 피부가 칙칙하고 색소침착이 많아진 것 같아요. 건조해서 당기기도 하구요. 제 피부상태에 맞는 제품을 구매하려고 해요.
> **직원 A** : 그럼 이쪽으로 앉으십시오.
> 먼저 피부진단측정을 하고 도움을 드리도록 하겠습니다.
> 지난번 제품구매 시 피부상태와 비교해 보니 피부에 색소가 많이 증가하고 수분량도 많이 감소하였습니다.
> **고객** : 그럼 어떤제품을 써야 할지 추천해 주세요.
> **직원 A** : 네, 미백에 도움을 주는 제품과 보습성분이 충분히 함유한 제품으로 조제 해드리겠습니다.

① 직원A는 직원B에게 미백성분을 조제해 드리라고 지시하였다.

② 직원B는 직원A의 지시에 따라 알맞은 성분을 배합하여 맞춤형화장품을 조제하여 고객에게 판매하였다.

③ 직원A는 내용물에 알부틴 원료를 혼합하여 고객에게 주의 사항을 설명하고 판매하였다.

④ 직원B는 직원A의 지시에 따라 소듐하이알루로네이트의 원료를 포함한 제품을 조제하였다.

⑤ 직원A는 고객에게 구매한 맞춤형화장품의 상품명과 사용기한, 주의 사항을 설명하고 판매하였다.

답안 표기란

81 ① ② ③ ④ ⑤

82 ① ② ③ ④ ⑤

★★★ 매회 기출

**83** **맞춤형화장품판매업장에서 조제관리사가 오랜만에 방문한 고객과 다음과 같은 대화를 나누었다. 조제관리사가 고객에게 혼합하여 추천한 제품으로 옳은 것을 모두 고르시오.**

> **조제관리사** : 안녕하세요. 고객님 오랜만에 오셨네요.
> **고객** : 네 ~ 안녕하세요.
> 제가 요즘 들어 얼굴이 많이 건조하여 당김 현상이 심하고, 주름이 많이 생겨 피부가 쳐지는 것 같아요.
> **조제관리사** : 네... 그러시군요. 먼저 피부측정을 하고 보고 상담해 드리겠습니다. 지난번에 방문한 자료를 보니 현재 상태가 수분도가 많이 떨어지고 피부 탄력도도 많이 떨어졌습니다.
> **고객** : 그럼 어떤 제품을 쓰면 좋을지 추천해 주세요.
> **조제관리사** : 네 ~ 알겠습니다.
> 고객님의 피부상태에 맞추어 충분히 수분을 보충해주는 보습성분과 주름개선에 도움을 주는 제품을 만들어 드리겠습니다. 잠시만 기다려 주세요.

① 소듐히알루로네이트 – 닥나무추출물
② 프로필렌글리콜 – 레티닐팔미테이트
③ 알부틴 – 아데노신
④ 히아루론산나트륨 – 살리실릭애씨드
⑤ 1,3부틸글리콜 – 나이아신아마이드

★★ 2회 기출

**84** **맞춤형화장품조제관리사는 1차 용기에 내용물 50ml를 소분하여 2차 포장없이 그대로 판매하려고 한다. 맞춤형화장품판매업자는 그림에 표시되어 있는 용기의 내용을 파악하고 빠져있는 사항을 추가하여야 한다. 그 내용은 무엇인가요?**

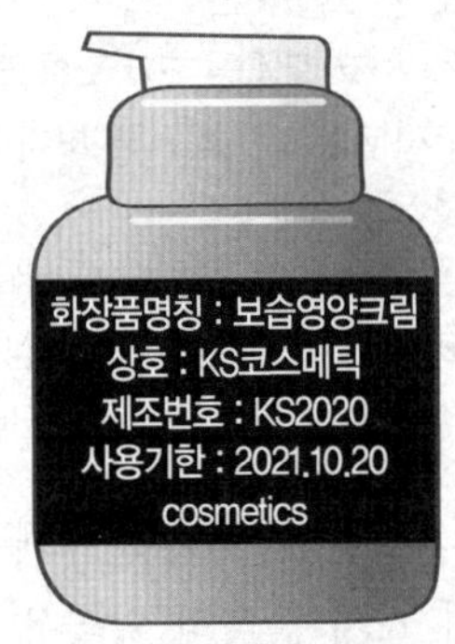

화장품명칭 : 보습영양크림
상호 : KS코스메틱
제조번호 : KS2020
사용기한 : 2021.10.20
cosmetics


① 제조업자 주소
② 사용할 때 주의 사항
③ 가격
④ 기능성화장품 도안
⑤ 개봉 후 사용기간

답안 표기란

83 ① ② ③ ④ ⑤
84 ① ② ③ ④ ⑤

★★

**85** **매장에 방문하여 맞춤형화장품조제관리사에게 상담 받고 조제한 맞춤형화장품을 고객에게 설명해야 하는 사항으로 옳은 것은?**

① 맞춤형화장품 사용 시의 주의 사항

② 부작용 사례 보고

③ 화장품 용기

④ 원료 및 내용물의 폐기내역

⑤ 판매량

★★★

**86** **화장품의 기재 사항 중 내용량이 10밀리리터 초과 50밀리리터 이하 또는 중량이 10그램 초과 50그램 이하 화장품의 포장인 경우에는 다음의 성분을 제외한 생략 가능한 성분으로 옳지 않은 것은?**

① 샴푸와 린스에 들어 있는 인산염의 종류

② 제조과정 중에 제거되어 최종 제품에 남아있는 성분

③ 과일산(AHA)

④ 기능성화장품의 경우 그 효능·효과가 나타나게 하는 원료

⑤ 타르색소

★★

**87** **맞춤형화장품판매업자는 맞춤형화장품조제관리사를 고용하여 고객에게 맞춤형화장품을 판매하였다. 맞춤형화장품 조제 시에 필요한 혼합·소분 안전 관리 조치에 대한 사항으로 옳지 않은 것은?**

① 맞춤형화장품 조제에 사용하는 내용물 및 원료의 혼합·소분 범위에 대해 사전에 품질 및 안전성을 확보할 것

② 소비자의 피부상태나 선호도 등을 확인하고 맞춤형화장품을 미리 혼합·소분하여 보관하여 판매할 것

③ 혼합·소분 전에 내용물 및 원료의 사용기한 또는 개봉 후 사용기간을 확인하고, 사용기한 또는 개 봉 후 사용기간이 지난 것은 사용하지 아니할 것

④ 맞춤형화장품 조제에 사용하고 남은 내용물 및 원료는 밀폐를 위한 마개를 사용하는 등 비의도적 인 오염을 방지 할 것

⑤ 혼합·소분에 사용되는 장비 또는 기구 등은 사용 전에 그 위생상태를 점검하고, 사용 후에는 오염 이 없도록 세척할 것

답안 표기란

85 ① ② ③ ④ ⑤

86 ① ② ③ ④ ⑤

87 ① ② ③ ④ ⑤

★★

**88** **맞춤형화장품 조제관리사가 피부주름으로 고민하는 고객에게 설명하는 내용으로 옳은 것은?**

① 아데노신 함유제품에 징크옥사이드를 추가한 제품이니 도움이 되실 겁니다.

② 나이아신아마이드 함유제품에 히아루론산을 추가한 제품이니 도움이 되실 겁니다.

③ 레티놀 함유제품에 알로에베라겔을 추가한 제품이니 도움이 되실 겁니다.

④ 아데노신을 두 배로 넣어서 효과가 더 좋을 겁니다.

⑤ 알부틴 함유제품에 글리세린 추가한 제품이라 도움이 되실 겁니다.

★★

**89** **다음은 남성호르몬에 의한 탈모기전에 대한 설명이다. 괄호안에 알맞은 말은?**

㉠ 고환에서 만든 테스토스테론은 모낭에서 (　　　) 효소와 결합하여 디하이드로테스토스테론(di-hydro-testosterone, DHT)이라는 강력한 남성호르몬으로 전환

㉡ DHT는 남성형 탈모유발유전자를 갖고 있는 모근조직에 작용 → 진피유두에 있는 안드로겐 수용체와 결합 → 결합정보가 세포DNA에 전사 → 세포사멸인자생산 → 주변의 단백질 파괴 → 모주기를 퇴화기 단계로 전환

(맞춤형화장품조제관리사 자격시험 예시문항)

**90** **다음은 고객 상담 결과에 따른 맞춤형화장품 에센스의 최종 성분 비율이다.**

| 성분 | 비율 |
|---|---|
| 정제수 | 74.4% |
| 알로에추출물 | 10.0% |
| 베타-글루칸 | 5.0% |
| 부틸렌글라이콜 | 3.0% |
| 프로필렌글리콜 | 5.0% |
| 하이드록시에틸셀룰로오스 | 1.0% |
| 폴리머 | 0.5% |
| 벤조페논-4 | 0.1% |
| 소르빅애씨드 | 0.3% |
| 다이소듐이디티에이 | 0.2% |
| 향료 | 0.3% |

**아래의 〈대화〉에서 (　) 안에 들어갈 말을 순서대로 기입하시오. (㉠는 한글 성분명, ㉡은 숫자)**

답안 표기란

88 ① ② ③ ④ ⑤

89

90

<대화>

A : 제품에 사용된 보존제는 어떤 성분이고 문제가 없나요?
B : 제품에 사용된 보존제는 ( ㉠ )입니다. 해당성분은 화장품법에 따라 보존제로 사용 될 경우 ( ㉡ )% 이하로 사용하도록 하고 있습니다. 해당 성분은 한도 내로 사용 되었으며, 쓰는데 문제는 없습니다.

★★★

**91** 30ml 맞춤형화장품 1차 포장 기재, 표시 사항에 대한 내용이다, 괄호안의 알맞은 용어를 기재하시오.

1. 화장품의 명칭
2. 맞춤형화장품판매업자의 상호
3. (㉠ )
4. 제조번호
5. 사용기한 또는 ( ㉡ )

**92** 다음의 피부유형에 맞는 화장품성분을 쓰시오.

피지선에서 과잉 분비된 피지가 피부 표면으로 원활히 배출되지 못하고 모공 내에 축적되어 염증 반응이 일어나 발생되는 문제성 피부이다.

**93** 다음 괄호 안에 알맞은 단어를 쓰시오.

맞춤형화장품판매업이란 맞춤형화장품을 판매하는 영업을 말한다.
① 제조 또는 수입된 화장품 내용물에 다른 화장품의 내용물이나 (㉠ )이 정하여 고시하는 원료를 추가하여 혼합한 화장품을 판매하는 영업
② 제조 또는 수입된 화장품의 내용물을 (㉡ )한 화장품을 판매하는 영업

★

**94** 다음 괄호 안에 알맞은 단어를 쓰시오.

고객에게 판매한 맞춤형화장품의 제조번호, 사용기한 또는 개봉 후 사용기간, 판매일자 및 판매량이 포함되어 있는 맞춤형화장품 ( ) (전자문서로 된 판매내역을 포함한다)를 작성·보관할 것

답안 표기란

| 91 | |
|---|---|
| 92 | |
| 93 | |
| 94 | |

★1회 기출

**95** 다음은 화장품의 혼합, 소분에 필요한 기구에 대한 설명이다. 알맞은 용어를 쓰시오.

> 물과 기름을 유화시켜 안정한 상태로 유지하기 위해 분산상의 크기를 미세하게 해준다.

**96** 다음은 괄호 안에 적당한 단어를 기재하시오.

> (        )는(은) 맞춤형화장품의 혼합·소분에 사용되는 내용물 또는 원료의 제조번호와 혼합·소분기록을 추적할 수 있도록 맞춤형화장품판매업자가 숫자·문자·기호 또는 이들의 특징적인 조합으로 부여한 번호임

**97** 다음은 맞춤형화장품조제관리사 교육에 대한 내용이다. 알맞은 말을 기재하시오.

> 맞춤형화장품판매장의 조제관리사로 지방식품의약품안전청에 신고한 맞춤형화장품조제관리사는 매년
> (㉠        ), (㉡        )의 집합교육 또는 온라인 교육을 식약처에서 정한 교육실시기관에서 이수 해야 한다.

★★★

**98** 고객이 맞춤형화장품조제관리사에게 피부가 칙칙하고 색소침착이 많아 미백에 도움을 주는 화장품을 맞춤형으로 구매하기를 상담하였다. 다음 보기에서 미백 기능성 원료를 고르시오.

> 살리실릭애씨드, 티타늄디옥사이드, 아데노신, 나이아신아마이드, 레티닐팔미테이트, 히아루론산나트륨

**99** 다음은 맞춤형화장품조제관리사 자격시험에 대한 내용이다. 괄호 안에 적당한 단어를 기재하시오.

> ① 맞춤형화장품조제관리사가 되려는 사람은 화장품과 원료 등에 대하여 (㉠      )이 실시하는 자격시험에 합격하여야 한다.
> ② (㉠      )은(는) 맞춤형화장품조제관리사가 거짓이나 그 밖의 부정한 방법으로 시험에 합격한 경우에는 자격을 취소하여야 하며, 자격이 취소된 사람은 취소된 날부터 (㉡      )간 자격시험에 응시할 수 없다.

답안 표기란

95

96

97

98

99

**100** 다음은 맞춤형장품의 주요 규정에 따른 맞춤형화장품 판매업의 신고에 대한 내용이다. 괄호안에 알맞은 용어를 기재하시오.

> ① 맞춤형화장품판매업을 하려는 자는 (㉠ )으로 정하는 바에 따라 식품의약품안전처장에게 신고하여야 한다. 신고한 사항 중 총리령으로 정하는 사항을 변경할 때에도 또한 같다.
> ② 맞춤형화장품판매업을 신고한 자는 (㉠ )으로 정하는 바에 따라 맞춤형화장품의 혼합, 소분 업무에 종사하는 (㉡ )를(을) 두어야 한다.

답안 표기란

100

# 4회 맞춤형화장품 조제관리사 모의고사

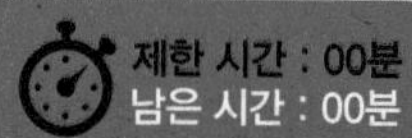


## 1장 화장품법의 이해

〈예시문항〉

**01 화장품법상 등록이 아닌 화장품법상 등록이 아닌 신고가 필요한 영업의 형태로 옳은 것은?**

① 화장품 제조업
② 화장품 수입업
③ 맞춤형화장품 판매업
④ 화장품 수입대행업
⑤ 화장품 책임판매업

〈매회 기출문제〉

**02 화장품의 정의로 옳지 않은 것은?**

① 인체를 청결, 미화하여 매력을 더하고 용모를 밝게 변화
② 피부, 모발의 건강을 유지 또는 증진
③ 인체에 바르고 문지르거나 뿌리는 등 이와 유사한 방법으로 사용하는 물품
④ 인체에 대한 작용이 경미한 것
⑤ 약사법 제2조 제4호의 의약품에 해당하는 물품

**03 다음 맞춤형화장품판매업자 신고내역으로 옳은 것을 모두 고르시오.**

> ㉠ 신고 번호 및 신고 연월일
> ㉡ 맞춤형화장품판매업을 신고한 자의 성명 및 생년월일(법인인 경우에는 대표자의 성명 및 생년월일)
> ㉢ 화장품책임판매업자의 상호 및 소재지
> ㉣ 맞춤형화장품판매업소의 상호 및 소재지
> ㉤ 맞춤형화장품조제관리사의 성명, 생년월일 및 자격증 번호

① ㉠㉡㉢
② ㉠㉢㉣
③ ㉠㉡㉢㉣
④ ㉡㉢㉣㉤
⑤ ㉠㉡㉣㉤

답안 표기란

| | |
|---|---|
| 01 | ① ② ③ ④ ⑤ |
| 02 | ① ② ③ ④ ⑤ |
| 03 | ① ② ③ ④ ⑤ |

**04** 다음 설명 중 옳은 것은?

① 기능성화장품은 유기농원료, 동식물 및 그 유래원료 등을 함유한 화장품으로 식품의약품안전처장이 정하는 기준에 맞는 화장품을 말한다.
② 천연화장품은 동식물 및 그 유래 원료 등을 함유한 화장품으로서 식품의약품안전처장이 정하는 기준에 맞는 화장품을 말한다.
③ 유기농 화장품은 제조 또는 수입된 화장품의 내용물에 다른 화장품의 내용물이나 식품의약품안전처장이 정하는 원료를 추가하여 혼합한 화장품 이다.
④ 맞춤형화장품은 인체에 바르고 문지르거나 뿌리는 등 이와 유사한 방법으로 사용되는 화장품이다,
⑤ 화장품이란 피부나 모발의 기능 약화로 인한 건조함, 갈라짐, 빠짐, 각질화 등을 방지하거나 개선하는데에 도움을 주는 화장품이다.

**05** 화장품의 포장에 기재, 표시하여야 하는 사항 중 맞춤형화장품은 제외되는 사항은?

① 기능성화장품의 경우 심사받거나 보고한 효능·효과, 용법·용량
② 성분명을 제품 명칭의 일부로 사용한 경우 그 성분명과 함량(방향용 제품은 제외한다)
③ 인체 세포·조직 배양액이 들어있는 경우 그 함량
④ 식품의약품안전처장이 정하는 바코드
⑤ 화장품에 천연 또는 유기농으로 표시·광고하려는 경우에는 원료의 함량

**06** 고객정보처리자의 정보 주체에게 알릴사항으로 옳은 것을 모두 고르시오.

㉠ 개인정보의 수집·이용 목적
㉡ 수집하려는 개인정보의 항목
㉢ 개인정보의 보유 및 이용 기간
㉣ 동의를 거부할 권리가 있다는 사실 및 동의 거부에 따른 불이익이 있는 경우에는 그 불이익의 내용

① ㉠ ㉡ ㉢ ② ㉠ ㉢ ㉣ ③ ㉠ ㉡ ㉣
④ ㉡ ㉢ ㉣ ⑤ ㉠ ㉡ ㉢ ㉣

답안 표기란

04 ① ② ③ ④ ⑤
05 ① ② ③ ④ ⑤
06 ① ② ③ ④ ⑤

**07** **화장품을 판매를 하거나 판매할 목적으로 제조·수입 영업 금지 사항으로 옳지 않은 것은?**

① 코끼리 뿔 또는 호랑이 뼈와 그 추출물을 사용한 화장품
② 화장품에 사용할 수 없는 원료를 사용하였거나 유통화장품 안전관리 기준에 적합하지 아니한 화장품
③ 보건위생상 위해가 발생할 우려가 있는 비위생적인 조건에서 제조되었거나 시설기준에 적합하지 아니한 시설에서 제조된 것
④ 용기나 포장이 불량하여 해당 화장품이 보건위생상 위해를 발생할 우려가 있는 것
⑤ 사용기한 또는 개봉 후 사용기간(병행 표기된 제조년월일을 포함)을 위조·변조한 화장품

**08** **식품의약품안전처장은 맞춤형화장품조제관리사가 거짓이나 그 밖의 부정한 방법으로 시험에 합격한 경우에는 자격을 취소하여야 하며, 자격이 취소된 사람은 취소된 날부터 (  ) 간 자격시험에 응시할 수 없다.**

**09** **다음 괄호안에 적당한 단어를 기재하시오.**

> 지난해의 생산실적 또는 수입실적과 화장품의 제조과정에 사용된 원료의 목록 등을 식품의약품안전처장이 정하는 바에 따라 (        )까지 식품의약품안전처장이 정하여 고시하는 바에 따라 대한화장품협회 등 화장품업 단체(「약사법」 제67조에 따라 조직된 약업단체를 포함한다)를 통하여 식품의약품안전처장에게 보고하여야 한다.

**10** **다음의 설명에 알맞은 단어를 기재하시오.**

> 제조 또는 수입된 화장품의 내용물에 다른 화장품의 내용물이나 식품의약품안전처장이 정하는 원료를 추가하여 혼합한 화장품제조 또는 수입된 화장품의 내용물을 소분(小分)한 화장품

답안 표기란

| | |
|---|---|
| 07 | ① ② ③ ④ ⑤ |
| 08 | |
| 09 | |
| 10 | |

## 2장 화장품제조 및 품질관리

**11** 기능성 원료 중 주름개선에 사용되는 성분으로 옳은 것은?

① 아데노신
② 아미노산
③ 히아루론산
④ 알파-비사보롤
⑤ 살리실산

**12** 다음 중에서 3가의 알코올로 친수성이며, 보습력이 좋은 것은?

① 프로필렌글리콜
② 글리세린
③ 에탄올
④ 솔비톨
⑤ 부틸렌글리콜

**13** 화장품 제조업에 해당하는 것으로 옳은 것은?

① 화장품의 포장을 1차·2차 포장까지 하는 영업
② 화장품 제조를 위탁받아 제조하는 영업
③ 화장품을 직접 제조하여 유통·판매하는 영업
④ 수입화장품을 유통·판매하는 영업
⑤ 화장품을 알선 수여하는 영업

**14** 다음 중에서 타르색소에 대한 설명으로 틀린 것은?

① 제1호의 색소 중 콜타르, 그 중간생성물에서 유래되었거나 유기 합성하여 얻은 색소 및 레이크, 염, 희석제와의 혼합물
② 화장품 내용량이 소량(10ml초과 50ml이하, 10g초과 50g이하) 이라 하더라도 포장에 반드시 기재해야하는 성분
③ 중간체, 희석제, 기질 등을 포함하지 아니한 순수한 색소
④ 석탄타르에 들어 있는 벤젠, 톨루엔, 니프탈렌 등 다양한 방향족 탄화수소를 조합하여 만든 인공 착색제
⑤ 타르색소 중 녹색 204호 (피라닌콘크, Pyranine Conc)의 사용 한도 0.01%

답안 표기란

| | |
|---|---|
| 11 | ① ② ③ ④ ⑤ |
| 12 | ① ② ③ ④ ⑤ |
| 13 | ① ② ③ ④ ⑤ |
| 14 | ① ② ③ ④ ⑤ |

**15** **액상제품류의 pH 기준이 3.0~9.0 범위에 맞아야하는 것이 아닌 것은?**

① 기초화장품 ② 헤어샴푸
③ 영유아용 화장품 ④ 제모 제거용
⑤ 채취방지용

**16** **인체적용제품으로 화장품 원료 등 위해평가에 대한 설명으로 틀린 것은?**

① 위험성 확인은 위해요소의 인체 내 독성 확인을 말한다.
② 위험성 결정은 위해요소의 인체노출 허용량 산출을 말한다.
③ 노출평가는 위해요소가 인체에 노출된 양을 산출하는 것이다.
④ 위해도 결정은 위험성 확인, 결정 및 노출평가의 결과를 종합하여 인체에 미치는 위해 영향판단을 말한다.
⑤ 위험성 평가는 위험성 확인, 결정 및 노출평가의 결과를 종합하여 판단한다.

**17** **화장품 사용상 보관 및 취급 시 주의 사항으로 옳지 않은 것은?**

① 사용 후에는 마개를 반드시 닫아둘 것
② 고온 및 저온의 장소를 피하고 및 직사광선이 닿는 곳에 보관할 것
③ 혼합한 제품을 밀폐된 용기에 보관하지 말 것
④ 용기를 버릴 때는 반드시 뚜껑을 열어서 버릴 것
⑤ 유아 소아의 손에 닿지 않는 곳에 보관할 것

**18** **화장품 사용 제한 원료에서 알레르기 유발 물질이 아닌 것은?**

① 제라니올 ② 쿠마린
③ 벤질 알코올 ④ 1,2 헥산 디올
⑤ 페녹시 에탄올

**19** **여드름성 피부를 완화하기 위한 성분으로 옳은 것은?**

① 벤조페논-4 5% ② 살리실릭에시드 0.5%
③ 니아신아마이드 2% ④ 아데노신 0.04%
⑤ 프로피오닉애시드 2%

| 답안 표기란 | |
|---|---|
| 15 | ① ② ③ ④ ⑤ |
| 16 | ① ② ③ ④ ⑤ |
| 17 | ① ② ③ ④ ⑤ |
| 18 | ① ② ③ ④ ⑤ |
| 19 | ① ② ③ ④ ⑤ |

## 20 화장품의 물리적 변화로 볼 수 있는 것은?

① 내용물의 색상이 변했을 때
② 내용물에서 불쾌한 냄새가 날 때
③ 내용물의 층이 분리되었을 때
④ 내용물의 점성이 변화하여 결정이 생겼을 때
⑤ 내용물에 곰팡이가 피었을 때

## 21 자외선 차단 화장품의 원료 중 산란제에 속하는 것은 무엇인가?

① 이산화티타늄 ② 옥틸디메칠파바
③ 부틸메톡시디벤조일메탄 ④ 파라벤류
⑤ 벤조페논-1

## 22 탄화수소화합물 중에 왁스류에 대한 설명으로 틀린 것은?

① 지방산과 1가 알코올의 화합물이다
② 에스테르 물질이다.
③ 석유에서 추출한 광물성 오일의 일종이다
④ 고형의 유성성분으로 화장품의 굳기 증가에 이용한다.
⑤ 카나우바 왁스, 라놀린, 밀납 등이 있다.

## 23 화장품에 사용되는 사용 제한 원료 및 사용 한도가 맞는 것은?

① 토코페롤 2.0%
② 아스코빌글루코사이드 0.5%
③ 페녹시에탄올 1.0%
④ 살리실릭애시드 1.0%
⑤ 알파-비사보롤 0.1%

〈기출문제〉★★★

## 24 100% 채우는 것을 기준으로 비중이 0.8일 때 700ml를 채운다면 중량은 얼마인가요?

① 210 ② 400 ③ 250
④ 560 ⑤ 440

| 답안 표기란 | |
|---|---|
| 20 | ① ② ③ ④ ⑤ |
| 21 | ① ② ③ ④ ⑤ |
| 22 | ① ② ③ ④ ⑤ |
| 23 | ① ② ③ ④ ⑤ |
| 24 | ① ② ③ ④ ⑤ |

**25** 화장품 원료의 종류와 정의를 바르게 설명한 것은?

① 유성원료 : 주름완화, 미백, 자외선차단제, 염모제, 여드름 완화
② 계면활성제 : 점증제, 피막제, 기타
③ 산화방지제 : 공기, 열, 빛에 의한 산화를 방지하기 위해 첨가
④ 기능성 원료 : 식물성 유지, 동물성 유지, 왁스(Wax)류
⑤ 고분자 화합물 : 유성과 수성을 잘 혼합시키는 원료

**26** 계면활성제가 물에 잘 녹는가 녹지 않는가를 나타내는 척도를 나타내는 것은 무엇인가?

① HLB　② SPF　③ PFA
④ MED　⑤ PA

**27** 계면활성제의 종류에서 피부자극 정도를 나타낸 순서로 적합한 것은?

① 양이온성 > 양쪽성 > 음이온성 > 비이온성의 순으로 감소
② 양이온성 > 음이온성 > 비이온성 > 양쪽성의 순으로 감소
③ 음이온성 > 양이온성 > 비이온성 > 양쪽성의 순으로 감소
④ 음이온성 > 양이온성 > 양쪽성 > 비이온성의 순으로 감소
⑤ 양이온성 > 음이온성 > 양쪽성 > 비이온성의 순으로 감소

**28** 화장품의 원료에 대한 특성이 틀리게 설명된 것은?

① 글리세린은 -OH가 3개 이상의 다가알코올로 보습제로 쓰인다.
② 지방산은 R-COOH 화학식을 갖고 있으며, 불포화지방산과 포화지방산으로 분류할 수 있다.
③ 알코올은 R-OH 화학식의 물질로 탄소수가 18개인 알코올에는 스테아릴 알코올이 있다.
④ 점증제는 에멀션의 안전성을 높이고 점도를 증가시키기 위해 사용되고 구아검이 해당된다.
⑤ 실리콘오일은 철, 질소로 구성되어 있고, 발림성이 우수하고, 디메치콘이 여기에 해당된다.

| 답안 표기란 | |
|---|---|
| 25 | ① ② ③ ④ ⑤ |
| 26 | ① ② ③ ④ ⑤ |
| 27 | ① ② ③ ④ ⑤ |
| 28 | ① ② ③ ④ ⑤ |

## 29 산화방지제로 적합하지 않은 것은 무엇인가?

① BHT ② EDTA

③ 에르소빅애씨드 (Erisobic acid) ④ BHA

⑤ 자몽씨추출물

## 30 천연화장품 및 유기농화장품의 인증에 대한 내용으로 적합하지 않는 것은?

① 식품의약품안전처장은 기준에 적합한 천연화장품 및 유기농화장품에 대하여 인증할 수 있다.

② 화장품제조업자, 화장품책임판매업자 또는 총리령으로 정하는 대학·연구소 등은 인증을 받으려는 제품에 대해 식품의약품안전처장에게 인증을 신청하여야 한다.

③ 인증절차, 인증기관의 지정기준, 그 밖에 인증제도 운영에 필요한 사항은 총리령으로 정한다.

④ 인증의 유효기간은 인증을 받은 날부터 3년으로 한다.

⑤ 인증의 유효기간을 연장 받으려는 자는 유효기간 만료 60일 전에 총리령으로 정하는 바에 따라 연장신청을 하여야 한다.

## 31 다음 괄호 안에 들어갈 단어를 기재하시오.

- 염류의 예 : 소듐, 포타슘, 칼슘, 마그네슘, 암모늄, 에탄올아민, 크로라이드, 브로마이드, 설페이트, 아세테이트, 베타인 등
- (　　　)의 예 : 메칠, 에칠, 프로필, 이소프로필, 부틸, 이소부틸, 페닐

## 32 아래내용에서 (　　)안에 필요한 용어를 쓰시오.

화장품 판매업자는 영유아(3세 이하) 또는 어린이 (만13세 이하)가 사용할 수 있는 화장품임을 표시 광고하려는 경우에 제품별로 안전과 품질을 입증할 수 있는 다음 각 호의 자료(이하 제품별 '안전성 자료'라 한다.)를 작성 보관해야 한다.

1. 제품 및 제조방법에 대한 설명 자료
2. 화장품의 (　　　) 평가 자료
3. 제품의 효능 효과에 대한 증명자료

답안 표기란

| | |
|---|---|
| 29 | ① ② ③ ④ ⑤ |
| 30 | ① ② ③ ④ ⑤ |
| 31 | |
| 32 | |

〈기출문제〉

**33** (　　)은 (는) 화장품이 제조된 날부터 적절한 보관 상태에서 제품이 고유의 특성을 간직한 상태로 소비자가 안정적으로 사용할 수 있는 최소한의 기한을 말한다.

**34** 다음 전성분에 표시된 주름개선 성분과 제한 함량을 쓰시오.

〈전성분〉 정제수, 아사이팜열매추출물, 부틸렌글리콜, 베타인, 카보머, 아데노신, 알란토인, 다이소듐이디티에이, 1,2- 헥산 디올, 황금추출물

**35** 지연이는 맞춤형화장품조제관리사에게 피부에 생긴 기미로 고민 상담을 하고, 미백에 도움이 되는 맞춤형화장품을 구매하고자 하였다. 다음〈보기〉에서 미백 기능성 원료를 고르시오.

| 보기 | 레티닐팔미테이트, 벤조페논-4, 나아신아마이드, 레티놀, 베타-카로틴, 벤질알코올 |
|---|---|

답안 표기란

33

34

35

## 3장 유통 화장품 안전 관리

| 답안 표기란 |
|---|
| 36 ① ② ③ ④ ⑤ |
| 37 ① ② ③ ④ ⑤ |
| 38 ① ② ③ ④ ⑤ |
| 39 ① ② ③ ④ ⑤ |

**36** **작업소에서 근무하는 모든 작업원이 이행해야 할 책임이 아닌 것은?**

① 정해진 책임과 활동을 위한 교육훈련을 이 수할 의무
② 문서접근 제한 및 개인위생 규정을 준수해 야 할 의무
③ 품질보증에 대한 책임을 질 의무
④ 조직 내에서 맡은 지위 및 역할을 인지해 야 할 의무
⑤ 자신의 업무범위 내에서 기준을 벗어난 행 위나 부적합 발생 등에 대해 보고해야 할 의무

**37** **시험 결과의 적합 판정을 위한 수적인 제한, 범위 또는 기타 적절한 측정법을 말하고 있는 것은?**

① 기준일탈 ② 유지관리 ③ 변경관리
④ 적합판정기준 ⑤ 공정관리

**38** **제품 출하를 위해 포장 및 첨부 문서에 표시공정 등을 포함한 모든 제조공정이 완료된 화장품을 무엇이라고 하는가?**

① 제조단위 ② 유지관리 ③ 완제품
④ 벌크제품 ⑤ 시장출하

**39** **작업소의 시설에 관한 규정 중 옳은 것은?**

① 바닥, 벽, 천장은 가능한 청소하기 쉽게 표면을 거칠게 유지해야 하고, 소독제 등의 부식성에 저항력이 있을 것
② 오염원 예방을 위해 외부와 연결된 창문은 가능한 잘 열리도록 할 것
③ 수세실과 화장실은 접근이 쉽도록 하여 생산구역과 분리되지 않게 할 것
④ 제조하는 화장품의 종류·제형에 따라 적절히 구획·구분되어 교차오염 우려가 없을 것
⑤ 제품보호를 위해 작업소 전체를 어둡게 한다.

답안 표기란

40 ① ② ③ ④ ⑤
41 ① ② ③ ④ ⑤
42 ① ② ③ ④ ⑤
43 ① ② ③ ④ ⑤
44 ① ② ③ ④ ⑤

**40** **화장품의 포장에 사용되는 모든 재료를 말하며 운송을 위해 사용되는 것은 제외하는 것을 무엇이라고 하는가?**

① 벌크 제품 ② 포장재 ③ 내부감사
④ 변경관리 ⑤ 소모품

**41** **기계적·화학적인 방법, 온도, 적용시간과 이러한 복합된 요인을 이용하여 청정도를 유지하고, 일반적으로 눈에 보이는 먼지를 분리, 제거하여 외관을 유지하는 모든 작업을 무엇이라고 하는가?**

① 유지관리 ② 청소 ③ 원료
④ 완제품 ⑤ 회수

**42** **유통화장품 안전 관리 기준에 따라 pH를 측정하는 제품에 해당하는 것은?**

① 클렌징 워터 ② 클렌징 크림 ③ 메이크업 리무버
④ 스킨로션 ⑤ 영양크림

**43** **내용량이 45mg인 화장품의 포장에서 표시·기재를 생략할 수 있는 성분으로 적당한 것은?**

① 금박
② 샴푸와 린스에 들어 있는 구리염
③ 타르색소
④ AHA
⑤ 기능성 화장품의 경우 그 효능효과가 나타나게 하는 원료

**44** **완제품의 보관 및 출고방법으로 옳은 것은?**

① 완제품은 보관이 편리한 곳에서 보관한다.
② 보관된 완제품은 주기적으로 재고점검을 수행할 필요가 없다.
③ 출고할 제품은 원자재, 부적합품 및 반품된 제품과 구획된 장소에 보관한다.
④ 출고는 반드시 선입선출 방식으로 한다.
⑤ 완제품은 시험결과 적합 판정시 품질보증부서의 승인 없이도 출고가 가능하다.

**45** **포장재의 검체 채취 및 보관에 대한 내용이다. 옳은 것은?**

① 검체 채취는 포장재 검수실에서 포장재관리 담당자 참석 하에 실시
② 검체 채취 방법은 제품의 내용물을 랜덤으로 샘플링 한다.
③ 포장재 보관은 적절한 조건하에 정해진 곳에 보관하고 필요시에만 점검수행
④ 기능 검사 및 파괴 검사용 샘플은 각각 2개만 샘플링
⑤ 외관 검사용 샘플은 계수 조정형 샘플링 방식에 따라 정해진 제조번호를 샘플링

**46** **제조관리 기준서에 포함되지 않는 사항은?**

① 제조공정관리에 관한 사항
② 시설 및 기구 관리에 관한 사항
③ 원자재 관리에 관한 사항
④ 완제품 관리에 관한 사항
⑤ 사용기한 또는 개봉 후 사용기한에 관한 사항

**47** **세척 대상 설비에 해당하는 것으로 옳은 것은?**

① 동일제품
② 단단한 표면 (용기내부), 부드러운 표면 (호스)
③ 세척이 곤란한 물질
④ 가용성 물질
⑤ 검출이 곤란한 물질

**48** **오염물질 제거 및 소독 방법으로 설비세척의 원칙에 해당하지 않는 것은?**

① 가능하면 세제를 사용하지 않는다.
② 가능하면 증기 세척이 좋은 방법이다
③ 위험성이 없는 용제로 물세척이 최적 이다.
④ 브러시 등으로 문질러 지우는 방법을 고려한다.
⑤ 세척 후 세정결과를 '판정'하고 작업소에 잘 배치해 둔다.

| 답안 표기란 |
|---|
| 45 ① ② ③ ④ ⑤ |
| 46 ① ② ③ ④ ⑤ |
| 47 ① ② ③ ④ ⑤ |
| 48 ① ② ③ ④ ⑤ |

**49** **화장품의 포장에 기재·표시하여야 하는 사용할 때의 주의 사항으로 바르지 않은 것은?**

① 탈염·탈색제-사용 중에 발진, 발적, 부어오름, 가려움, 강한 자극감 등 피부의 이상을 느끼면 즉시 사용을 중지하고 잘 씻어내 주십시오.

② 염모제-용기를 버릴 때는 반드시 뚜껑을 닫아서 버려 주십시오.

③ 알파-하이드록시애시드(α-hydroxyacid, AHA)(0.5퍼센트 이하의 AHA가 함유된 제품은 제외한다): 햇빛에 대한 피부의 감수성을 증가시킬 수 있으므로 자외선 차단제를 함께 사용할 것

④ 핸드크림 및 풋크림-프로필렌 글리콜(Propylene glycol)을 함유하고 있는 경우, 이 성분에 과민하거나 알레르기 병력이 있는 사람은 신중히 사용할 것

⑤ 외음부 세정제-프로필렌 글리콜(Propylene glycol)을 함유하고 있으므로 이 성분에 과민하거나 알레르기 병력이 있는 사람은 신중히 사용할 것

**50** **다음 중 화장품의 기재 사항으로 맞춤형화장품의 포장에 기재·표시하여야 하는 사항이 아닌 것은?**

① 인체 세포·조직 배양액이 들어있는 경우 그 함량

② 기능성화장품의 경우 심사받거나 보고한 효능·효과, 용법·용량

③ 성분명을 제품 명칭의 일부로 사용한 경우 그 성분명과 함량

④ 수입화장품인 경우에는 제조국의 명칭, 제조회사명 및 그 소재지

⑤ 화장품에 천연 또는 유기농으로 표시·광고하려는 경우에는 원료의 함량

**51** **작업소의 위생에 대한 적합하지 않은 것은?**

① 곤충, 해충이나 쥐를 막을 수 있는 대책을 마련하고 정기적으로 점검·확인하여야 한다.

② 제조, 관리 및 보관 구역 내의 바닥, 벽, 천장 및 창문은 항상 청결하게 유지되어야 한다.

③ 제조시설이나 설비의 세척에 사용되는 세제 또는 소독제는 효능이 입증된 것을 사용하고 잔류하거나 적용하는 표면에 이상을 초래하지 아니하여야 한다.

| 답안 표기란 |
|---|
| 49 ① ② ③ ④ ⑤ |
| 50 ① ② ③ ④ ⑤ |
| 51 ① ② ③ ④ ⑤ |

④ 제조시설이나 설비는 적절한 방법으로 청소하여야 하며, 필요한 경우 위생관리 프로그램을 운영하여야 한다.
⑤ 세척한 설비는 다음 사용 시까지 오염되지 아니하도록 관리하여야 한다.

**52** **입고된 포장재의 관리 기준으로 틀린 것은?**

① 적합 판정된 포장재만을 지정된 장소에 보관
② 부적합 판정 된 자재는 선별, 반품, 폐기 등의 조치가 이루어지기전까지 따로 보관
③ 누구나 명확히 구분할 수 있게 혼동될 염려가 없도록 구분하여 보관
④ 바닥 및 내벽과 10cm이상, 외벽과 10cm 이상 간격을 두고 보관
⑤ 직사광선, 습기, 발열체를 피하여 보관

**53** **린스정량실시방법에 해당하지 않는 것은?**

① HPLC법
② 박층크로마토그래피(TLC)
③ 원자흡광광도법
④ 자외선(UV)
⑤ TOC측정기(총유기탄소)

〈기출문제〉

**54** **치오글라이콜릭애씨드 또는 그 염류를 주성분으로 하는 냉2욕식 퍼머넌트웨이브용 제품에 대한 내용으로 옳은 것은?**

① 알칼리 : 0.1N염산의 소비량은 검체 7ml에 대하여 1ml이하
② pH : 4.5~9.6
③ 중금속 : 30㎍/g 이하
④ 비소 : 20㎍/g 이하
⑤ 철 : 5㎍/g 이하

| 답안 표기란 |
|---|
| 52 ① ② ③ ④ ⑤ |
| 53 ① ② ③ ④ ⑤ |
| 54 ① ② ③ ④ ⑤ |

**55** **화장품책임판매업자 및 맞춤형화장품판매업자는 화장품을 판매할 경우 어린이가 화장품을 잘못 사용하여 인체에 위해를 끼치는 사고가 발생하지 아니하도록 안전용기·포장을 사용하여야 한다. 이에따라 안전용기·포장을 사용하여야 하는 품목이 아닌 것을 바르게 설명한 것은?**

① 아세톤을 함유하는 네일 에나멜 리무버 및 네일 폴리시 리무버

② 일회용 제품, 에어로졸 제품, 용기입구가 펌프 혹은 방아쇠로 작동되는 분무용기 제품

③ 어린이용 오일 등 개별포장 당 탄화수소류를 10퍼센트 이상 함유하는 액체상태의 제품

④ 개별포장당 메틸 살리실레이트를 5퍼센트 이상 함유하는 액체상태의 제품

⑤ 어린이용 오일 등 운동점도가 21센티스톡스 (섭씨 40도 기준) 이하인 비에멀젼 타입의 액체상태의 제품

〈기출문제〉★★★

**56** **화장품법 제9조제1항에 따른 안전용기·포장을 사용하여야 하는 품목은 다음 각 호와 같다. ㉠, ㉡에 알맞은 내용은?**

1. 아세톤을 함유하는 네일 에나멜 리무버 및 네일 폴리시 리무버
2. 어린이용 오일 등 개별포장 당 탄화수소류를 ( ㉠ ) 퍼센트 이상 함유하고 운동점도가 21센티스톡스 (섭씨 40도 기준) 이하인 비에멀젼 타입의 액체상태의 제품
3. 개별 포장당 메틸살리실레이트를 ( ㉡ ) 퍼센트 이상 함유하는 액체상태의 제품

〈기출문제〉

**57** **다음 괄호에 알맞은 단어를 쓰시오.**

기능성 화장품 심사를 위해 제출하여야 하는 자료 중 유효성 또는 기능에 관한 자료 중 인체적용시험자료를 제출하는 경우 (        ) 제출을 면제할 수 있다. 이 경우에는 자료제출을 면제받은 성분에 대해서 효능 효과를 기재, 표시할 수 없다.

**58** **화장품에 적합한 포장용기에 대한 설명이다. 다음 ( )에 적당한 것은?**

천연화장품 및 유기농화장품의 용기와 포장에 ( ㉠ ), 폴리스티렌폼(Polystyrene foam)을 사용할 수 없다.

답안 표기란

55 ① ② ③ ④ ⑤
56
57
58

**59** **품질보증체계가 계획된 사항과 부합하는지를 주기적으로 검증하고, 제조 및 품질관리가 효과적으로 실행되고 목적 달성에 적합한지 여부를 결정하기 위한 회사 내 자격이 있는 직원에 의해 행해지는 체계적이고 독립적인 조사를 (　　)라고 한다.**

**60** **1차 포장 또는 2차 포장에 반드시 기재할 내용은 다음과 같다. ㉠, ㉡에 알맞은 단어는?**

- 화장품의 명칭, 제조업자 혹은 화장품책임판매업자의 상호, 가격, 제조번호, 사용기한, 개봉 후 사용기한(제조년월일 병행표기) 만을 기재 표시 할 수 있다.
- 판매목적이 아닌 제품의 선택 등을 위해 소비자가 미리 사용하도록 제조된 화장품에는 가격 란에 (　㉠　혹은　㉡　)등의 표시를 한다.

답안 표기란

59

60

## 4장 맞춤형 화장품 이해

| 답안 표기란 | |
|---|---|
| 61 | ① ② ③ ④ ⑤ |
| 62 | ① ② ③ ④ ⑤ |
| 63 | ① ② ③ ④ ⑤ |

**61 화장품 안전 기준의 주요사항으로 옳지 않은 것은?**

① 식품의약품안전처장은 화장품의 제조 등에 사용할 수 없는 원료를 지정하여 고시하여야 한다.
② 식품의약품안전처장은 보존제, 색소, 자외선차단제 등과 같이 특별히 사용상의 제한이 필요한 원료에 대하여는 그 사용기준을 지정하여 고시하여야 하며, 사용기준이 지정·고시된 원료 외의 보존제, 색소, 자외선차단제 등은 사용할 수 없다.
③ 식품의약품안전처장은 국내외에서 유해물질이 포함되어 있는 것으로 알려지는 등 국민보건상 위해 우려가 제기되는 화장품 원료 등의 경우에는 대통령령으로 정하는 바에 따라 위해요소를 신속히 평가하여 그 위해 여부를 결정하여야 한다.
④ 식품의약품안전처장은 위해평가가 완료된 경우에는 해당 화장품 원료 등을 화장품의 제조에 사용할 수 없는 원료로 지정하거나 그 사용기준을 지정하여야 한다.
⑤ 식품의약품안전처장은 제2항에 따라 지정·고시된 원료의 사용기준의 안전성을 정기적으로 검토하여야 하고, 그 결과에 따라 지정·고시된 원료의 사용기준을 변경할 수 있다.

〈기출문제〉★★

**62 표피의 구조이다. 올바른 것은?**

① 기저층 → 유극층 → 각질층 → 과립층
② 유극층 → 과립층 → 각질층 → 기저층
③ 과립층 → 각질층 → 기저층 → 유극층
④ 기저층 → 유극층 → 과립층 → 각질층
⑤ 각질층 → 기저층 → 유극층 → 과립층

〈기출문제〉★★★

**63 다음 중 맞춤형화장품판매업자의 결격사유에 해당하지 않는 자는?**

① 정신질환자
② 피성년후견인 또는 파산선고를 받고 복권되지 아니한 자
③ 보건범죄 단속에 관한 특별조치법을 위반하여 금고 이상의 형을 선고받고 그 집행이 끝나지 아니하거나 그 집행을 받지 아니하기로 확정되지 아니한 자

④ 보건범죄 단속에 관한 특별조치법을 위반하여 금고 이상의 형을 선고 받고 그 집행이 끝나지 아니하거나 그 집행을 받지 아니하기로 확정되지 아니한 자
⑤ 화장품법 제24조에 따라 등록이 취소되거나 영업소가 폐쇄된 날부터 1년이 지나지 아니한 자

**64** **모발의 구조 중 모간부위에 대한 설명으로 옳지 않은 것은?**

① 가장 바깥층으로 투명한 비늘모양 세포로 구성
② 모표피 - 마찰이나 화학적자극에 약함
③ 모피질 - 단단한 케라틴으로 구성
④ 모수질 - 모발 중심부에 속이 비어있는 상태
⑤ 모피질 - 모발의 질을 결정하는 중요한 부분

**65** **맞춤형화장품의 품질 특성에 대한 설명으로 옳지 않은 것은?**

① 안전성 - 피부의 자극이나 알러지 반응이 없을 것
② 안정성 - 미생물 오염이 없을 것
③ 안전성 - 변색, 변취와 같은 화학적 변화가 없을 것
④ 안정성 - 분리. 침전, 응집현상이 없을 것
⑤ 유효성 - 피부에 효과를 부여할 것

**66** **다음 중 기능성화장품 실증자료가 있을 경우 표시, 광고 할 수 있는 표현으로 아닌 것은?**

① 여드름 피부 사용에 적합 ② 콜라겐 증가
③ 다크서클 완화 ④ 피부 주름 감소
⑤ 피부노화 완화

**67** **맞춤형화장품으로 판매가 가능하지 않은 것은?**

① 원료와 원료 혼합 ② 내용물과 원료 혼합
③ 내용물을 소분 ④ 벌크제품을 소분
⑤ 내용물과 내용물 혼합

답안 표기란

64 ① ② ③ ④ ⑤
65 ① ② ③ ④ ⑤
66 ① ② ③ ④ ⑤
67 ① ② ③ ④ ⑤

**68** 다음은 맞춤형화장품에 관한 설명이다. 올바른 것을 고르시오?

> ㉠ 화장품판매업소에서 고객 개인별 피부 특성이나 색, 향 등의 기호 등 취향에 따라
> ㉡ 제조 또는 수입된 화장품의 내용물에 다른 화장품의 내용물이나 색소, 향료 등 식품의약품안전처장이 정하는 원료를 추가하여 혼합한 화장품
> ㉢ 제조 또는 수입된 화장품의 내용물을 소분(小分)한 화장품
> ㉣ 원료와 원료를 혼합하는 화장품

① ㉠ ㉡ ② ㉡ ㉢ ③ ㉠ ㉣
④ ㉡ ㉣ ⑤ ㉠ ㉢

**69** 맞춤형화장품 원료의 사용 제한 사항으로 함량 상한을 충분히 고려한 사용 한도로 맞는 것은?

① 비소 100 ㎍/g 이하 ② 안티몬 : 100 ㎍/g 이하
③ 카드뮴 : 50 ㎍/g 이하 ④ 수은 : 10 ㎍/g 이하
⑤ 디옥산 : 100㎍/g 이하

**70** 맞춤형화장품에 혼합 가능한 화장품 원료로 옳은 것은?

① 알부틴 ② 호모살레이트 ③ 히아루론산
④ 페녹시에탄올 ⑤ 메칠이소치아졸리논

**71** 맞춤형화장품 사용 시 주의 사항으로 옳지 않은 것은?

① 상처가 있는 부위 등에는 사용을 자제할 것
② 화장품 사용 시 또는 사용 후 부작용이 있는 경우 화장품제조업자와 상담할 것
③ 눈에 들어갔을 때 즉시 씻어낼 것
① 어린이의 손이 닿지 않는 곳에 보관할 것
② 직사광선을 피해서 보관할 것

**72** 사용상 제한이 필요한 성분 중 보존제 성분으로 옳지 않은 것은?

① 드로메트리졸 1.0% ② 클로로펜 0.05%
③ 페녹시에탄올 1.0% ④ 클로페네신 0.3%
⑤ 메칠이소치아졸리논 0.0015%

| 답안 표기란 | |
|---|---|
| 68 | ① ② ③ ④ ⑤ |
| 69 | ① ② ③ ④ ⑤ |
| 70 | ① ② ③ ④ ⑤ |
| 71 | ① ② ③ ④ ⑤ |
| 72 | ① ② ③ ④ ⑤ |

**73** **맞춤형화장품판매업자가 혼합, 소분할 때 안전 관리 기준에 의한 준수 사항으로 옳지 않은 것은?**

① 혼합·소분 전에 손을 소독하거나 세정할 것. 다만, 혼합·소분 시 일회용 장갑을 착용하는 경우 예외
② 혼합·소분 전에 혼합·소분된 제품을 담을 포장용기의 오염여부를 확인할 것
③ 혼합·소분에 사용되는 장비 또는 기구 등은 사용 전에 그 위생상태를 점검하고, 사용 후에는 오염이 없도록 세척할 것
④ 혼합·소분 전에 내용물 및 원료의 사용기한 또는 개봉 후 사용기간을 확인하고, 사용기한 또는 개봉 후 사용기간이 지난 것은 사용하지 아니할 것
⑤ 소비자의 피부상태나 선호도 등을 확인하지 아니하고 맞춤형화장품을 미리 혼합·소분하여 보관하여 판매할 것

**74** **피부의 진피 구조로 옳은 것은?**

① 유두층, 기저층
② 망상층, 기저층
③ 유두층, 망상층
④ 기저층, 과립층
⑤ 피하지방층, 망상층

**75** **맞춤형화장품 판매 시 소비자에게 설명해야 하는 사항으로 옳은 것은?**

① 혼합·소분에 사용되는 내용물 또는 원료의 특성
② 판매량
③ 부작용 사례 보고
④ 원료 및 내용물의 폐기내영
⑤ 화장품 용기

**76** **화장품 포장에 기재, 표시를 생략할 수 있는 성분으로 옳은 것은?**

① 타르색소
② 금박
③ 제조과정 중에 제거되어 최종 제품에는 남아 있지 않은 성분
④ 과일산(AHA)
⑤ 기능성화장품의 경우 그 효능·효과가 나타나게 하는 원료

답안 표기란

| | | | | | |
|---|---|---|---|---|---|
| 73 | ① | ② | ③ | ④ | ⑤ |
| 74 | ① | ② | ③ | ④ | ⑤ |
| 75 | ① | ② | ③ | ④ | ⑤ |
| 76 | ① | ② | ③ | ④ | ⑤ |

**77** **다음 중 화장품의 제형에 대한 설명으로 옳은 것은?**

> 유화제 등을 넣어 유성성분과 수성성분을 균질화하여 반고형상으로 만든 것

① 로션제 ② 크림제 ③ 액제
④ 겔제 ⑤ 분말제

〈기출문제〉

**78** **다음 중 화장품의 유형과 제품이 올바르게 연결된 것은?**

① 염모제 – 두발용
② 바디클렌저 – 세안용
③ 마스카라 – 색조화장용
④ 손발의 피부연화제품 – 기초화장용
⑤ 클렌징워터 – 인체세정용

**79** **기능성 화장품 실증자료가 있는 경우 화장품 표시, 광고 표현으로 옳지 않은 것은?**

① 피부혈행 개선 ② 일시적 셀룰라이트 감소
③ 콜라겐 증가 또는 활성화 ④ 효소 증가 또는 활성화
⑤ 여드름 피부 치료

〈기출문제〉★★

**80** **맞춤형화장품 조제관리사는 매장을 방문한 고객과 다음과 같은 〈대화〉를 나누었다. 고객에게 혼합하여 추천할 제품으로 다음 〈보기〉 중 옳은 것을 모두 고르시오.**

> 〈대화〉
> 고객: 최근 부쩍 주름이 많아지고 피부가 쳐지는 느낌이 들고 피부가 푸석푸석해요.
> 조제관리사: 아. 그러신가요? 그럼 고객님 피부 상태를 측정해 보도록 할까요?
> 고객: 그럴까요? 지난번 방문 시와 비교해 주시면 좋겠네요.
> 조제관리사: 네. 이쪽에 앉으시면 저희 측정기로 측정을 해드리겠습니다.
>
> 피부측정 후,
>
> 조제관리사: 고객님은 1달 전 측정 시보다 얼굴에 주름이 많이 늘고 수분함유량이 많이 저하되어 있네요. 주름개선과 보습효과를 줄 수 있는 제품을 사용하는게 좋겠어요.
> 고객: 음. 걱정이네요. 그럼 제게 맞는 제품으로 추천해 주셔요.

답안 표기란

77 ① ② ③ ④ ⑤
78 ① ② ③ ④ ⑤
79 ① ② ③ ④ ⑤
80 ① ② ③ ④ ⑤

| 보기 | ㄱ. 살리실릭애씨드 함유 제품<br>ㄴ. 나이아신아마이드 함유 제품<br>ㄷ. 세라마이드 함유 제품<br>ㄹ. 아데노신 함유제품<br>ㅁ. 알파- 비사보롤 함유제품 |
|---|---|

① ㄱ, ㄷ　　② ㄱ, ㅁ　　③ ㄴ, ㄹ
④ ㄴ, ㅁ　　⑤ ㄷ, ㄹ

**81** **다음은 맞춤형 화장품판매업에 대한 설명으로 옳은 것을 모두 고르시오.**

> ㉠ 맞춤형화장품 판매 시 해당 맞춤형화장품의 혼합 또는 소분에 사용되는 내용물 및 원료의 특성, 사용 시의 주의 사항에 대하여 소비자에게 설명하지 않아도 된다.
> ㉡ 맞춤형화장품 혼합·소분에 필요한 장소, 시설 및 기구는 보건위생상 위해가 없도록 위생적으로 관리·유지를 해야 한다.
> ㉢ 소비자의 피부상태나 선호도 등을 확인하지 아니하고 맞춤형화장품을 미리 혼합·소분하여 보관하거나 판매하지 말 것
> ㉣ 맞춤형화장품의 사용기한 또는 개봉 후 사용기간은 맞춤형화장품의 혼합 또는 소분에 사용되는 내용물의 사용기간 또는 개봉 후 사용기간을 초과해서는 안된다.

① ㉠ ㉡　　② ㉠ ㉢　　③ ㉡ ㉢ ㉣
④ ㉠ ㉡ ㉣　　⑤ ㉠ ㉢ ㉣

**82** **맞춤형화장품판매업을 하려는 자는 총리령으로 정하는 바에 따라 식품의약품안전처장에게 신고하여야 한다. 신고한 사항 중 총리령으로 정하는 사항을 변경할 때에도 또한 같다.**
**⇒ ( 　　　　　　)에 ( 　) 이내 신고. 변경사항은 ( 　) 이내에 신고해야 한다.**

① 관할 지방식품의약처안전청, 10일, 15일
② 관할 지방식품의약처안전청, 10일, 20일
③ 관할 지방식품의약처안전청, 15일, 25일
④ 관할 지방식품의약처안전청, 15일, 30일
⑤ 관할 지방식품의약처안전청, 20일, 30일

| 답안 표기란 |
|---|
| 81 ① ② ③ ④ ⑤ |
| 82 ① ② ③ ④ ⑤ |

〈기출문제〉

**83** **맞춤형화장품 조제관리사맞춤형화장품에 혼합 가능한 기기로 옳은 것은?**

① 분쇄기 ② 호모게나이저
③ 성형기 ④ 충진기
⑤ 냉각기

**84** **모발의 성장주기에 대한 설명으로 옳은 것은?**

① 성장기 – 새로운 모발이 발생하는 시기
② 퇴화기 – 모구의 활동이 완전히 멈추는 시기
③ 휴지기 – 대사과정이 느려져 세포분열이 정지 모발 성장이 정지되는 시기
④ 발생기 – 모구의 활동이 완전히 멈추는 시기
⑤ 성장기 – 모발이 모세혈관에서 보내진 영양분에 의해 성장하는 시기

**85** **피부의 구조의 순서로 옳은 것은?**

① 피하지방 → 진피 → 표피
② 피하지방 → 진피 → 피부부속기관
③ 진피 → 피하지방 → 표피
④ 피부부속기관 → 표피 → 진피
⑤ 표피 → 피하지방 → 진피

**86** **제조 또는 수입된 화장품내용물에 다른 화장품의 내용물이나 식품의약품안전처장이 정하여 고시하는 원료를 추가하여 혼합한 화장품을 판매하는 영업을 하는 자는?**

① 맞춤형화장품판매업자
② 화장품책임판매업자
③ 화장품도매업자
④ 화장품 전문점
⑤ 화장품제조업자

답안 표기란

| | |
|---|---|
| 83 | ① ② ③ ④ ⑤ |
| 84 | ① ② ③ ④ ⑤ |
| 85 | ① ② ③ ④ ⑤ |
| 86 | ① ② ③ ④ ⑤ |

**87** 다음은 어느 피부유형에 속하는가?

- 피지분비가 많아 유분이 많고 모공이 크다.
- 뾰루지와 면포 형성이 생길 수 있다.
- 피부가 유분기가 많아 번들거리고 화장이 잘 지워진다.
- 피부조직이 두껍고 피부결이 거칠어 보인다.
- 모세혈관이 확장되어 붉은 얼굴이 되기 쉽다.

① 건성피부
② 지성피부
③ 정상피부
④ 민감성피부
⑤ 복합성피부

**88** 다음 중 화장품에 실증자료가 있을 경우 표시, 광고 할 수 있는 표현과 평가방법이 바르게 연결된 것은 아닌 것은?

① 여드름 피부 사용에 적합 - 인체적용시험 자료
② 콜라겐 증가 - 기능성화장품에서 해당기능을 실증한 자료
③ 다크서클 완화 - 인체 외 시험자료
④ 피부 혈행 개선 - 인체적용시험 자료
⑤ 피부노화 완화 - 인체 외 시험자료

**89** 다음 괄호안에 알맞은 단어를 기재하시오.

맞춤형화장품판매업소에서 ( )자격증을 가진 자가 고객 개인별 피부 특성이나 색, 향 등의 기호 등 취향에 따라 다음과 같이맞춤형 화장품을 판매할 수 있다.
- 제조 또는 수입된 화장품의 내용물에 다른 화장품의 내용물이나 색소, 향료 등 식품의약품안전처장이 정하는 원료를 추가하여 혼합한 화장품
- 제조 또는 수입된 화장품의 내용물을 소분(小分)한 화장품

답안 표기란

87 ① ② ③ ④ ⑤
88 ① ② ③ ④ ⑤
89

〈예시문항〉

**90** 화장품법상 등록이 아닌 다음의 〈보기〉는 맞춤형화장품의 전성분 항목이다. 소비자에게 사용된 성분에 대해 설명하기 위하여 다음 화장품 전성분 표기 중 사용상의 제한이 필요한 보존제에 해당하는 성분을 다음 〈보기〉에서 하나를 골라 작성하시오.

> **보기** 정제수, 글리세린, 다이프로필렌글라이콜, 토코페릴아세테이트, 다이메티콘/비닐다이메티콘크로스폴리머, C12-14파레스-3, 페녹시에탄올, 향료

**91** 맞춤형화장품판매장의 조제관리사로 지방식품의약품안전청에 신고한 맞춤형화장품조제관리사는 매년(　　　　,　　　　)의 집합교육 또는 온라인 교육을 식약처에서 정한 교육실시기관에서 이수 할 것

**92** 일상의 취급 또는 보통 보존상태에서 외부로부터 고형의 이물이 들어가는 것을 방지하고 고형의 내용물이 손실되지 않도록 보호할 수 있는 용기는?

〈기출문제〉★

**93** 다음은 화장품 1차 포장에 반드시 기재 표시해야 하는 사항이다. 괄호 안에 알맞은 단어를 쓰시오.

> - 화장품의 명칭
> - 영업자의 상호
> - (　　　　)
> - 사용기한 또는 개봉 후 사용기간(제조연월일 병행 표기)

**94** 맞춤형화장품의 내용물 및 원료 입고 시 품질관리 여부를 확인하고 구비해야하는 서류는?

**95** 다음 〈보기〉에서 설명하고 있는 화장품제형은?

> **보기** 유화제 등을 넣어 유성성분과 수성성분을 균질화하여 반고형상으로 만든 것

| 답안 표기란 |
|---|
| 90 |
| 91 |
| 92 |
| 93 |
| 94 |
| 95 |

**96** 다음은 화장품의 품질 요소에 대한 설명이다. 알맞은 단어를 쓰시오.

> (　　　　　)이란 화장품의 내용물이 변색, 변취와 같은 화학적 변화나 미생물 오염, 분리, 침전, 응집, 부러짐, 굳음과 같은 물리적 변화로 인하여 사용성이나 미관이 손상되어서는 안된다.

**97** 다음 사항에 알맞은 단어를 기재하시오.

> 한 종류의 액체(용매)에 계면활성제를 이용하여 불용성 물질을 투명하게 용해시키는 것. 대표적인 화장품으로는 투명스킨, 헤어토닉 등이 있다.

**98** 다음 괄호 안에 알맞은 단어를 기재하시오.

> 식품의약품안전처장은 특별히 사용상의 제한이 필요한 원료에 대하여는 그 사용기준을 지정하여 고시하여야 하며, 사용기준이 지정·고시된 원료 외의 (　　,　　　,　　　) 등은 사용할 수 없다.

**99** 다음 괄호 안에 알맞은 단어를 기재하시오.

> 맞춤형화장품 사용과 관련된 중대한 유해사례 등 부작용 발생 시 그 정보를 알게 된 날로부터 (　　　)에 식품의약품안전처 홈페이지를 통해 보고하거나 우편·팩스·정보통신망 등의 방법으로 보고해야 한다.

**100** 다음 괄호 안에 알맞은 단어를 기재하시오.

> 식품의약품안전처장은 맞춤형화장품조제관리사가 거짓이나 그 밖의 부정한 방법으로 시험에 합격한 경우에는 자격을 취소하여야 하며, 자격이 취소된 사람은 취소된 날부터 (　　)간 자격시험에 응시할 수 없다.

답안 표기란

96

97

98

99

100

## 1장 화장품법의 이해

답안 표기란

01 ① ② ③ ④ ⑤

02 ① ② ③ ④ ⑤

03 ① ② ③ ④ ⑤

**01 맞춤형화장품판매영업의 내용으로 옳은 것은?**

① 제조 또는 수입된 화장품의 내용물에 다른 화장품의 내용물이나 식품의약품안전처장이 정하여 고시하는 원료를 추가하여 혼합한 화장품을 판매하는 영업

② 화장품제조업자에게 위탁하여 제조된 화장품을 유통, 판매하는 영업

③ 수입된 화장품을 유통, 판매하는 영업

④ 화장품의 포장(1차 포장만 해당한다)을 하는 영업

⑤ 화장품제조업자가 화장품을 직접 제조하여 유통, 판매하는 영업

**02 개인정보보호법에 의거 정보 주체의 권리에 대한 설명으로 옳지 않은 것은?**

① 개인정보의 처리에 관한 정보를 제공받을 권리

② 개인정보의 처리에 관한 고객정보처리자의 지휘, 감독을 행하는 권리

③ 개인정보의 처리 여부를 확인하고 개인정보에 대하여 열람을 요구할 권리

④ 개인정보의 처리 정지, 정정, 삭제 및 파기를 요구할 권리

⑤ 개인정보의 처리로 인하여 발생한 피해를 신속하고 공정한 절차에 따라 구제받을 권리

**03 화장품책임판매업자의 준수사항으로 옳지 않은 것은?**

① 품질관리 기준을 준수할 것

② 책임판매 후 안전 관리 기준을 준수할 것

③ 제조관리 기준서, 제품표준서, 제조관리기록서 및 품질관리기록서(전자문서 형식을 포함한다)를 작성, 보관할 것

④ 품질 검사 방법 및 실시 의무, 안전성·유효성 관련 정보사항 등의 보고 및 안전대책 마련 의무 등에 관하여 총리령으로 정하는 사항을 준수할 것
⑤ 레티놀 및 그 유도체 성분을 0.5퍼센트 이상 함유한 품목의 안정성시험 자료를 최종 제조된 제품의 사용기한이 만료되는 날부터 1년간 보존할 것

**04** **기능성화장품의 범위에 대한 설명으로 옳지 않은 것은?**

① 강한 햇볕을 방지하여 피부를 곱게 태워주는 기능을 가진 화장품
② 자외선을 차단 또는 산란시켜 자외선으로부터 피부를 보호하는 기능을 가진 화장품
③ 피부장벽의 기능을 회복하여 가려움 등의 개선에 도움을 주는 화장품
④ 영구적으로 체모를 제거하는 기능을 가진 화장품
⑤ 탈모 증상의 완화에 도움을 주는 화장품. 다만, 코팅 등 물리적으로 모발을 굵게 보이게 하는 제품은 제외한다.

**05** **화장품 회수계획의 행정처분의 내용으로 옳지 않은 것은?**

① 회수계획에 따른 회수계획량의 5분의 4 이상을 회수한 경우 그 위반행위에 대한 행정처분을 면제
② 회수계획량의 4분의 1 이상 3분의 1 미만을 회수한 경우에 등록취소인 경우에는 업무정지 3개월 이상 6개월 이하의 범위에서 행정처분 기준이 경감
③ 회수계획량의 3분의 1 이상을 회수한 경우에 행정처분 기준이 경감
④ 회수계획량의 3분의 1 이상을 회수한 경우에 품목의 제조, 수입, 판매 업무정지인 경우에는 정지처분기간의 3분의 2 이하의 범위에서 경감
⑤ 회수계획량의 4분의 1이상 3분의 1 미만을 회수한 경우에 행정처분기준이 업무정지 또는 품목의 제조·수입·판매 업무정지인 경우에는 정지처분기간의 3분의2 이하의 범위에서 경감

| 답안 표기란 | |
|---|---|
| 04 | ① ② ③ ④ ⑤ |
| 05 | ① ② ③ ④ ⑤ |

**06** **화장품 표시, 광고 내용 실증자료를 제출할 때에 증명할 수 있는 자료로 옳지 않은 것은?**

① 실증방법
② 시험·조사기관의 명칭, 대표자의 성명, 주소 및 전화번호
③ 실증자료를 제출할 때에는 증명할 수 있는 자료를 첨부하여 화장품책임판매업자에게 제출하여야 한다.
④ 실증 내용 및 실증결과
⑤ 실증자료 중 영업상 비밀에 해당되어 공개를 원하지 않는 경우에는 그 내용 및 사유

〈기출문제〉

**07** **다음 중 화장품법 위반 내용으로 과태료 부과기준이 다른 것은?**

① 화장품의 생산실적 또는 화장품 원료의 목록 등을 보고하지 아니한 자
② 책임판매관리자 및 맞춤형화장품조제관리사는 화장품의 안전성 확보 및 품질관리에 관한 교육을 매년 받아야 한다.
③ 폐업 등의 신고를 하지 아니한 자
④ 화장품의 판매 가격을 표시하지 않은 경우
⑤ 화장품 안전 기준에 따른 명령을 위반하여 보고를 하지 아니한 자

**08** **식품의약품안전처장은 제22조, 제23조, 제23조의2, 제24조 또는 제28조에 따라 행정처분이 확정된 자에 대한 처분 사유, 처분 내용, 처분 대상자의 명칭·주소 및 대표자 성명, 해당 품목의 명칭 등 처분과 관련한 사항으로서 (                    )으로 정하는 사항을 공표할 수 있다.**

〈기출문제〉★★

**09** **맞춤형화장품 판매업소에서 제조·수입된 화장품의 내용물에 다른 화장품의 내용물이나 식품의약품안전처장이 정하는 원료를 추가하여 혼합하거나 제조 또는 수입된 화장품의 내용물을 소분(小分)하는 업무에 종사하는 자를 (                    )(이)라고 한다.**

**10** **천연화장품 및 유기농화장품에 대하여 인증의 유효기간은 인중을 받은 날부터 ( ㉠ )으로 한다. 인증의 유효기간을 연장 받으려는 자는 유효기간 만료 ( ㉡ )전에 총리령으로 정하는 바에 따라 연장신청을 하여야 한다.**

답안 표기란

| | |
|---|---|
| 06 | ① ② ③ ④ ⑤ |
| 07 | ① ② ③ ④ ⑤ |
| 08 | ① ② ③ ④ ⑤ |
| 09 | ① ② ③ ④ ⑤ |
| 10 | ① ② ③ ④ ⑤ |

## 2장 화장품제조 및 품질관리

**11** 다음중 맞춤형화장품조제관리사가 사용할 수 있는 원료는?

① 벤질알코올　② 벤조페논-4
③ 산화아연　④ 구아검
⑤ 황색 4호

**12** 고형의 유성성분으로 화장품의 굳기정도를 증가시켜 주는 물질로 바르게 설명한 것은?

① 3개의 고급지방산과 3가의 알코올인 글리세롤이 반응한 에스테르 물질로 팜유가 있다.
② 유기산(R-COOH)과 알코올(R-OH)의 에스테르화 반응으로 생성된 아세트산에틸이 있다.
③ 고급 지방산에 고급 알코올이 결합된 에스테르물질로 왁스가 있다.
④ 카복실산과 알코올의 반응으로 생성된 스쿠알렌이 있다.
⑤ 흡수력이 좋아 미안유로 많이 쓰이는 피마자유가 있다.

**13** 화장품 2차 포장에서 전성분 표기에 대한 표시방법에서 바르지 않은 것은?

① 글자 크기 : 5pt 이상
② 표시제외 : 원료 자체에 이미 포함되어 있는 미량의 보존제 및 안정화제
③ 순서예외 : 1% 이하로 사용된 성분, 착향료, 착색제는 함량 순으로 기입하지 않아도 됨
④ 표시순서 : 제조에 사용된 함량이 적은 순으로 기입
⑤ 표시제외 : 제조과정에서 제거되어 최종 제품에 남아 있지 않는 성분

**14** 다음 중 기능성 화장품 원료에 속하지 않는 것은?

① 벤조페논-4　② 티타늄디옥사이드
③ 닥나무추출물　④ 니트로-p-페닐렌다아민
⑤ 레티놀

답안 표기란

11 ① ② ③ ④ ⑤
12 ① ② ③ ④ ⑤
13 ① ② ③ ④ ⑤
14 ① ② ③ ④ ⑤

| 답안 표기란 |
|---|
| 15 ① ② ③ ④ ⑤ |
| 16 ① ② ③ ④ ⑤ |
| 17 ① ② ③ ④ ⑤ |
| 18 ① ② ③ ④ ⑤ |
| 19 ① ② ③ ④ ⑤ |

**15** **책임판매업자가 중대한 유해사례를 알게 된 날부터 식품의약품안전처장에게 보고해야 하는 기간은?**

① 5일 이내 ② 7일 이내 ③ 15일 이내
④ 30일 이내 ⑤ 정기보고

**16** **화장품법 시행규칙 제14조 2항에 의해 회수대상 화장품의 기준으로 틀린 것은?**

① 안전용기 포장 기준에 위반되는 화장품
② 전부 혹은 일부가 변패된 화장품
③ 병원성 미생물에 오염된 화장품
④ 화장품에 사용할 수 없는 원료를 사용한 화장품
⑤ 심사를 받지 아니하거나 보고서를 제출하지 아니한 기능성화장품

〈기출문제〉★★

**17** **다음 중 보존제의 사용 한도로 옳은 것은?**

① 클로페네신 0.3% ② 벤조익애시드 1.0%
③ 페녹시에탄올 1.0% ④ 소듐아이오데이트 0.5%
⑤ 징크피리치온 0.1%

**18** **세정력이 가장 강하여 샴푸나 비누, 세정제로 많이 사용하는 계면활성제에 대한 설명으로 옳은 것은?**

① 비이온성 계면활성제로 피부에 자극이 크다.
② 양쪽성 계면활성제로 피부자극에 독성이 낮다.
③ 양이온성 계면활성제로 헤어린스에도 쓰이고 피부자극이 강하다.
④ 알칼리성에서 음이온, 산성에서 양이온으로 해리된다.
⑤ 음이온성 계면활성제로 탈지력이 강하여 피부자극이 있다.

**19** **소비자가 화장품 사용 중 중대한 유해사례에 해당하지 않는 경우는?**

① 의학적으로 중요한 상황이 발생한 경우
② 입원 또는 입원기간의 연장이 필요한 경우
③ 선천적 기형 또는 불구, 기능저하를 초래하는 경우
④ 사용 후 부종 혹은 가려움 등의 증상이 있는 경우
⑤ 사망을 초래하거나 생명을 위협하는 경우

〈기출주관식 문제〉

**20** **다음 중 보존제의 사용고형의 화장비누 제품에 남아 있는 유리알칼리 성분의 제한한도를 바르게 표시한 것은?**

① 0.5%　② 1.0%　③ 0.1%
④ 0.05%　⑤ 10%

**21** **회수의무자는 유해사례발생으로 인해 회수대상 화장품의 회수를 완료한 경우 회수종료 신고를 누구에게 해야 하나?**

① 총리　② 보건복지부장관
③ 지방 식품의약품안전처장　④ 관할지서
⑤ 책임판매자

**22** **고형의 유성성분으로 고급 지방산에 고급 알코올이 결합된 에스테르를 나타내며 화장품의 굳기를 증가시켜 주는 것은?**

① 왁스　② 난황오일
③ 스쿠알렌　④ 밍크오일
⑤ 카나우바 왁스

**23** **화장품 사용시 주의 사항으로 옳은 것은?**

① 외음부 세정제 - 모든 연령층에 사용가능하며 정해진 용량대로 사용할 것
② 가연성 가스를 사용하는 제품 - 밀폐된 실내에서만 사용할 것
③ 스크럽 세안제 - 특이체질, 생리 또는 출산이후 질환이 있는 사람은 사용을 피할 것
④ 체취 방지용 제품 - 털을 제거한 직후에는 사용하지 말 것
⑤ 알파하이드로시애씨드(AHA) - 얼굴에 직접분사하지 말고 손에 덜어 사용할 것

| 답안 표기란 |
| --- |
| 20 ① ② ③ ④ ⑤ |
| 21 ① ② ③ ④ ⑤ |
| 22 ① ② ③ ④ ⑤ |
| 23 ① ② ③ ④ ⑤ |

**24** **"기능성화장품"이란 화장품 중에서 다음 각 항목의 어느 하나에 해당되는 것으로서 총리령으로 정하는 화장품을 말한다. 다음 중 틀린 것은?**

① 피부의 미백에 도움을 주는 제품
② 피부의 주름개선에 도움을 주는 제품
③ 피부를 곱게 태워주거나 자외선으로부터 피부를 보호하는 데에 도움을 주는 제품
④ 모발의 색상 변화, 제거 또는 영양공급에 도움을 주는 제품
⑤ 피부의 기능 약화로 인한 건조함, 갈라짐 등을 방지하거나 아토피성 피부를 개선하는 데에 도움을 주는 제품

〈기출문제〉

**25** **다음 〈보기〉의 설명에 해당하는 유성성분은?**

> **보기** – 실록산 결합 (Si–O–Si)을 기본 구조로 갖는다.
> – 끈적거림이 없고 사용감이 가볍다.

① 에스테르오일 ② 에뮤 오일 ③ 올리브 오일
④ 쉐어버터 ⑤ 실리콘 오일

**26** **화장품에 사용되는 원료의 특성을 바르게 설명한 것은?**

① 산화방지제는 주로 점도 증가, 피막 형성 등의 목적으로 사용된다.
② 계면활성제는 계면에 흡착하여 물의 표면장력을 강화시키는 물질이다.
③ 금속이온봉쇄제는 원료 중에 혼입되어 있는 이온을 제거할 목적으로 사용된다.
④ 고분자화합물은 수분의 증발을 억제하고 사용감촉을 향상시키는 등의 목적으로 사용된다.
⑤ 유성원료는 산화되기 쉬운 성분을 함유한 물질에 첨가하여 산패를 막을 목적으로 사용된다.

**27** **맞춤형화장품의 내용물 및 원료에 대한 품질검사결과를 확인해 볼 수 있도록 구비해야하는 서류로 옳은 것은?**

① 품질관리 확인서 ② 품질성적서
③ 칭량지시서 ④ 포장지시서
⑤ 제조공정도

답안 표기란

| | |
|---|---|
| 24 | ① ② ③ ④ ⑤ |
| 25 | ① ② ③ ④ ⑤ |
| 26 | ① ② ③ ④ ⑤ |
| 27 | ① ② ③ ④ ⑤ |

## 28 화장품의 안전을 위해 사용하는 보존제로 올바르게 사용한 것은?

① p-니트로-o-페닐렌디아민 0.5%
② 폴리에이치씨엘 1.5%
③ 페녹시 에탄올 1.0%
④ 벤조페논-4 5%
⑤ 이산화티타늄 0.25%

## 29 다음 피부에 수분 공급 및 유지를 위해 사용되는 성분 중 원료의 성질이 다른 하나는?

① 글리세린
② 히알루론산
③ 에뮤 오일
④ 솔비톨
⑤ 프로필렌글리콜

## 30 다음 지문에서 화장품에 사용된 보존제의 이름과 사용 한도를 적으시오.

희아는 맞춤형화장품 매장에서 조제관리사의 설명을 듣고 미백과 주름개선 기능성 화장품을 선택하려고 한다. 이 때 조제관리사는 알레르기 유발성이 있는 보존제가 있음을 고시하였다.

〈화장품 전성분〉
정제수, 부틸렌글라이콜, 알로에베라잎 추출물, 알라토인, 디소듐이디티에이, 닥나무추출물, 알에이치-올리고펩타이드-1, 페녹시 에탄올, 알파-비사보롤, 레티놀, 옥시벤존

## 31 다음 지문에서 괄호 안에 맞는 내용을 쓰시오.

화장품이 제조된 날로부터 적절한 보관 상태로 제품이 고유의 특성을 간직한 경우에 소비자가 안정적으로 사용할 수 있는 최소한의 기간을 (　　　　) 라 한다.

답안 표기란

| | |
|---|---|
| 28 | ① ② ③ ④ ⑤ |
| 29 | ① ② ③ ④ ⑤ |
| 30 | ① ② ③ ④ ⑤ |
| 31 | ① ② ③ ④ ⑤ |

답안 표기란

32

33

34

35

**32** 다음 지문에서 괄호 안에 맞는 내용을 쓰시오.

기능성화장품 심사에 관한 규정에서 유효성 또는 기능에 관한 자료 중에 인체적용 시험자료에서 사람에게 적용 시 효능효과 등 기능을 입증할 수 있는 자료로서 관련분야 전문의사, 연구소 또는 병원 기타 관련기관에서 (　　　) 년 이상 해당 시험경력을 가진 자의 지도 감독이 필요하다.

**33** 다음 내용에서 괄호 안에 적합한 용어를 쓰시오.

(　　　　)는 화장품의 사용 중에 발생한 바람직하지 않고 의도되지 않은 징후, 증상 또는 질병을 말하며 해당화장품과 반드시 인과관계를 가져야하는 것은 아니다.

〈기출문제〉★★★

**34** 다음 내용에서 괄호 안에 적합한 용어를 쓰시오.

화장품책임판매업자는 영·유아 ( 만 ㉠ 세 이하) 또는 어린이( 만 ㉡ 세 이하)가 사용할 수 있는 화장품임을 표시 광고하려는 경우에 제품별로 안전과 품질을 입증할 수 있는 다음 각호의 자료( 이하 '제품별 안전성 자료'라 한다)를 제출해야 한다.

- 제품 및 제조방법에 대한 설명 자료
- 화장품의 ( ㉢ 　　) 평가 자료
- 제품의 효능 효과에 대한 증명 자료

〈기출문제〉★

**35** 위해평가를 위한 요소들에 대한 내용이다. 괄호 안 ㉠, ㉡에 명칭을 기재하시오.

- 위해 작용이 관찰되지 않는 최대 투여량 : 최대무독성량
- ( ㉠ )은 하루에 화장품을 사용할 때 흡수되어 혈류로 들어가서 전신적으로 작용할 것으로 예상하는 양을 말한다.
- ( ㉡ )은 최대무독성량 대비 ( ㉠ )의 비율로 숫자가 커질수록 위험한 농도 대비 ( ㉠ )이 작아 안전하다고 판단한다. ( ㉡ ) = 최대무독성량 / ( ㉠ )

## 3장 유통 화장품 안전 관리

| 답안 표기란 | |
|---|---|
| 36 | ① ② ③ ④ ⑤ |
| 37 | ① ② ③ ④ ⑤ |
| 38 | ① ② ③ ④ ⑤ |

**36 다음 중 총리령으로 정하는 화장품의 기재 사항으로 맞춤형화장품의 포장에 기재·표시하여야 하는 사항이 아닌 것은?**

① 식품의약품안전처장이 정하는 바코드
② 기능성화장품의 경우 심사받거나 보고한 효능·효과, 용법·용량
③ 성분명을 제품 명칭의 일부로 사용한 경우 그 성분명과 함량(방향용 제품은 제외한다)
④ 인체 세포·조직 배양액이 들어있는 경우 그 함량
⑤ 화장품에 천연 또는 유기농으로 표시·광고하려는 경우에는 원료의 함량

**37 혼합·소분시 위생관리 규정으로 옳지 않은 것은?**

① 시험 시설 및 시험 기구는 점검 후 사용한다.
② 제품을 혼합 혹은 소분할 용기는 70%에탄올로 소독해 둔다.
③ 작업하기 전에 소분 시 사용할 도구는 깨끗이 닦아 헝겊으로 물기를 닦고 사용한다.
④ 혼합 및 소분 시 사용하는 도구를 UV자외선 소독기에 넣어두었다가 사용한다.
⑤ 작업하기 전에 위생 복장을 입고, 손 소독을 한다.

**38 포장재의 폐기기준에서 충전 및 포장시 발생된 불량자재처리로 옳은 것은?**

① 품질 부서에서 적합으로 판정된 포장재는 무조건 사용한다.
② 생산팀에서 생산 공정 중 발생한  불량포장재는 해당업체에 시정조치 요구
③ 물류팀 담당자는 부적합 포장재를 정상품과 함께 자재 보관소에 따로 보관
④ 생산팀에서 생산공정 중 발생한 불량포장재는 정상품과 함께 물류팀에 반납한다.
⑤ 물류팀 담당자는 부적합 포장재를 추후 반품 또는 폐기조치 후 해당업체에 시정조치 요구

**39** **입고된 포장재의 관리 기준으로 보관 방법이 틀리게 설명한 것은?**

① 바닥 및 내벽과 10cm이상, 외벽과 30cm 이상 간격을 두고 보관
② 직사광선, 습기, 발열체를 피하여 보관
③ 방서, 방충 시설을 갖춘 곳에서 보관
④ 보관장소는 항상 청결해야 하며 정리 정돈되어 있어야 한다.
⑤ 출고 시에는 원칙적으로 앞에 진열되어 있는 것부터 사용한다.

**40** **우수화장품 제조 및 품질관리 기준에서 정의하는 주요 용어와 의미가 바르게 연결된 것을 〈보기〉에서 고르시오.**

보기
ㄱ. 제조소 : 제품, 원료 및 포장재의 수령, 보관, 제조, 관리 및 출하를 위해 사용되는 물리적 장소, 건축물 및 보조 건축물
ㄴ. 제조 : 물질의 칭량부터 혼합, 충전(1차 포장), 2차 포장 및 표시 등의 일련의 작업
ㄷ. 벌크 제품 : 충전(1차 포장) 이전의 제조 단계까지 끝낸 제품
ㄹ. 일탈 : 제조 또는 품질관리 활동 등의 미리 정하여진 기준을 벗어나 이루어진 행위
ㅁ. 포장재 : 화장품의 포장에 사용되는 모든 재료를 말하며 주로 운송을 위해 사용되는 외부 포장재에 해당

① ㄱ, ㄴ, ㅁ
② ㄱ, ㄷ, ㄹ
③ ㄱ, ㄷ, ㅁ
④ ㄴ, ㄷ, ㄹ
⑤ ㄷ, ㅁ, ㄹ

**41** **원자재 입고관리에 관한 사항으로 틀린 것은?**

① 제조업자는 원자재 공급자에 대한 관리감독을 적절히 수행하여 입고관리가 철저히 이루어지도록 하여야 한다.
② 원자재의 입고 시 구매 요구서, 원자재 공급업체 성적서 및 현품이 서로 일치하여야 한다
③ 원자재는 시험결과 적합판정된 것만을 선입선출방식으로 출고해야 한다.
④ 입고된 원자재는 "적합", "부적합", "검사 중" 등으로 상태를 표시하여야 한다.
⑤ 원자재 용기에 제조번호가 없는 경우에는 관리번호를 부여하여 보관하여야 한다.

답안 표기란

| | |
|---|---|
| 39 | ① ② ③ ④ ⑤ |
| 40 | ① ② ③ ④ ⑤ |
| 41 | ① ② ③ ④ ⑤ |

〈기출문제〉

**42** **100% 채우는 것을 기화장품 표시·광고 시 준수사항에 대한 내용으로 틀린 것은?**

① 의약품으로 잘못 인식할 우려가 있는 내용 등에 대한 표시·광고를 하지 말 것

② 기능성화장품, 천연화장품 또는 유기농화장품이 아닐 경우 제품의 명칭, 제조방법, 효능·효과 등에 관하여 잘못 인식할 우려가 있는 표시·광고를 하지 말 것

③ 인체적용시험 결과가 공인된 것이 없는 경우, 의사·치과의사·한의사·약사·의료기관 또는 그 밖의 자가 이를 지정·공인·추천 또는 사용하고 있다는 내용이나 이를 암시하는 등의 표시·광고를 하지 말 것.

④ 경쟁상품과 비교하는 표시·광고는 무관하다.

⑤ 경쟁상품과 배타성을 띤 "최고" 또는 "최상" 등의 절대적 표현의 표시·광고를 하지 말 것

**43** **유통화장품 안전 관리에서 소독제 효과에 영향을 미치는 요인으로 틀린 것은?**

① 사용 약제의 종류나 사용농도 및 액성의 pH

② 미생물의 종류, 부유상태

③ 작업자의 작업 시 숙련도

④ 균에 대한 확산성

⑤ 실내 온도 및 습도

〈기출문제〉★★

**44** **유통화장품 안전 관리 기준에 따른 화장품과 미생물한도가 틀린 것은?**

① 베이비 오일 - 총호기성생균수는 500개/g(mL)이하

② 아이크림 - 총호기성생균수는 500개/g(mL)이하

③ 물휴지 - 세균 및 진균수는 각각 100개/g(mL)이하

④ 영양크림 - 1,000개/g(mL)이하

⑤ 아이라이너 - 총호기성생균수는 500개/g(mL)이하

| 답안 표기란 |
|---|
| 42 ① ② ③ ④ ⑤ |
| 43 ① ② ③ ④ ⑤ |
| 44 ① ② ③ ④ ⑤ |

**45** **유통화장품의 안전 관리에서 pH 기준이 3.0 ~ 9.0 이하여야 하는 화장품은?**

① 영, 유아용 샴푸 ② 어린이용 바디로션
③ 헤어린스 ④ 쉐이빙폼
⑤ 염모제

**46** **청소 후 위생상태 판정시 화학분석법에 해당하는 것은?**

① 가스 크로마토그래피 ② 디티존법
③ 원자흡광도법 ④ 자외선(UV) 측정법
⑤ 한천평판도말법

〈기출문제〉★★★
**47** **다음 중 작업실의 청정도 관리 기준이 옳은 것은?**

① 제조실-낙하균: 10개/hr 또는 부유균 : 20개/$m^3$
② 칭량실-낙하균: 30개/hr 또는 부유균 : 200개/$m^3$
③ 충전실-낙하균: 20개/hr 또는 부유균 : 100개/$m^3$
④ 포장실-낙하균: 30개/hr 또는 부유균 : 200개/$m^3$
⑤ 원료보관실-낙하균: 30개/hr 또는 부유균 : 200개/$m^3$

〈기출문제〉★★
**48** **유통화장품 안전 관리 기준에서 디옥산과 메탄올의 공통적인 시험 방법은?**

① 액체 크로마토그래피법 ② 원자흡광도법
③ 기체(가스)크로마토그래피법 ④ 수은 분석기 이용법
⑤ 유도플라즈마-질량분석기

**49** **작업원의 위생에서 작업 중 준수 사항으로 적합하지 않은 것은?**

① 작업장에서 제조와 관계없는 행위는 금지한다.
② 개인비품은 반드시 개인 사물함에 보관하며 작업장내로 반입하지 않는다.
③ 악세서리 및 휴대용품 착용 휴대 금지
④ 작업시작 전 작업원은 반드시 손세정하고 헝겊수건을 이용하여 닦는다.
⑤ 작업소 및 보관소 내의 모든 직원은 화장품의 오염을 방지하기 위해 규정된 작업복을 착용해야 하고 음식물 등을 반입해서는 아니 된다.

답안 표기란

| | |
|---|---|
| 45 | ① ② ③ ④ ⑤ |
| 46 | ① ② ③ ④ ⑤ |
| 47 | ① ② ③ ④ ⑤ |
| 48 | ① ② ③ ④ ⑤ |
| 49 | ① ② ③ ④ ⑤ |

**50** **품질보증책임자가 화장품의 품질보증을 담당하는 부서의 책임자로서 수행해야 할 항목이 아닌 것은?**

① 품질에 관련된 모든 문서와 절차의 검토 및 승인
② 적절한 위생관리 기준 및 절차를 마련하고 이를 준수해야 한다.
③ 일탈이 있는 경우 이의 조사 및 기록
④ 적합 판정한 원자재 및 제품의 출고 여부 결정
⑤ 불만처리와 제품회수에 관한 사항의 주관

**51** **화장품의 포장 기준 및 표시방법에서 옳게 설명하고 있는 것은?**

① "화장품제조업자", "화장품책임판매업자" 또는 "맞춤형화장품판매업자"는 각각 구분하지 않고 대표적인 영업자 하나만 기재·표시 할 수 있다.
② 수입화장품의 경우에는 제조국의 명칭, 제조회사명 및 그 소재지만 표시 기재해야 한다.
③ 영업자의 주소는 등록필증 또는 신고필증에 적힌 소재지 또는 반품·교환 업무를 대표하는 소재지를 기재·표시해야 한다.
④ 공정별로 2개 이상의 제조소에서 생산된 화장품의 경우에는 일부 공정을 수탁한 화장품제조업자의 상호 및 주소의 기재·표시를 반드시 해야 한다.
⑤ 수입화장품의 경우에는 화장품의 명칭, 제조회사명과 그 소재지를 국내 "화장품제조업자"를 함께 기재·표시해야 한다.

〈기출문제〉★★

**52** **맞춤형화장품조제관리사는 다음과 같이 유해검출물질이 나온 품질성적서를 보고 책임판매업자에게 반품요청을 하려고 한다. 〈보기〉에서 유통화장품 안전 관리 기준에 적합한 것만 고르세요.**

ㄱ. 수은 0.05㎍/g 검출
ㄴ. 카드뮴 5㎍/g 검출
ㄷ. 디옥산 200㎍/g 검출
ㄹ. 황색포도상구균, 녹농균 불검출
ㅁ. 대장균 검출

① ㄱ－ㄴ－ㄷ
② ㄱ－ㄴ－ㄹ
③ ㄱ－ㄷ－ㅁ
④ ㄴ－ㄷ－ㄹ
⑤ ㄴ－ㄷ－ㅁ

답안 표기란

50 ① ② ③ ④ ⑤
51 ① ② ③ ④ ⑤
52 ① ② ③ ④ ⑤

**53** **화장품 포장표시에 기재해야 하는 화장품 제조시 사용된 성분에 대한 내용으로 틀린 것은?**

① 글자의 크기는 5포인트 이상으로 한다.
② 화장품 제조에 사용된 함량이 많은 것부터 기재·표시한다.
③ 혼합원료는 혼합된 개별 성분의 명칭을 기재·표시한다.
④ 착향제는 모두 "향료"로 표시할 수 있다.
⑤ 1% 이하로 사용된 성분, 착향제 또는 착색제는 순서에 상관없이 기재·표시할 수 있다.

**54** **작업실의 공기의 흐름을 조절할 때 음압을 이용한다. 다음 중 가장 낮은 압력을 유지하여 외부로의 공기흐름을 차단해야 하는 작업실은?**

① 제조실
② 악취·분진 발생 시설
③ 내용물 보관소
④ 충전소
⑤ 칭량실

**55** **다음 〈보기〉에서 우수화장품 품질관리 기준 중 제품의 폐기처리기준에 해당하는 순서를 설명하였다. (　　)안에 공통적으로 들어갈 단어를 적으시오.**

> **보기**
> ㄱ. 시험, 검사, 측정에서 (　　) 결과 나옴
> ㄴ. (　　) 조사
> ㄷ. 시험, 검사, 측정이 틀림없음 확인
> ㄹ. (　　)의 처리
> ㅁ. (　　) 제품에 불합격라벨 첨부
> ㅂ. 격리 보관
> ㅅ. 폐기처분 또는 재작업 또는 반품

〈기출문제〉

**56** **다음 괄호 안에 들어갈 단어를 기재하시오.**

유통화장품안전 관리 기준에서 화장비누의 유리알칼리는 (　　)% 이하여야 한다.

답안 표기란

53 ① ② ③ ④ ⑤
54 ① ② ③ ④ ⑤
55
56

〈기출문제〉

**57** **다음 괄호 안에 들어갈 단어를 기재하시오.**

산성도(pH) 조절 목적으로 사용되는 성분은 그 성분을 표시하는 대신 (　　　)에 따른 생성물로 기재·표시할 수 있고, 비누화 반응을 거치는 성분은 비누화반응에 따른 생성물로 기재·표시할 수 있다.

**58** **다음 (　)에 맞는 용어를 쓰시오.**

(　　　)이란 출하를 위해 제품의 포장 및 첨부문서에 표시공정 등을 포함한 모든 제조 공정이 완료된 제품을 말한다. 재작업은 적합 판정을 벗어난 (　　　), 벌크제품 또는 반제품을 재처리하여 품질이 적합한 범위 들어오도록 하는 작업을 말한다.

**59** **염모제품 사용시 피부의 이상증상을 예방하기 위해 피부의 국소부위에 소량 점적하여 실시하는 시험을 ( ㉠ )라 (이라) 하고, 이는 염색 ( ㉡ 시간 혹은 ㉢ 일)전에 시행해야 한다.**

**60** **다음은 유통화장품 안전 관리 기준 (화장품 안전 기준 등에 관한 규정 제1장 제6조)에 대한 설명이다.**

( ㉠ )는 다음 각 호와 같다.
1. 총호기성생균수는 영·유아용 제품류 및 눈화장용 제품류의 경우 500개/g(mL)이하
2. 물휴지의 경우 세균 및 진균수는 각각 100개/g(mL)이하
3. 기타 화장품의 경우 ( ㉡ )개/g(mL)이하
4. 대장균(Escherichia Coli), 녹농균(Pseudomonas aeruginosa), 황색포도상구 (Staphylococcus aureus)은 불검출

| 답안 표기란 |
|---|
| 57 |
| 58 |
| 59 |
| 60 |

# 4장 맞춤형 화장품 이해

답안 표기란

61 ① ② ③ ④ ⑤
62 ① ② ③ ④ ⑤
63 ① ② ③ ④ ⑤

**61 내용량이 10ml 초과 50ml 이하 포장인 경우에 표시성분으로 옳지 않은 것은?**

① 총리령으로 배합 한도를 고시한 화장품의 원료
② 금박
③ 과일산(AHA)
④ 기능성화장품의 경우 그 효능, 효과가 나타나는 원료
⑤ 샴푸와 린스에 들어있는 인산염의 종류

**62 다음 지문의 내용에 해당하는 피부타입은?**

– 각질층의 수분 함유능력 저하로 가려움이 유발되기도 한다.
– 피지분비기능이 저하 피부표면이 거칠고 푸석푸석하다.
– 모공이 작아 피부결이 섬세하다.
– 각질이 일어나 화장이 들뜬다.

① 복합성피부 ② 지성피부
③ 예민피부 ④ 정상피부
⑤ 건성피부

**63 맞춤형화장품판매업자의 준수사항으로 옳지 않은 것은?**

① 맞춤형화장품 판매장 시설·기구를 정기적으로 점검하여 보건위생상 위해가 없도록 관리할 것
② 최종 혼합·소분된 맞춤형화장품은 유통화장품의 안전 관리 기준을 준수할 것 특히, 판매장에서 제공되는 맞춤형화장품에 대한 미생물 오염관리를 철저히 할 것(예 : 주기적 미생물 샘플링 검사)
③ 맞춤형화장품 사용과 관련된 부작용 발생사례에 대해서는 지체 없이 화장품제조업자에게 보고할 것
④ 맞춤형화장품판매내역서를 작성·보관할 것(전자문서로 된 판매내역을 포함)
⑤ 원료 및 내용물의 입고, 사용, 폐기 내역 등에 대하여 기록 관리할 것

**64** **맞춤형화장품 제조 시 사용할 수 있는 원료로 옳은 것은?**

① 비타민E(토코페롤) 20%
② 페녹시에탄올 1%
③ 티타늄옥사이드 25%
④ 녹차추출물 0.5%
⑤ 벤질알코올 1%

**65** **맞춤형화장품의 품질특성으로 옳은 것은?**

① 안전성, 안정성, 유효성
② 안전성, 생산성, 사용성
③ 유효성, 생산성, 사용성
④ 안정성, 유효성, 생산성
⑤ 사용성, 생산성, 안정성

**66** **표피의 구조 중 기저층에 대한 설명으로 옳지 않은 것은?**

① 면역기능을 담당하는 랑게르한스 세포(langerhans cell)가 존재
② 교소체(desmosome)가 존재
③ 멜라닌을 만들어내는 멜라닌 세포(melanocyte)가 존재
④ 피부 표면의 상태를 결정짓는 중요한 층
⑤ 지각세포인 머켈세포가 존재

**67** **피부의 생리기능이 아닌 것은?**

① 피부 보호기능
② 곡선미 유지
③ 비타민D 형성작용
④ 체온조절작용
⑤ 재생작용

**68** **맞춤형화장품과 관련하여 정의된 내용으로 옳지 않은 것은?**

① 맞춤형화장품판매업소에서 맞춤형화장품조제관리사 자격증을 가진 자가 고객 개인별 피부특성이나 색, 향 등의 기호 등 취향에 맞게 조제한 화장품
② 제조 또는 수입된 화장품의 내용물에 다른 화장품의 내용물이나 색소, 향료 등 식품의약품안전처장이 정하는 원료를 추가하여 혼합한 화장품
③ 제조 또는 수입된 화장품의 내용물을 소분(小分)한 화장품
④ 화장 비누(고체 형태의 세안용 비누)를 단순 소분한 화장품
⑤ 맞춤형화장품판매업이란 맞춤형화장품을 판매하는 영업을 말함

| 답안 표기란 | |
|---|---|
| 64 | ① ② ③ ④ ⑤ |
| 65 | ① ② ③ ④ ⑤ |
| 66 | ① ② ③ ④ ⑤ |
| 67 | ① ② ③ ④ ⑤ |
| 68 | ① ② ③ ④ ⑤ |

〈기출문제〉

**69** **피부의 부속기관으로 모발의 성장주기 중에서 성장기에 대한 설명으로 옳은 것은?**

① 전체 모발의 14%정도로 모유두만 남기고 2~3개월 안에 자연 탈락된다.
② 새로운 모발이 발생하는 시기이다.
③ 모발이 모세혈관에서 보내주는 영양분에 의해 성장하는 시기이다.
④ 모구의 활동이 멈추는 시기이다.
⑤ 대사과정이 느려지면서 세포분열이 정지한다.

**70** **진피의 구성물질이 아닌 것은?**

① 섬유아세포 ② 대식세포 ③ 머켈세포
④ 비만세포 ⑤ 감각세포

**71** **맞춤형화장품에 혼합 가능한 화장품 원료로 옳은 것은?**

① 아데노신 ② 라벤더오일
③ 징크피리치온 ④ 페녹시에탄올
⑤ 메칠이소치아졸리논

**72** **맞춤형화장품 조제관리사는 매장을 방문한 고객과 다음과 같은 〈대화〉를 나누었다. 고객에게 혼합하여 추천할 제품으로 다음 〈보기〉 중 옳은 것을 모두 고르시오**

〈대화〉

고객: 최근에 야외활동을 많이 해서 그런지 얼굴 피부가 검어지고 칙칙해졌어요. 건조하기도 하구요.
조제관리사 : 아. 그러신가요? 그럼 고객님 피부 상태를 측정해 보도록 할까요?
고객: 그럴까요? 지난번 방문 시와 비교해 주시면 좋겠네요.
조제관리사 : 네. 이쪽에 앉으시면 저희 측정기로 측정을 해드리겠습니다.

피부측정 후,

조제관리사 : 고객님은 1달 전 측정 시보다 얼굴에 색소 침착도가 20% 가량 높아져있고, 피부 보습도도 25% 가량 많이 낮아져 있군요.
고객: 음. 걱정이네요. 그럼 어떤 제품을 쓰는 것이 좋을지 추천 부탁드려요.

답안 표기란

| | | | | | |
|---|---|---|---|---|---|
| 69 | ① | ② | ③ | ④ | ⑤ |
| 70 | ① | ② | ③ | ④ | ⑤ |
| 71 | ① | ② | ③ | ④ | ⑤ |
| 72 | ① | ② | ③ | ④ | ⑤ |

| 보기 | ㄱ. 티타늄디옥사이드(Titanium Dioxide) 함유 제품<br>ㄴ. 나이아신아마이드(Niacinamide) 함유 제품<br>ㄷ. 카페인(Caffeine) 함유 제품<br>ㄹ. 소듐하이알루로네이트(Sodium Hyaluronate)함유제품<br>ㅁ. 아데노신(Adenosine)함유제품 |
|---|---|

① ㄱ, ㄷ　② ㄱ, ㅁ　③ ㄴ, ㄹ
④ ㄴ, ㅁ　⑤ ㄷ, ㄹ

| 답안 표기란 |
|---|
| 73 ① ② ③ ④ ⑤ |
| 74 ① ② ③ ④ ⑤ |

**73** **맞춤형화장품조제관리사 자격시험에 관한 내용을 모두 고르시오.**

㉠ 맞춤형화장품조제관리사가 되려는 사람은 화장품과 원료 등에 대하여 식품의약품안전처장이 실시하는 자격시험에 합격하여야 한다.
㉡ 식품의약품안전처장은 맞춤형화장품조제관리사가 거짓이나 그 밖의 부정한 방법으로 시험에 합격한 경우에는 자격을 취소하여야 하며, 자격이 취소된 사람은 취소된 날부터 3년간 자격시험에 응시할 수 없다.
㉢ 자격시험의 시기, 절차, 방법, 시험과목, 자격증의 발급, 시험운영기관의 지정 등 자격시험에 필요한 사항은 총리령으로 정한다.
㉣ 등록이 취소되거나 영업소가 폐쇄 된 날부터 1년이 지나지 아니한 자는 자격시험에 응시할 수 없다.

① ㉠㉡　② ㉢㉣　③ ㉠㉡㉢
④ ㉡㉢㉣　⑤ ㉠㉢㉣

**74** **맞춤형화장품판매업자가 고객 맞춤형화장품의 혼합·소분에 사용할 목적으로 사용가능한 화장품에 해당하지 않는 것으로 옳은 것은?**

① 맞춤형화장품판매업자가 소비자에게 유통·판매할 목적으로 화장품책임판매업자로부터 제조 또는 수입한 벌크 화장품
② 판매의 목적이 아닌 제품의 홍보·판매촉진 등을 위하여 미리 소비자가 시험·사용하도록 제조 또는 수입한 화장품
③ 맞춤형화장품조제관리사는 내용물 또는 원료가 화장품안전 기준에 적합한 것인지의 여부를 확인 하고 혼합·소분한 화장품
④ 맞춤형화장품판매업자가 판매를 목적으로 소비자의 피부유형에 맞는 화장품에 식품의약품안전처장이 고시한 원료를 배합한 화장품
⑤ 화장품책임판매업자가 혼합 또는 소분의 범위를 미리 정하고 있는 경우에 그 범위 내에서 혼합 또는 소분한 화장품

**75** **기질에 대한 설명으로 옳지 않은 것은?**

① 섬유아세포에서 생성
② 피부에 팽팽함과 탄력과 신축성을 부여함
③ 자기 무게의 수 백배에 달하는 수분을 보유할 수 있음
④ 생체 내에서 강하게 결합된 생체 결합수임
⑤ 히알루론산, 콘드로이친황산 등의 천연보습인자로 이루어짐

**76** **화장품의 혼합방식으로 옳은 것은?**

① 유화 : 대표적인 화장품으로는 투명스킨, 헤어토닉 등이 있다.
② 가용화 : 하나의 상에 다른 상이 미세한 상태로 분산되어 있는 것
③ 분산 : 한 종류의 액체(용매)에 계면활성제를 이용하여 불용성 물질을 투명하게 용해시키는 것
④ 유화 : 한 종류의 액체(분산상)에 불용성의 액체(분산매)를 미립자 상태로 분산시키는 것
⑤ 가용화 : 대표적인 화장품으로는 립스틱, 파운데이션 등이 있다.

**77** **맞춤형화장품 혼합, 소분할 때 준수해야 할 사항으로 옳지 않은 것은?**

① 혼합·소분 전에 손을 소독하거나 세정 할 것
② 혼합·소분 전에 혼합·소분된 제품을 담을 포장용기의 오염여부를 확인할 것
③ 혼합·소분에 사용되는 장비 또는 기구 등은 사용 전에 그 위생 상태를 점검할 것
④ 혼합·소분 시 일회용 장갑을 반드시 착용할 것
⑤ 혼합·소분에 사용되는 장비 또는 기구 등은 사용 후에는 오염이 없도록 세척할 것

**78** **화장품 내용물의 용량 또는 중량의 표시, 기재 사항으로 옳은 것은?**

① 화장품의 1차 포장의 무게만 기재한다.
② 화장품의 2차 포장의 무게만 기재한다.
③ 화장품의 1차 포장 또는 2차 포장의 무게만 용량을 기재, 표시한다.
④ 화장품의 1차 포장의 무게만 기재하고 2차 포장의 무게가 포함되지 않은 용량을 기재, 표시한다.
⑤ 화장품의 1차 포장 또는 2차 포장의 무게가 포함되지 않은 용량 또는 중량을 기재, 표시한다.

| 답안 표기란 | |
|---|---|
| 75 | ① ② ③ ④ ⑤ |
| 76 | ① ② ③ ④ ⑤ |
| 77 | ① ② ③ ④ ⑤ |
| 78 | ① ② ③ ④ ⑤ |

**79** **사용상 제한이 필요한 원료의 성분과 사용 한도가 바르게 짝지어진 것은?**

① 시녹세이트 - 5%
② 옥토크릴렌 - 1.0%
③ 닥나무추출물 - 20%
④ 레티닐팔미테이트 - 1.000IU/g
⑤ 아스코르빌글루코사이드 - 20%

**80** **피하지방의 역할로 옳지 않은 것은?**

① 신체의 부위, 연령, 영양 상태에 따라 두께가 달라짐
② 체온의 손실을 막는 체온보호(유지)기능
③ 충격흡수 및 단열제로서 열 손실을 방지
④ 표피의 기저층 아래에 연결
⑤ 여성호르몬과 관계가 있음

**81** **맞춤형화장품판매업 신고 시 필요한 서류가 아닌 것은?**

① 맞춤형화장품조제관리사 자격증 사본
② 맞춤형화장품판매업자의 상호 또는 소재지 변경자료
③ 맞춤형화장품판매업 신고서
④ 임대차계약서
⑤ 건축물 대장

**82** **맞춤형화장품조제관리사에 대한 설명으로 옳지 않은 것은?**

① 맞춤형화장품조제관리사는 화장품의 전부 또는 일부를 제조한 화장품을 판매하는 영업을 할 수 있다.
② 맞춤형화장품조제관리사는 매년 4시간 이상, 8시간 이하의 집합 교육 또는 온라인 교육을 식품의약품안전처에서 정한 교육실시 기관에서 이수해야 한다.
③ 맞춤형화장품의 혼합·소분의 업무는 맞춤형화장품판매장에서 자격증을 가진 맞춤형화장품조제관리사만이 할 수 있다.
④ 맞춤형화장품조제관리사가 되려는 사람은 화장품과 원료 등에 대하여 식품의약품안전처장이 실시하는 자격시험에 합격하여야 한다.
⑤ 제조 또는 수입된 화장품내용물에 다른 화장품의 내용물이나 식품의약품안전처장이 정하여 고시하는 원료를 추가하여 혼합한 화장품을 판매하는 영업을 할 수 있다.

| 답안 표기란 |
|---|
| 79 ① ② ③ ④ ⑤ |
| 80 ① ② ③ ④ ⑤ |
| 81 ① ② ③ ④ ⑤ |
| 82 ① ② ③ ④ ⑤ |

**83** 다음 중 소용량 포장 기재, 표시 사항으로 옳지 않은 것은?

① 화장품의 명칭
② 맞춤형화장품판매업자의 상호
③ 가격
④ 제조번호
⑤ 해당 화장품 제조에 사용된 모든 성분

**84** 맞춤형화장품 조제관리사는 매장을 방문한 고객과 다음과 같은 〈대화〉를 나누었다. 고객에게 혼합하여 추천할 제품으로 다음 〈보기〉 중 옳은 것을 모두 고르시오.

〈대화〉

고객: 요즘 난방을 많이해서 그런지 피부가 건조하고 주름이 많이 생기는 것 같아요.
조제관리사: 아. 그러신가요? 그럼 고객님 피부 상태를 측정해 보도록 할까요?
고객: 그럴까요? 지난번 방문 시와 비교해 주시면 좋겠네요.
조제관리사: 네. 이쪽에 앉으시면 저희 측정기로 측정을 해드리겠습니다.

피부측정 후,

조제관리사: 고객님은 1달 전 측정 시보다 피부 보습도가 많이 낮아져 있고 주름이 많아졌네요.
고객: 음. 걱정이네요. 그럼 어떤 제품을 쓰는 것이 좋을지 추천 부탁드려요.

**보기**
ㄱ. 티타늄디옥사이드(Titanium Dioxide) 함유 제품
ㄴ. 나이아신아마이드(Niacinamide) 함유 제품
ㄷ. 카페인(Caffeine) 함유 제품
ㄹ. 소듐하이알루로네이트(Sodium Hyaluronate)함유제품
ㅁ. 아데노신(Adenosine)함유제품

① ㄱ, ㄷ ② ㄱ, ㅁ ③ ㄴ, ㄹ
④ ㄴ, ㅁ ⑤ ㄹ, ㅁ

답안 표기란

83 ① ② ③ ④ ⑤
84 ① ② ③ ④ ⑤

**85** **맞춤형 화장품 부당한 표시·광고 행위 등의 금지 사항으로 옳지 않은 것은?**

① 의약품으로 잘못 인식할 우려가 있는 표시 또는 광고
② 맞춤형 화장품이 아닌 화장품을 맞춤형 화장품으로 잘못 인식할 우려가 있는 내용의 표시 또는 광고
③ 천연화장품 또는 유기농 화장품이 아닌 화장품을 천연화장품 또는 유기농 화장품으로 잘못 인식할 우려가 있는 표시 또는 광고
④ 사실과 다르게 소비자를 속이거나 소비자가 잘못 인식하도록 할 우려가 있는 표시 또는 광고
⑤ 기능성 화장품의 안전성·유효성에 관한 심사결과와 다른 내용의 표시 또는 광고

**86** **진피의 구성물질로 옳은 것은?**

① 콜라겐, 림프관, 교소체
② 콜라겐, 엘라스틴, 멜라노좀
③ 엘라스틴, 림프액, 층판소체
④ 엘라스틴, 기질, 교소체
⑤ 콜라겐, 엘라스틴, 기질

**87** **각질층 구조의 세포간 지질의 설명으로 옳지 않은 것은?**

① 각질층 사이에는 세포간 지질 성분이 존재하여 각질과 각질을 단단하게 결합될 수 있도록 해 준다.
② 수분의 손실을 억제한다.
③ 세포간 지질 성분은 주로 세라마이드 (ceramide)로 되어 있다.
④ 각질층 사이에서 층상의 라멜라구조로 존재한다.
⑤ 모세혈관으로부터 영양을 공급받아 새로운 세포를 생성한다.

**88** **표피의 구성세포가 아닌 것은?**

① 랑게르한스세포 ② 멜라닌세포
③ 섬유아세포 ④ 머켈세포
⑤ 각질형성세포

| 답안 표기란 |
| --- |
| 85 ① ② ③ ④ ⑤ |
| 86 ① ② ③ ④ ⑤ |
| 87 ① ② ③ ④ ⑤ |
| 88 ① ② ③ ④ ⑤ |

**89** 영유아용 제품류 또는 만 13세 이하 어린이가 사용 할 수 있음을 특정하여 표시하는 제품에 사용금지 원료인 보존제 2종을 기재하시오.

**90** 다음 내용에서 괄호 안에 맞는 단어를 쓰시오.

> 화장품 포장 용기의 전성분 표시는 화장품 제조에 사용된 함량이 많은 것부터 기재·표시한다. 다만, 1퍼센트 이하로 사용된 성분, ( ㉠ ) 또는 ( ㉡ )는 순서에 상관없이 기재·표시할 수 있다.

**91** 다음의 〈보기〉는 맞춤형화장품의 전성분 항목이다. 소비자에게 사용된 성분에 대해 설명하기 위하여 다음 화장품 전성분 표기 중 사용상의 제한이 필요한 자외선 차단에 해당하는 성분을 다음 〈보기〉에서 하나를 골라 작성하시오.

> **보기** 정제수, 글리세린, 다이프로필렌글라이콜, 토코페릴아세테이트, 다이메티콘, 비닐다이메티콘크로스폴리머, 티타늄디옥사이드 , 페녹시에탄올, 향료

**92** 다음 괄호안의 알맞은 단어를 기재하시오.

> 광선의 투과를 방지하는 용기 또는 투과를 방지하는 포장을 한 용기는 ( ) 라 한다.

**93** 다음 괄호안의 알맞은 단어를 기재하시오.

> ( ㉠ )은 맞춤형화장품조제관리사가 거짓이나 그 밖의 부정한 방법으로 시험에 합격한 경우에는 자격을 취소하여야 하며, 자격이 취소된 사람은 취소된 날부터 ( ㉡ ) 자격시험에 응시할 수 없다.

| 답안 표기란 |
|---|
| 89 |
| 90 |
| 91 |
| 92 |
| 93 |

**94** 고객이 맞춤형화장품조제관리사에게 피부가 칙칙하고 색소침착이 있어서 맞춤형으로 미백 기능이 있는 화장품을 구매하기를 상담하였다. 미백성분의 기능성 원료를 〈보기〉에서 고르시오.

보기 티타늄디옥사이드, 에칠헥실메톡시신나메이트, 나이아신아마이드, 레티닐팔미테이트, 디엠디엠하이단토인, 디프로필렌글라이콜

**95** 다음 괄호안의 알맞은 단어를 기재하시오.

① 영 유아용 제품류(영 유아용 샴푸, 영 유아용 린스, 영 유아 인체세정용 제품, 영 유아 목욕용 제품 제외)
② 눈 화장용 제품류, 색조화장용 제품류
③ 두발용 제품류(샴푸, 린스 제외)
④ 면도용 제품류(셰이빙크림, 셰이빙 폼 제외)
⑤ 기초화장용 제품류(클렌징 워터, 클렌징 오일,클렌징 로션, 클렌징 크림 등 메이크업 리무버 제품 제외) 중 액, 로션,크림 및 이와 유사한 제형의 액상제품은 pH 기준이 (                    )이어야 한다. 다만, 물을 포함하지 않는 제품과 사용한 후 곧바로 물로 씻어 내는 제품은 제외 한다.

〈기출문제〉★

**96** 다음 괄호안의 알맞은 단어를 기재하시오.

이산화티타늄의 경우, 제품의 변색방지 목적으로 사용시 사용농도가 (          ) 인 것은 자외선 차단 제품으로 인정하지 아니한다.

**97** 다음 설명에 알맞은 단어를 기재하시오.

관능평가 절차 중 내용물을 손등에 문질러서 느껴지는 사용감(예 : 무거움, 가벼움, 촉촉함, 산뜻함)을 촉각으로 확인하는 방법

**98** 다음 괄호안의 알맞은 단어를 기재하시오.

(          ㉠          )은 제2항에 따라 지정·고시된 원료의 사용기준의 안전성을 정기적으로 검토하여야 하고, 그 결과에 따라 지정·고시된 원료의 사용기준을 변경할 수 있다. 이 경우 안전성 검토의 주기 및 절차 등에 관한 사항은 (     ㉡     )으로 정한다.

| 답안 표기란 |
|---|
| 94 |
| 95 |
| 96 |
| 97 |
| 98 |

**99** 다음에 들어 갈 알맞은 단어를 기재하시오.

맞춤형화장품판매업소에서 맞춤형화장품조제관리사 자격증을 가진 자가 고객 개인별 피부 특성이나 색, 향 등의 기호 등 취향에 따라

① 제조 또는 수입된 화장품의 내용물에 다른 화장품의 내용물이나 색소, 향료 등 (          ㉠          )를 추가하여 혼합한 화장품

② 제조 또는 수입된 화장품의 내용물을 소분(小分)한 화장품. 단, 화장 비누(고체 형태의 세안용 비누)를 단순 소분한 화장품은 제외

⇒ 원료와 원료를 혼합하는 것은 맞춤형화장품의 혼합이 아닌 (     ㉡     ) 에 해당

**100** 다음 설명에 알맞은 단어를 기재하시오.

액체를 침투시킨 분자량이 큰 유기분자로 이루어진 반고형상

| 답안 표기란 |
|---|
| 99 |
| 100 |

# 6회 맞춤형화장품 조제관리사 모의고사

제한 시간 : 00분
남은 시간 : 00분

## 1장 화장품법의 이해

| 답안 표기란 | |
|---|---|
| 01 | ① ② ③ ④ ⑤ |
| 02 | ① ② ③ ④ ⑤ |

**01 맞춤형화장품판매업 신고의 내용으로 옳지 않은 것은?**

① 맞춤형화장품판매업을 하려는 자는 총리령으로 정하는 바에 따라 식품의약품안전처장에게 신고하여야 한다.

② 맞춤형화장품판매업을 신고한 자(이하 "맞춤형화장품판매업자"라 한다.)는 대통령령으로 정하는 바에 따라 맞춤형화장품의 혼합, 소분 업무에 종사하는 자(이하 "맞춤형화장품조제관리사"라 한다)를 두어야 한다.

③ 맞춤형화장품판매업의 신고를 하려는 자는 맞춤형화장품판매업 신고서(전자문서로 된 신고서를 포함한다)에 맞춤형화장품조제관리사(이하 "맞춤형화장품조제관리사"라 한다)의 자격증 사본을 첨부하여 맞춤형화장품판매업소의 소재지를 관할하는 지방식품의약품안전청장에게 제출해야 한다.

④ 지방식품의약품안전청장은 신고를 받은 경우에는 「전자정부법」 따른 행정정보의 공동이용을 통해 법인 등기사항증명서(법인인 경우만 해당한다)를 확인해야 한다.

⑤ 지방식품의약품안전청장은 신고가 그 요건을 갖춘 경우에는 맞춤형화장품판매업 신고대장에 기재 사항을 적고 맞춤형화장품판매업 신고필증을 발급해야 한다.

**02 화장품법의 목적으로 옳지 않은 것은?**

① 화장품의 제조·수입·판매 등에 관한 사항을 규정

② 국민보건향상에 기여함을 목적

③ 화장품 산업의 발전에 기여함을 목적

④ 화장품 수출에 관한 사항을 규정

⑤ 인체를 청결, 미화하여 변화시키는 것을 목적

답안 표기란

03 ① ② ③ ④ ⑤
04 ① ② ③ ④ ⑤
05 ① ② ③ ④ ⑤

**03** **부당한 표시. 광고 행위 등의 금지사항으로 옳지 않은 것은?**

① 의약품으로 잘못 인식할 우려가 있는 표시 또는 광고
② 기능성화장품이 아닌 화장품을 기능성화장품으로 잘못 인식할 우려가 있거나 기능성화장품의 안전성·유효성에 관한 심사결과와 다른 내용의 표시 또는 광고
③ 천연화장품 또는 유기농화장품이 아닌 화장품을 천연화장품 또는 유기농화장품으로 잘못 인식할 우려가 있는 표시 또는 광고
④ 그 밖에 사실과 다르게 소비자를 속이거나 소비자가 잘못 인식하도록 할 우려가 있는 표시 또는 광고
⑤ 표시·광고의 범위와 그 밖에 필요한 사항은 대통령령으로 정한다.

〈기출문제〉

**04** **기능성화장품으로 옳지 않는 것은?**

① 피부의 미백에 도움을 주는 제품
② 아토피피부염에 도움을 주는 제품
③ 피부를 곱게 태워주거나 자외선으로부터 피부를 보호하는 데에 도움을 주는 제품
④ 모발의 색상 변화·제거 또는 영양공급에 도움을 주는 제품
⑤ 피부나 모발의 기능 약화로 인한 건조함, 갈라짐, 빠짐, 각질화 등을 방지하거나 개선하는데에 도움을 주는 제품

**05** **화장품사용 중 위해사례가 발생했을 경우 회수에 관한 내용으로 옳은 것은?**

① 영업자는 국민보건에 위해(危害)를 끼치거나 끼칠 우려가 있는 화장품이 유통 중인 사실을 알게 된 경우에는 지체없이 해당 화장품을 회수하거나 회수하는 데에 필요한 조치를 하여야 한다.
② 화장품을 회수하거나 회수하는 데에 필요한 조치를 하려는 영업자는 회수계획을 화장품책임판매업자에게 미리 보고하여야 한다.
③ 보건복지부장관은 회수 또는 회수에 필요한 조치를 성실하게 이행한 영업자가 해당 화장품으로 인하여 받게 되는 행정처분을 총리령으로 정하는 바에 따라 감경 또는 면제할 수 있다.
④ 회수 대상 화장품, 해당 화장품의 회수에 필요한 위해성 등급 및 그 분류기준, 회수계획 보고 및 회수절차 등에 필요한 사항은 대통령령으로 정한다.
⑤ 회수계획에 따른 회수계획량의 4분의 1이상 3분의 1미만을 회수한 경우는 그 위반행위에 대한 행정처분을 면제할 수 있다.

**06** **맞춤형화장품조제관리사 자격에 대한 설명으로 옳지 않은 것은?**

① 맞춤형화장품조제관리사가 되려는 사람은 화장품과 원료 등에 대하여 식품의약품안전처장이 실시하는 자격시험에 합격하여야 한다.

② 식품의약품안전처장은 맞춤형화장품조제관리사가 거짓이나 그 밖의 부정한 방법으로 시험에 합격한 경우에는 자격을 취소하여야 하며, 자격이 취소된 사람은 취소된 날부터 3년간 자격시험에 응시할 수 없다.

③ 자격시험에서 부정행위를 한 사람에 대해서는 그 시험을 정지시키거나 그 합격을 무효로 한다.

④ 보건복지부장관은 자격시험을 실시하려는 경우에는 시험일시, 시험장소, 시험과목, 응시방법 등이 포함된 자격시험 시행계획을 시험 실시 60일전까지 식품의약품안전처 인터넷 홈페이지에 공고해야 한다.

⑤ 자격시험에 합격하여 자격증을 발급받으려는 사람은 맞춤형화장품조제관리사 자격증 발급 신청서(전자문서로 된 신청서를 포함한다)를 식품의약품안전처장에게 제출해야 한다.

〈예시문항〉

**07** **고객 상담 시 개인정보 중 민감정보에 해당 되는 것으로 옳은 것은?**

① 여권법에 따른 여권번호

② 주민등록법에 따른 주민등록번호

③ 유전자검사 등의 결과로 얻어진 유전 정보

④ 도로교통법에 따른 운전면허의 면허번호

⑤ 출입국관리법에 따른 외국인등록번호

**08** **화장품 영업자가 폐업 또는 휴업하거나 휴업 후 그 업을 재개하려는 경우에는 그 폐업, 휴업, 재개한 날부터 (　㉠　)에 화장품책임판매업 등록필증, 화장품제조업 등록필증 및 맞춤형화장품판매업 신고필증을 첨부하여 신고서(전자문서로 된 신고서를 포함한다)를 (　㉡　)에게 제출하여야 한다.**

| 답안 표기란 |
|---|
| 06 ① ② ③ ④ ⑤ |
| 07 ① ② ③ ④ ⑤ |
| 08 ① ② ③ ④ ⑤ |

**09** **다음 괄호안에 알맞은 단어를 기재하시오.**

> 식품의약품안전처장 또는 지방식품의약품안전청장은 화장품 안전 관리를 위하여 제17조에 따라 설립된 단체 또는 「소비자기본법」 제29조에 따라 등록한 소비자단체의 임직원 중 해당 단체의 장이 추천한 사람이나 화장품 안전 관리에 관한 지식이 있는 사람을 (　　　　)으로 위촉할 수 있다.

**10** **동식물 및 그 유래 원료 등을 함유한 화장품으로서 식품의약품안전처장이 정하는 기준에 맞는 화장품은?**

답안 표기란

09

10

## 2장 화장품제조 및 품질관리

답안 표기란

11 ① ② ③ ④ ⑤
12 ① ② ③ ④ ⑤
13 ① ② ③ ④ ⑤
14 ① ② ③ ④ ⑤

**11 염류에 대한 설명으로 틀린 것은?**

① 양이온염과 음이온염이 있다.
② 양이온염에는 소듐, 포타슘, 마그네슘, 암모늄 및 에탄올아민
③ 음이온염에는 아세테이트, 클로라이드, 브로마이드, 설페이트,
④ 무기염류와 유기염류가 있다.
⑤ 산과 염기의 결합 시 수산화 화합물을 생성하는 것

**12 화장품에 대한 정의에서 틀린 것은?**

① 천연화장품 : 동식물 및 그 유래원료 등을 함유한 화장품
② 유기농화장품 : 유기농원료, 동식물 및 그 유래 원료 등을 함유한 화장품
③ 맞춤형화장품 : 제조 또는 수입된 화장품의 내용물을 소분(小分)한 화장품
④ 기능성화장품 : 자외선으로부터 피부를 보호하는 데에 도움을 주는 제품
⑤ 천연화장품 : 천연함량이 전체의 제품에서 10%이상이어야 한다.

**13 유기화합물에서 에스테르의 종류가 아닌 것은?**

① 메칠 ② 에칠 ③ 프로필
④ 포타슘 ⑤ 페닐

**14 화장품 사용 시 주의할 사항으로 옳은 것은?**

① 화장품은 직사광선에 노출되어도 무방하다.
② 용기에서 덜어낸 제품이 남으면 깨끗하게 하여 다시 용기에 넣어도 된다.
③ 화장품을 덜어낼 때는 손을 사용한다.
④ 뚜껑을 오랫동안 열어 놓지 않아야 한다.
⑤ 용기를 버릴 때는 반드시 뚜껑을 닫아서 버려야 한다.

**15** 자외선 조사 시 피부 조직에 미치는 영향이 아닌 것은 무엇인가?

① 피부진정 ② 색소침착
③ 진피 조직 노화 ④ 일광화상
⑤ 홍반현상

〈기출문제〉★

**16** 무수에탄올을 사용해서 80%희석 알코올 1,500ml를 만드는 방법으로 옳은 것은?

① 무수에탄올 120ml 물 1,500ml
② 무수에탄올 80ml 물 1,500ml
③ 무수에탄올 1,120ml 물 480ml
④ 무수에탄올 1,200ml 물 300ml
⑤ 무수에탄올 300ml 물 1,200ml

**17** 다음 헤어 린스(hair rinse) 에 대한 설명 중 가장 거리가 먼 것은?

① 음이온계면활성제가 사용되어 세정력과 탈지 효과가 있다.
② 머리카락의 엉킴 방지효과가 있다.
③ 샴푸제의 잔여물 중화하는 역할을 한다.
④ 모발에 흡착하여 대전방지효과를 형성하고 머릿결을 좋게 한다.
⑤ 양이온성 계면활성제로 만들어져 피부에 자극적이다.

**18** 자외선 차단제에 관한 설명으로 틀린 것은?

① 자외선 차단지수는 제품을 사용하지 않았을 때 홍반을 일으키는 자외선의 양을 제품을 사용했을 때 홍반을 일이키는 자외선 양으로 나눈 값이다.
② SPF(Sun Protect Factor)는 자외선 차단지수가 높을수록 차단이 잘 된다.
③ 자외선 차단제는 SPF(Sun Protect Factor)로 지수를 나타낸다.
④ 자외선 차단제의 효과는 자신의 멜라닌 색소의 양과 자외선에 대한 민감도에 따라 달라질 수 있다.
⑤ SPF는 UV-A를 차단하는 지수를 표시한 것이다.

답안 표기란

15 ① ② ③ ④ ⑤
16 ① ② ③ ④ ⑤
17 ① ② ③ ④ ⑤
18 ① ② ③ ④ ⑤

**19** **화장품의 원료가 산패에 의해 변질되는 것을 방지하는 것으로 바르게 연결된 것은?**

① 점증제 – 카보머
② 보습제 – 글리세린
③ 산화방지제 – 토코페롤
④ 피막제 – 1, 2 헥산디올
⑤ 방부제 – 페녹시에탄올

**20** **화학구조가 하이드로퀴논과 비슷하지만 인체에 독성이 없는 식물에서 추출하는 미백제 원료는?**

① 감초 (licorice)
② 코직산 (kojic acid)
③ 알부틴 (albutin)
④ 비타민 C (ascorbic acid)
⑤ 닥나무추출물

**21** **피부자극이 적어 화장수의 가용화제로 많이 사용하는 계면활성제는 무엇인가?**

① 양이온성 계면활성제
② 비이온성 계면활성제
③ 음이온성 계면활성제
④ 양쪽이온성 계면활성제
⑤ 수산화이온 계면활성제

**22** **산화방지제(antioxidants)의 정의로 적합한 것은?**

① 산소와 반응하는 것을 촉진하기 위해 첨가되는 물질이다.
② 산소와 반응하는 것을 방지하기 위해 첨가되는 물질이다.
③ 질소와 반응하는 것을 촉진하기 위해 첨가되는 물질이다.
④ 질소와 반응하는 것을 방지하기 위해 첨가되는 물질이다.
⑤ 산소와 질소의 반응으로 이루어진 물질이다.

| 답안 표기란 |
|---|
| 19 ① ② ③ ④ ⑤ |
| 20 ① ② ③ ④ ⑤ |
| 21 ① ② ③ ④ ⑤ |
| 22 ① ② ③ ④ ⑤ |

**23** **다음 중 화장품에 방부제로 사용하지 않는 것은?**

① 이미다졸리디닐 우레아(imidazollidinyl urea)
② 메틸파라벤(methyl paraben)
③ 에틸파라벤(ethyl paraben)
④ 잔탄검(eanthan gum)
⑤ 페녹시에탄올(phenoxyehtanol)

**24** **탄화수소류의 광물성 오일로 수분증발을 억제하는 성분은?**

① 스쿠알렌 ② 라놀린(lanolin)
③ 포도씨유(grape seed oil) ④ 호호바유(jojoba oil)
⑤ 유동 파라핀

**25** **고형의 유성성분으로 고급 지방산에 고급 알코올이 결합된 에스테르물질로 화장품의 굳기를 증가시켜 주는 화장품의 원료로 사용되는 것은?**

① 바세린 ② 피마자유
③ 밍크오일 ④ 밀납
⑤ 스쿠알렌

**26** **화장품 안전 기준에 관한 규정으로 사용 후 씻어내는 제품에만 사용가능한 화장품 원료로만 올바르게 짝 지워진 것은?**

① 메칠이소치아졸리논 – 소르빅애씨드
② 소듐아이오데이트 – 징크피리치온
③ 헥세티딘 – 파라벤
④ 벤질헤미포름알 – 살리실릭애씨드
⑤ 페녹시이소프로판올 – 벤조페논 9

**27** **천연 화장품에 사용하는 산화방지제로 적합한 것은?**

① 베타 글루칸(beta–glucan)
② BHT(dibutylhydroxytoluene)
③ 토코페롤(tocopherol)
④ BHA(butylhydroxyanisole)
⑤ 프로필갈레이트(propyl gallate)

| 답안 표기란 | |
|---|---|
| 23 | ① ② ③ ④ ⑤ |
| 24 | ① ② ③ ④ ⑤ |
| 25 | ① ② ③ ④ ⑤ |
| 26 | ① ② ③ ④ ⑤ |
| 27 | ① ② ③ ④ ⑤ |

**28** **천연화장품의 특징으로 적합하지 않은 것은 무엇인가?**

① 동식물 및 그 유래원료 등을 함유한 화장품
② 자연에서 대체하기 곤란한 원료는 5%이내에서 사용한다.
③ 총리령에 맞는 기준으로 만들어진 화장품
④ 천연원료 및 천연유래원료를 이용한다.
⑤ 천연함량이 전체제품의 95%이상 구성

**29** **천연화장품에 안전하게 사용할 수 있는 보존제는?**

① 페녹시에탄올 ② 토코페롤
③ 1,2 헥산 디올 ④ 소듐아이오데이트
⑤ 아스커빌글루코사이드

**30** **화장품 안전 기준에 의하여 식품의약품안전처장은 ( ① ② ③ )등과 같이 특별히 사용상의 제한이 필요한 원료에 대하여는 그 사용기준을 정하여 고시하여야 한다. 맞춤형 화장품조제관리사는 사용기준이 지정 고시된 원료의 ① ② ③ 등은 따로 배합 사용할 수 없다.**

**31** **다음 괄호 안에 들어갈 단어를 기재하시오.**

(㉠ )는 피부자극이 적어 기초화장품 분야에 많이 쓰이며, 화장수의 (㉡ ) 로 많이 사용하는 계면활성제이다. HLB의 차이에 따라 습윤, 침투, 유화 등의 성질이 달라진다.

〈기출문제〉★

**32** **다음 괄호 안에 들어갈 단어를 기재하시오.**

( )라 함은 색소 중 콜타르, 그 중간생성물에서 유래되었거나 유기 합성하여 얻은 색소 및 그 레이크, 염, 희석제와의 혼합물을 말한다.

**33** **다음 괄호 안에 들어갈 단어를 기재하시오.**

( )은 단파장으로 가장 강한 자외선이며, 원래는 오존층에 완전 흡수되어 지표면에 도달되지 않았으나 오존층의 파괴로 인해 인체와 생태계에 많은 영향을 미치는 자외선 이다.

| 답안 표기란 | |
|---|---|
| 28 | ① ② ③ ④ ⑤ |
| 29 | ① ② ③ ④ ⑤ |
| 30 | |
| 31 | |
| 32 | |
| 33 | |

〈기출문제〉

**34** 화장비누 혹은 고형비누 제품에 남아 있는 유리알칼리 성분의 제한한도는 (      )% 이하이다.

**35** 다음 각목의 어느 하나에 해당하는 성분을 0.5% 이상 함유하는 경우에는 해당 품목의 안전성 시험자료를 최종 제조된 제품의 사용기한이 만료되는 날로부터 (      )년간 보존할 것

가. 레티놀(비타민 A) 및 그 유도체
나. 아스코빅애씨드(비타민 C) 및 그 유도체
다. 토코페롤 (비타민 E)
라. 과산화화합물
바. 효소

답안 표기란

34

35

## 3장 유통 화장품 안전 관리

**36** **검체의 채취 및 보관에 대한 설명으로 바르지 않은 것은?**

① 검체는 오염되거나 변질 되지 않도록 채취한다.
② 검체를 채취한 후에는 원래상태에 준하는 포장을 해야 한다.
③ 시험용 검체의 용기에는 제조번호를 표기한다.
④ 검체를 채취한 제품은 채취되었음을 표기한다.
⑤ 완제품의 경우 보관용 검체는 제조단위별로 사용기한 경과 후 3년간 보관한다.

**37** **개봉 후 사용기간 설정을 할 수 없는 제품으로 맞은 것은?**

① 영양크림　② 헤어젤
③ 아이라인　④ 립스틱
⑤ 일회용 마스크팩

**38** **세척확인 판정방법으로 설명한 것이다. 틀린 것은?**

① 눈으로 확인한다.
② 천으로 문질러 부착물을 확인한다.
③ 닦아낸 천 표면의 잔류를 확인한다.
④ 린스액 화학분석을 한다.
⑤ 브러시를 이용하여 문질러본다.

**39** **품질관리 기준서에 포함되지 않아도 되는 것은?**

① 시험 검체 채취방법 및 채취 시의 주의 사항과 채취 시의 오염방지대책
② 시험시설 및 시험기구의 점검
③ 안전성 시험
④ 완제품 등 보관용 검체의 관리
⑤ 위탁시험 또는 위탁 제조하는 경우 검체의 송부방법 및 시험결과의 판정방법

| 답안 표기란 | |
|---|---|
| 36 | ① ② ③ ④ ⑤ |
| 37 | ① ② ③ ④ ⑤ |
| 38 | ① ② ③ ④ ⑤ |
| 39 | ① ② ③ ④ ⑤ |

**40** **직원의 위생에 대한 내용과 관계가 없는 것은?**

① 적절한 위생관리 기준 및 절차를 마련하고 제조소 내의 모든 직원은 이를 준수해야한다.

② 작업소 및 보관소 내의 모든 직원은 화장품의 오염을 방지하기 위해 규정된 작업복을 착복해야하고 음식물 등을 반입해서는 아니 된다.

③ 위생교육을 받지 않은 직원과 방문객은 특별한 절차없이 출입이 가능하다.

④ 피부에 외상이 있거나 질 병에 걸린 직원은 건강이 양호해지거나 화장품의 품질에 영향을 주지 않는다는 의사의 소견이 있기 전까지는 화장품과 직접적으로 접촉되지 않도록 격리해야한다.

⑤ 제조구역별 접근권한이 있는 작업원 및 방문객은 가급적 제조, 관리 및 보관구역 내에 들어가지 않도록 하고, 불가피한 경우 사전에 직원 위생에 대한 교육 및 복장 규정에 따르도록 하고 감독하여야 한다.

**41** **화장품 제조시 검출량에 대한 미생물한도는 다음과 같다. 틀리게 설명된 것은?**

① 총 호기성생균수는 영·유아용 제품류 및 눈화장용 제품류의 경우 500개/g(mL)이하

② 기초 화장품의 경우 1000개/g(mL)이하

③ 녹농균, 황색포도상구균은 불검출

④ 물휴지의 경우 세균 및 진균수는 각각 100개/g(mL)이하

⑤ 대장균은 100개/g(mL)이하

**42** **제조관리 기준서에 포함되지 않는 사항은?**

① 제조공정관리에 관한 사항

② 완제품 등 보관용 검체의 관리에 관한 사항

③ 원자재 관리에 관한 사항

④ 완제품 관리에 관한 사항

⑤ 위탁제조에 관한 사항

| 답안 표기란 |
|---|
| 40 ① ② ③ ④ ⑤ |
| 41 ① ② ③ ④ ⑤ |
| 42 ① ② ③ ④ ⑤ |

**43** **우수화장품 제조 및 품질관리 기준에서 정의하는 내용이 틀리게 설명된 것은?**

① 포장재 : 화장품의 포장에 사용되는 모든 재료를 말하며 운송을 위해 사용되는 것

② 적합판정기준 : 시험결과의 적합 판정을 위한 수적인 제한, 범위 또는 기타 적절한 측정법

③ 공정관리 : 제조공정 중 적합판정기준의 충족을 보증하기 위하여 공정을 모니터링하거나 조정하는 모든 작업

④ 위생관리 : 대상물의 표면에 있는 바람직하지 못한 미생물 등 오염물을 감소시키기 위해 시행되는 작업

⑤ 출하 : 주문 준비와 관련된 일련의 작업과 운송수단에 적재하는 활동으로 제조 소외로 제품을 운반하는 것

**44** **다음에서 입고 후 원료, 내용물 및 포장재 보관 과정 중에서 기준일탈 제품의 처리 원칙에 적합한 조치를 모두 고르세요.**

보기
ㄱ. 내용물과 포장재가 적합판정기준을 만족시키지 못할 경우를 기준일탈 처리한다.
ㄴ. 변질·변패 또는 병원미생물에 오염되지 아니한 경우에만 재작업을 할 수 있다.
ㄷ. 사용기한이 1년 이내로 남은 제품은 무조건 재작업 할 수 있다.
ㄹ. 기준일탈 제품은 폐기하는 것이 가장 바람직하나 폐기하면 큰 손해가 되는 경우 재작업이 가능하다.
ㅁ. 기준일탈 제품은 재작업할 수 없다.

① ㄱ, ㄴ, ㄷ ② ㄱ, ㄴ, ㄹ ③ ㄱ, ㄷ, ㅁ
④ ㄴ, ㅁ, ㄹ ⑤ ㄷ, ㅁ, ㄹ

**45** **제조 위생 관리 기준서에 포함되는 것은?**

① 작업원의 건강관리 및 건강상태의 파악·조치방법

② 원자재 취급 시 혼동 및 오염 방지 대책

③ 작업복장의 규격, 세탁방법 및 착용규정

④ 작업실 등의 청소(필요시 소독)

⑤ 작업원의 수세, 소독방법 등 위생에 관한 사항

답안 표기란

43 ① ② ③ ④ ⑤
44 ① ② ③ ④ ⑤
45 ① ② ③ ④ ⑤

**46** 작업소의 시설 및 기구에서 강열잔분 시험에 꼭 필요한 기구가 아닌 것은?

① 도가니
② 온도측정계
③ 데시케이터
④ 내열장갑
⑤ 회화로

**47** 완제품의 보관 및 출고관리에 대한 사항으로 적절하지 않은 것은?

① 완제품은 주기적으로 재고 점검을 수행해야 한다.
② 출고는 반드시 선입선출방식에 따라 이행한다.
③ 완제품은 타당사유에 따라서 먼저 출고된다.
④ 출고할 제품은 원자재, 부적합품 및 반품된 제품과 구획된 장소에서 보관하여야 한다.
⑤ 완제품은 적절한 조건하의 정해진 장소에서 보관되어야 한다.

〈기출문제〉

**48** 다음 중 청정도 작업실과 관리 기준이 바른 것은?

① 제조실 – 낙하균: 10개/hr 또는 부유균 : 20개/$m^3$
② 칭량실 – 낙하균: 10개/hr 또는 부유균 : 20개/$m^3$
③ 충전실 – 낙하균: 30개/hr 또는 부유균 : 200개/$m^3$
④ 포장실 – 낙하균: 30개/hr 또는 부유균 : 200개/$m^3$
⑤ 원료보관실 – 낙하균: 30개/hr 또는 부유균 : 200개/$m^3$

**49** 다음에서 원료 및 포장재의 입고 관리 기준에 대한 조치가 올바른 것을 모두 고르세요.

**보기**
ㄱ. 육안 확인 시 물품에 결함이 있을 경우 재작업 실시
ㄴ. 입고된 원자재는 "적합", "부적합", "검사 중" 등으로 상태를 표시
ㄷ. 원자재 공급자에 대한 관리감독을 적당히 수행
ㄹ. 원자재 용기에 제조번호가 없는 경우에는 관리번호를 부여하여 보관
ㅁ. 구매요구서, 원자재 공급업체 성적서 및 현품이 서로 일치하는지 확인

① ㄱ, ㄴ, ㄷ
② ㄱ, ㄷ, ㄹ
③ ㄱ, ㄴ, ㅁ
④ ㄴ, ㄹ, ㅁ
⑤ ㄷ, ㅁ, ㄹ

답안 표기란

| | | | | | |
|---|---|---|---|---|---|
| 46 | ① | ② | ③ | ④ | ⑤ |
| 47 | ① | ② | ③ | ④ | ⑤ |
| 48 | ① | ② | ③ | ④ | ⑤ |
| 49 | ① | ② | ③ | ④ | ⑤ |

〈기출문제〉

**50** **유통화장품의 안전 관리 기준에 따라 화장품과 미생물 한도가 바르게 연결된 것은?**

① 수분크림 - 총호기성생균수 500개/g(mL) 이하

② 마스카라 - 총호기성생균수 1,000개/g(mL) 이하

③ 베이비로션 - 총호기성생균수 500개/g(mL) 이하

④ 물휴지 - 진균수 50개/g(mL) 이하

⑤ 스킨 - 총 호기성생균수 500개/g(mL) 이하

**51** **작업소 청소시 세척 대상 물질이 아닌 것은?**

① 화학물질 (원료, 혼합물) 미립자, 미생물

② 배관, 용기

③ 쉽게 분해되는 물질, 분해가 어려운 물질

④ 불용성 물질, 가용성 물질

⑤ 세척이 쉬운 물질, 세척이 곤란한 물질

**52** **다음 중 용어의 정의가 일치 하지 않는 것은?**

① 불만 - 제품이 규정된 적합판정기준을 충족시키지 못한다고 주장하는 외부 정보를 말한다.

② 오염 - 제품에서 화학적, 물리적, 미생물학적 문제 또는 이들이 조합되어 나타내는 바람직하지 않은 문제의 발생을 말한다.

③ 반제품 - 제조공정 단계에 있는 것으로서 필요한 제조공정을 더 거쳐야 벌크 제품이 되는 것을 말한다.

④ 재작업 - 대상물의 표면에 있는 바람직하지 못한 미생물 등 오염물을 감소시키기 위해 시행되는 작업을 말한다.

⑤ 건물 -제품, 원료 및 포장재의 수령, 보관, 제조, 관리 및 출하를 위해 사용되는 물리적 장소, 건축물 및 보조 건축물을 말한다.

**53** **화장품 제조설비에 대한 세척의 원칙으로 맞지 않는 것은?**

① 증기 세척 이용을 권장한다.

② 정제수로 세척한다.

③ 세정제를 반드시 사용한다.

④ 가능한 한 세제를 사용하지 않는다.

⑤ 브러시를 이용하여 닦아본다.

| 답안 표기란 | |
|---|---|
| 50 | ① ② ③ ④ ⑤ |
| 51 | ① ② ③ ④ ⑤ |
| 52 | ① ② ③ ④ ⑤ |
| 53 | ① ② ③ ④ ⑤ |

답안 표기란

54 ① ② ③ ④ ⑤

55

56

**54** **화장품 표시·광고에 대한 설명으로 적합하지 않은 것은?**

① 국제적 멸종위기종의 가공품이 함유된 화장품임을 표현하거나 암시하는 표시·광고불가

② 사실 유무와 관계없이 다른 제품을 비방한다고 의심이 되는 표시·광고불가

③ 외국제품을 국내제품으로 또는 국내제품을 외국제품으로 잘못 인식할 우려가 있는 표시·광고 불가

④ 의약품으로 인정받은 경우, 제품의 명칭 및 효능 기술제휴 등을 표현하는 표시·광고

⑤ 품질·효능 등에 관하여 객관적으로 확인될 수 없거나 확인되지 않은 경우 표시·광고불가

**55** **(　　)에 맞는 용어를 쓰시오.**

- (　　　)제품이란 충전(1차포장)이전의 제조단계까지 끝낸 제품을 말한다.
- 재작업은 적합판정을 벗어난 완제품, (　　　)제품 또는 반제품을 재처리하여 품질이 적합한 범위 들어오도록 하는 작업을 말한다.

〈기출문제〉

**56** **우수화장품 제조 및 품질관리 기준의 시설에서 청정도 1등급을 유지해야 하는 시설은?**

– 청정도 1등급 : (　　　)

– 청정도 2등급 : 제조실, 성형실, 충전실, 내용물 보관소, 원료칭량실, 미생물 실험실

– 청정도 3등급 : 포장실

– 청정도 4등급 : 보관소, 갱의실, 일반 실험실

**57** **화장품제조업을 등록하려는 자가 갖추어야 하는 시설은 다음 각 〈보기〉와 같다. (　)에 바른 것을 쓰시오.**

> **보기** 1. 제조 작업을 하는 다음 각 목의 시설을 갖춘 ( ㉠ )
> 가. 쥐·해충 및 먼지 등을 막을 수 있는 시설
> 나. 작업대 등 제조에 필요한 시설 및 기구
> 다. 가루가 날리는 작업실은 가루를 제거하는 시설
> 2. 원료·자재 및 제품을 보관하는 ( ㉡ )
> 3. 원료·자재 및 제품의 품질검사를 위하여 필요한 ( ㉢ )
> 4. 품질검사에 필요한 시설 및 기구

〈기출문제〉

**58** **화장품법 제10조 2항에 의하여 1차 포장에 표시 기재해야할 사항으로 (　)를 완성하시오.**

① 화장품의 명칭
② 영업자의 상호
③ (　　　)
④ 사용기한 또는 개봉 후 사용기한 (제조연월일 병행표기)

**59** **( ㉠ )는(은) 시험 결과의 적합 판정을 위한 수적인 제한, 범위 또는 기타 적절한 측정법을 말한다. 따라서 관리는 ( ㉠ )을 충족시키는 검증을 말한다.**

**60** **다음은 유통 화장품 안전 관리 기준 중에서 내용물의 용량에 대한 기준을 설명한 것이다. 괄호 안에 맞게 쓰시오.**

> ( ㉠ )의 경우 건조중량을 내용량으로 한다. 기준시험은 제품 3개를 가지고 시험할 때 그 평균 내용량의 표기에 대하여 ( ㉡ )% 이상이 나와야 한다 이 때 기준치를 벗어날 경우 6개를 더 취하여 시험하며 9개의 평균 내용량이 ( ㉡ )% 이상이 나와야 한다.

답안 표기란

57

58

59

60

# 4장 맞춤형 화장품 이해

**61 맞춤형화장품 판매 시 소비자에게 설명해야 하는 사항으로 옳은 것은?**

① 판매일자
② 화장품 사용 시의 주의 사항
③ 원료 및 내용물 입고 일자
④ 판매량
⑤ 중대한 유해사례

**62 표피의 구성성분이 아닌 것은?**

① 각질형성세포 ② 감각세포 ③ 멜라닌세포
④ 랑게르한스세포 ⑤ 머켈세포

**63 맞춤형화장품 조제관리사는 매장을 방문한 고객과 다음과 같은 〈대화〉를 나누었다. 고객에게 혼합하여 추천할 제품으로 다음 〈보기〉 중 옳은 것을 모두 고르시오.**

〈대화〉

고객: 피부가 건조하고 당기니까 주름이 많이 생긴 것 같아요.
조제관리사: 아. 그러신가요? 그럼 고객님 피부 상태를 측정해 보도록 할까요?
고객: 그럴까요? 지난번 방문 시와 비교해 주시면 좋겠네요.
조제관리사: 네. 이쪽에 앉으시면 저희 측정기로 측정을 해드리겠습니다.

피부측정 후,

조제관리사: 고객님은 1달 전 측정 시보다 얼굴에 수분함유량이 많이 감소되어 건조하고 주름이 많아졌네요.
고객: 음. 걱정이네요. 그럼 어떤 제품을 쓰는 것이 좋을지 추천 부탁드려요.

보기
ㄱ. 세라마이드 함유 제품
ㄴ. 나이아신아마이드 함유 제품
ㄷ. 레티닐팔미테이트 함유 제품
ㄹ. 알부틴 함유제품
ㅁ. 에칠아스코빌에텔 함유제품

① ㄱ, ㄷ ② ㄱ, ㅁ ③ ㄴ, ㄹ
④ ㄴ, ㅁ ⑤ ㄷ, ㄹ

답안 표기란

61 ① ② ③ ④ ⑤
62 ① ② ③ ④ ⑤
63 ① ② ③ ④ ⑤

**64** **표피 구조의 과립층에 대한 설명으로 옳지 않는 것은?**

① 2~5층, 편평형의 유핵세포로 구성
② 수분 방어막 역할
③ 층판소체의 방출
④ 케라토히알린 (keratohialin)이 과립으로 존재
⑤ 혈액순환과 세포사이의 물질교환을 용이하게 하며 영양공급에 관여

**65** **천연보습인자의 설명으로 옳지 않은 것은?**

① 각질층에 존재하는 수용성 보습인자
② 필라그린의 분해산물인 아미노산과 그 대사물로 이루어짐
③ 표피의 손상을 복구
④ 천연보습인자의 상실로 수분 결합능력 저하되어 건조해짐
⑤ 각질의 정상적인 수분배출능력을 조절

〈기출문제〉★★

**66** **탈모증상의 완화에 도움을 주는 성분으로 아닌 것은?**

① 덱스판테놀 ② 비오틴
③ 징크피리치온액 ④ 엘멘톨
⑤ 징크피리치온

〈기출문제〉

**67** **맞춤형화장품조제관리사의 자격으로 옳은 것은?**

① 4년제 이공계학과, 향장학, 화장품과학, 한의학, 한약학과 전공자
② 맞춤형화장품의 혼합 또는 소분을 담당하는 자로서 식품의약품안전처장이 실시하는 자격시험에 합격한 자
③ 의사 또는 약사
④ 전문대학 화장품 관련학과를 전공하고 화장품 제조 또는 품질관리 업무에 1년 경력자
⑤ 전문 교육과정을 이수한 사람

답안 표기란

| | |
|---|---|
| 64 | ① ② ③ ④ ⑤ |
| 65 | ① ② ③ ④ ⑤ |
| 66 | ① ② ③ ④ ⑤ |
| 67 | ① ② ③ ④ ⑤ |

| 답안 표기란 |
|---|
| 68 ① ② ③ ④ ⑤ |
| 69 ① ② ③ ④ ⑤ |
| 70 ① ② ③ ④ ⑤ |

**68** **맞춤형화장품의 원료의 사용 제한 사항으로 함량 상한을 충분히 고려한 사용 한도로 맞는 것은?**

① 대장균, 녹농균, 황색포도상구균 : 불검출
② 포름알데히드 : 물휴지는 200 ㎍/g 이하
③ 메탄올 : 0.2 (V/V) % 이하, 물휴지는 0.02 (V/V) % 이하
④ 총호기성생균수 : 영, 유아용제품류 및 눈화장용제품류의 경우 50개/g(ml)이하
⑤ 납 : 점토를 사용한 분말 제품은 5 ㎍/g 이하

**69** **화장품 원료의 필요조건으로 옳지 않은 것은?**

① 안전성이 높을 것
② 사용 목적에 알맞은 기능, 유용성을 지닐 것
③ 원료가 시간이 흐르면서 냄새가 나지 않을 것
④ 사용량이 많은 원료는 가격은 비싸야 할 것
⑤ 환경에 문제가 되지 않는 원료일 것

**70** **맞춤형화장품 정의에 대한 설명 중 옳지 않은 것은?**

① 화장품의 내용물에 다른 화장품의 내용물을 혼합한 화장품
② 식약처장이 정하는 원료를 혼합한 화장품
③ 화장품의 내용물을 소분(小分) 한 화장품
④ 판매장에서 고객 개인별 피부 특성이나 색·향 기호·요구를 반영하여 만든 화장품
⑤ 판매장에서 고객 개인별 피부 특성이나 색·향 등의 기호·요구를 반영하여 맞춤형화장품조제관리사 자격증을 가진 자가 만든 화장품

**71** **맞춤형화장품 조제관리사는 매장을 방문한 고객과 다음과 같은 〈대화〉를 나누었다. 고객에게 혼합하여 추천할 제품으로 다음 〈보기〉 중 옳은 것을 모두 고르시오.**

〈대화〉

고객: 요즘 외출할 일이 많아져서 피부가 타고 기미가 많이 생겨 어둡고 지저분해 보여요.
조제관리사: 아. 그러신가요? 그럼 고객님 피부 상태를 측정해 보도록 할까요?
고객: 그럴까요? 지난번 방문 시와 비교해 주시면 좋겠네요.
조제관리사: 네. 이쪽에 앉으시면 저희 측정기로 측정을 해드리겠습니다.

피부측정 후,

조제관리사: 고객님은 1달 전 측정 시보다 얼굴에 색소침착이 심해져 있네요.
고객: 음. 걱정이네요. 그럼 어떤 제품을 쓰는 것이 좋을지 추천 부탁드려요.

**보기**
ㄱ. 살리실릭애씨드 함유 제품
ㄴ. 나이아신아마이드 함유 제품
ㄷ. 레티닐팔미테이트 함유 제품
ㄹ. 아데노신 함유제품
ㅁ. 에칠아스코빌에텔 함유제품

① ㄱ, ㄷ ② ㄱ, ㅁ ③ ㄴ, ㄹ
④ ㄴ, ㅁ ⑤ ㄷ, ㄹ

**72** **맞춤형화장품의 표시 사항으로 옳지 않은 것은?**

① 제조과정 중에 제거되어 최종 제품에는 남아 있지 않은 성분
② 화장품에 천연으로 표시하려는 경우에는 원료의 함량
③ 기능성화장품의 경우 심사받거나 보고한 효능·효과, 용법·용량
④ 사용할 때의 주의 사항
⑤ 성분명을 제품 명칭의 일부로 사용한 경우 그 성분명과 함량

**73** **맞춤형화장품판매업의 신고 제출서류로 옳은 것은?**

① 맞춤형화장품판매업 신고서, 맞춤형화장품조제관리사 자격증 사본
② 맞춤형화장품판매업 변경신고서, 맞춤형화장품판매업 자격증 사본
③ 맞춤형화장품판매업 신고서, 화장품제조업 상호, 소재지 변경
④ 화장품책임판매업 등록신고서, 화장품판매업자 상호명
⑤ 화장품제조업 등록신고서, 건축물대장

| 답안 표기란 |
|---|
| 71 ① ② ③ ④ ⑤ |
| 72 ① ② ③ ④ ⑤ |
| 73 ① ② ③ ④ ⑤ |

〈기출문제〉★★

**74** **멜라닌이 형성되는 경로는 피부의 기저층에서 티로신으로부터 티로시나아제(Tyrosinase)에 의해 도파(DOPA), 도파퀴논(DOPA-quinone)을 거쳐 생성되는 화학적인 반응으로 멜라노사이트(melanocyte)에서 케라티노사이트(keratinocyte)로 이동하여 피부의 각질층으로 올라오며 피부색을 변화시키는 것으로 알려져 있다. 멜라닌 색소형성과정에서 티로시나아제(Tyrosinase)의 활성 작용에 필수적인 영향을 미칠 것으로 추정하는 물질은?**

① 사이토카인 ② 구리이온
③ 리보조옴 ④ 멜라노좀
⑤ 리놀레익 애씨드

**75** **모발 구조의 설명으로 옳지 않은 것은?**

① 모낭 : 모근을 싸고 있는 부위
② 모구 : 모발이 만들어지는 곳
③ 모유두 : 모발에 영양과 산소 운반
④ 모모세포 : 모유두에 접하고 있는 세포
⑤ 내, 외모근초 : 모발의 색을 결정

**76** **탈모증상 완화에 도움을 주는 성분으로 옳은 것은?**

① 알부틴 ② 덱스판테놀
③ 치오글리콜산 ④ 알파-비사보롤
⑤ 징크옥사이드

**77** **맞춤형화장품의 내용물 및 원료의 관리요령으로 옳지 않은 것은?**

① 입고 시 품질관리 여부를 확인하고 품질성적서를 구비
② 원료 등은 품질에 영향을 미치지 않는 장소에서 보관
③ 원료 등의 사용기한을 확인한 후 관련 기록을 보관
④ 선반 및 서랍장이나 원료의 특성에 따라 냉장고를 이용하여 보관
⑤ 사용기한이 지난 내용물 및 원료는 직사광선을 피할 수 있는 장소에 보관

답안 표기란

74 ① ② ③ ④ ⑤
75 ① ② ③ ④ ⑤
76 ① ② ③ ④ ⑤
77 ① ② ③ ④ ⑤

**78** 모발의 구조로 옳은 것은?

① 모근부 - 모낭, 모표피, 모수질
② 모근부 - 모구, 모표피, 모피질
③ 모간부 - 모모세포, 입모근, 모수질
④ 모간부 - 모피질, 외모근초, 내모근초
⑤ 모간부 - 모표피, 모피질, 모수질

**79** 다음 중 맞춤형화장품판매업에 대한 준수사항을 설명한 것으로 옳은 것을 모두 고르시오.

㉠ 제조 또는 수입된 화장품 내용물에 다른 화장품의 내용물이나 식품의약품안전처장이 정하여 고시하는 원료를 추가하여 혼합한 화장품을 판매하는 영업이다.
㉡ 맞춤형화장품조제관리사는 맞춤형화장품판매장에서 혼합·소분 업무에 종사하는 자로서 맞춤형화장품조제관리사 국가자격시험에 합격한 자여야 한다.
㉢ 맞춤형화장품판매업을 하려는 자는 대통령령으로 정하는 바에 따라 식품의약품안전처장에게 신고하여야 한다.
㉣ 맞춤형화장품판매장의 조제관리사로 지방식품의약품안전청에 신고한 맞춤형화장품조제관리사는 매년 4시간 이상, 8시간 이하의 집합교육 또는 온라인 교육을 식약처에서 정한 교육실시기관에서 이수하여야 한다.

① ㉠ ㉡
② ㉠ ㉢
③ ㉡ ㉢ ㉣
④ ㉠ ㉡ ㉣
⑤ ㉠ ㉢ ㉣

**80** 맞춤형화장품의 원료 배합으로 옳지 않은 것은?

① 내용물과 내용물 혼합
② 내용물과 원료 혼합
③ 내용물을 소분
④ 벌크제품을 소분
⑤ 원료와 원료 혼합

**81** 화장품 원료 혼합 시 물과 기름을 유화시켜 안정한 상태로 유지하기 위해 분산상의 크기를 미세하게 하는 기구는?

① 롤러밀
② 콜로이드밀
③ 호모믹서
④ 성형기
⑤ 분쇄기

답안 표기란

78 ① ② ③ ④ ⑤
79 ① ② ③ ④ ⑤
80 ① ② ③ ④ ⑤
81 ① ② ③ ④ ⑤

〈기출문제〉

**82 안전용기의 사용 품목 대상으로 옳지 않은 것은?**

① 안전용기, 포장은 성인이 개봉하기는 어렵지 아니하나 만 5세 미만의 어린이가 개봉하기는 어렵게 된 것이어야 한다.

② 어린이용 오일 등 개별포장 당 탄화수소류를 10퍼센트 이상 함유하고 운동점도가 21센티스톡스(섭씨 40도 기준) 이하인 비에멀젼 타입이 액체상태의 제품은 안전용기, 포장 대상이다.

③ 맞춤형화장품판매업자는 화장품을 판매할 때에는 어린이가 화장품을 잘못 사용하여 인체에 위해를 끼치는 사고가 발생하지 아니하도록 안전용기, 포장을 사용하여야 한다.

④ 개별포장당 메틸 살리실레이트를 5퍼센트이상 함유하는 액체상태의 제품은 안전용기, 포장 대상이다.

⑤ 아세톤을 0.1% 함유하는 네일 에나멜 리무버 및 네일 폴리시 리무버는 안전용기, 포장 대상이 아니다.

**83 다음 중 표피 구조층을 위치 순서대로 나열한 것으로 옳은 것은?**

① 투명층, 과립층, 기저층, 유극층
② 각질층, 유극층, 기저층, 과립층
③ 각질층, 투명층, 기저층, 유극층
④ 기저층, 유극층, 과립층, 각질층
⑤ 기저층, 각질층, 과립층, 유극층

**84 맞춤형화장품에 사용기한 또는 개봉 후 사용기간에 대한 설명으로 옳지 않은 것은?**

① 사용기한은 "사용기한" 또는 "까지" 등의 문자와 "연월일"을 소비자가 알기 쉽도록 기재·표시해야 한다.

② "연월"로 표시하는 경우 사용기한을 넘지 않는 범위에서 기재·표시해야 한다.

③ 사용기한 또는 개봉 후 사용기간 (개봉 후 사용기간의 경우 제조연월일을 따로 기재하지 않아도 된다.)

④ 개봉 후 사용기간은 "개봉 후 사용기간"이라는 문자와 "ㅇㅇ월" 또는 "ㅇㅇ개월"을 조합하여 기재·표시해야 한다.

⑤ 개봉 후 사용기간을 나타내는 심벌과 기간을 기재·표시할 수 있다. (예시: 심벌과 기간 표시) 개봉 후 사용기간이 12개월 이내인 제품

| 답안 표기란 |
|---|
| 82 ① ② ③ ④ ⑤ |
| 83 ① ② ③ ④ ⑤ |
| 84 ① ② ③ ④ ⑤ |

**85** **화장품 제형에 따른 충진방법으로 옳지 않은 것은?**

① 크림상의 제품 - 유리병이나 플라스틱 용기
② 유액상의 제품 - 튜브 용기
③ 화장수의 제품 - 병
④ 분말상의 제품 - 종이상자나 자루
⑤ 에어로졸 제품 - 미스트, 헤어스프레이, 무스 등

**86** **화장품의 사용상 제한이 필요한 원료 중 주름개선 성분으로 옳지 않은 것은?**

① 나이아신아마이드
② 레티놀
③ 아데노신
④ 레티닐팔미테이트
⑤ 폴리에톡실레이티드레틴아마이드

**87** **표피의 구성세포로 옳은 것은?**

① 섬유아세포
② 랑게르한스세포
③ 감각 수용기
④ 대식세포
⑤ 비만세포

**88** **다음 중 부당한 표시, 광고 행위의 금지사항이 아닌 것은?**

① 의약품으로 잘못 인식할 우려가 있는 표시 또는 광고
② 기능성화장품이 아닌 화장품을 기능성화장품으로 잘못 인식할 우려가 있는 표시 또는 광고
③ 기능성화장품의 안전성·유효성에 관한 심사결과 내용의 표시 또는 광고
④ 사실과 다르게 소비자를 속이거나 소비자가 잘못 인식하도록 할 우려가 있는 표시 또는 광고
⑤ 천연화장품 또는 유기농화장품으로 잘못 인식할 우려가 있는 표시 또는 광고

〈기출문제〉

**89** **다음 괄호안의 알맞은 단어를 기재하시오.**

화장품제조에 사용된 함량이 많은 것부터 기재 표시한다. 다만 (　　) 로 사용된 성분, 착향제 또는 착색제는 순서에 상관없이 기재 표시할 수 있다.

| 답안 표기란 |
|---|
| 85 ① ② ③ ④ ⑤ |
| 86 ① ② ③ ④ ⑤ |
| 87 ① ② ③ ④ ⑤ |
| 88 ① ② ③ ④ ⑤ |
| 89 |

**90** 다음 괄호안에 알맞은 단어를 기재하시오.

(                )은(는) 일상의 취급 또는 보통 보존 상태에서 기체 또는 미생물이 침입할 염려가 없는 용기를 말한다.

〈기출문제〉

**91** 다음 괄호안의 알맞은 단어를 기재하시오.

(                    )은 인체로부터 분리한 모발 및 피부, 인공피부 등 인위적인 환경에서 시험물질과 대조물질 처리 후 결과를 측정하는 것을 말한다.

**92** 괄호 안에 알맞은 단어를 쓰시오.

(                    )은(는) 맞춤형화장품의 혼합·소분에 사용되는 내용물 또는 원료의 제조번호와 혼합·소분기록을 추적할 수 있도록 맞춤형화장품판매업자가 숫자·문자·기호 또는 이들의 특징적인 조합으로 부여한 번호이다.

**93** 괄호 안에 알맞은 단어를 쓰시오.

자격시험의 시기, 절차, 방법, 시험과목, 자격증의 발급, 시험운영기관의 지정 등 자격시험에 필요한 사항은 (            )으로 정한다.

**94** 괄호 안에 알맞은 단어를 쓰시오.

화장품의(          )이란 화장품이 피부를 윤기 있게 하고 피부결을 정돈하며 피부를 촉촉하게 하는 특성을 말한다. 또한 외부의 자극에 지지 않는 피부를 만들며 자외선의 유해작용을 방지하여 피부의 노화를 막는다. 따라서 피부에 적절한 보습력, 미백, 세정, 자외선차단, 주름개선 등의 효과를 부여해야 한다.

**95** 다음 설명에서 괄호 안에 알맞은 단어를 쓰시오.

맞춤형화장품의 정의란?
- 제조 또는 수입된 화장품의 내용물에 다른 화장품의 내용물이나 색소, 향료 등 식약처장이 정하는 원료를 추가하여 ( ㉠ )한 화장품
- 제조 또는 수입된 화장품의 내용물을 ( ㉡ )한 화장품

답안 표기란

| 90 | |
|---|---|
| 91 | |
| 92 | |
| 93 | |
| 94 | |
| 95 | |

**96** 다음은 무엇을 설명하고 있는가?

> 하나의 상에 다른 상이 미세한 상태로 (        ) 되어 있는 것
> 대표적인 화장품으로는 립스틱, 파운데이션 등

**97** 괄호 안에 알맞은 단어를 쓰시오.

> 맞춤형화장품의 사용기한을 잘 확인하고 (        ㉠        ) 이더라도 문제가 발생하면 사용을 중단, (        ㉡        ) 에게 보고한다.

**98** 다음에서 설명하고 있는 알맞은 단어를 기재하시오.

> – 샘분비샘, 무색무취의 액체
> – Ph3.8~5.6의 약산성–세균의 번식을 억제
> – 손바닥, 발바닥, 이마에 가장 많이 분포
> – 안정 상태에서 하루에 500cc정도 분비
> – 노폐물 배설, 체온 조절 역할

**99** 다음은 무엇을 설명하고 있는가?

> 원액을 같은 용기 또는 다른 용기에 충전한 분사제(액화기체, 압축기체 등)의 압력을 이용하여 안개모양, 포말상 등으로 분출하도록 만든 것

〈기출문제〉

**100** 다음에 들어갈 알맞은 단어를 기재하시오.

> ( ㉠ )이란 ( ㉡ )을 수용하는 1개 또는 그 이상의 포장과 보호재 및 표시의 목적으로 포장한 것을 말한다.

| 답안 표기란 | |
|---|---|
| 96 | ① ② ③ ④ ⑤ |
| 97 | ① ② ③ ④ ⑤ |
| 98 | ① ② ③ ④ ⑤ |
| 99 | ① ② ③ ④ ⑤ |
| 100 | ① ② ③ ④ ⑤ |

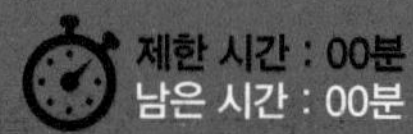


## 1장 화장품법의 이해

| 답안 표기란 |
|---|
| 01 ① ② ③ ④ ⑤ |
| 02 ① ② ③ ④ ⑤ |
| 03 ① ② ③ ④ ⑤ |

**01 3년 이하의 징역 또는 3천만원 이하의 벌금형으로 옳지 않은 것은?**

① 판매의 목적이 아닌 제품의 홍보·판매촉진 등을 위하여 미리 소비자가 시험·사용하도록 제조 또는 수입된 화장품을 판매하는 경우
② 맞춤형화장품판매업을 하려는자가 신고 안한 경우
③ 맞춤형화장품조제관리사를 두지 않은 경우
④ 기능성화장품 심사를 받지 아니하거나 보고서를 제출하지 아니한 기능성화장품을 판매하는 경우
⑤ 천연화장품, 유기농화장품을 거짓이나 부정한 방법으로 인증받은 자
⑥ 용기나 포장이 불량하여 해당 화장품이 보건위생상 위해를 발생할 우려가 있는 것

**02 화장품을 판매를 하거나 판매할 목적으로 제조·수입·보관 또는 진열하여서는 안되는 것으로 옳지 않은 것은?**

① 심사를 받지 아니하거나 보고서를 제출하지 아니한 기능성화장품
② 맞춤형화장품에 사용 가능한 원료로 혼합한 화장품
③ 병원미생물에 오염된 화장품
④ 이물이 혼입되었거나 부착된 것
⑤ 전부 또는 일부가 변패(變敗)된 화장품

**03 화장품 판매 금지사항으로 옳지 않은 것은?**

① 신고를 하지 아니한 자가 판매한 맞춤형화장품
② 맞춤형화장품조제관리사를 두지 아니하고 판매한 맞춤형화장품
③ 판매의 목적이 아닌 제품의 홍보·판매촉진 등을 위하여 미리 소비자가 시험·사용하도록 제조 또는 수입된 화장품

④ 맞춤형화장품 판매를 위하여 화장품의 포장 및 기재·표시 사항을 훼손한 맞춤형화장품
⑤ 누구든지 화장품의 용기에 담은 내용물을 나누어 판매하여서는 아니 된다.

| 답안 표기란 | |
|---|---|
| 04 | ① ② ③ ④ ⑤ |
| 05 | ① ② ③ ④ ⑤ |
| 06 | ① ② ③ ④ ⑤ |

**04** **화장품 제조업에 관한 내용으로 옳은 것은?**

① 화장품 제조를 위탁받아 제조하는 영업
② 화장품제조업자가 화장품을 직접 제조하여 유통, 판매하는 영업
③ 제조 또는 수입된 화장품의 내용물을 소분(小分)한 화장품을 판매하는 영업
④ 수입된 화장품을 유통, 판매하는 영업
⑤ 화장품제조업자에게 위탁하여 제조된 화장품을 유통, 판매하는 영업

**05** **기능성화장품으로 인정받아 판매하려면 심사를 받아야 한다. 식품의약품안전처장이 제품의 효능, 효과를 나타내는 성분, 함량을 고시한 품목의 경우 제출 자료로 옳지 않은 것은?**

① 기원 및 개발 경위에 관한 자료
② 안전성에 관한 자료
③ 제조방법에 대한 설명자료
④ 유효성 또는 기능에 관한 자료
⑤ 자외선 차단지수 및 자외선A 차단등급 설정의 근거자료

**06** **화장품 성분 중 성분을 0.5퍼센트 이상 함유하는 제품의 경우에 해당 품목의 안정성시험 자료로 옳지 않은 것은?**

① 레티놀(비타민A) 및 그 유도체
② 아스코빅애시드(비타민C) 및 그 유도체
③ 토코페롤(비타민E)
④ 과산화화합물
⑤ 효모

〈기출문제〉★★★

**07** **영, 유아 또는 어린이가 사용할 수 있는 화장품을 표시·광고하려는 경우에 제품별로 안전과 품질을 입증할 수 있는 자료로 옳지 않은 것은?**

① 제품에 대한 설명 자료
② 화장품의 안전성 평가 자료
③ 제품의 효능, 효과에 대한 증명 자료
④ 화장품의 사용성 평가 자료
⑤ 제조방법에 대한 설명 자료

**08** **다음 괄호 안에 알맞은 단어를 기재하시오.**

> 실증자료의 제출을 요청받은 영업자 또는 판매자는 요청받은 날부터 (　　)에 그 실증자료를 식품의약품안전처장에게 제출하여야 한다. 다만, 식품의약품안전처장은 정당한 사유가 있다고 인정하는 경우에는 그 제출기간을 연장할 수 있다.

〈기출문제〉

**09** **화장품의 제조된 날부터 적절한 보관 상태에서 제품이 고유의 특성을 간직한 채 소비자가 안정적으로 사용할 수 있는 최소한의 기한을 무엇이라고 하는가?**

**10** **다음 괄호 안에 알맞은 단어를 기재하시오.**

> 맞춤형화장품판매업의 신고를 하려는 자는 맞춤형화장품판매업 신고서(전자문서로 된 신고서를 포함한다.)에 (　　㉠　　)사본을 첨부하여 맞춤형화장품판매업소의 소재지를 관할하는 (　　㉡　　)에게 제출해야 한다.

| 답안 표기란 | |
|---|---|
| 07 | ① ② ③ ④ ⑤ |
| 08 | ① ② ③ ④ ⑤ |
| 09 | ① ② ③ ④ ⑤ |
| 10 | ① ② ③ ④ ⑤ |

## 2장 화장품제조 및 품질관리

답안 표기란

11 ① ② ③ ④ ⑤
12 ① ② ③ ④ ⑤
13 ① ② ③ ④ ⑤
14 ① ② ③ ④ ⑤

**11 기능성화장품 심사의뢰에 필요한 서류가 아닌 것은?**

① 안전성에 관한 자료
② 기원(起源) 및 개발 경위에 관한 자료
③ 자외선 차단지수 및 자외선A 차단등급 설정의 근거자료
④ 검체 보관 증빙자료
⑤ 유효성 또는 기능에 관한 자료

**12 화장품 성분 중 알레르기를 유발하는 성분은?**

① 알부틴　② 아데노신　③ 레티놀
④ 시트랄　⑤ 글리세린

〈기출문제〉

**13 치오글라이콜릭애씨드 또는 그 염류를 주성분으로 하는 냉 2욕식 퍼머넌트웨이브용 제품에 대한 내용으로 옳은 것은?**

① pH 4.5~9.6
② 알칼리 : 0.1N염산의 소비량은 검체 7ml에 대하여 1ml이하
③ 비소 : 20㎍/g 이하
④ 철 : 5㎍/g 이하
⑤ 중금속 : 30㎍/g 이하

**14 보습제에 대한 설명으로 틀린 것은?**

① 에몰리엔트 효과를 갖고 있어 수분증발을 차단한다.
② 피부에 사용 시 외부의 수분을 끌어당기는 원료로 글리세린과 솔비톨이 있다.
③ 천연보습인자는 피부각질층에 존재한다.
④ 피부친화성이 좋은 물질이다.
⑤ 안전성이 높고, 가능한 고휘발성이어야 한다.

**15** **화장품 보관 방법에 대한 설명으로 틀린 것은?**

① 제품별, 제조번호별, 입고순서대로 지정된 장소에 제품 보관
② 창고바닥 및 벽면으로부터 20cm이상 간격을 유지하여 보관
③ 적재 시 상부의 적재중량으로 인한 변형이 되지 않도록 유의하여 보관
④ 방서·방충 시설을 갖추어 해충이나 쥐 등에 의해 피해를 입지 않도록 한다.
⑤ 반품 및 품질검사 결과 부적합판정이 된 제품은 따로 보관

**16** **화장품을 판매하거나 판매할 목적으로 진열하여서는 안 되는 것으로 틀린 것은?**

① 기능성화장품 심사를 받지 아니하거나 보고서를 제출하지 아니한 기능성 화장품
② 전부의 전부 혹은 일부가 변패된 화장품
③ 상어 뼈 또는 고래 뼈와 그 추출물을 사용한 화장품
④ 용기나 포장이 불량하여 화장품의 보건위생상 위해를 발생할 우려가 있는 것
⑤ 사용기한 또는 개봉 후 사용기간을 위조·변조한 화장품

**17** **기능성 화장품의 유효성에 관한 심사 내용으로 적합하지 않은 것은?**

① 피부의 미백에 도움을 주는지 여부
② 피부의 주름개선에 도움을 주는지 여부
③ 피부를 자외선으로부터 보호하는 데에 도움을 주는지 여부
④ 피부에 여드름 유발을 진정시키는지의 여부
⑤ 모발의 색상 변화·제거 또는 영양공급에 도움을 주는지 여부

〈기출문제〉

**18** **알파 하이드록시액시드(alpha-hydroxy acid)에 관한 내용으로 바르지 못 한 것은?**

① 약어로 AHA라고 하며 수용성이다.
② 각질세포 간의 결합력을 강화시켜 준다.
③ 글리콜산, 젖산, 구연산, 능금산, 주석산 등이 있다.
④ 과다 사용 시 피부자극이 있다.
⑤ 햇빛에 대한 피부의 감수성을 증가시킬 수 있으므로 자외선 차단제를 함께 사용할 것

| 답안 표기란 |
|---|
| 15 ① ② ③ ④ ⑤ |
| 16 ① ② ③ ④ ⑤ |
| 17 ① ② ③ ④ ⑤ |
| 18 ① ② ③ ④ ⑤ |

**19** **자외선의 종류와 특성에 관한 설명으로 올바른 것은?**

① UV-A는 200~280nm로 단파장이다.
② UV-B는 주름형성, 피부노화를 촉진한다.
③ 자외선의 파장은 200~400nm이다.
④ UV-C는 하루 중 가장 많은 조사량을 분포하고 있다.
⑤ UV-A는 피부표피층 까지 도달한다.

**20** **계면활성제의 친수성-친유성 밸런스척도에 대한 설명으로 틀린 것은?**

① HLB값이라 부른다.
② HLB값이 10이하인 경우 지용성임을 나타낸다.
③ HLB값이 8~16인 경우 수중유형(O/W)유화제이다.
④ HLB값이 3~6인 경우 유중수형(W/O)유화제이다.
⑤ HLB값이 1~3인 경우는 향수성 물질이다.

**21** **다음 중 13가지 화장품에 분류되지 않는 것은?**

① 기초화장품
② 영유아 화장품
③ 면도용 화장품
④ 구강용 화장품
⑤ 손발톱용 화장품

**22** **탄화수소류에 대한 설명으로 틀린 것은?**

① 어린이용 오일 등 개별포장 당 탄화수소류를 10%이상 함유시 안전용기 사용
② 화장품 원료로 탄소(C) 6개 이상의 포화탄화수소를 말한다.
③ 석유 등 광물질에서 주로 채취하여 피부에 유연효과가 있다.
④ 변질, 산패의 우려가 없고 가격이 저렴하나 유분감 강하다.
⑤ 석유에서 얻어지는 반죽상의 탄화수소류 혼합물로 바세린이 있다.

| 답안 표기란 |
|---|
| 19 ① ② ③ ④ ⑤ |
| 20 ① ② ③ ④ ⑤ |
| 21 ① ② ③ ④ ⑤ |
| 22 ① ② ③ ④ ⑤ |

**23** **고분자 화합물 (polymer compound)에 대한 설명으로 바르지 않은 것은?**

① 겔(gel)형성, 점도증가 목적으로 사용한다.
② 기포 형성, 유화안정의 목적으로 사용한다.
③ 천연유래로 점성을 갖는 성분이 포함된다.
④ 천연고분자 화합물에는 덱스트린, 폴리머가 있다.
⑤ 합성고분자 화합물에는 디메치콘, 카보머가 있다.

**24** **"천연화장품" "유기농화장품"의 인증 유효기간은 (㉠ 년 ) 유효기간 연장은( ㉡ 일)이내 신청한다. 올바르게 표시한 것은?**

① ㉠ 1년 ㉡ 90일
② ㉠ 3년 ㉡ 60일
③ ㉠ 2년 ㉡ 90일
④ ㉠ 3년 ㉡ 90일
⑤ ㉠ 2년 ㉡ 60일

**25** **자외선 차단제의 성분과 제한 농도로 옳은 것은?**

① 벤조페논-4 0.5%
② 에칠헥실트리아존 10%
③ 징크옥사이드 25%
④ 티타늄디옥사이드 20%
⑤ 옥시벤존 8%

**26** **향료 알레르기가 있는 고객이 맞춤형화장품 매장에 방문하여 제품에 대해 문의를 해왔다. 조제관리사가 제품에 부착된 〈보기〉의 설명서를 참조하여 고객에게 안내해야 할 말로 가장 적절한 것은?**

> **보기**
> 제품명: 유기농 모이스춰 크림
> 제품의 유형: 반고형의 에멀젼류
> 내용량: 50g
> 전성분: 정제수, 1,3부틸렌글리콜, 글리세린, 스쿠알란, 호호바유, 모노스테아린산글리세린, 1,2헥산디올, 녹차추출물, 황금추출물, 나무이끼추출물, 잔탄검, 구연산나트륨, 수산화칼륨, 페녹시알코올, 이소유제놀, 시트랄

답안 표기란

| | |
|---|---|
| 23 | ① ② ③ ④ ⑤ |
| 24 | ① ② ③ ④ ⑤ |
| 25 | ① ② ③ ④ ⑤ |
| 26 | ① ② ③ ④ ⑤ |

① 이 제품은 유기농 화장품으로 알레르기 체질에 도움이 됩니다.
② 이 제품은 알레르기를 유발할 수 있는 성분이 포함되어 있어 사용 시 주의를 요합니다.
③ 이 제품은 조제관리사가 직접 조제한 제품이어서 알레르기 반응을 일으키지 않습니다.
④ 이 제품은 알레르기 완화 물질이 포함되어 알레르기 체질 개선에 효과가 있습니다.
⑤ 이 제품은 알레르기 피부에 면역성을 높여주어 반복해서 사용하면 완화될 수 있습니다.

**27 화장품 책임판매업자가 영·유아 또는 어린이 사용 화장품임을 표시광고 시 필요한 증빙내용에 포함되지 않는 것은?**

① 제품 및 제조방법에 대한 설명 자료
② 화장품의 안전성 평가 자료
③ 안전과 품질을 입증할 수 있는 자료
④ 원료 업체의 원료에 대한 공인검사기관 성적서
⑤ 제품의 효능 효과에 대한 증명 자료

**28 판매 가능한 맞춤형 화장품에 대한 설명으로 틀린 것은?**

① 제조 또는 수입된 화장품의 내용물에 식품의약품안전처장이 정하는 원료를 추가한 화장품
② 책임판매업자가 기능성화장품으로 심사 또는 보고를 완료한 제품을 소분한 화장품
③ 식품의약품안전처장이 고시한 기능성화장품의 효능·효과를 나타내는 원료배합
④ 제조 또는 수입된 화장품의 내용물에 다른 화장품의 내용물을 추가한 화장품
⑤ 제조 또는 수입된 화장품의 내용물을 소분(小分)한 화장품

**29 다음 중 맞춤형 화장품에 혼합 가능한 원료로 옳은 것은?**

① 이산화티타늄 ② 페녹시에탄올
③ 유칼립투스 오일 ④ 아데노신
⑤ 메칠이소치아졸리논

| 답안 표기란 |
|---|
| 27 ① ② ③ ④ ⑤ |
| 28 ① ② ③ ④ ⑤ |
| 29 ① ② ③ ④ ⑤ |

**30** 다음 음이온성 계면활성제에 대한 설명으로 옳은 것은?

① 계면활성제의 종류 중에서 피부자극이 강하여 두피에 닿지 않게 사용하여야 한다.

② 모발에 흡착하여 유연효과와 대전방지효과가 있다.

③ 계면활성제 중에서 기포형성이 우수하며, 피부에 대한 자극성이 가장 강하다.

④ 헤어린스, 헤어트리트먼트 등에 주로 사용한다.

⑤ 계면활성제 중에서 기초화장품에 많이 사용된다.

**31** 다음 설명에 알맞은 말을 쓰시오.

① 색소 중 콜타르, 그 중간 생성물에서 유래 또는 유기 합성하여 얻은 색소 및 레이크, 염, 희석제와의 혼합물
② 석유에서 인위적으로 합성할 수 있으므로 대량생산 가능
③ 인체에 유해한 것이 많아 법령에 의해 사용가능한 법정 색소만을 사용
④ 립스틱, 네일에나멜, 파우더, 화장수 등 기초화장품에 사용

**32** 화장품 원료 등의 위해평가는 다음 각 호의 확인·결정·평가 등의 과정을 거쳐 실시한다. 다음 괄호 안에 알맞은 말을 쓰시오.

1. 위해요소의 인체 내 독성을 확인하는 위험성 확인과정
2. 위해요소의 인체노출 허용량을 산출하는 (㉠ )과정
3. 위해요소가 인체에 노출된 양을 산출하는 노출평가과정
4. 제1호부터 제3호까지의 결과를 종합하여 인체에 미치는 위해 영향을 판단하는 (㉡ )과정

**33** 다음에 적당한 용어를 쓰시오.

( ㉠ )(는)란 위해사례와 화장품간의 ( ㉡ ) 가능성이 있다고 보고된 정보로서 그 ( ㉡ )가 알려지지 않았거나 입증자료가 불충분한 것을 말한다.

답안 표기란

| | |
|---|---|
| 30 | ① ② ③ ④ ⑤ |
| 31 | |
| 32 | |
| 33 | |

**34** 다음은 수성원료의 특성을 설명하고 있다. 괄호 안에 적합한 용어를 쓰시오.

- 무색투명의 액체, 물과 유기 용매와도 잘 섞인다.
- 70%이상에서 소독작용을 한다.
- 휘발성이 높아 피부는 기화열을 뺏겨 시원하고, 가벼운 수렴 효과 있다.
- 분자 중에 포함된 탄소(C)수에 의해 다음과 같이 분류한다.
  ※ 탄소(C)의 수가 적으면 저급 ( ㉠ ) - C 1~5개
  탄소(C)의 수가 많으면 고급 ( ㉠ ) - C 6개 이상

**35** 기능성 화장품의 심사에 필요한 제출서류는 다음과 같다. 괄호 안에 알맞은 말을 쓰시오.

가. 기원 및 개발경위에 관한 자료
나. ( ㉠ )에 관한 자료
다. ( ㉡ ) 또는 기능에 관한 자료
다. 자외선차단지수, 내수성자외선차단지수 및 자외선A차단등급 설정의 근거자료

| 답안 표기란 |
|---|
| 34 |
| 35 |

## 3장 유통 화장품 안전 관리

답안 표기란

36 ① ② ③ ④ ⑤
37 ① ② ③ ④ ⑤
38 ① ② ③ ④ ⑤

**36** **유통화장품 안전 관리에서 검출되지 말아야하지만 비의도적인 물질로 눈 화장용 제품은 35㎍/g 이하, 색조 화장용 제품은 30㎍/g이하, 그 밖의 제품은 10㎍/g 이하이어야 하는 물질은?**

① 납 (Pb) ② 니켈 ③ 비소
④ 수은 ⑤ 카드뮴

**37** **유통화장품 안전 관리 기준에서 제품잔류물의 검사 중 비소의 시험 방법은?**

① 액체 크로마토그래피법
② 원자흡광도법
③ 기체(가스)크로마토그래피법
④ 수은 분해장치
⑤ 디티존법

〈기출문제〉

**38** **화장품 표시·기재 사항에 대한 설명으로 맞지 않는 것은?**

① 영유아는 만3세 이하를 말하고 어린이는 만4세 이상에서 만 13세 이하를 말한다.
② 10ml 초과 50ml 이하인 소용량인 화장품은 1차 포장에 전 성분 생략이 가능하다.
③ 인체에 무해한 소량 함유 성분 등 총리령으로 정하는 성분은 제외한다.
④ 화장품에 천연 또는 유기농으로 표시, 광고하려는 경우에도 전성분만 기재, 표시할 것
⑤ 한글로 읽기 쉽도록 기재, 표시할 것. 다만 한자 또는 외국어를 함께 적을 수 있고 수출용 제품 등의 경우에는 그 수출 대상국의 언어로 적을 수 있다.

**39** **다음은 유통화장품 안전 관리 기준에서 완전제거가 어려운 물질에 대한 허용기준을 표시한 것이다. 옳은 것은?**

① 안티몬 : 20㎍/g이하
② 수은 : 1㎍/g이하
③ 비소 : 5㎍/g이하
④ 디옥산 : 200㎍/g이하
⑤ 카드뮴 : 50㎍/g이하

**40** **작업소의 시설에 관한 규정 중으로 거리가 먼 것은?**

① 작업소의 시설은 소독제 등의 부식성에 저항력이 있어야 한다.
② 바닥, 벽, 천장은 가능한 청소하기 쉽게 매끄러운 표면을 유지해야 한다.
③ 외부와 연결된 창문은 통풍이 되도록 잘 열리게 한다.
④ 화장실은 생산구역과 분리되어 있도록 한다.
⑤ 실내 적절한 온도 및 습도를 유지할 수 있는 공기조화시설 등 적절한 환기시설을 갖춘다.

**41** **다음 〈보기〉에서 작업장의 위생유지를 위한 세제 및 소독제의 규정으로 옳은 것은?**

| 보기 |
|---|
| ㄱ. 항상 세제를 사용하여 세척하여야 한다.<br>ㄴ. 증기세척은 표면의 이상을 초래할 수 있어서 사용하지 않는다.<br>ㄷ. 분해할 수 있는 설비는 분해해서 세척한다.<br>ㄹ. 잔류하거나 적용하는 표면에 이상을 초래하지 아니하여야 한다.<br>ㅁ. 청소 세제와 소독제는 품질확인된 것이어야 하고 효과적이어야 한다. |

① ㄱ, ㄴ, ㄷ
② ㄱ, ㄴ, ㄹ
③ ㄱ, ㄷ, ㅁ
④ ㄴ, ㄷ, ㅁ
⑤ ㄷ, ㄹ, ㅁ

답안 표기란

39 ① ② ③ ④ ⑤
40 ① ② ③ ④ ⑤
41 ① ② ③ ④ ⑤

**42** **화장품 포장의 기재·표시 사항으로 생략 가능한 성분은?**

① 제조 과정 중에 제거되어 최종제품에는 남아있지 않은 성분
② 안정화제, 보존제 등 원료 자체에 들어 있는 부수 성분으로서 그 효과가 나타나게 하는 양이 들어 있는 성분
③ 내용량이 10밀리리터 초과 50밀리리터 이하 또는 중량이 10그램 초과 50그램 이하 화장품의 포장인 경우 샴푸와 린스에 들어 있는 인산염의 종류
④ 기능성화장품의 경우 그 효능·효과가 나타나게 하는 원료
⑤ 식품의약품안전처장이 사용 한도를 고시한 화장품의 원료

**43** **설비 세척의 원칙으로 올바르지 않은 것은?**

① 위험성이 없는 용제로 물 세척을 한다.
② 가능하면 세제를 사용하지 않는다.
③ 가능하면 증기 세척이 좋은 방법이다.
④ 브러시 등으로 문질러 지우는 방법을 고려한다.
⑤ 설비는 적극적으로 분해해서 세척하지 않는다.

**44** **청소 및 세척과정에서 필요한 진행 절차를 순서대로 나열한 것은?**

ㄱ. 판정기준 제시
ㄴ. 청소기록을 남긴다.
ㄷ. 절차서 작성
ㄹ. "청소 결과" 표시
ㅁ. 세제 사용시 사용기록을 남긴다.

① ㄴ－ㄷ－ㄹ－ㅁ－ㄱ
② ㄷ－ㄱ－ㅁ－ㄴ－ㄹ
③ ㄷ－ㄱ－ㄴ－ㅁ－ㄹ
④ ㅁ－ㄷ－ㄱ－ㄹ－ㄴ
⑤ ㄱ－ㄷ－ㄴ－ㅁ－ㄹ

| 답안 표기란 | |
|---|---|
| 42 | ① ② ③ ④ ⑤ |
| 43 | ① ② ③ ④ ⑤ |
| 44 | ① ② ③ ④ ⑤ |

**45** **다음에서 설명하는 내용이 바르게 된 것은?**

① 반제품 : 충전(1차포장) 이전의 제조 단계까지 끝낸 제품을 말한다.
② 벌크제품 : 출하를 위해 제품의 포장 및 첨부문서에 표시공정 등을 포함한 모든 제조공정이 완료된 화장품을 말한다.
③ 원자재 : 제조공정 단계에 있는 것으로서 필요한 제조공정을 더 거쳐야 벌크 제품이 되는 것을 말한다.
④ 완제품 : 원료 물질의 칭량부터 혼합, 충전(1차포장), 2차포장 및 표시 등의 일련의 작업을 말한다.
⑤ 소모품 : 청소, 위생 처리 또는 유지 작업 동안에 사용되는 물품(세척제, 윤활제 등)을 말한다.

**46** **다음 중 시험관리에 관한 내용으로 틀린 것은?**

① 품질관리를 위한 시험업무에 대해 문서화된 절차를 수립하고 유지하여야 한다.
② 원자재, 반제품 및 완제품에 대한 적합 기준을 마련하고 제조단위별로 시험 기록을 작성·유지하여야 한다.
③ 정해진 보관 기간이 경과된 원자재 및 반제품은 재평가하여 품질기준에 적합한 경우 제조에 사용할 수 있다.
④ 시험결과가 적합 또는 부적합인지 분명히 기록하여야 한다.
⑤ 모든 시험이 적절하게 이루어졌는지 시험기록을 검토한 후 적합, 부적합, 보류를 판정하여야 한다

**47** **완제품 보관용 검체는 제조단위별 제품의 사용기한 경과 후 몇 년간 보관해야 하는 것은?**

① 1년 ② 2년 ③ 3년
④ 4년 ⑤ 5년

**48** **기준일탈 조사시에 필요한 것을 나열해 보았다. 해당사항이 아닌 것은?**

① 검체 ② 시약
③ 시험용으로 조제한 시약액 ④ 실험설비
⑤ 시액

| 답안 표기란 |
|---|
| 45 ① ② ③ ④ ⑤ |
| 46 ① ② ③ ④ ⑤ |
| 47 ① ② ③ ④ ⑤ |
| 48 ① ② ③ ④ ⑤ |

**49** **유통화장품 안전 관리 기준에서 화장품의 시험방법 중 납(Pb) 성분 검출 방법이 아닌 것은?**

① 디티존법
② 원자흡광도법
③ 유도결합플라즈마 분광기법
④ 유도결합플라즈마 흡수분석기법
⑤ 유도결합플라즈마 질량분석기법

**50** **유통화장품 안전 관리 기준에서 비의도적인 미생물한도를 검출하는 시험방법으로 옳은 것은?**

① 수은분석기이용법
② 유도결합플라즈마-질량분석기
③ 한천평판희석법
④ 액체 크로마토그래피법
⑤ 기체 크로마토그래피법

**51** **방문객과 훈련받지 않은 직원이 제조, 관리, 보관구역으로 들어갈 경우, 안내자와 반드시 동행해야 한다. 이때 방문 기록서에 써야 할 내용이 아닌 것은?**

① 방문자의 직업
② 방문 목적
③ 입장 시간
④ 회사 동행자 이름
⑤ 소속

**52** **공정과정 중 반제품은 품질이 변하지 않도록 적당한 용기에 넣어 지정된 장소에서 보관해야 한다. 이 때 용기에 표시하지 않아도 되는 사항은?**

① 명칭
② 확인코드
③ 사용기한
④ 완료된 공정명
⑤ 필요한 경우에는 보관조건

| 답안 표기란 |
|---|
| 49 ① ② ③ ④ ⑤ |
| 50 ① ② ③ ④ ⑤ |
| 51 ① ② ③ ④ ⑤ |
| 52 ① ② ③ ④ ⑤ |

**53** **우수화장품 제조 및 품질관리의 적합성을 보장하는 기본 요건들을 충족하고 있음을 증명하기 위해 작성 보관이 필요한 기준서류들을 나열한 것 중이다. 다음 중 종류가 다른 것은?**

① 제품표준서
② 제조관리 기준서
③ 품질관리 기준서
④ 제조위생관리 기준서
⑤ 시험지시서

**54** **화장품 안전 관리 기준에 적합한 내용으로 다음 내용의 제품에서 제1제의 1에 대한 설명으로 틀린 것은?**

> 치오글라이콜릭애씨드 또는 그 염류를 주성분으로 하는 제1제 사용시 조제하는 발열2욕식 퍼머넌트웨이브용제품 : 이 제품은 치오글라이콜릭애씨드 또는 그 염류를 주성분으로 하는 제1제의 1과 제1제의 1중의 치오글라이콜릭애씨드 또는 그 염류의 대응량 이하의 과산화수소를 함유한 제1제의 2, 과산화수소를 산화제로 함유하는 제2제로 구성되며, 사용시 제1제의 1 및 제1제의 2를 혼합하면 약 40℃로 발열되어 사용하는 것이다.

① 알칼리 : 0.1N 염산의 소비량은 검체 1mL에 대하여 7mL이하
② pH : 4.5 ~ 9.5
③ 환원후의 환원성물질(디치오디글라이콜릭애씨드) : 0.5%이하
④ 중금속 : 20㎍/g이하
⑤ 비소 : 5㎍/g이하

**55** **모든 제조, 관리 및 보관된 제품이 규정된 적합판정기준에 일치하도록 보장하기 위하여 우수 화장품 제조 및 품질관리 기준이 적용되는 모든 활동을 내부 조직의 책임 하에 계획하여 변경하는 것을 말한다. 이에 해당하는 용어는?**

① 내부감사 ② 공정관리
③ 제조단위 ④ 변경관리
⑤ 위생관리

답안 표기란

53 ① ② ③ ④ ⑤
54 ① ② ③ ④ ⑤
55 ① ② ③ ④ ⑤

**56** 문서와 절차의 검토 및 승인, 절차진행 확인, 일탈 조사 및 기록, 원자재 및 제품의 출고 여부를 결정하는 등의 업무를 수행하는 사람은 누구 인가요?

**57** 총 호기성 생균 검체의 전처리에 대한 과정을 설명하고 있다. 괄호 안에 적당한 것을 쓰시오.

> **보기** ⊙ 검체조작은 무균조건하에서 실시하여야 하며, 검체는 충분하게 무작위로 선별
> - 모든 검체 내용물은 (  )배 희석액으로 만들어 사용
> - 크림제·오일제 : 균질화 되지 않은 경우 분산제를 추가하여 균질화시켜 사용
> - 파우더 및 고형제 : 검체 1g에 적당한 분산제를 1mL를 넣고 충분히 균질화 시킨 후 변형레틴액체배지 또는 검증된 배지 및 희석액 8mL를 넣어 (  )배 희석액을 만들어 사용

**58** 포장재 출고에 대한 내용이다. 괄호 안에 맞는 단어를 쓰시오.

> ① 포장재 공급담당자는 생산계획에 따라 자재를 공급한다.
> ② 적합라벨이 부착되었는지 확인한다.
> ③ (  ) 원칙에 따라 공급 (단 타당한 사유가 있는 경우 예외)한다.
> ④ 공급되는 부자재는 WMS시스템을 통해 공급기록 관리 한다.

**59** 다음은 무엇에 대한 설명인지 괄호 안에 맞는 단어를 쓰시오.

> (  )는 하나의 공정이나 일련의 공정으로 제조되어 균질성을 갖는 화장품의 일정한 분량을 말한다.

답안 표기란

56

57

58

59

**60** **다음은 유통화장품 안전 관리 기준 중 pH에 대한 적용사항이다. 〈보기〉를 잘 읽어보고 이들 기준의 예외가 되는 2가지 제품에 대하여 쓰시오.**

> **보기** pH 기준이 3.0~9.0 이어야 하는 제품은 다음과 같다.
> - 영·유아용 제품류(영·유아용 샴푸, 영·유아용 린스, 영·유아 인체 세정용 제품, 영·유아 목욕용 제품 제외),
> - 눈 화장용 제품류,
> - 색조 화장용 제품류,
> - 두발용 제품류(샴푸, 린스 제외),
> - 면도용 제품류(셰이빙 크림, 셰이빙 폼 제외),
> - 기초화장용 제품류(클렌징 워터, 클렌징 오일, 클렌징 로션, 클렌징 크림 등 메이크업 리무버 제품 제외) 중 액, 로션, 크림 및 이와 유사한 제형의 액상제품

답안 표기란

60

# 4장 맞춤형 화장품 이해

| 답안 표기란 |
|---|
| 61 ① ② ③ ④ ⑤ |
| 62 ① ② ③ ④ ⑤ |
| 63 ① ② ③ ④ ⑤ |

**61 맞춤형화장품판매업자의 준수사항으로 옳은 것을 모두 고르시오.**

㉠ 맞춤형화장품 조제에 사용하는 내용물 및 원료의 혼합·소분 범위에 대해 사전에 품질 및 안전성을 확보할 것
㉡ 맞춤형화장품 판매장 시설·기구를 정기적으로 점검하여 보건위생상 위해가 없도록 관리할 것
㉢ 혼합·소분에 사용되는 내용물 및 원료는 「화장품법」 제8조의 화장품 안전 기준 등에 적합한 것을 확인하여 사용할 것
㉣ 맞춤형화장품판매내역서를 작성·보관할 것(전자문서로 된 판매내역은 포함하지 않음)

① ㉠ ㉣
② ㉡ ㉣
③ ㉡ ㉢ ㉣
④ ㉠ ㉡ ㉢
⑤ ㉠ ㉡ ㉣

〈기출문제〉

**62 맞춤형화장품 혼합, 소분에 필요한 유화제 만들 때 사용되는 기구로 옳은 것은?**

① 분쇄기
② 호모믹서
③ 분산기
④ 유화기
⑤ 충진기

**63 맞춤형화장품 혼합, 소분 장비 및 도구의 위생관리로 옳지 않은 것은?**

① 맞춤형화장품판매업소에서는 작업자 위생, 작업환경위생, 장비·도구 관리 등 맞춤형화장품판매업소에 대한 위생 환경 모니터링 후 그 결과를 기록하고 판매업소의 위생 환경 상태를 관리 할 것
② 작업 장비 및 도구 세척 시에 사용되는 세제·세척제는 잔류하거나 표면 이상을 초래하지 않는 것을 사용
③ 세척한 작업 장비 및 도구는 잘 건조하여 다음 사용 시까지 오염방지상태로 보관
④ 자외선 살균기 이용 시 충분한 자외선 노출을 위해 적당한 간격을 두고 장비 및 도구가 서로 겹치게 쌓아서 한 층으로 보관
⑤ 맞춤형화장품 혼합·소분 장소가 위생적으로 유지될 수 있도록 맞춤형화장품판매업자는 주기를 정하여 판매장 등의 특성에 맞도록 위생관리 할 것

**64** 영, 유아용 제품류 또는 13세 이하 어린이가 사용할 수 있음을 특정하여 표시하는 제품에 사용금지 원료로 옳은 것은?

① 보존제로 사용할 경우 살리실릭애씨드 1.0%
② 사용 후 씻어내는 제품류에 살리실릭애씨드 3%
③ 사용 후 씻어내는 두발용 제품류에 살리실릭애씨드 3%
④ 사용 후 씻어내는 제품류에 살리실릭애씨드 5%
⑤ 사용 후 씻어내는 두발용 제품류에 살리실릭애씨드 5%

**65** 맞춤형화장품 혼합 시 사용할 수 있는 원료로 옳은 것은?

① 아쥴렌
② 알파-비사보롤
③ 치오글리콜산
④ 만수국꽃추출물
⑤ 레티놀

**66** 다음 중 맞춤형화장품에 대한 설명으로 옳은 것을 모두 고르시오.

> ㉠ 제조 또는 수입된 화장품 내용물에 다른 화장품의 내용물이나 식품의약품안전처장이 정하여 고시하는 원료를 추가하여 혼합한 화장품을 판매하는 영업이다.
> ㉡ 맞춤형화장품조제관리사는 맞춤형화장품판매장에서 혼합·소분 업무에 종사하는 자로서 맞춤형화장품조제관리사 국가자격시험에 합격한 자여야 한다.
> ㉢ 맞춤형화장품판매업을 하려는 자는 총리령으로 정하는 바에 따라 식품의약품안전처장에게 신고하여야 한다.
> ㉣ 맞춤형화장품판매장의 조제관리사로 시청에 신고한 맞춤형화장품조제관리사는 매년 1시간 이상, 4시간 이하의 집합교육 또는 온라인 교육을 식약처에서 정한 교육실시기관에서 이수 하여야 한다.

① ㉠ ㉣
② ㉡ ㉣
③ ㉡ ㉢ ㉣
④ ㉠ ㉡ ㉣
⑤ ㉠ ㉡ ㉢

| 답안 표기란 | |
|---|---|
| 64 | ① ② ③ ④ ⑤ |
| 65 | ① ② ③ ④ ⑤ |
| 66 | ① ② ③ ④ ⑤ |

**67** **맞춤형화장품 조제관리사는 매장을 방문한 고객과 다음과 같은 〈대화〉를 나누었다. 조제관리사가 고객에게 혼합하여 추천할 제품으로 다음 〈보기〉 중 옳은 것을 모두 고르면?**

〈대화〉

고객: 요즘 환절기라서 그런지 피부가 당기고 가려워요.
조제관리사: 아. 그러신가요? 그럼 고객님 피부 상태를 측정해 보도록 할까요?
고객: 그럴까요? 지난번 방문 시와 비교해 주시면 좋겠네요.
조제관리사: 네. 이쪽에 앉으시면 저희 측정기로 측정을 해드리겠습니다.

피부측정 후,

조제관리사: 고객님은 1달 전 보다 피부의 수분함유량이 10%이하로 감소하여, 피부 보습도가 많이 낮아져 있어 당기고 가려운 겁니다. 보습에 좋은 제품을 추천해 드리겠습니다.
고객: 음. 걱정이네요. 그럼 어떤 제품을 쓰는 것이 좋을지 추천 부탁드려요.

**보기**
ㄱ. 세라마이드 함유 제품
ㄴ. 나이아신아마이드(Niacinamide) 함유 제품
ㄷ. 카페인(Caffeine) 함유 제품
ㄹ. 소듐하이알루로네이트(Sodium Hyaluronate)함유제품

① ㄱ, ㄷ
② ㄱ, ㄹ
③ ㄴ, ㄹ
④ ㄴ, ㄷ
⑤ ㄷ, ㄹ

**68** **아래의 괄호안에 들어갈 알맞은 것을 찾으시오.**

안전용기·포장은 성인이 개봉하기는 어렵지 아니하나 만 ( ㉠ ) 미만의 어린이가 개봉하기는 어렵게 된 것이어야 한다. 이 경우 개봉하기 어려운 정도의 구체적인 기준 및 시험방법은
( ㉡ )이 정하여 고시하는 바에 따른다.

① 3세, 식품의약품안전처장
② 3세, 산업통상자원부장관
③ 5세, 식품의약품안전처장
④ 5세, 산업통상자원부장관
⑤ 13세, 산업통상자원부장관

답안 표기란

67 ① ② ③ ④ ⑤

68 ① ② ③ ④ ⑤

**69** **안전용기·포장 대상 품목 및 기준으로 옳지 않은 것은?**

① 일회용 제품, 용기 입구 부분이 펌프 또는 방아쇠로 작동되는 분무용기 제품, 압축 분무용기 제품(에어로졸 제품 등)은 제외

② 아세톤을 함유하는 네일 에나멜 리무버 및 네일 폴리시 리무버

③ 어린이용 오일 등 개별포장 당 탄화수소류를 5퍼센트 이상 함유하는 비에멀젼 타입의 액체상태의 제품

④ 개별포장당 메틸 살리실레이트를 5퍼센트 이상 함유하는 액체상태의 제품

⑤ 어린이용 오일 등 개별포장 당 탄화수소류를 10퍼센트 이상 함유하고 운동점도가 21센티 스톡스 이하인 비에멀젼 타입의 액체상태의 제품

**70** **혼합, 소분을 위한 맞춤형화장품판매업소 시설기준에 맞지 않는 것은?**

① 맞춤형화장품의 품질·안전확보를 위해서는 매월 정기적으로 점검, 관리 할 것

② 맞춤형화장품의 혼합·소분 공간은 다른 공간과 구분 또는 구획할 것

③ 맞춤형화장품 간 혼입이나 미생물오염 등을 방지할 수 있는 시설 또는 설비 등을 확보할 것

④ 맞춤형화장품의 품질유지 등을 위하여 시설 또는 설비 등에 대해 주기적으로 점검· 관리 할 것

⑤ 맞춤형화장품조제관리사가 아닌 기계를 사용하여 맞춤형화장품을 혼합하거나 소분하는 경우에는 구분·구획된 것으로 본다.

**71** **맞춤형화장품조제관리사가 준수해야 할 의무로 옳지 않은 것은?**

① 화장품의 안정성 확보 및 품질관리에 관한 교육을 매년 받았다.

② 혼합·소분에 사용되는 내용물 또는 원료의 특성, 사용 시의 주의 사항을 알리지 않고 판매했다.

③ 맞춤형화장품의 혼합·소분에 사용할 목적으로 화장품책임판매업자로부터 제공받은 원료를 혼합하여 판매했다.

④ 맞춤형화장품 판매시 판매내역서를 작성했다.

⑤ 맞춤형화장품 판매 후 문제가 발생하여 사용을 중단하게 하고, 식품의약품안전처장에게 보고했다.

답안 표기란

| | |
|---|---|
| 69 | ① ② ③ ④ ⑤ |
| 70 | ① ② ③ ④ ⑤ |
| 71 | ① ② ③ ④ ⑤ |

**72** 맞춤형화장품 조제관리사는 매장을 방문한 고객과 다음과 같은 〈대화〉를 나누었다. 고객에게 혼합하여 추천할 제품으로 다음 〈보기〉 중 옳은 것을 모두 고르면?

〈대화〉

고객: 최근 야외활동이 잦아지는 일이 많아져서 얼굴이 많이 타고 색소침착도 많이 되었으며 피부가 거칠어졌어요.

조제관리사: 아. 그러신가요? 그럼 고객님 피부 상태를 측정해 보도록 할까요?

고객: 그럴까요? 지난번 방문 시와 비교해 주시면 좋겠네요.

조제관리사: 네. 이쪽에 앉으시면 저희 측정기로 측정을 해드리겠습니다.

피부측정 후.

조제관리사: 고객님은 1달 전 보다 얼굴에 색소침착이 많이 보이고, 오랜 자외선 노출로 피부의 수분이 많이 손실되어 피부가 거칠어져 있네요. 미백과 보습에 좋은 제품을 추천해 드리겠습니다.

**보기**
ㄱ. 세라마이드 함유 제품
ㄴ. 나이아신아마이드 함유 제품
ㄷ. 살리실릭애씨드 함유 제품
ㄹ. 아데노신 함유제품

① ㄱ, ㄴ
② ㄱ, ㄷ
③ ㄴ, ㄷ
④ ㄴ, ㄹ
⑤ ㄷ, ㄹ

〈기출문제〉★★

**73** 탈모증상 완화에 도움을 주는 성분으로 옳은 것은?

① 치오글리콜산
② 살리실릭애씨드
③ 징크피리치온
④ 레티닐팔미테이트
⑤ 에칠아스코빌에텔

**74** 모발의 성장주기로 옳은 것은?

① 성장기→휴지기→퇴화기→발생기
② 휴지기→퇴화기→발생기→성장기
③ 퇴화기→성장기→발생기→휴지기
④ 성장기→퇴화기→휴지기→발생기
⑤ 발생기→휴지기→퇴화기→성장기

답안 표기란

72 ① ② ③ ④ ⑤
73 ① ② ③ ④ ⑤
74 ① ② ③ ④ ⑤

**75** **모발의 구조에서 모근부의 설명이 옳지 않은 것은?**

① 모낭 : 모근을 싸고 있는 부위
② 모구 : 세포분열이 시작되는 곳
③ 모유두 : 모발에 영양과 산소 운반
④ 모모세포 : 모발의 색을 결정
⑤ 입모근 : 모공을 닫고 체온손실을 막아주는 역할

**76** **표피의 구성세포의 설명으로 옳은 것은?**

① 섬유아세포 - 교원섬유, 탄력섬유, 기질
② 랑게르한스세포 - 기저층에 위치. 면역을 담당하는 세포
③ 머켈세포 - 기저층에 위치, 피부색을 결정짓는 세포
④ 대식세포 - 신체를 보호하는 역할
⑤ 멜라닌 세포 - 기저층에 위치, 피부색을 결정짓는 세포

**77** **피부의 생리기능으로 옳은 것은?**

① 감각작용, 흡수작용
② 보습작용, 체온조절작용
③ 화학작용, 면역작용
④ 혈액순환작용, 재생작용
⑤ 보호작용, 미백작용

〈예시문항〉

**78** **피부의 표피를 구성하고 있는 층으로 옳은 것은?**

① 기저층, 유극층, 과립층, 각질층
② 기저층, 유두층, 망상층, 각질층
③ 유두층, 망상층, 과립층, 각질층
④ 기저층, 유극층, 망상층, 각질층
⑤ 과립층, 유두층, 유극층, 각질층

**79** **기초화장용 제품류 중 액, 로션, 크림 및 이와 유사한 제형의 액상제품 pH 수치는?**

① pH 1.0~3.0
② pH 3.0~9.0
③ pH 9.0~10
④ pH 11~12
⑤ pH 13~14

답안 표기란

| | |
|---|---|
| 75 | ① ② ③ ④ ⑤ |
| 76 | ① ② ③ ④ ⑤ |
| 77 | ① ② ③ ④ ⑤ |
| 78 | ① ② ③ ④ ⑤ |
| 79 | ① ② ③ ④ ⑤ |

| 답안 표기란 |
| --- |
| 80 ① ② ③ ④ ⑤ |
| 81 ① ② ③ ④ ⑤ |
| 82 ① ② ③ ④ ⑤ |
| 83 ① ② ③ ④ ⑤ |
| 84 ① ② ③ ④ ⑤ |

**80** **다음과 같은 일반 화장품 표시기재 사항 중 1차 포장에 해당하지 않는 것은?**

① 화장품 명칭 ② 영업자의 주소
③ 제조번호 ④ 가격
⑤ 개봉 후 사용기간

**81** **맞춤형화장품 1차포장 기재, 표시 사항으로 아닌 것은?**

① 화장품 명칭 ② 사용 시 주의 사항
③ 맞춤형화장품판매업자의 상호 ④ 제조번호
⑤ 사용기한

**82** **사용상 제한이 필요한 원료 중 보존제 성분으로 옳은 것은?**

① 메칠이소치아졸리논 0.015% ② 벤질알코올 1.5%
③ 클로로펜 0.5% ④ 클로로페네신 0.3%
⑤ 페녹시에탄올 2.0%

**83** **맞춤형화장품의 효과에 대한 설명으로 아닌 것은?**

① 다양한 형태의 맞춤형화장품 판매로 소비자 니즈 충족
② 고객의 피부유형에 맞춰서 자신에게 적합한 화장품과 원료의 선택 가능
③ 심리적 만족감
④ 피부 측정과 문진 등을 통한 정확한 피부상태 진단과 전문가 조언을 통해 자신의 피부상태에 알맞게 조제된 화장품 구입 가능
⑤ 고객의 피부유형과 상관없이 다양한 제품을 조제하여 선택 가능

**84** **맞춤형화장품 혼합, 소분 장소의 위생관리로 옳지 않은 것은?**

① 혼합 전·후 작업자의 손 세척 및 장비 세척을 위한 세척시설 구비
② 적절한 환기시설 구비
③ 작업대, 바닥, 벽, 천장 및 창문 청결 유지
④ 맞춤형화장품 혼합 · 소분 장소와 판매 장소는 구분없이 관리
⑤ 방충·방서 대책 마련 및 정기적 점검·확인

**85** **자외선과 색소침착에 대한 설명으로 옳지 않은 것은?**

① 홍반반응 : 자외선에 의해 피부가 붉어지는 일시적인 반응
② 색소침착 : 표피의 기저층에서 멜라닌 세포활성
③ 일광화상 : 햇빛에 의한 일시적인 반응
④ 광노화 : 과다한 자외선의 강도에 노출되었을 경우에 생길 수 있는 피부반응
⑤ 피부암 : 과다한 자외선 노출의 경우 피부암이 유발될 확률이 높음

**86** **피하지방의 기능에 대해 설명한 것으로 옳지 않은 것은?**

① 남성호르몬과 관계가 있음
② 체온의 손실을 막는 체온보호(유지)기능
③ 충격흡수 및 단열제로서 열 손실을 방지
④ 영양이나 에너지를 저장하는 저장기능
⑤ 곡선미 유지

**87** **맞춤형화장품조제관리사 자격시험에 대한 설명으로 옳은 것은?**

① 맞춤형화장품조제관리사가 되려는 사람은 화장품과 원료 등에 대하여 시장이 실시하는 자격시험에 합격하여야 한다.
② 지방단체장은 맞춤형화장품조제관리사가 거짓이나 그 밖의 부정한 방법으로 시험에 합격한 경우에는 자격을 취소하여야 한다.
③ 보건복지부장관은 자격시험 업무를 효과적으로 수행하기 위하여 필요한 전문인력과 시설을 갖춘 기관 또는 단체를 시험운영기관으로 지정하여 시험업무를 위탁할 수 있다.
④ 자격시험의 시기, 절차, 방법, 시험과목, 자격증의 발급, 시험운영기관의 지정 등 자격시험에 필요한 사항은 대통령령으로 정한다.
⑤ 자격이 취소된 사람은 취소된 날부터 3년간 자격시험에 응시할 수 없다.

**88** **맞춤형화장품판매업의 신고에 필요한 사항으로 옳지 않은 것은?**

① 맞춤형화장품판매업 신고서
② 맞춤형화장품조제관리사 변경
③ 맞춤형화장품조제관리사 자격증
④ 임대차계약서
⑤ 건축물관리대장

| 답안 표기란 |
|---|
| 85 ① ② ③ ④ ⑤ |
| 86 ① ② ③ ④ ⑤ |
| 87 ① ② ③ ④ ⑤ |
| 88 ① ② ③ ④ ⑤ |

**89** 일상의 취급 또는 보통 보존상태에서 액상 또는 고형의 이물 또는 수분이 침입하지 않고 내용물을 손실, 풍화, 조해 또는 증발로부터 보호할 수 있는 용기는?

**90** 1차 포장을 수용하는 1개 또는 그 이상의 포장과 보호재 및 표시의 목적으로 첨부문서 등을 포함하는 것을 무엇이라 하는가?

〈기출문제〉

**91** 맞춤형화장품을 혼합 소분에 필요한 기구로 물과 기름을 유화시켜 안정한 상태로 유지하기 위해 분산상의 크기를 미세하게 해주는 기구는?

**92** 피부의 신진대사에 의해 기저층에서 세포가 만들어져 과립층으로 분화하여 과립세포가 핵이 없어지면서 각질세포로 변할 때 죽은 세포가 되어 딱딱하게 변하면서 각질층까지 올라왔다가 피부를 보호하고 난 뒤 떨어져 나가는 과정을 (　　　　　)이라고 말한다.

**93** 다음의 알맞은 단어를 기재하시오.

> 액제, 로션제, 갤제 등을 부직포 등의 지지체에 침적하여 만든 것을 (　　) 이라 한다.

**94** 다음 괄호안의 알맞은 단어를 기재하시오.

> (　　　　)은 일상의 취급 또는 보통 보존상태에서 외부로부터 고형의 이물이 들어가는 것을 방지하고 고형의 내용물이 손실되지 않도록 보호할 수 있는 용기

**95** 다음 괄호안의 알맞은 단어를 기재하시오.

> 화장품 원료 및 내용물은 적절한 보관·유지관리를 통해 사용기간 내의 적합한 것만을 (　　　) 방식으로 출고 해야하고 이를 확인할 수 있는 체계가 확립되어 있어야 한다.

| 답안 표기란 |
|---|
| 89 |
| 90 |
| 91 |
| 92 |
| 93 |
| 94 |
| 95 |

**96** 다음 〈보기〉는 맞춤형화장품의 조제시 사용할 수 없는 원료들을 설명하고 있다. (   )안에 들어갈 단어를 완성하세요.

| 보기 | • 화장품에 사용할 수 없는 원료<br>• 화장품에 사용상 제한이 필요한 원료<br>• 식품의약품 안전처장이 고시한 ( ㉠ )의 효능, 효과를 나타내는 원료 : 닥나무추출물 레티놀, 징크옥사이드 등<br>• ( ㉡ ) : 페녹시에탄올, 벤질알코올, 우레아 등 |
|---|---|

**97** 다음의 〈보기〉는 맞춤형화장품의 전성분 항목이다. 소비자에게 사용된 성분에 대해 설명하기 위하여 다음 화장품 전성분 표기 중 사용상의 제한이 필요한 보존제에 해당하는 성분을 다음 〈보기〉에서 하나를 골라 작성하시오.

| 보기 | 정제수, 글리세린, 다이프로필렌글라이콜, 토코페릴아세테이트, 다이메티콘/비닐다이메티콘크로스폴리머, 티타늄디옥사이드 , 벤질알코올, 향료 |
|---|---|

**98** 다음 중 맞춤형화장품의 원료로 사용할 수 없는 원료를 모두 고르시오.

클로로아세타마이드, 피토스테롤, 메톡시에탄올, 잔탄검, 베타인

**99** 다음 괄호안의 알맞은 단어를 기재하시오.

혼합·소분 전 사용되는 내용물 또는 원료의 품질관리가 선행되어야 한다. 다만, 책임판매업자에게서 내용물과 원료를 모두 제공받는 경우 책임판매업자의 (          )로 대체 가능하다.

〈예시문항〉★★

**100** 다음 〈보기〉는 맞춤형화장품에 관한 설명이다. 〈보기〉에서 ㉠, ㉡에 해당하는 적합한 단어를 각각 작성하시오.

| 보기 | ㄱ. 맞춤형화장품 제조 또는 수입된 화장품의 ( ㉠ )에 다른 화장품의 ( ㉠ )(이)나 식품의약품안전처장이 정하는 ( ㉡ )(을)를 추가하여 혼합한 화장품<br>ㄴ. 제조 또는 수입된 화장품의 ( ㉠ )(을)를 소분(小分)한 화장품 |
|---|---|

답안 표기란

96

97

98

99

100

# 8회 맞춤형화장품 조제관리사 모의고사

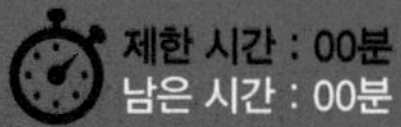


답안 표기란

01 ① ② ③ ④ ⑤

02 ① ② ③ ④ ⑤

## 1장 화장품법의 이해

〈기출문제〉★★

**01 개인정보 보호 원칙으로 옳지 않은 것은?**

① 개인정보의 처리 목적을 명확하게 하여야 하고 그 목적에 필요한 범위에서 최대한의 개인정보를 적법하고 정당하게 수집하여야 한다.

② 개인정보의 처리 목적에 필요한 범위에서 적합하게 개인정보를 처리하여야 하며, 그 목적 외의 용도로 활용하여서는 아니 된다.

③ 개인정보의 처리 목적에 필요한 범위에서 개인정보의 정확성, 완전성 및 최신성이 보장되도록 하여야 한다.

④ 개인정보의 처리 방법 및 종류 등에 따라 정보 주체의 권리가 침해받을 가능성과 그 위험 정도를 고려하여 개인정보를 안전하게 관리하여야 한다.

⑤ 개인정보 처리방침 등 개인정보의 처리에 관한 사항을 공개하여야 하며, 열람청구권 등 정보 주체의 권리를 보장하여야 한다.

**02 천연화장품 및 유기농화장품에 대한 인증에 대한 내용으로 옳지 않은 것은?**

① 식품의약품안전처장은 천연화장품 및 유기농화장품의 품질제고를 유도하고 소비자에게 보다 정확한 제품정보가 제공될 수 있도록 식품의약품안전처장이 정하는 기준에 적합한 천연화장품 및 유기농화장품에 대하여 인증할 수 있다.

② 인증을 받은 화장품에 대해서는 식품의약품안전처장으로 정하는 인증표시를 할 수 있다.

③ 식품의약품안전처장은 인증을 받은 화장품이 거짓이나 그 밖의 부정한 방법으로 인증을 받은 경우에는 그 인증을 취소하여야 한다.

④ 인증의 유효기간은 인증을 받은 날부터 3년으로 하며, 인증의 유효기간을 연장 받으려는 자는 유효기간 만료 90일 전에 총리령으로 정하는 바에 따라 연장신청을 하여야 한다.

⑤ 누구든지 인증을 받지 아니한 화장품에 대하여 인증표시나 이와 유사한 표시를 하여서는 아니된다.

〈기출문제〉★★

**03 다음 행정처분에 관한 내용으로 옳지 않은 것은?**

① 부당한 표시, 광고 행위 등의 금지-1년 이하의 징역 또는 1천만원 이하의 벌금
② 맞춤형화장품판매업자가 갖추어야 할 여러 가지 기준 등의 준수사항을 위반한자 - 200만원이하의 벌금
③ 화장품의 가격표시를 위반한 자 - 200만원 이하의 벌금
④ 화장품의 생산실적 또는 화장품 원료의 목록 등을 보고하지 아니한 자 - 100만원 이하의 과태료
⑤ 동물실험을 실시한 화장품 또는 동물실험을 실시한 화장품 원료를 사용하여 제조 또는 수입한 화장품을 유통, 판매한 자 - 1년 이하의 징역 또는 1천만원 이하의 벌금

**04 기능성화장품의 심사에 관한 설명으로 옳지 않은 것은?**

① 기능성화장품으로 인정받아 판매 등을 하려는 화장품제조업자, 화장품책임판매업자 또는 총리령으로 정하는 대학·연구소 등은 품목별로 안전성 및 유효성에 관하여 식품의약품안전처장의 심사를 받거나 식품의약품안전처장에게 보고서를 제출하여야 한다.
② 유효성에 관한 심사는 규정된 효능·효과에 한하여 실시한다.
③ 심사를 받으려는 자는 총리령으로 정하는 바에 따라 그 심사에 필요한 자료를 식품의약품안전처장에게 제출하여야 한다.
④ 심사 또는 보고서 제출의 대상과 절차 등에 관하여 필요한 사항은 총리령으로 정한다.
⑤ 식품의약품안전처장은 화장품에 대하여 제품별 안전성 자료, 소비자 사용실태, 사용 후 이상사례 등에 대하여 주기적으로 실태조사를 실시하고 위해요소의 저감화를 위한 계획을 수립하여야 한다.

| 답안 표기란 | |
|---|---|
| 03 | ① ② ③ ④ ⑤ |
| 04 | ① ② ③ ④ ⑤ |

## 05 화장품의 유형별 특성이 올바르게 연결 된 것은?

① 인체 세정용 - 버블 배스
② 기초화장용 제품류 - 폼 클렌저
③ 두발용 제품류 - 포마드
④ 손발톱용 제품류 - 손, 발의 피부연화 제품
⑤ 두발 염색용 제품류 – 흑채

## 06 다음 화장품판매업의 준수사항 관련 내용으로 옳지 않은 것은?

① 화장품제조업자 - 품질관리 기준에 따른 화장품책임판매업자의 지도, 감독 및 요청에 따르며, 화장품의 제조에 필요한 시설 및 기구에 대하여 정기적으로 점검하여 작업에 지장이 없도록 관리, 유지할 것
② 화장품책임판매업자 – 화장품의 품질관리 기준, 책임판매 후 안전 관리 기준, 품질 검사 방법 및 실시의무, 안전성·유효성 관련 정보사항 등의 보고 및 안전대책 마련 의무 등에 관하여 사항을 준수하여야 한다.
③ 맞춤형화장품판매업자 – 맞춤형화장품 판매장 시설·기구를 정기적으로 점검하여 보건위생상 위해가 없도록 관리할 것
④ 화장품책임판매업자 – 화장품 판매내역서(전자문서로 된 판매내역서를 포함한다)를 작성·보관할 것
⑤ 맞춤형화장품판매업자 – 맞춤형화장품 사용과 관련된 부작용 발생사례에 대해서는 지체 없이 식품의약품안전처장에게 보고할 것

## 07 화장품 제조업의 경우에 등록할 수 없는 자로 옳은 것은?

① 정신질환자와 마약중독자
② 파산선고를 받고 복권된 자
③ 화장품제조업자로 적합하다고 인정한 정신질환자
④ 금고 이상의 형을 선고받고 그 집행이 끝난 자
⑤ 등록이 취소되거나 영업소가 폐쇄된 날부터 2년이 지나지 아니한 자

| 답안 표기란 | |
|---|---|
| 05 | ① ② ③ ④ ⑤ |
| 06 | ① ② ③ ④ ⑤ |
| 07 | ① ② ③ ④ ⑤ |

**08** 식품의약품안전처장은 제14조의2제3항에 따른 인증의 취소, 제14조의5제2항에 따른 인증기관 지정의 취소 또는 업무의 전부에 대한 정지를 명하거나 제24조에 따른 등록의 취소, 영업소 폐쇄, 품목의 제조·수입 및 판매(수입대행형 거래를 목적으로 하는 알선·수여를 포함한다)의 금지 또는 업무의 전부에 대한 정지를 명하고자 하는 경우에는 ( ) 을 하여야 한다.

**09** 개별포장당 메틸 살리실레이트를 5퍼센트 이상 함유하는 액체상태의 제품) 안전용기·포장은 성인이 개봉하기는 어렵지 아니하나( ) 의 어린이가 개봉하기는 어렵게 된 것이어야 한다. 이 경우 개봉하기 어려운 정도의 구체적인 기준 및 시험방법은 ( )이 정하여 고시하는 바에 따른다.

〈기출문제〉★★★

**10** 다음 〈보기〉는 화장품법 시행규칙 제18조 1항에 따른 안전용기·포장을 사용하여야 할 품목에 대한 설명이다. 괄호에 들어갈 알맞은 성분의 종류를 쓰시오.

> **보기**
> ㄱ. 아세톤을 함유하는 네일 에나멜 리무버 및 네일 폴리시 리무버
> ㄴ. 개별 포장당 메틸 살리실레이트를 5% 이상 함유하는 액체상태의 제품
> ㄷ. 어린이용 오일 등 개별포장 당 ( )류를 10% 이상 함유하고 운동점도가 21 센티스톡스(섭씨 40도 기준) 이하인 비에멀전 타입의 액체상태의 제품

답안 표기란

08

09

10

답안 표기란

11 ① ② ③ ④ ⑤

12 ① ② ③ ④ ⑤

13 ① ② ③ ④ ⑤

**11** **안전성의 우려로 3세 이하 영·유아 및 어린이 화장품에 사용금지인 보존제인 것은?**

① 벤질알코올
② 살리실릭애씨드 및 그 염류
③ BHT
④ 페녹시에탄올
⑤ 카보머

**12** **다음 〈보기〉 중 맞춤형화장품조제관리사가 올바르게 업무를 처리한 경우를 모두 고르시오.**

> 보기
> ㉠ 고객으로부터 선택된 맞춤형화장품을 조제관리사가 매장 조제실에서 직접 조제하여 전달하였다.
> ㉡ 조제관리사는 주름개선 제품을 조제하기 위하여 아데노신을 1%로 배합, 조제하여 판매하였다.
> ㉢ 조제제품의 보존기간 향상을 위해서 보존제를 1% 추가하여 제조하였다.
> ㉣ 제조된 화장품을 용기에 소분하여 판매하였다

① ㉠, ㉡　　② ㉠, ㉢　　③ ㉠, ㉣
④ ㉡, ㉢　　⑤ ㉡, ㉣

**13** **다음 원료 중 미백화장품에 주로 쓰이는 원료와 거리가 먼 것은?**

① 에틸아스코빌에텔
② 닥나무추출물
③ 알부틴
④ 토코페롤
⑤ 알파-비사보롤

| 답안 표기란 |
|---|
| 14 ① ② ③ ④ ⑤ |
| 15 ① ② ③ ④ ⑤ |
| 16 ① ② ③ ④ ⑤ |
| 17 ① ② ③ ④ ⑤ |

**14** **자외선 차단제에 관한 설명이 틀린 것은?**

① 자외선 차단제는 SPF(Sun Protect Factor)의 지수가 매겨져 있다.
② SPF(Sun Protect Factor)는 자외선B 차단지수를 나타낸다.
③ 자외선 차단제의 효과는 자신의 멜라닌 색소의 양과 자외선에 대한 민감도에 따라 달라질 수 있다.
④ SPF(Sun Protect Factor)는 차단지수가 낮을수록 차단이 잘 된다.
⑤ PA는 UV-A를 차단하는 지수이다.

**15** **화장품의 원료로 사용하는 기초물질로 탄소화합물에 대한 설명으로 틀린 것은?**

① 유지(fat)는 고급지방산과 글리세린의 에스테르 물질이다.
② 불포화지방산은 탄화수소기의 부분이 2중,3중 결합을 포함하고 있다.
③ 포화지방산에는 리놀산, 리놀렌산 등이 있다.
④ 유기산 중 탄소가 많아 탄소사슬이 긴 것을 지방산이라 한다.
⑤ 카복실산은 산성을 지닌 유기화합물을 말한다.

**16** **알레르기 유발 물질이 아닌 것은?**

① 리모넨
② 제라니올
③ 벤질알코올
④ 참나무이끼 추출물
⑤ 감초추출물

**17** **중대한 유해사례에 대한 내용 설명으로 틀린 것은?**

① 사망을 초래하거나 생명을 위협하는 경우
② 입원 또는 입원기간의 연장이 필요한 경우
③ 지속적으로 사용 중 바람직하지 않은 징후 또는 증상을 초래하는 경우
④ 선천적 기형 또는 이상을 초래하는 경우
⑤ 기타 의학적으로 중요한 상황발생의 경우

**18** **화장품의 유형으로 틀린 것은?**

① 영·유아용 오일
② 바디 클렌져
③ 아이라이너
④ 향수
⑤ 어린이용 로션

**19** **화장품책임판매업자는 다음에 해당하는 성분을 0.5퍼센트 이상 함유하는 제품의 경우에는 해당 품목의 안정성시험 자료를 최종 제조된 제품의 사용기한이 만료되는 날부터 1년간 보존해야 한다. 이중에 포함되지 않는 것은?**

① 아스코빅애시드(비타민C) 및 그 유도체
② 토코페롤(비타민E)
③ 과산화화합물
④ 효모
⑤ 레티놀(비타민A) 및 그 유도체

**20** **기능성 화장품의 심사의뢰서에 첨부할 안전성에 관한 자료들을 설명한 것이다. 옳은 것은?**

① 효력시험자료
② 자외선 차단지수 및 자외선 차단등급 설정 근거 자료
③ 안 점막 자극 또는 그 밖의 점막자극 시험자료
④ 인체적용시험자료
⑤ 검체기준 및 시험방법에 관한 자료

**21** **다음 중 보존제의 사용 한도로 옳은 것은?**

① 벤조익애시드 1.0%
② 클로페네신 0.2%
③ 디엠디엠하이단토인 0.5%
④ 벤질에탄올 1.0%
⑤ 징크피리치온 0.1%

| 답안 표기란 |
|---|
| 18 ① ② ③ ④ ⑤ |
| 19 ① ② ③ ④ ⑤ |
| 20 ① ② ③ ④ ⑤ |
| 21 ① ② ③ ④ ⑤ |

**22** 화장품의 취급 및 보관상에 주의할 것으로 옳은 것은?

① 완제품을 밀폐된 용기에 보존하지 말 것
② 혼합한 제품의 잔액은 밀폐된 용기에 보존할 것
③ 용기를 버릴 때에는 반드시 뚜껑을 닫아서 버릴 것
④ 직사광선을 피하고 공기와의 접촉을 피하여 서늘한 곳에 보관할 것
⑤ 화장품을 진열할 때는 햇빛이 잘 드는 곳에 비치할 것

**23** 화장품의 안전용기와 포장에 대한 설명으로 옳은 것은?

① 만 3세이하의 영유아가 열 수 없도록 고안된 것을 말한다.
② 안전용기와 포장의 규정은 식품의약안전처장이 정한다.
③ 만 5세미만의 어린이가 개봉하기 어렵게 설계·고안된 것을 말한다.
④ 화장품 제조 시 내용물과 직접 접촉하는 포장용기를 2차포장이라 한다.
⑤ 안전용기대상품목으로 1회용제품과 분무용기 제품이 포함된다.

**24** 화장품의 13가지 유형별 분류 중에 속하지 않는 것은?

① 목욕용 제품
② 인체 세정용 제품
③ 눈 화장용 제품
④ 기초화장품류
⑤ 손세정용 물휴지 제품

**25** 화장품법에서 화장품 원료의 사용 제한이 주는 올바른 영향은?

① 화장품 소비자는 화장품의 사용 가능성 원료로부터 보호받게 되었다.
② 맞춤형화장품조제관리사는 다양한 원료를 개발할 수 있게 되었다.
③ 화장품책임판매업자는 보존제, 색소, 자외선차단제를 자유롭게 사용할 수 있게 되었다.
④ 화장품 소비자는 인체의 위해 가능성 원료로부터 보호받게 되었다.
⑤ 화장품제조업자는 화장품의 개발이 더욱 더 원활해졌다.

답안 표기란

| | |
|---|---|
| 22 | ① ② ③ ④ ⑤ |
| 23 | ① ② ③ ④ ⑤ |
| 24 | ① ② ③ ④ ⑤ |
| 25 | ① ② ③ ④ ⑤ |

**26** 착향제는 향료로 표시할 수 있으나 구성성분 중 식약청이 고시한 알레르기 유발 성분이 있는 경우는 "향료"로만 표시할 수 없다. ± 또는 +/-의 표시 다음에 사용된 모든 착색제 성분을 함께 기재해야 하는 화장품이 아닌 것은?

① 색조화장용　　② 눈 화장용품
③ 두발 염색용　　④ 향수
⑤ 손톱, 발톱용

**27** 화장품 사용시 주의 사항으로 틀린 것은?

① 화장품을 바르고 붉은 반점 혹은 부어오름이 생기면 전문의 등과 상담할 것
② 상처가 있는 부위 등에는 사용을 자제할 것
③ 어린이의 손이 닿지 않는 곳에 보관할 것
④ 샴푸 사용시 눈에 들어갔을 경우 즉시 물로 씻어낼 것
⑤ 체취 방지용 제품은 털을 제거한 직후에 사용할 것

**28** 〈보기〉에서 유해성의 설명으로 옳은 것을 모두 고르시오.

> **보기**
> ㉠ 생식·발생 독성 : 자손 생성을 위한 기관의 능력 감소 및 개체의 발달과정에 부정적인 영향을 미침
> ㉡ 면역 독성 : 면역 장기에 손상을 주어 생체 방어기전 저해
> ㉢ 항원성 : 항원으로 작용하여 알러지 및 과민반응 유발
> ㉣ 유전 독성 : 장기간 투여 시 암(종양)의 발생
> ㉤ 발암성 : 유전자 및 염색체에 상해를 입힘

① ㉠, ㉣, ㉤　　② ㉠, ㉡, ㉢　　③ ㉠, ㉢, ㉣
④ ㉡, ㉢, ㉣　　⑤ ㉢, ㉤, ㉣

**29** 기능성화장품 심사에서 안전성에 대한 자료가 아닌 것은?

① 1차 피부 자극 시험 자료
② 인체 적용시험 자료
③ 안(眼)점막 자극 또는 그 밖의 점막 자극 시험 자료
④ 광독성(光毒性) 및 광감작성 시험 자료
⑤ 인체 첩포 시험(貼布試驗) 자료

| 답안 표기란 |
|---|
| 26 ① ② ③ ④ ⑤ |
| 27 ① ② ③ ④ ⑤ |
| 28 ① ② ③ ④ ⑤ |
| 29 ① ② ③ ④ ⑤ |

**30** **화장품에 대한 설명으로 옳은 것은?**

① 사람 또는 동물의 질병 치료 및 경감에 영향을 미친다.

② 대한약전에 수록된 인체에 사용되는 물품으로 의약외품이 아닌 것이다.

③ 인체에 대한 작용이 경미하거나 인체에 직접 작용하지 아니한 것이다.

④ 인체의 청결 미화를 더하고 용모를 밝게 하는 것이다.

⑤ 사람 또는 동물의 구조기능에 약리적 영향을 주는 것이다.

〈기출문제〉

**31** **다음에서 설명하고 있는 것은 무엇을 함유한 제품인지 그 성분을 쓰시오.**

가) 햇빛에 대한 피부의 감수성을 증가시킬 수 있으므로 자외선 차단제를 함께 사용할 것(씻어내는 제품 및 두발용 제품은 제외한다)

나) 일부에 시험 사용하여 피부 이상을 확인할 것

다) 고농도의 성분이 들어 있어 부작용이 발생할 우려가 있으므로 전문의 등에게 상담할 것(이 성분이 10퍼센트를 초과하여 함유되어 있거나 산도가 3.5 미만인 제품만 표시한다)

〈기출문제〉

**32** **유해사례와 화장품간의 인과관계 가능성이 있다고 보고된 정보로서 그 인과관계가 알려지지 아니 하거나 입증자료가 불충분한 것을 (　　　) 라 한다.**

〈기출문제〉

**33** **기능성 화장품의 심사 시 유효성 또는 기능에 관한 자료 중 인체적용시험 자료를 제출하는 경우에는 (　　　) 제출을 면제할 수 있다. 이 경우에는 자료제출을 면제받은 성분에 대해서는 효능 효과를 기재할 수 없다.**

**34** **다음 (　)에 들어갈 용어를 쓰시오.**

> ( ㉠ )는(은) 화장품의 사용 중에 발생한 것으로 바람직하지 않고, 의도되지 않은 징후 또는 증상, 질병을 말하며 화장품과 반드시 인과관계를 갖고 있어야 하는 것은 아니다.

| 답안 표기란 | |
|---|---|
| 30 | ① ② ③ ④ ⑤ |
| 31 | |
| 32 | |
| 33 | |
| 34 | |

**35** 다음 내용에서 괄호안에 알맞은 용어를 쓰시오.

화장품 안정성 정보규정
[목적] 화장품법 제 5조 및 동법 시행규칙 제 11조에 따라 화장품 책임 판매업자는 화장품의 취급, 사용 시 인지되는 안전성 관련 정보를 체계적이고 효율적으로 (㉠ , ㉡ , ㉢ )하여 적절한 안전 대책을 강구함으로서 국민보건상의 위해를 방지한다.

답안 표기란

35

## 3장 유통 화장품 안전 관리

**36 작업장의 유지 관리에 대한 설명으로 틀린 것은?**

① 건물, 시설 및 주요 설비는 정기적으로 점검하여 화장품의 제조 및 품질관리에 지장이 없도록 유지·관리·기록하여야 한다.
② 결함 발생 및 정비 중인 설비는 적절한 방법으로 표시하고, 고장 등 사용이 불가할 경우 표시하여야 한다.
③ 세척한 설비는 다음 사용 시까지 오염되지 아니하도록 관리하여야 한다.
④ 모든 제조 관련 설비는 직원이면 누구나 접근·사용이 가능하다.
⑤ 유지관리 작업이 제품의 품질에 영향을 주어서는 안 된다.

**37 품질보증 책임자는 화장품의 품질보증을 담당하는 부서의 책임자로서 다음과 같은 사항을 이행해야 한다. 내용 중에서 틀린 것은?**

① 품질에 관련된 모든 문서와 절차의 검토 및 승인
② 품질 검사가 규정된 절차에 따라 진행되는지의 확인
③ 적합 판정한 원자재 및 제품의 출고 여부 결정
④ 부적합품이 규정된 절차대로 처리되고 있는지 확인
⑤ 교육훈련이 제공될 수 있도록 연간계획을 수립하고 정기적으로 교육을 실시

**38 교육훈련 규정에 포함되는 내용을 나열하였다. 이에 해당하지 않는 것은?**

① 교육계획 ② 교육대상 인원
③ 교육의 종류 및 내용 ④ 교육실시방법
⑤ 교육평가

**39 제품이 적합 판정 기준에 충족될 것이라는 신뢰를 제공하는데 필수적인 모든 계획되고 체계적인 활동을 말하는 것은?**

① 일탈 ② 제조 ③ 품질보증
④ 회수 ⑤ 교정

답안 표기란

36 ① ② ③ ④ ⑤
37 ① ② ③ ④ ⑤
38 ① ② ③ ④ ⑤
39 ① ② ③ ④ ⑤

| 답안 표기란 |
|---|
| 40 ① ② ③ ④ ⑤ |
| 41 ① ② ③ ④ ⑤ |
| 42 ① ② ③ ④ ⑤ |
| 43 ① ② ③ ④ ⑤ |

**40** **CGMP(Cosmetic Good Manufacturing Practice)에 대한 설명으로 틀린 것은?**

① 미생물 오염 및 교차오염으로 인한 품질저하를 방지하기 위한 것이다.

② 우수화장품을 공급하기 위한 제조 및 품질관리 기준이다

③ 직원, 시설, 장비 및 원자재, 반제품, 완제품 등의 취급 및 실시방법을 정한 것이다.

④ 일방적인 관리체계로 생산성 향상이 목적이다.

⑤ 고도의 품질관리체계가 필요하다.

**41** **제조공정단계에 있는 것으로 필요한 제조공정을 더 거쳐야 1차 포장 전 단계의 제품이 되는 것은 무엇일까요?**

① 완제품 ② 반제품

③ 벌크제품 ④ 소모품

⑤ 원료

**42** **유통화장품 안전 관리 기준에서 비의도적인 물질인 포름알데하이드 검출 시험방법으로 옳은 것은?**

① 유도결합 플라즈마 분광기법

② 디티존법

③ 기체(가스)크로마토그래피법

④ 액체 크로마토그래피법

⑤ 원자흡광도법

**43** **유통화장품 안전 관리에서 검출되지 말아야하지만 비의도적인 물질로 점토를 원료로 사용한 분말제품은 50㎍/g이하, 그 밖의 제품은 20㎍/g 이하이어야 하는 물질은?**

① 포름알데하이드 ② 니켈

③ 납 ④ 카드뮴

⑤ 디옥산

**44** **유통화장품 안전 관리 기준에서 납, 비소, 니켈, 카드뮴의 공통적인 시험 방법은?**

① 액체 크로마토그래피법
② 원자흡광도법
③ 기체(가스)크로마토그래피법
④ 수은 분해장치
⑤ 디티존법

**45** **오염물질 제거 및 소독방법에 필요한 조건으로 틀린 것은?**

① 우수한 세정력과 안정성이 있어야 한다.
② 사용기간 동안 활성 유지해야 한다.
③ 제품이나 설비와의 반응이 없어야 한다.
④ 세척 후에는 반드시 세정결과를 '판정' 한다.
⑤ 불쾌한 냄새가 남지 않아야 한다.

**46** **다음은 화장품 제조시 유통화장품 안전 관리 기준에서 불가피한 물질에 대한 허용기준을 표시한 것이다. 틀린 것은?**

① 안티몬 : 10㎍/g이하
② 니켈: 눈 화장용 제품은 35㎍/g 이하, 색조 화장용 제품은 30㎍/g이하
③ 비소 : 10㎍/g이하
④ 디옥산 : 100㎍/g이하
⑤ 납 : 점토를 원료로 사용한 분말제품은 30㎍/g이하, 그 밖의 제품은 20㎍/g이하

답안 표기란

| | |
|---|---|
| 44 | ① ② ③ ④ ⑤ |
| 45 | ① ② ③ ④ ⑤ |
| 46 | ① ② ③ ④ ⑤ |

**47** **다음 〈보기〉 중 설비에 대한 세척조건과 구성 재질에 대한 내용으로 바른 것을 모두 고르면?**

> **보기**
> ㄱ. 펌프 : 많이 움직이는 젖은 부품들로 구성 특히 하우징(Housing)과 날개치(Impeller)는 마모되는 특성 때문에 다른 재질로 만든다.
> ㄴ. 탱크 : 제조물과 반응하여 부식이 일어날 것을 고려하여 정기교체가 용이한 것을 사용한다.
> ㄷ. 제품 충전기 : 제품에 의해서나 어떠한 청소 또는 위생처리작업에 의해 부식되거나 분해되거나 스며들게 해서는 안 된다.
> ㄹ. 교반장치 : 제품과의 접촉을 고려하여 제품의 품질에 영향을 미치지 않는 패킹과 윤활제를 사용한다.
> ㅁ. 칭량장치 : 계량적 눈금의 노출된 부분들은 칭량 작업에 간섭하지 않는다면 보호적인 피복제 사용한다.

① ㄱ, ㄴ, ㄷ ② ㄱ, ㄴ, ㄹ ③ ㄱ, ㄷ, ㅁ
④ ㄴ, ㄷ, ㅁ ⑤ ㄷ, ㅁ, ㄹ

**48** **완제품 포장 생산 중 이상이 발견되거나 작업 중 파손 또는 부적합 판정이 난 포장재의 회수 결정 후 폐기절차를 순서대로 나열하세요.**

> **보기** 부적합 판정 시
> ㉠ 기준일탈조치서 작성
> ㉡ 회수 입고된 포장재에 부적합라벨 부착
> ㉢ 해당부서에 통보

① ㉢, ㉡, ㉠ ② ㉠, ㉡, ㉢
③ ㉡, ㉠, ㉢ ④ ㉢, ㉠, ㉡
⑤ ㉡, ㉢, ㉠

**49** **다음 중 총리령으로 정하는 화장품의 기재 사항으로 맞춤형화장품의 포장에 기재·표시하여야 하는 사항이 아닌 것은?**

① 기능성화장품의 경우 심사받거나 보고한 효능·효과, 용법·용량
② 수입화장품인 경우에는 제조국의 명칭, 제조회사명 및 그 소재지
③ 성분명을 제품 명칭의 일부로 사용한 경우 그 성분명과 함량(방향용 제품은 제외한다)
④ 인체 세포·조직 배양액이 들어있는 경우 그 함량
⑤ 화장품에 천연 또는 유기농으로 표시·광고하려는 경우에는 원료의 함량

| 답안 표기란 | |
|---|---|
| 47 | ① ② ③ ④ ⑤ |
| 48 | ① ② ③ ④ ⑤ |
| 49 | ① ② ③ ④ ⑤ |

**50** **화장품법에서 총리령으로 정하는 화장품의 기재 사항으로 화장품의 포장에 기재·표시하여야 하는 사항이 아닌 것은?**

① 기능성화장품의 경우 심사받거나 보고한 효능·효과, 용법·용량
② 식품의약품안전처장이 정하는 바코드
③ 인체 세포·조직 배양액이 들어있는 경우 그 함량
④ 사용기준이 지정·고시된 원료 외의 보존제, 색소, 자외선차단제
⑤ 화장품에 천연 또는 유기농으로 표시·광고하려는 경우에는 원료의 함량

**51** **작업장 내 직원의 위생 기준과 거리가 먼 것은?**

① 청정도에 맞는 적절한 작업복, 모자 및 신발을 착용하고 필요할 경우는 마스크, 장갑을 착용한다.
② 피부에 외상이 있거나 질병에 걸린 직원은 화장품의 품질에 영향을 주지 않는다는 의사의 소견이 있기 전까지는 화장품과 직접적으로 접촉되지 않도록 격리되어야 한다.
③ 작업 전에 복장점검을 하고 적절하지 않을 경우는 시정조치 한다.
④ 방문객과 훈련받지 않은 직원은 필요한 보호 설비를 갖춘다면 안내자 없이도 접근 가능하다.
⑤ 음식물을 반입해서는 안 된다.

**52** **원자재 입고에 대한 설명으로 옳은 것은?**

① 원자재 용기에 제조번호가 없는 경우는 입고시 일자만 적어 보관한다.
② 입고된 원자재는 용기에 표시된 양을 거래명세표와 대조하고 칭량무게를 확인할 필요가 없다.
③ 원료 담당자는 원료 입고시 입고된 원료의 구매요구서(발주서)가 일치하는지만 확인한다.
④ 원자재 용기에 제조번호가 없는 경우는 관리번호를 부여하여 보관한다.
⑤ 원자재, 시험 중인 제품 및 부적합품은 각각 구획된 장소에서 보관하여야 한다.

답안 표기란

| | |
|---|---|
| 50 | ① ② ③ ④ ⑤ |
| 51 | ① ② ③ ④ ⑤ |
| 52 | ① ② ③ ④ ⑤ |

**53** **위생상태 판정법 중에서 린스정량에 대한 설명으로 틀린 것은?**

① 린스액을 이용한 화학분석이다.
② 화학적분석이 상대적으로 복잡한 방법이다.
③ 광범위한 항균 스펙트럼을 갖고 있다.
④ 수치로 결과 확인이 가능하다.
⑤ 호스나 틈새기의 세척판정에 적합하다.

**54** **일정한 제조단위분량에 대하여 제조관리 및 출하에 관한 모든 사항을 확인할 수 있도록 표시된 것으로서 숫자*문자*기호 또는 이들의 특징적인 조합을 무엇이라고 하는가?**

① 회수　② 벌크 제품
③ 뱃치번호　④ 유지관리
⑤ 제조단위

**55** **설비 및 기구의 위생상태 판정시 세척확인 방법에 대한 내용이다. 괄호 안에 적절한 용어를 쓰시오.**

※ (　　　)판정법
– 천으로 문질러 보고 부착물 확인
– 흰 천이나 검은 천으로 설비 내부의 표면을 닦아내 본다.
– 천 표면의 잔류물 유무로 세척 결과 판정

〈기출문제〉★★★

**56** **다음 내용을 읽고 ㉠에 적당한 용어를 쓰시오.**

( ㉠ )는 (은) 우수한 화장품을 제조 공급하기 위한 제조 및 품질관리에 관한 기준으로 직원, 시설, 장비 및 원자재, 반제품, 완제품 등의 취급 및 실시방법을 정한 것이다.

( ㉠ ) 의 3대 요소
① 인위적인 과오의 최소화
② 미생물 오염 및 교차오염으로 인한 품질저하 방지
③ 고도의 품질관리체계

| 답안 표기란 |
|---|
| 53 ① ② ③ ④ ⑤ |
| 54 ① ② ③ ④ ⑤ |
| 55 ① ② ③ ④ ⑤ |
| 56 ① ② ③ ④ ⑤ |

**57** 다음 중 화장품 검체를 하는 과정에서 일반사항 중 부자재의 예와 부자재 제거 방법을 기재하시오.

> '검체'는 화장품과 혼합되어있는 부자재의 예로 침적마스크 중 ( ㉠ 등)을(를) 제외한
> 화장품의 내용물로 하며, 부자재가 내용물과 섞여 있는 경우 적당한 방법(예 ㉡ 등)을 (를) 사용하여 이를 제거한 후 검체로 하여 시험한다.

**58** 다음 내용에 알맞는 용어를 쓰시오.

> ( )이란 제조공정단계에 있는 것으로서 필요한 제조공정을 더 거쳐야 벌크제품이 되는 것을 말한다.
> 재작업은 적합판정을 벗어난 완제품, 벌크제품 또는 ( )을 재처리하여 품질이 적합한 범위에 들어오도록 하는 작업을 말한다.

**59** 다음은 충전·포장시 발생된 불량자재의 처리에 대한 내용이다. ( ) 적합한 단어는?

> 품질 부서에서 적합으로 판정된 포장재라도 생산 중 이상이 발견되거나 작업 중 파손 또는 부적합 판정이 난 포장재는 다음과 같이 처리한다.
>
> ① 생산팀에서 생산 공정 중 발생한 불량 포장재는 정상품과 구분하여 물류팀에 반납한다.
> ② 물류팀 담당자는 부적합 포장재를 부적합 자재 보관소에 따로 보관
> ③ 물류팀 담당자는 부적합 포장재를 ( ㉠ 또는 ㉡ ) 후 해당업체에 시정조치 요구

**60** 다음은 유통화장품 안전 관리 기준 허용한도에 대한 설명이다. 괄호안에 알맞게 쓰시오.

> 미생물한도는 다음 각 호와 같다.
> 1. 총호기성생균수는 (㉠ ) 및 눈 화장용 제품류의 경우 500개/g(mL)이하
> 2. 물휴지의 경우 세균 및 진균수는 각각 100개/g(mL)이하
> 3. 기타 화장품 의 경우 (㉡ )/g(mL)이하
> 4. 대장균(Escherichia Coli), 녹농균(Pseudomonas aeruginosa), 황색포도상구균(Staphylococcus aureus)은 불검출

답안 표기란

| |
|---|
| 57 |
| 58 |
| 59 |
| 60 |

## 4장 맞춤형 화장품 이해

| 답안 표기란 |
| --- |
| 61 ① ② ③ ④ ⑤ |
| 62 ① ② ③ ④ ⑤ |
| 63 ① ② ③ ④ ⑤ |

**61 맞춤형화장품 혼합, 소분 장비 및 도구의 위생관리로 옳지 않은 것은?**

① 작업 장비 및 도구 세척 시에 사용되는 세제·세척제는 잔류하거나 표면 이상을 초래하지 않는 것을 사용

② 세척한 작업 장비 및 도구는 잘 건조하여 다음 사용 시까지 오염 방지

③ 맞춤형화장품 혼합·소분 장소가 위생적으로 유지될 수 있도록 주기를 정하여 판매장 등의 특성에 맞도록 위생관리 할 것

④ 맞춤형화장품판매업소에서는 작업자 위생, 작업환경위생, 장비·도구 관리 등 맞춤형화장품판매업소에 대한 위생 환경 모니터링 후 그 결과를 기록하고 식품의약품안전처에 보고할 것

⑤ 혼합, 소분 장비 및 도구 사용 전·후 세척 등을 통해 오염 방지

〈기출문제〉

**62 맞춤형화장품 사용 시 주의 사항에 대한 설명으로 옳지 않은 것은?**

① 직사광선을 피해서 보관할 것

② 어린이의 손이 닿지 않는 곳에 보관할 것

③ 사용 후 이상 증상이나 부작용이 있는 경우 전문의 등과 상담

④ 여름에는 냉장고에 보관할 것

⑤ 눈에 들어갔을 때 즉시 씻어낼 것

**63 맞춤형화장품 원료에 대한 설명으로 옳은 것을 모두 고르시오.**

㉠ 식품의약품안전처장은 화장품의 제조 등에 사용할 수 없는 원료를 지정하여 고시하여야 한다.

㉡ 식품의약품안전처장은 보존제, 색소, 자외선차단제 등과 같이 특별히 사용상의 제한이 필요한 원료에 대하여는 그 사용기준을 지정하여 고시하여야 하며, 사용기준이 지정·고시된 원료 외의 보존제, 색소, 자외선차단제 등은 사용할 수 없다.

㉢ 식품의약품안전처장은 위해평가가 완료된 경우에는 해당 화장품 원료 등을 화장품의 제조에 사용할 수 없는 원료로 지정하거나 그 사용기준을 지정하여야 한다.

㉣ 식품의약품안전처장은 지정·고시된 원료의 사용기준의 안전성을 정기적으로 검토하여야 하고, 그 결과에 따라 지정·고시된 원료의 사용기준은 변경할 수 없다.

① ㉠ ㉡ ㉢　　② ㉠ ㉣
③ ㉠ ㉢ ㉣　　④ ㉡ ㉢ ㉣
⑤ ㉠ ㉡ ㉣

**64** **실증자료가 있을 경우 화장품 표시, 광고를 할 수 있는 표현으로 옳은 것은?**

① 부종을 제거할 수 있다.
② 셀룰라이트를 일시적으로 감소시켜 줍니다.
③ 주름이 펴지고 탄력이 생깁니다.
④ 혈액순환이 잘되어 피부가 혈색이 좋아집니다.
⑤ 여드름을 치료해 줍니다.

**65** **맞춤형화장품판매업에 대한 설명으로 옳은 것을 다 고르시오.**

㉠ 제조 또는 수입된 화장품내용물에 다른 화장품의 내용물이나 식품의약품안전처장이 정하여 고시하는 원료를 추가하여 혼합한 화장품을 판매하는 영업
㉡ 제조 또는 수입된 화장품의 내용물을 소분한 화장품을 판매하는 영업
㉢ 원료와 원료를 혼합한 화장품을 판매하는 영업
㉣ 기능성화장품의 효능·효과를 나타내는 원료를 기능성원료로 심사받은 내용물과 원료의 최종 혼합한 화장품을 판매하는 영업

① ㉠ ㉡ ㉢　　② ㉠ ㉢
③ ㉠ ㉢ ㉣　　④ ㉡ ㉢ ㉣
⑤ ㉠ ㉡ ㉣

**66** **맞춤형화장품에 혼합 가능한 화장품 원료로 옳은 것은?**

① 티타늄디옥사이드　　② 벤조페논
③ 시녹세이트　　④ 징크옥사이드
⑤ 호호바오일

답안 표기란

64 ① ② ③ ④ ⑤
65 ① ② ③ ④ ⑤
66 ① ② ③ ④ ⑤

〈기출문제〉

**67** **다음 중 맞춤형화장품조제관리사가 판매 가능한 경우를 모두 고르시오.**

㉠ 화장품책임판매업자로부터 받은 자외선차단크림에 징크옥사이드를 추가해서 판매하였다.
㉡ 300ml 향수를 50ml로 소분해서 판매하였다.
㉢ 화장품책임판매업자로부터 기능성화장품 심사받은 내용물에 기능성원료를 추가해서 판매하였다.
㉣ 일반화장품을 판매하였다.
㉤ 화장품책임판매업자로부터 받은 크림에 알부틴을 추가해서 판매하였다.

① ㉠ ㉡
② ㉠ ㉢
③ ㉡ ㉢
④ ㉡ ㉣
⑤ ㉢ ㉤

**68** **화장품 제조에 사용된 성분 기재, 표시 사항에 대한 설명으로 옳지 않은 것은?**

① 글자의 크기는 5포인트 이상으로 한다.
② 화장품 제조에 사용된 함량이 많은 것부터 기재·표시한다. 다만, 1퍼센트 이하로 사용된 성분, 착향제 또는 착색제는 순서에 상관없이 기재·표시할 수 있다.
③ 혼합원료는 혼합된 개별 성분의 명칭을 기재·표시한다.
④ 색조 화장용 제품류, 눈 화장용 제품류, 두발염색용 제품류 또는 손발톱용 제품류에서 호수별로 착색제가 다르게 사용된 경우 모든 착색제 성분을 함께 기재·표시할 수 있다.
⑤ 착향제는 "향료"로 표시할 수 있다. 다만, 착향제의 구성 성분 중 식품의약품안전처장이 정하여 고시한 알레르기 유발성분이 있는 경우에는 향료로 표시할 수 없고, 해당 성분의 명칭을 기재·표시해야 한다.

**69** **일상의 취급 또는 보통 보존상태에서 외부로부터 고형의 이물이 들어가는 것을 방지하고 고형의 내용물이 손실되지 않도록 보호할 수 있는 용기는?**

① 기밀용기
② 밀봉용기
③ 밀폐용기
④ 차광용기
⑤ 유리용기

답안 표기란

| | |
|---|---|
| 67 | ① ② ③ ④ ⑤ |
| 68 | ① ② ③ ④ ⑤ |
| 69 | ① ② ③ ④ ⑤ |

**70** **맞춤형화장품 혼합·소분 장소의 위생관리로 옳지 않은 것은?**

① 맞춤형화장품 혼합·소분 장소와 판매 장소는 구분없이 시설
② 적절한 환기시설 구비
③ 작업대, 바닥, 벽, 천장 및 창문 청결 유지
④ 혼합 전·후 작업자의 손 세척 및 장비 세척을 위한 세척시설 구비
⑤ 방충·방서 대책 마련 및 정기적 점검·확인

**71** **피지선의 역할로 옳지 않은 것은?**

① 유해물질로부터 보호, 살균
② 분비물과 같이 세포자체가 탈락되면서 분비
③ 수분의 증발을 막고 체온을 유지
④ 피부 pH 유지
⑤ 피부표면에서 세균에 의해 분해

**72** **모발의 85~90%로 대부분을 차지하고 있으며 모발의 질을 결정하는 중요한 부분은 어디인가?**

① 모표피
② 모피질
③ 모수질
④ 모유두
⑤ 입모근

**73** **피부유형을 결정하는 요인으로 옳지 않은 것은?**

① 피부 모공상태
② 질병의 유무
③ 스트레스 유무
④ 피부미용기기 사용 유무
⑤ 수분섭취

**74** **여드름에 관한 설명으로 옳지 않은 것은?**

① 피지선에서 피지분비의 증가
② 모낭벽 악화로 여드름 세균 번식
③ 피부장벽 악화로 건조화 현상
④ 표피의 과각질화로 모공 폐쇄
⑤ 모낭벽 파괴 및 염증 발생

| 답안 표기란 |
|---|
| 70 ① ② ③ ④ ⑤ |
| 71 ① ② ③ ④ ⑤ |
| 72 ① ② ③ ④ ⑤ |
| 73 ① ② ③ ④ ⑤ |
| 74 ① ② ③ ④ ⑤ |

**75** 자외선으로 일어날 수 있는 반응으로 옳지 않은 것은?

① 백반증 ② 일광화상
③ 홍반반응 ④ 색소침착
⑤ 피부암

**76** 다음은 어느 피부에 속하는가?

- 두피톤은 투명감이 없고 번들거린다.
- 지루성 두피로 발전하기 쉽다. (남성형 탈모와 연계 가능성)
- 모공 주위의 과다한 피지 분비로 인해 모공주위가 지저분하다.
- 피지 분비에 의해 모발이 매끄럽지 못하고 모발의 탄력도 저하되어 있다.
- 염증이나 가려움증, 심한 악취가 날 수 있다.

① 건성두피 ② 정상두피
③ 민감성 두피 ④ 복합성 두피
⑤ 지성두피

**77** 미백화장품의 성분과 함량으로 옳지 않은 것은?

① 아스코르빌글루코사이드 2%
② 닥나무추출물 2%
③ 마그네슘아스코르빌포스페이트 3%
④ 나이아신아마이드 6%
⑤ 아스코빌테이트라이소팔미테이트 2%

**78** 여드름용 화장품성분으로 옳지 않은 것은?

① 벤조일 퍼옥사이드 ② 설파
③ 아데노신 ④ 살리실릭애씨드
⑤ 글리콜릭애씨드

**79** 건강한 피부의 pH수치에 해당하는 것은?

① pH 1~5 ② pH 3.5~4.5
③ pH 5.5~6.5 ④ pH 7.5~10
⑤ pH 11~14

답안 표기란

| | |
|---|---|
| 75 | ① ② ③ ④ ⑤ |
| 76 | ① ② ③ ④ ⑤ |
| 77 | ① ② ③ ④ ⑤ |
| 78 | ① ② ③ ④ ⑤ |
| 79 | ① ② ③ ④ ⑤ |

**80** **영, 유아용 제품류 또는 만 13세 이하 어린이 제품에 사용금지 보존제로 옳은 것은?**

① 아이오도프로피닐부틸카바메이트
② 니트로메탄
③ 아트라놀
④ 천수국꽃추출물
⑤ 메칠렌글라이콜

**81** **10ml 미만 소용량 및 견본품에 표시, 기재 사항으로 아닌 것은?**

① 책임판매업자 상호
② 화장품 명칭
③ 제조번호
④ 가격
⑤ 화장품 전성분

**82** **화장품 제조 시 사용 제한이 필요한 원료 중 사용 한도로 옳은 것은?**

① 페녹시에탄올 10%
② 살리실릭애씨드 5%
③ 징크옥사이드 25%
④ 드로메트리졸 10%
⑤ 비타민E(토코페롤) 25%

**83** **화장품의 함유 성분별 사용 시의 주의 사항으로 옳지 않은 것은?**

① 과산화수소 및 과산화수소 생성물질 함유 제품 – 눈에 접촉을 피하고 눈에 들어갔을 때는 즉시 씻어낼 것
② 살리실릭애씨드 및 그 염류 함유 제품 (샴푸 등 사용 후 바로 씻어내는 제품 제외) – 만 3세 이하 어린이에게는 사용하지 말 것
③ 알부틴 2% 이상 함유 제품 – 인체적용시험자료」에서 구진과 경미한 가려움이 보고된 예가 있음
④ 카민 함유 제품 – 과민하거나 알레르기가 있는 사람은 신중히 사용할 것
⑤ 벤잘코늄클로라이드 함유 제품 – 만 3세 이하 어린이에게는 사용하지 말 것

| 답안 표기란 |
|---|
| 80 ① ② ③ ④ ⑤ |
| 81 ① ② ③ ④ ⑤ |
| 82 ① ② ③ ④ ⑤ |
| 83 ① ② ③ ④ ⑤ |

## 84 여드름에 관한 설명으로 옳지 않는 것은?

① 피지선에서 과잉 분비된 피지가 피부 표면으로 원활히 배출되지 못하고 모공내에 축적되어 염증 반응 발생
② 멜라닌은 사람의 피부에 자연적으로 발생하는 활성산소나 유리기 등을 소거하거나 자외선의 투과를 막기 위해 생성
③ 스트레스, 월경주기, 피임약, 연고 등 내적인 요인
④ 자외선, 계절, 물리적 자극, 화학물질 등 외적인 요인
⑤ 남성호르몬분비 촉진으로 피지분비 증가→모공입구 막히고 폐쇄면포형성→모낭벽에 여드름균 번식으로 모낭벽 파괴 및 염증발생

## 85 피지선에 대한 설명으로 옳지 않은 것은?

① 성선과 관련
② 수분의 증발을 막고 체온 유지
③ 피부와 모발에 윤기 부여
④ 분비물과 같이 세포자체가 탈락되면서 분비
⑤ 피부 pH 유지

## 86 피부의 구조 설명이다, 옳지 않은 것은?

① 각질층 - 외부자극으로부터 피부 보호
② 투명층 - 반고체상의 엘라이딘 함유
③ 과립층 - 케라토히알린이 존재
④ 유극층 - 면역기능 담당
⑤ 기저층 - 혈액순환과 세포사이의 물질교환에 관여

## 87 맞춤형화장품조제관리사 교육에 관한 내용이다. 옳은 것은?

① 매년 8시간 이상 (사) 대한화장품협회
② 매년 7시간 이상 (사) 한국의약품수출입협회
③ 매년 4시간 이상 (사) 대한화장품산업연구원
④ 매년 3시간 이하 식품의약품안전처
⑤ 매년 2시간 이하 식품의약품안전처

**답안 표기란**

| | |
|---|---|
| 84 | ① ② ③ ④ ⑤ |
| 85 | ① ② ③ ④ ⑤ |
| 86 | ① ② ③ ④ ⑤ |
| 87 | ① ② ③ ④ ⑤ |

**88** 맞춤형화장품판매업을 하려는 자는 총리령으로 정하는 바에 따라 식품의약품안전처장에게 신고해야 하는 기간은?

① 30일 이내 ② 25일 이내
③ 20일 이내 ④ 15일 이내
⑤ 10일 이내

**89** 균질하게 분말상 또는 미립상으로 만든 화장품 제형은 무엇이라 하는가?

**90** 다음 괄호 안에 알맞은 단어를 쓰시오.

> 안전용기·포장은 성인이 개봉하기는 어렵지 아니하나 만 5세 미만의 어린이가 개봉하기는 어렵게 된 것이어야 한다. 이 경우 개봉하기 어려운 정도의 구체적인 기준 및 시험방법은 (　　　)이 정하여 고시하는 바에 따른다.

**91** 다음 괄호 안에 알맞은 단어를 쓰시오.

> 원료 및 내용물은 적절한 보관·유지관리를 통해 사용기간 내의 적합한 것만을 (　　　)방식으로 출고해야 하고 이를 확인할 수 있는 체계가 확립되어 있어야 한다.

**92** 다음 괄호 안에 알맞은 단어를 쓰시오.

> (　　　)는(은) 일상의 취급 또는 보통 보존상태에서 액상 또는 고형의 이물 또는 수분이 침입하지 않고 내용물을 손실, 풍화, 조해 또는 증발로부터 보호할 수 있는 용기

**93** 다음 괄호 안에 알맞은 단어를 쓰시오.

> 맞춤형화장품판매업자는 다음 항목이 포함된 맞춤형화장품 판매내역서를 작성·보관할 것(전자문서로 된 판매내역을 포함)
> ① (　　　) : 맞춤형화장품의 경우 식별번호
> ② 사용기한 또는 개봉 후 사용기간
> ③ 판매일자 및 판매량

답안 표기란

88 ① ② ③ ④ ⑤
89
90
91
92
93

**94** 다음 글은 무엇에 대한 설명인지 쓰시오.

> 한 종류의 액체(분산상)에 불용성의 액체(분산매)를 미립자 상태로 분산시키는 것이다. 대표적인 화장품으로는 로션, 크림 등이 있다.

**95** 다음은 화장품제형에 대한 설명이다. 괄호 안에 적당한 단어는?

> (　　　) 는 유화제 등을 넣어 유성성분과 수성성분을 균질화하여 점액상으로 만든 것이다.

**96** 다음은 괄호 안에 적당한 단어를 기재하시오.

> (　　　　)은 위해평가가 완료된 경우에는 해당 화장품 원료 등을 화장품의 제조에 사용할 수 없는 원료로 지정하거나 그 사용기준을 지정하여야 한다.

**97** 다음은 괄호 안에 적당한 단어를 기재하시오.

> (　　　　)란 인간의 오감을 측정 수단으로 하여 내용물의 품질 특성을 묘사, 식별, 비교 등을 수행하는 평가법이다.

**98** 다음은 괄호 안에 적당한 단어를 기재하시오.

> 화장품은 모든 사람들을 대상으로 장기간 지속적으로 사용해야 하는 물품이므로 피부 자극이나 알러지 반응, 경구독성, 이물질 혼입 파손 등 독성이 없어야 한다. 이는 화장품의(　　　)에 대한 설명이다.

**99** **고객이 맞춤형화장품조제관리사에게 피부에 노화로 탄력이 저하되고 주름이 많이 생겨 주름개선 기능을 가진 화장품을 맞춤형으로 구매하기를 상담하였다. 주름개선 기능성 원료를 〈보기〉에서 고르시오.**

| 보기 | 티타늄디옥사이드, 에칠헥실메톡시신나메이트, 알파-비사보롤, 레티닐팔미테이트, 유용성감초추출물 |
|---|---|

답안 표기란

94

95

96

97

98

99

〈예시문항〉★★

**100** **다음 〈보기〉는 맞춤형화장품에 관한 설명이다. 〈보기〉에서 ㉠, ㉡에 해당하는 적합한 단어를 각각 기재 하시오.**

> **보기**
> ㄱ. 맞춤형화장품 제조 또는 수입된 화장품의 ( ㉠ )에 다른 화장품의 ( ㉠ )(이)나 식품의약품안전처장이 정하는 ( ㉡ )(을)를 추가하여 혼합한 화장품
> ㄴ. 제조 또는 수입된 화장품의 ( ㉠ )(을)를 소분(小分)한 화장품

답안 표기란

100

맞춤형화장품조제관리사

# 모의고사
# 정답 · 해설

# 맞춤형화장품조제관리사 모의고사 ① 정답 및 해설

## 정답

| 01 | ③ | 02 | ② | 03 | ② | 04 | ① | 05 | ③ | 06 | ④ | 07 | ③ | 08 | 해설 참조 | 09 | 해설 참조 | 10 | 해설 참조 |
|---|---|---|---|---|---|---|---|---|---|---|---|---|---|---|---|---|---|---|---|
| 11 | ③ | 12 | ③ | 13 | ① | 14 | ④ | 15 | ④ | 16 | ③ | 17 | ⑤ | 18 | ① | 19 | ③ | 20 | ② |
| 21 | ④ | 22 | ② | 23 | ④ | 24 | ② | 25 | ④ | 26 | ③ | 27 | ⑤ | 28 | ① | 29 | ③ | 30 | ④ |
| 31 | 해설 참조 | 32 | 해설 참조 | 33 | 해설 참조 | 34 | 해설 참조 | 35 | 해설 참조 | 36 | ② | 37 | ② | 38 | ② | 39 | ④ | 40 | ⑤ |
| 41 | ① | 42 | ① | 43 | ② | 44 | ① | 45 | ③ | 46 | ④ | 47 | ① | 48 | ② | 49 | ⑤ | 50 | ④ |
| 51 | ③ | 52 | ① | 53 | ② | 54 | ③ | 55 | ③ | 56 | ③ | 57 | ⑤ | 58 | ④ | 59 | ② | 60 | ⑤ |
| 61 | ⑤ | 62 | ② | 63 | ③ | 64 | ③ | 65 | ① | 66 | ② | 67 | ③ | 68 | ⑤ | 69 | ④ | 70 | ② |
| 71 | ② | 72 | ④ | 73 | ④ | 74 | ③ | 75 | ② | 76 | ② | 77 | ⑤ | 78 | ④ | 79 | ③ | 80 | ③ |
| 81 | ② | 82 | ③ | 83 | ③ | 84 | ① | 85 | ② | 86 | ④ | 87 | ② | 88 | ⑤ | 89 | 해설 참조 | 90 | 해설 참조 |
| 91 | 해설 참조 | 92 | 해설 참조 | 93 | 해설 참조 | 94 | 해설 참조 | 95 | 해설 참조 | 96 | 해설 참조 | 97 | 해설 참조 | 98 | 해설 참조 | 99 | 해설 참조 | 100 | 해설 참조 |

## 해설

**01** 개인정보처리자의 정당한 이익을 달성하기 위하여 필요한 경우로서 명백하게 정보 주체의 권리보다 우선하는 경우는 개인정보를 수집 이용할 수 있는 경우에 해당한다.

**02** 제조업자에게 품질검사를 위탁하는 경우 제조 또는 품질검사가 적절하게 이루어지고 있는지 수탁자에 대한 관리·감독을 철저히 하여야 하며, 제조 및 품질관리에 관한 기록을 받아 유지·관리하고, 그 최종 제품의 품질관리를 철저히 할 것

**03**
- 식품의약품안전처장의 판단에 따라 법을 지키지 아니하는 자에 대하여 시정명령을 받은 영업자 (법 제 19조)
- 심사를 받지 아니하거나 보고서를 제출하지 아니한 기능성화장품을 판매한 영업자 (화장품법 제15조 영업의 금지)

**04** 제14조(책임판매관리자 등의 교육) ① 책임판매관리자 및 맞춤형화장품조제관리사는 법 제5조제5항에 따른 교육을 다음 각 호의 구분에 따라 받아야 한다. 〈신설 2021. 5. 14.〉

1. 최초 교육 : 종사한 날부터 6개월 이내. 다만, 자격시험에 합격한 날이 종사한 날 이전 1년 이내이면 최초 교육을 받은 것으로 본다.
2. 보수 교육 : 제1호에 따라 교육을 받은 날을 기준으로 매년 1회. 다만, 제1호 단서에 해당하는 경우에는 자격시험에 합격한 날부터 1년이 되는 날을 기준으로 매년 1회

**05** 개정법안 : 맞춤형화장품판매업자가 법 제3조의4제1항에 따른 맞춤형화장품조제관리사 자격시험(이하 "자격시험"이라 한다)에 합격한 경우에는 해당 맞춤형화장품판매업자의 판매업소 중 하나의 판매업소에서 맞춤형화장품조제관리사 업무를 수행할 수 있다. 이 경우 해당 판매업소에는 맞춤형화장품조제관리사를 둔 것으로 본다. 〈신설 2021. 5. 14.〉

**06** 제3조의2(맞춤형화장품판매업의 신고) ② 제1항에 따라 맞춤형화장품판매업을 신고한 자(이하 "맞춤형화장품판매업자"라 한다)는 총리령으로 정하는 바에 따라 맞춤형화장품의 혼합·소분 업무에 종사하는 자(이하 "맞춤형화장품조제관리사"라 한다)를 두어야 한다.

이에 따른 맞춤형화장품조제관리사 자격시험에 합격한 사람으로서 화장품 제조 또는 품질 관리 업무에 1년 이상 종사한 경력이 있는 사람은 책임판매관리자의 자격을 갖는다. [시 행 2021. 5. 14.] [총리령

제1699호, 2021. 5. 14., 일부개정]

**07** 설치·운영 안내

영상정보처리기기를 설치·운영하는 자는 정보 주체가 쉽게 인식할 수 있도록 다음 사항이 포함된 안내판을 설치하는 등 필요한 조치

- 설치 목적 및 장소
- 촬영 범위 및 시간
- 관리책임자 성명 및 연락처

**08** 정답 ㉠ 모발

**09** 정답 ㉠ 사용기한 만료일 ㉡ 제조연월일

**10** 정답 ㉠ 이용 목적 ㉡ 이용 기간

**11** 동일한 시험에 참가한 뒤 3개월이 경과되지 않는 사람

**12** 화장품법 시행규칙 별표 3 제2호 참조

- 팩 : 눈 주위를 피하야 사용할 것
- 외음부 세정제 : 정해진 용법과 용량을 잘 지켜 사용할 것, 만 3세 이하의 영·유아에게는 사용하지 말 것
- 체취방지용 제품 : 털을 제거한 직후에는 사용하지 말 것
- 두발염색용 제품 : 눈에 들어갔을 때에는 즉시 물로 씻어낼 것

**13**
- 직사광선을 피하고 공기와의 접촉을 피해 서늘한 장소에 보관할 것
- 혼합한 제품은 밀폐된 용기에 보존하지 말 것
- 혼합한 제품의 잔액은 효과가 없으니 버릴 것
- 용기를 버릴 때는 반드시 뚜껑을 열어서 버릴 것

**14.** 비소 검출제한 함량 10㎍/g이하이므로 사용가능
나이아신아마이드 : 미백성분

**15** 비타민 A는 빛에 의해 불안정한 물질로 변질되기 쉬움.

**16** ※ 아데노신 0.04% 이하 사용 제한, 벤질알코올은 1% 사용 제한

전성분표시는 함량이 많은 것을 순서로 기재하므로 감초뿌리추출물은 사용 제한 내용을 참조 하여 분석해 보면 0.04~1%이다.

**17** ① 스크러브세안제 : 알갱이가 눈에 들어갔을 때에는 물로 씻어내고 이상이 있는 경우에는 전문의와 상담할 것

② 염모제(산화염모제와 비산화염모제) : 신장 질환이 있는 사람은 사용 전에 의사, 약사, 한의사와 상의할 것

④ 알파-하이드록시애시드(α-hydroxyacid, AHA)(이하 "AHA"라 한다) 함유제품(0.5퍼센트 이하의 AHA가 함유된 제품은 제외한다)

a. 햇빛에 대한 피부의 감수성을 증가시킬 수 있으므로 자외선 차단제를 함께 사용할 것(씻어내는 제품 및 두발용 제품은 제외한다)

b. 일부에 시험 사용하여 피부 이상을 확인할 것

c. 고농도의 AHA 성분이 들어 있어 부작용이 발생할 우려가 있으므로 전문의 등에게 상담할 것(AHA 성분이 10퍼센트를 초과하여 함유되어 있거나 산도가 3.5 미만인 제품만 표시한다)

**18** 에탄올 : 비극성인 탄화수소기와 극성인 하이드록시기(-OH)가 존재하여 식물의 소수성 및 친수성 물질의 추출 및 기타 화장품 성분의 용제(용매)로도 사용

**19** 벤잘코늄클로라이드- 보존제

※ 천연물 유래 계면활성제의 종류
- 천연물질로 가장 많이 사용되고 있는 것은 대두, 난황 등에서 얻어지는 레시틴임
- 그 외 천연물 유래 콜레스테롤 및 사포닌 등도 천연 계면활성제로 사용됨
- 그 외 종류: 라우릴글루코사이드, 세테아릴올리베이트, 솔비탄올리베이트코코베타인 등

**20** A. 위해평가 필요한 경우
- 위해성에 근거하여 사용금지를 설정
- 안전역을 근거로 사용 한도를 설정(살균보존성분 등)
- 현 사용 한도 성분의 기준 적절성
- 비의도적 오염물질의 기준 설정
- 화장품 안전 이슈 성분의 위해성
- 위해관리 우선순위를 설정
- 인체 위해의 유의한 증거가 없음을 검증

B. 위해평가 불필요한 경우
- 불법으로 유해물질을 화장품에 혼입한 경우
- 안전성, 유효성이 입증되어 기허가 된 기능성화장품
- 위험에 대한 충분한 정보가 부족한 경우

**21** 고급알코올 탄소수가 6개 이상인 알코올을 통칭

**22** 비타민 A – 레티놀 / 비타민 C – 아스코르빈산 / 비타민 E – 토코페롤 /
비타민 B2 – 리보플라빈 / 비타민 B12 – 코밸러민

**23** "기질" : 레이크 제조 시 순색소를 확산시키는 목적으로 사용되는 물질을 말한다.

**24**
- 테트라소듐이디티에이(tetrasodium EDTA) : 금속이온봉쇄제
- 아스코빌글루코사이드, 에칠아스코빌에텔 : 비타민 C 안정성 향상을 위한 유도체
- 폴리에톡실레이티드레틴아마이드(polyethoxylated retinamide): 레티놀의 안정화된 유도체
- pH 조절제 : 감도조절제의 중화과정 및 최종 제품의 pH를 조절하는데 사용된다.
  - pH : 수용액의 수소 이온 농도를 나타내는 지표( 중성의 수용액은 pH 7이며, pH가 7보다 낮으면 산성, 높으면 염기성임 )
  - 화장품에 사용되는 대표적인 중화제 : 트라이에탄올아민(TEA, triethanolamine), 시트릭애씨드(citric acid), 알지닌(arginine), 포타슘하이드록사이드(KOH), 소듐하이드록사이드(NaOH) 등

**25** 화장품 제조에 사용된 성분표시
- 글자의 크기는 5포인트 이상으로 한다.
- 법 제10조제1항제3호에 따른 성분을 기재·표시할 경우 영업자의 정당한 이익을 현저히 침 해할 우려가 있을 때에는 영업자는 식품의약품안전처장에게 그 근거자료를 제출해야 하고, 식품의약품안전처장이 정당한 이익을 침해할 우려가 있다고 인정하는 경우에는 "기타 성 분"으로 기재·표시할 수 있다.

**26**
- 클렌징 워터 : 액상타입으로 사용하기 간편하며, 빠른 거품 생성으로 사용성이 뛰어남. 보습 제 등을 다량으로 배합할 수 있음. 또한 버블타입의 용기를 사용하면, 바로 거품으로 사용 할 수 있음
- 클렌징 오일 : 유성성분으로 오일성분 외에 계면활성제 등을 배합. 사용 후 물로 헹구어 내는 유형으로 헹구어 낼 때 O/W형으로 유화됨. 사용 후에는 피부를 촉촉하게 함
- 클렌징 로션 : O/W형의 유화타입으로 크림타입보다 사용이 쉬우며 사용 후 감촉이 산뜻함. 크림타입보다 클렌징력이 다소 낮을 수 있음
- 클렌징 크림 : O/W형과 W/O형의 유화타입으로 나눌 수 있으며, O/W의 경우 사용 후 물로 씻을 수 있음
- 클렌징 젤 : 수용성 고분자와 계면활성제를 이용한 고분자젤 타입과 유분을 다량 함유한 유화타입의 액정타입이 있음.

모두 사용 후 물로 헹구어 내는 타입이며, 액정타입은 클렌징력이 높음. 최근에는 오일겔화제를 활용하여 클렌징 오일보다 점도가 높은 클렌징 젤을 개발함

**28** 안전용기·포장은 성인이 개봉하기는 어렵지 아니하나 만 5세 미만의 어린이가 개봉 하기는 어렵게 된 것이어야 함

**29** 알부틴 2% 이상 함유 제품

**31** 정답 ㉠ 위험성 결정 , ㉡ 위해도 결정

**32** 정답 ㉠ 안정성시험 자료 ㉡ 1

**33** 페녹시에탄올 사용 한도 1.0%
정답 ㉠ 페녹시에탄올, ㉡ 1.0 또는 1

**34** 정답 ㉠ 15일, ㉡ 30일

**35** 알파–비사보롤 (Alpha–Bisabolol Soaked Mask) (C15H26O : 222.37)
정답 알파–비사보롤

**36** 「우수화장품 제조 및 품질관리 기준」에 의한 CGMP 3대 요소
- 인위적인 과오의 최소화
- 미생물오염 및 교차오염으로 인한 품질저하 방지
- 고도의 품질관리체계 확립

**37** 제품 3개를 가지고 시험할 때 그 평균 내용량이 표기량에 대하여 97% 이상(다만, 화장 비누의 경우 건조중량을 내용량으로 한다), 97% 이상의 기준치를 벗어날 경우는 6개를 더 취하여 시험할 때 9개의 평균 내용량이 97% 기준치 이상이어야 한다.

**38** 「화장품 안전 기준 등에 관한 규정」 제5조(유통화장품의 안전 관리 기준)에 따른 미생물 한도
- 총 호기성 생균 수는 영·유아용 제품류 및 눈화장용 제품류 : 500개/g(mL) 이하

- 물휴지의 경우 : 세균 및 진균수는 각각 100개/g(mL) 이하
- 기타 화장품 : 1,000개/g(mL) 이하

**39** 회수대상화장품 : 화장품의 포장 및 기재·표시 사항을 훼손(맞춤형화장품 판매를 위하여 필요한 경우는 제외) 또는 위조·변조한 것

**40** 외부와 연결된 창문은 가능한 열리지 않도록 할 것

**41**
- 실내온도 : 열교환기
- 기류 : 송풍기
- 습도 : 가습기

**42** ※ 폐기물(예: 여과지, 개스킷, 폐기 가능한 도구들, 플라스틱 봉지)
보관구역은 통로가 사람과 물건이 이동하는 구역으로서 사람과 물건의 이동에 불편함을 초래하거나, 교차오염의 위험이 없어야 함

**43**
- 청정도 엄격관리 : 1등급 Clean Bench (낙하균 : 10 개/hr 또는 부유균 : 20 개/m$^3$)
- 화장품 내용물이 노출되는 작업실 (낙하균 : 30 개/hr 또는 부유균 : 200 개/m$^3$)
- 2등급 : 제조실, 성형실, 충전실, 내용물 보관소, 원료 칭량실, 미생물 시험실
- 화장품 내용물이 노출 안 되는 곳 : 포장실
- 3등급 : 옷 갈아입기, 포장재의 외부 청소 후 반입

**44**
- 1등급 : Clean Bench – 20 회/hr 이상 또는 차압관리
- 2등급 : 제조실, 성형실, 충전실, 내용물 보관소, 원료 칭량실, 미생물 시험실 – 10 회/hr 이상 또는 차압관리
- 3등급 : 포장실 – 차압관리
- 4등급 : 포장재 보관소, 완제품 보관소, 관리품 보관소, 원료 보관소, 탈의실, 일반 실험실 – 환기장치

**45** ※ 작업장의 낙하균 관리 : 낙하균 측정법 참조

**46** ※ 세제의 구성성분
A. 주요 구성성분의 특성
- 세제의 구성 성분은 계면활성제, 살균제, 금속이온봉지제, 유기폴리머, 용제, 연마제 및 표백 성분으로 구성

B. 세제에 사용되는 대표적 계면활성제 : 주요 계면활성제는 음이온 및 비이온 계면활성제로 구성

C. 세제에 사용되는 살균성분
- 세제의 살균성분으로는 4급암모늄 화합물, 양성계면활성제류, 알코올류, 알데히드류 및 페놀 유도체 사용됨

**47** 참조. 한국직업능력개발원. (2016). NCS 화장품 제조 학습모듈 08 위생·안전 관리. 표. 세제의 주요 구성 성분과 특성

| 주요 구성 성분 | 특성 | 대표적 성분 |
|---|---|---|
| 계면활성제 | • 비이온, 음이온, 양성 계면활성제<br>• 세정제의 주요 성분<br>• 다양한 세정 기작으로 이물 제거 | 알킬벤젠설포네이트(ABS), 알칸설포네이트(SAS), 알파올레핀설포네이트(AOS), 알킬설페이트(AS), 비누(Soap), 알킬에톡시레이트(AE), 지방산알칸올아미드(FAA), 알킬베테인(AB)/알킬설포, 베테인(ASB) |
| 살균제 | • 미생물 살균<br>• 양이온 계면활성제 등 | 4급암모늄 화합물, 양성계면활성제, 알코올류, 산화물, 알데히드류, 페놀유도체 |
| 금속 이온 봉지제 | • 세정 효과를 증가<br>• 입자 오염에 효과적 | 소듐트리포스페이트(Sodium Triphosphate), 소듐사이트레이트(Sodium Citrate), 소듐글루코네이트(Sodium Gluconate) |
| 유기 폴리머 | • 세정효과를 강화<br>• 세정제 잔류성 강화 셀 | 셀룰로오스 유도체(Cellulose derivative), 폴리올(Polyol) |
| 용제 | • 계면활성제의 세정효과 증대 | 알코올(Alcohol), 글리콜(Glycol), 벤질알코올(Benzyl Alcohol) |
| 연마제 | • 기계적 작용에 의한 세정효과 증대 | 칼슘카보네이트(Calcium Carbonate), 클레이, 석영 |
| 표백 성분 | • 살균 작용<br>• 색상 개선 | 활성염소 또는 활성염소 생성 물질 |

**48** 방문객 및 교육훈련을 받지 않은 직원은 제조, 관리, 보관 구역으로 출입시 동행 필요

**49** 맞춤형화장품 조제에 사용하고 남은 내용물 및 원료는 밀폐를 위한 마개를 사용하는 등 비의도적인

오염을 방지할 것

**50** 맞춤형화장품 판매 시 판매내역서 작성
- 식별번호는 맞춤형화장품의 혼합·소분에 사용되는 내용물 또는 원료의 제조번호와 혼합·소분기록을 추적할 수 있도록 맞춤형화장품판매업자가 숫자·문자·기호 또는 이들의 특징적인 조합으로 부여한 번호임

**51** ㉡ ㉢ ㉤은 세제의 종류
※ 소독제 종류
- 알코올 (Alcohol)
- 클로르헥시딘디글루코네이트(Chlorhexidin-edigluconate)
- 아이오다인과 아이오도퍼(Iodine & Iodophors)
- 클로록시레놀(Chloroxylenol)
- 헥사클로로펜(Hexachlorophene, HCP)
- 4급 암모늄 화합물(Quaternary Ammonium Compounds)
- 트리클로산 (Triclosan)
- 일반 비누

**52** 설비 기구의 세척 후 위생상태 판정방법 : 표면 균 측정법으로 면봉 시험법과 콘택트 플레이트법이 포함

**53** 호스 : 부속품이 해체와 청소가 용이하도록 설계 되는 것이 바람직하며, 가는 부속품의 사용은 가는 관이 미생물 또는 교차오염문제를 일으킬 수 있고, 청소하기 어렵기 때문에 최소화되어야 함

**54** 설비생애
1. 신규설비검토단계
2. 설계, 제작, 설치, 검수 단계
3. 사용과 유지·관리 단계(일상 점검, 정기 점검)
4. 고장 발생과 수리 단계
5. 폐기, 매각 단계

**55.** 디옥산은 90 ㎍/g으로 기준치 100㎍/g이하이므로 적합판정

**56** 「우수화장품 제조 및 품질관리 기준(CGMP)」 제3장(제조)제2절(원자재의 관리)제11조(입고관리)

**57** 원자재, 포장재의 정의
a. 원자재 : 화장품 원료 및 자재, 즉 화장품 제조 시 사용된 원료, 용기, 포장재, 표시재료, 첨부문서 등
b. 포장재 : 화장품의 포장에 사용되는 모든 재료를 말하며 운송을 위해 사용되는 외부 포장재는 제외한 것
c. 1차 포장 : 화장품 제조 시 내용물과 직접 접촉하는 포장용기
d. 2차 포장 : 1차 포장을 수용하는 1개 또는 그 이상의 포장과 보호재 및 표시의 목적으로 한 포장(첨부문서 등)
e. 안전용 용기·포장 : 만 5세 미만의 어린이가 개봉하기 어렵게 설계·고안된 용기나 포장

**58** 원료보관조건 : 원료의 용기는 밀폐된 상태로, 청소와 검사가 용이하도록 충분한 간격으로 바닥과 떨어진 곳에 보관되어야 함

**60** 원료 및 내용물의 품질 특성을 고려한 변질 상태 판단
- 시험용 검체는 오염되거나 변질되지 아니하도록 채취하고, 채취한 후에는 원상태에 준하는 포장을 해야 하며, 검체가 채취되었음을 표시하여야 함
- 시험용 검체의 용기에는 다음 사항을 기재하여야 함
  - 명칭 또는 확인코드
  - 제조번호
  - 검체채취 일자
- 개봉마다 변질 및 오염이 발생할 가능성이 있기 때문에 여러 번 재보관과 재사용을 반복 하는 것은 피함
- 관능검사로 변질 상태를 확인하며 필요할 경우, 이화학적 검사를 실시함

**61** 화장품법 시행규칙 제 12조의2 참조

**62** 일반화장품 소분하지 않고 판매가능 (※ 벌크제품만 소분가능)
- 자외선차단제 : 에틸헥실메톡시신나메이트 혼합 소분 사용불가
- 착향제 : 메틸살리실레이트(Methyl Salicylate) 사용 제한 원료

**63** 티로시나아제 (Tyrosinase) : 대표적인 멜라닌 형성에 관여하는 효소. 티로시나아제는 색소형성의 첫 단계에 작용하는 효소로서 구리이온이 필수적인 것으로 알려져 있고, 두 개의 구리이온 결합부위를 가지고 있다. (구리는 생물체내에서 일부 단백질의 활성부위에 존재하며, 다양한 생물학적 반응에 관여하는 것으로 밝혀짐)

**64** 모발의 성장주기 : 성장기 – 퇴화기 – 휴지기 – 발

생기
- 성장기 : 전체 모발의 85~90% 해당, 3~6년
- 퇴화기 : 대사과정이 느려져 세포분열이 정지 모발 성장이 정지되는 시기
- 휴지기 : 모구의 활동이 완전히 멈추는 시기
- 발생기 : 새로운 모발이 발생하는 시기

**66** 판매내역서 기재 사항 : 제조번호(식별번호), 사용기한 또는 개봉 후 사용기간, 판매일자 및 판매량

**67** 맞춤형화장품 사용과 관련된 중대한 유해사례 등 부작용 발생 시 그 정보를 알게 된 날로 부터 15일 이내 우편·팩스·정보통신망 등의 방법으로 식품의약품안전처장에게 보고해야 한다.

**68** 배설작용이 아니고 분비작용이다.

**69**
- UV A(320~400nm) : 피부 진피층까지 침투, 피부노화촉진
- UV B(290~320nm) : 피부 표피층까지 침투, 일광화상, 홍반
- UV C(200~290nm) : 피부암의 주요원인, 살균효과

**70** ②는 직원 위생관리에 대한 의무사항
- 구분 : 선, 그물망, 줄 등으로 충분한 간격을 두어 착오나 혼동이 일어나지 않도록 되어 있는 상태
- 구획 : 동일 건물 내에서 벽, 칸막이, 에어커튼 등으로 교차오염 및 외부오염물질의 혼입이 방지될 수 있도록 되어 있는 상태

※ 다만, 맞춤형화장품 조제관리사가 아닌 기계를 사용하여 맞춤형화장품을 혼합하거나 소분하는 경우에는 구분·구획된 것으로 본다.

**71** 비타민 B9 – 엽산 : 항체생성, 성장에 도움을 주며, 피부와 모발대사에 관여

**73** 나이아신아마이드(미백기능성원료)/벤잘코늄클로라이드,징크피리치온(보존제)/참나무이끼추출물(알레르기 유발물질)

**74** 만 13세 이하 어린이용 제품에 사용금지 원료
- 살리실릭애씨드 및 염류, 아이오도프로피닐부틸카바메이트(IPBC)

**75** 고환에서 만든 테스토스테론은 모낭에서 5 알파–리덕타아제(5 alpha–reductase) 효소와 결합하여 디하이드로테스토스테론(di–hydro–testosterone, DHT)이라는 강력한 남성호르몬으로 전환하여 모낭의 성장기 단축하여 휴지기 모낭의 비율 증가시킴

**76** 화장품제조업 등록시 결격사유 : 마약류의 중독자, 정신질환자(다만, 전문의가 화장품제조업자로서 적합하다고 인정하는 사람은 제외)

**77** 맞춤형화장품판매업자의 상호, 소재지 변경은 변경신고 대상이 아님

**78** 개정된 용어 알고가기. 유극층(가시층) 기저층(바닥층)

**79** ※ 탈모증상의 완화에 도움을 주는 성분
- 덱스판테놀, 비오틴, 엘멘톨, 징크피리치온, 징크피리치온액 50% (함량제한 고시되어있지 않음)

**80**
- 밀폐용기 : 일상의 취급 또는 보통 보존상태에서 외부로부터 고형의 이물이 들어가는 것을 방지하고 고형의 내용물이 손실되지 않도록 보호할 수 있는 용기
- 기밀용기 : 일상의 취급 또는 보통 보존상태에서 액상 또는 고형의 이물 또는 수분이 침입하 지 않고 내용물을 손실, 풍화, 조해 또는 증발로부터 보호할 수 있는 용기
- 밀봉용기 : 일상의 취급 또는 보통의 보존 상태에서 기체 또는 미생물이 침입할 염려가 없는 용기
- 차광용기: 광선의 투과를 방지하는 용기 또는 투과를 방지하는 포장을 한 용기

**81**
- 진피의 구성세포 중 섬유아세포에서 생성되는 물질 : 콜라겐(collagen), 엘라스틴(elastin), 프로테오글리칸(proteoglycan)

**82** 비만세포(mast cell) : 진피의 구성세포

**83**
- 미산성 pH 약 5~6.5
- 약산성 pH 약 3~5
- 강산성 pH 약 3이하
- 미알칼리성 pH 약 7.5~9
- 약알칼리성 pH 약 9~11
- 강알칼리성 pH 약 11이상

**84** 제12조의2(맞춤형화장품판매업자의 준수사항) : 혼합·소분 안전 관리 기준

1. 혼합·소분 전에 혼합·소분에 사용되는 내용물

또는 원료에 대한 품질성적서를 확인할 것
2. 혼합·소분 전에 손을 소독하거나 세정할 것. 다만, 혼합·소분 시 일회용 장갑을 착용하는 경우에는 그렇지 않다.
3. 혼합·소분 전에 혼합·소분된 제품을 담을 포장용기의 오염 여부를 확인할 것
4. 혼합·소분에 사용되는 장비 또는 기구 등은 사용 전에 그 위생 상태를 점검하고, 사용 후 에는 오염이 없도록 세척할 것

**86** 균질화기(homogenizer) : '호모게나이저' 또는 '호모믹서'라고도 한다.

- 디스펜서(dispenser) : 내용물을 자동으로 소분해 주는 기기
- pH 측정기(pH meter) : 원료 및 내용물의 pH(산도)를 측정
- 점도계(viscometer) : 내용물 및 특정성분의 점도 측정 시 사용
- 경도계(rheometer) : 액체 및 반고형제품의 유동성을 측정할 때 사용

**87**

「화장품법 시행규칙」 제19조 4항 ★그 밖에 총리령으로 정하는 사항

- 식품의약품안전처장이 정하는 바코드
- 기능성화장품의 경우 심사받거나 보고한 효능·효과, 용법·용량
- 성분명을 제품 명칭의 일부로 사용한 경우 그 성분명과 함량(방향용 제품은 제외)
- 인체 세포·조직 배양액이 들어있는 경우 그 함량
- 화장품에 천연 또는 유기농으로 표시·광고하려는 경우에는 원료의 함량
- 수입화장품인 경우에는 제조국의 명칭(「대외무역법」에 따른 원산지를 표시한 경우에는 제조국의 명칭을 생략할 수 있다), 제조회사명 및 그 소재지
- 제2조제8호부터 제11호까지에 해당하는 기능성화장품의 경우에는 "질병의 예방 및 치료 를 위한 의약품이 아님"이라는 문구
- 다음 각 목의 어느 하나에 해당하는 경우 법 제8조제2항에 따라 사용기준이 지정·고시 된 원료 중 보존제의 함량
  - 만 3세 이하의 영·유아용 제품류
  - 만 4세 이상부터 만 13세 이하까지의 어린이가 사용할 수 있는 제품임을 특정하여 표시·광고하려는 경우

**89** 정답 ㉠ 맞춤형화장품판매업 ㉡ 식품의약품안전처장

**90** 정답 필라그린(filaggrin)

**91** 정답 ㉠ 신고 ㉡ 맞춤형화장품조제관리사

**92** 정답 ㉠ PET

**93** 정답 ㉠ 유화제 ㉡ 점액상 ㉢ 반고형상

**94** 정답 ㉠ 과산화수소, 과산화수소 생성물질 ㉡ 카민

**95** 정답 ㉠ 예방 및 치료 ㉡ 의약품

**96** 정답 ㉠ 디엠디엠하이단토인 ㉡ 0.6%

**97** 티로신을 자외선에 노출시 티로시나아제(tyrosinase)에 의해 도파(dopa)로 전환되고 도파(dopa)도 티로시나아제에 의해 도파퀴논(dopaquinon)으로 전환되어 멜라닌을 형성하게 된다. 이 과정에서 활성효소 역할을 하는 티로시나아제는 활성부위에 두 개의 구리이온이존재하는 것으로 알려져 있다.

**97** 정답 구리이온 ($Cu^{++}$, $Cu^{2+}$)

**98** 정답 3년

**99** 정답 멜라노좀 (Melanosome)

**100** 정답 징크피리치온 $(C_5H_4ONS)_2Zn$ : 317.70

Zinc Pyrithione

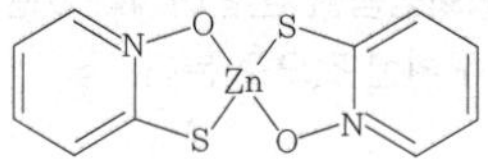

정답 징크피리치온

# 맞춤형화장품조제관리사 모의고사 ② 정답 및 해설

## 정답

| | | | | | | | | | | | | | | | | | | | |
|---|---|---|---|---|---|---|---|---|---|---|---|---|---|---|---|---|---|---|---|
| 01 | ④ | 02 | ② | 03 | ⑤ | 04 | ① | 05 | ② | 06 | ③ | 07 | ④ | 08 | 해설 참조 | 09 | 해설 참조 | 10 | 해설 참조 |
| 11 | ⑤ | 12 | ⑤ | 13 | ③ | 14 | ② | 15 | ⑤ | 16 | ① | 17 | ③ | 18 | ④ | 19 | ① | 20 | ③ |
| 21 | ② | 22 | ③ | 23 | ① | 24 | ② | 25 | ⑤ | 26 | ③ | 27 | ⑤ | 28 | ① | 29 | ④ | 30 | ② |
| 31 | 해설 참조 | 32 | 해설 참조 | 33 | 해설 참조 | 34 | 해설 참조 | 35 | 해설 참조 | 36 | ② | 37 | ⑤ | 38 | ② | 39 | ⑤ | 40 | ① |
| 41 | ④ | 42 | ③ | 43 | ④ | 44 | ② | 45 | ② | 46 | ① | 47 | ⑤ | 48 | ① | 49 | ① | 50 | ② |
| 51 | ⑤ | 52 | ③ | 53 | ⑤ | 54 | ④ | 55 | ① | 56 | ② | 57 | ③ | 58 | ① | 59 | ④ | 60 | ⑤ |
| 61 | ⑤ | 62 | ④ | 63 | ② | 64 | ② | 65 | ① | 66 | ③ | 67 | ⑤ | 68 | ④ | 69 | ⑤ | 70 | ② |
| 71 | ② | 72 | ② | 73 | ① | 74 | ③ | 75 | ④ | 76 | ① | 77 | ② | 78 | ② | 79 | ① | 80 | ⑤ |
| 81 | ④ | 82 | ② | 83 | ① | 84 | ④ | 85 | ① | 86 | ③ | 87 | ⑤ | 88 | ③ | 89 | 해설 참조 | 90 | 해설 참조 |
| 91 | 해설 참조 | 92 | 해설 참조 | 93 | 해설 참조 | 94 | 해설 참조 | 95 | 해설 참조 | 96 | 해설 참조 | 97 | 해설 참조 | 98 | 해설 참조 | 99 | 해설 참조 | 100 | 해설 참조 |

## 해설

**01** 맞춤형화장품판매업의 변경신고

① 맞춤형화장품판매업자가 변경신고를 해야 하는 경우
- ㉠ 맞춤형화장품판매업자를 변경하는 경우
- ㉡ 맞춤형화장품판매업소의 상호 또는 소재지를 변경하는 경우
- ㉢ 맞춤형화장품조제관리사를 변경하는 경우

② 맞춤형화장품판매업자가 변경신고를 하려면 맞춤형화장품판매업 변경신고서(전자문서로 된 신고서를 포함한다)에 맞춤형화장품판매업 신고필증과 그 변경을 증명하는 서류(전자문서를 포함한다)를 첨부하여 맞춤형화장품판매업소의 소재지를 관할하는 지방식품의약품안전청장에게 제출해야 한다. 이 경우 소재지를 변경하는 때에는 새로운 소재지를 관할하는 지방식품의약품안전청장에게 제출해야 한다.

③ 지방식품의약품안전청장은 맞춤형화장품판매업 변경신고를 받은 경우에는 「전자정부법」 행정정보의 공동이용을 통해 법인 등기사항증명서(법인인 경우만 해당한다)를 확인해야 한다.

④ 지방식품의약품안전청장은 변경신고가 그 요건을 갖춘 때에는 맞춤형화장품판매업 신고대장과 맞춤형화장품판매업 신고필증의 뒷면에 각각의 변경사항을 적어야 한다. 이 경우 맞춤형화장품판매업 신고필증은 신고인에게 다시 내주어야 한다.

**02** 목욕용 제품류 – 목욕용 오일·정제·캡슐
- 목욕용 소금류
- 버블 배스(bubble baths)
- 그 밖의 목욕용 제품류

**03** (개인정보보호법 제25조 제4항)

영상정보처리기기운영자는 정보 주체가 쉽게 인식할 수 있도록 다음의 사항이 포함된 안내판을 설치하는 등 필요한 조치를 하여야 한다
- 설치목적 및 장소
- 촬영범위 및 시간
- 관리책임자의 성명 및 연락처
- 그 밖에 대통령령으로 정하는 사항

**04** ①번의 경우 3년이하의 징역 또는 3천만원 이하의 벌금 중 영업금지에 관한 사항이다.

②~⑤번은 1년 이하의 징역 또는 1천만원 이하의 벌금에 해당한다.

**05** ※ 화장품법 시행규칙 제4조 (제출자료의 범위)

안전성, 유효성 또는 기능을 입증하는 자료

가. 기원(起源) 및 개발 경위에 관한 자료
나. 안전성에 관한 자료
㉠ 단회 투여 독성 시험 자료
㉡ 1차 피부 자극 시험 자료
㉢ 안(眼)점막 자극 또는 그 밖의 점막 자극 시험 자료
㉣ 피부 감작성시험(感作性試驗) 자료
㉤ 광독성(光毒性) 및 광감작성 시험 자료
㉥ 인체 첩포시험(貼布試驗) 자료

**06** ③ 맞춤형화장품판매업자의 준수사항 중 혼합, 소분 안전 관리 기준에 관한 사항이다.

**07** ① 화장품책임판매업자는 변경 사유가 발생한 날부터 30일(행정구역 개편에 따른 소재지 변경의 경우에는 90일) 이내에 화장품책임판매업 변경등록 신청서(전자문서로 된 신청서를 포함한다)에 화장품책임판매업 등록필증과 해당 서류(전자문서를 포함한다)를 첨부하여 지방식품의약품안전청장에게 제출
- 화장품책임판매업소 소재지의 변경신고를 하지 않은 경우 : 등록취소 (4차)

② 맞춤형화장품판매업을 하려는 자는 총리령으로 정하는 바에 따라 식품의약품안전처장에게 신고하여야 한다. 신고한 사항 중 총리령으로 정하는 사항을 변경할 때에도 또한 같다. ⇒ 관할 지방식품의약처안전청에 15일 이내 신고. 변경사항은 30일 이내 신고
- 맞춤형화장품판매업소 소재지의 변경신고를 하지 않은 경우: 판매업무정지 1개월(1차)

**08** 화장품법 시행규칙 제15조 폐업 등의 신고
정답 ㉠ 20일 이내 ㉡ 지방식품의약품안전청장

**09** 기능성화장품 심사에 관한 규정 기타 내용 참조(화장품법 제5조 제출자료의 요건)
정답 안전성

**10** 정답 ㉠ 3년 ㉡ 통관일자

**11** ① 알코올은 R–OH화학식의 물질로 탄소수가 1~3개인 알코올에는 메탄올,에탄올,프로판올이 있으며, 스테아릴 알코올은 탄소(C)수가 18개의 고급알코올이다.
② 고급지방산은 탄소(C)수가 10~18개, R–COOH 화학식의 물질로 스테아린산, 팔미틴산, 리놀산, 리놀 렌산, 미리스틴산, 아라키돈산 등 있다.
③ 왁스는 고급지방산과 고급알코올의 에스테르결합으로 구성되어있고 탄소(C)수가 20~30개이며 경납, 밀납, 라놀린, 카나우버왁스 등이 해당된다.
④ 피부에 적절한 수분함량을 유지하는 작용으로 화장품 품질을 결정하는 주요한 요소이다. ~ "습윤제"라고도 한다. 보습제의 종류 : 글리세린, 프로필렌글리콜, 1,3 부틸렌글리콜, 히아루론산나 트륨 등이 해당된다.

**12** ㉠ 알부틴은 식약청장이 고시한 미백에 도움을 주는 성분으로 맞춤형화장품 조제에 쓸 수 없다.
㉢ 보존제는 사용상의 제한이 있는 원료이므로 혼합할 수 없다.

**13** ① 프로피오닉애씨드 및 그 염류 0.9%
② 메칠이소치아졸리논 : 사용 후 씻어내는 제품에 0.0015%
④ p–클로로–m–크레졸 : 0.04%
⑤ 디메칠옥시졸리딘 : 0.05%

**14** 〈자외선 차단성분과 사용 한도〉
에칠헥실매톡시신나메이트 7.5%

**15**
- 적색 102호 : 영유아용 또는 13세 이하 어린이용 제품 사용할 수 없음.
- 적색 104호 : 눈 주위에 사용할 수 없음.
- 적색 106호 : 적용 후 바로 씻어내는 제품 및 염모용 화장품에만 사용.
- 적색 206호, 207호 : 눈 주위 및 입술에 사용할 수 없음.

**16.** 〈테르펜〉
성분 구조 : 이소프렌 단위 / 분류 : 모노테르펜, 세스퀴테르펜, 디테르펜
※ 모노페르펜 : 제라니올, 리날롤, 시트랄, 시트로넬롤 및 시트로넬랄 등

**17** ① 스크럽세안제 : 알갱이가 눈에 들어갔을 때에는 물로 씻어내고 이상이 있는 경우에는 전문의와 상담할 것
② 고압가스를 사용하는 에어로졸 제품 : 사용 시 흡입하지 않도록 주의할 것
③ 염모제(산화염모제와 비산화염모제) : 신장 질환이 있는 사람은 사용 전에 의사, 약사, 한의사와

상의할 것

④ 글라이콜릭애씨드(Glycolic Acid) : AHA의 대표적인 성분으로 사용상 주의 사항 참조

※ 알파-하이드록시애시드(α-hydroxyacid, AHA)(이하 "AHA"라 한다) 함유제품(0.5퍼센트 이하의 AHA가 함유된 제품은 제외한다)

가) 햇빛에 대한 피부의 감수성을 증가시킬 수 있으므로 자외선차단제를 함께 사용할 것(씻어내는 제품 및 두발용 제품은 제외한다)

나) 일부에 시험 사용하여 피부 이상을 확인할 것

다) 고농도의 AHA 성분이 들어 있어 부작용이 발생할 우려가 있으므로 전문의 등에게 상담할 것(AHA 성분이 10퍼센트를 초과하여 함유되어 있거나 산도가 3.5 미만인 제품만 표시한다)

**18** 제모제(치오글라이콜릭애씨드 함유 제품에만 표시함)

가) 다음과 같은 사람(부위)에는 사용하지 마십시오.

1. 생리 전후, 산전, 산후, 병후의 환자
2. 얼굴, 상처, 부스럼, 습진, 짓무름, 기타의 염증, 반점 또는 자극이 있는 피부
3. 유사 제품에 부작용이 나타난 적이 있는 피부
4. 약한 피부 또는 남성의 수염부위

나) 이 제품을 사용하는 동안 다음의 약이나 화장품을 사용하지 마십시오.

1. 땀 발생 억제제(Antiperspirant), 향수, 수렴로션(Astringent Lotion)은 이 제품 사용 후 24시간 후에 사용하십시오.

다) 부종, 홍반, 가려움, 피부염(발진, 알레르기), 광과민반응, 중증의 화상 및 수포 등의 증상이 나타날 수 있으므로 이러한 경우 이 제품의 사용을 즉각 중지하고 의사 또는 약사와 상의하십시오.

라) 그 밖의 사용 시 주의 사항

1. 사용 중 따가운 느낌, 불쾌감, 자극이 발생할 경우 즉시 닦아내어 제거하고 찬물로 씻으며, 불쾌감이나 자극이 지속될 경우 의사 또는 약사와 상의하십시오.
2. 자극감이 나타날 수 있으므로 매일 사용하지 마십시오.
3. 이 제품의 사용전•후에 비누류를 사용하면 자극감이 나타날 수 있으므로 주의하시오.
4. 이 제품은 외용으로만 사용하십시오.
5. 눈에 들어가지 않도록 하며 눈 또는 점막에 닿았을 경우 미지근한 물로 씻어내고 붕산수(농도 약 2%)로 헹구어 내십시오.
6. 이 제품을 10분 이상 피부에 방치하거나 피부에서 건조시키지 마십시오.
7. 제모에 필요한 시간은 모질(毛質)에 따라 차이가 있을 수 있으므로 정해진 시간 내에 제모가 깨끗이 제거되지 않은 경우 2~3일의 간격을 두고 사용하십시오.

**19** 회수대상화장품의 위해성 등급

그 위해성이 높은 순서에 따라 가등급, 나등급 및 다등급으로 구분하며, 해당 위해성 등급의 분류기준 – 다음 각 호의 구분에 따른다. 〈신설 2019.12.12〉

① 위해성 등급이 가등급인 화장품:

- 식품의약품안전처장이 지정 고시한 화장품에 사용할 수 없는 원료 또는 사용상의 제한을 필요로 하는 특별한 원료(예. 보존제, 색소, 자외선 차단제 등)를 사용한 화장품

② 위해성 등급이 나등급인 화장품:

- 어린이가 화장품을 잘못 사용하여 인체에 위해를 끼치는 사고가 발생하지 아니하도록 안전용기· 포장을 사용해야함을 위반한 화장품
- 식품의약품안전처장이 고시한 유통화장품 안전 관리 기준(기능성화장품의 기능성을 나타나게 하는 주원료 함량이 기준치에 부적합한 경우는 제외한다)에 적합하지 아니한 화장품

③ 위해성 등급이 다등급인 화장품:

- 전부 또는 일부가 변패(變敗)된 화장품 또는 병원미생물에 오염된 화장품
- 이물이 혼입되었거나 부착된 것 중에 보건위생상 위해를 발생할 우려가 있는 화장품
- 식품의약품안전처장이 고시한 유통화장품 안전 관리 기준에 적합하지 아니한 화장품 (기능성화장품의 기능성을 나타나게 하는 주원료 함량이 기준치에 부적합한 경우만 해당한다)
- 사용기한 또는 개봉 후 사용기간(병행 표기된 제조연월일을 포함한다)을 위조·변조한 화장품
- 그 밖에 영업자 스스로 국민보건에 위해를 끼칠 우려가 있어 회수가 필요하다고 판단한 화장품
- 화장품제조업 혹은 화장품책임판매업 등록을 하지 아니한 자가 제조한 화장품 또는 제조·수입 하여 유통·판매한 화장품
- 맞춤형화장품 판매업 신고를 하지 아니한 자가 판매한 맞춤형화장품
- 맞춤형화장품 판매업자가 맞춤형화장품조제

관리사를 두지 아니하고 판매한 맞춤형화장품
• 의약품으로 잘못 인식할 우려가 있게 기재·표시된 화장품
• 판매의 목적이 아닌 제품의 홍보·판매촉진 등을 위하여 미리 소비자가 시험·사용하도록 제조 또는 수입된 화장품
• 화장품의 포장 및 기재·표시 사항을 훼손(맞춤형화장품 판매를 위하여 필요한 경우는 제외 한다) 또는 위조·변조한 화장품

**20** ① 혼합한 제품을 밀폐된 용기에 보존하지 말 것
② 혼합한 제품의 잔액은 효과가 없으니 버릴 것
③ 용기를 버릴 때에는 반드시 뚜껑을 열어서 버릴 것
④ 직사광선을 피하고 공기와의 접촉을 피하여 서늘한 곳에 보관할 것

**21** ② 사용상 제한이 필요한 보존제

**22** 1) 음이온 계면활성제(anionic surfactant)
① 물에 용해될 때 친수기가 음이온으로 해리된다.
② 친수부 : 나트륨염, 칼륨염, 트리에탄올아민염 등
③ 친유부 : 알킬기, 이소 알킬기 등
④ 세정작용과 기포형성 작용 우수
⑤ 탈지력이 너무 강하여 피부가 거칠어지는 원인이 되는 결점이 있다.
⑥ 용도 : 비누, 샴푸, 클렌징폼, 면도용 거품크림, 치약 등 사용
2) 양이온 계면활성제(cation surfactant)
① 물에 용해될 때 친수기 부분이 양이온으로 해리된다.
② 음이온 계면활성제(지방산비누)와 반대의 이온성 구조를 갖고 있어서 역성 비누라고도 한다.
③ 모발에 흡착하여 유연효과나 대전방지효과를 나타내기 때문에 헤어린스에 이용된다.
④ 피부자극이 강하므로 두피에 닿지 않게 사용해야 한다.
⑤ 용도 : 세정, 유화, 가용화 등 계면활성 효과 , 살균 소독작용
예 헤어린스, 헤어트리트먼트

**23** 디엠디엠하이단토인 : 보존제

**24** 무기계 자외선차단제(산란제) : 징크옥사이드 25%, 티타늄디옥사이드 25%, 부틸메톡시디벤조일메탄 5%, 에칠헥실살리실레이트 5% 등
유기계 자외선차단제(흡수제) : 벤조페논-4 5%, 에칠헥실디메칠파바 8% 등

**25** 안전성에 관한 자료
① 단회 투여 독성 시험 자료
② 1차피부자극 시험 자료
③ 안 점막자극 또는 그 밖의 점막자극 시험자료
④ 피부감작성시험 자료
⑤ 광독성 및 광감작성 시험 자료
⑥ 인체 첩포시험 자료

**26** 〈화장품 제조에 사용된 성분〉
1. 글자의 크기는 5포인트 이상으로 한다.
2. 화장품 제조에 사용된 함량이 많은 것부터 기재·표시한다. 다만, 1퍼센트 이하로 사용된 성분, 착향제 또는 착색제는 순서에 상관없이 기재·표시할 수 있다.
3. 혼합원료는 혼합된 개별 성분의 명칭을 기재·표시한다.
4. 색조 화장용 제품류, 눈 화장용 제품류, 두발염색용 제품류 또는 손발톱용 제품류에서 호수별로 착색제가 다르게 사용된 경우 '± 또는 +/-'의 표시 다음에 사용된 모든 착색제 성분을 함께 기재·표시할 수 있다.
5. 산성도(pH) 조절 목적으로 사용되는 성분은 그 성분을 표시하는 대신 중화반응에 따른 생성물로 기재·표시할 수 있고, 비누화반응을 거치는 성분은 비누화반응에 따른 생성물로 기재·표시할 수 있다.
6. 착향제는 "향료"로 표시할 수 있다. 다만, 착향제의 구성 성분 중 식품의약품안전처장이 정하여 고시한 알레르기 유발성분이 있는 경우에는 향료로 표시할 수 없고, 해당 성분의 명칭을 기재·표시해야 한다.

**27** 합성에스테르의 종류
① 이소프로필 미리스테이트 (Isopropyl Myristate: IPM) : 무색투명액체
• 고급지방산인 미리스트산에 저급 알코올인 이소프로필 알코올이 에스테르 결합된 것
• 다른 오일과 상용성, 용해성 우수
• 광물성에 비해 유분감 낮음
② 이소프로필 팔미테이트 (Isopropyl Palmitate : IPP)
• 팔미트산과 이소프로필 알코올을 에스테르화

- 용도 : 유성,수성의 혼화제, 색소, 향료의 용제, 샴푸, 린스

③ 세틸에칠헥사노이에이트 (Cetyl Ethylhexanoate)

- 이 원료는 세틸알코올과 2-에틸헥사노익애씨드의 에스터
- 피부컨디셔닝제(유연제), 용제

④ 세틸팔미테이트 (Cetyl Palmitate)

- 이 원료는 주로 세틸알코올과 팔미틱애씨드의 에스터
- 향료, 수분증발차단제

**28** 화장품 시행규칙 제28조(위해화장품의 공표)

가. 1개 이상의 일반일간신문[당일 인쇄·보급되는 해당 신문의 전체 판(版)을 말한다] 및 해당 영업자의 인터넷 홈페이지에 게재하고, 식품의약품안전처의 인터넷 홈페이지에 게재를 요청

나. 공표 결과를 지체없이 지방식품의약품안전청장에게 통보하여야 한다.

다. 회수

- 화장품을 회수하거나 회수하는 데에 필요한 조치
  화장품제조업자 또는 화장품책임판매업자(이하 "회수의무자"라 한다)는 해당 화장품에 대하여 즉시 판매중지 등의 필요한 조치를 해야 한다.
- 회수의무자는 회수대상화장품이라는 사실을 안 날부터 5일 이내에 회수계획서에 다음 각 호의 서류를 첨부하여 지방식품의약품안전청장에게 제출하여야 한다.
  1. 해당 품목의 제조·수입기록서 사본
  2. 판매처별 판매량·판매일 등의 기록
  3. 회수 사유를 적은 서류

**29** 전성분표시는 함량이 많은 것을 순서로 기재하므로 녹차추출물은 다음 내용을 참조하여 분석해 보면 1~2%이다.(닥나무추출물은 2% 이하 사용 제한, 페녹시에탄올은 1% 사용 제한)

**30** 〈기능성화장품 중 자외선차단제의 효능, 효과 표시〉 자외선으로부터 피부를 보호하는데 도움을 주는 제품에 자외선차단지수(SPF) 기준에 따라 표시한다.

- 자외선차단지수(SPF)는 측정결과에 근거하여 평균값(소수점이하 절사)으로부터 -20%이하 범위내 정수(예 : SPF평균값이 '23'일 경우 19~23 범위정수)로 표시하되, SPF 50이상은 "SPF50+"로 표시한다.

**31** 정답 품질성적서

**32** 정답 효력시험자료

**33** 정답 유해사례

**34** 정답 ㉠ -20% ㉡ SPF50+

**35** 정답 ㉠ 0.01 ㉡ 0.001

**37** 우수화장품 제조 및 품질관리 기준에 따른 용어 정의

① 일탈은 제조 또는 품질관리 활동 등 미리 정해진 기준을 벗어나 이루어진 행위를 말한다.

② 제조단위는 하나의 공정이나 일련의 공정으로 제조되어 균질성을 갖는 화장품의 일정한 분량을 말한다.

③ 재작업은 적합 판정기준을 벗어난 완제품, 벌크제품 또는 반제품을 재처리하여 품질이 적합한 범위에 들어오도록 하는 작업을 말한다.

④ 공정관리은 제조공정 중 적합판정기준의 충족을 보증하기 위하여 공정을 모니터링하거나 조정하는 모든 작업을 말한다

**38.** 우수화장품 제조 및 품질관리 기준 시행규칙 제12조 2항(작업자 위생관리)

② 적절한 위생관리 기준 및 절차를 마련하고 제조소 내의 모든 직원은 이를 준수해야 한다.

**39** 설비, 기구의 위생 기준

① 설비 및 기구는 사용목적에 적합하며 위생 유지가 가능하고 청소가 가능해야한다. (자동화기기도 동일조건)

② 설비 및 기구는 제품의 오염 방지 및 배수가 용이하도록 설계되어 설치해야 한다.

- 제품 및 청소시 세제, 소독제와 화학적 반응을 일으키지 않아야 한다.

③ 설비등의 위치는 원자재나 직원의 이동으로 인해 제품의 품질에 영향을 주지 않도록 한다.

④ 사용하지 않은 부속품과 연결 호스들도 청소하며 위생관리를 위해 건조상태를 유지한다. (먼지, 얼룩 또는 다른 오염으로부터 보호)

⑤ 제품과 설비가 오염되지 않도록 청결을 유지해야하며 이를 위해 배관 및 배수관을 설치하고, 배수관 은 역류 되지 않도록 한다.

⑥ 작업소 천정 주위의 대들보, 덕트, 파이프 등은 노출이 되지 않도록 설계하고, 청소하기 용이하

도록 파이프는 고정하여 벽에 닿지 않게 한다.

⑦ 용기는 먼지나 수분으로부터 내용물을 보호할 수 있어야 한다.

⑧ 시설 및 기구에 사용하는 소모품은 제품의 품질에 영향을 주지 않아야 한다.

**40** ① 가능하면 세제를 사용하지 않는다. (세제 사용 시 적합한 세제로 세척)

**41** 우수화장품 제조 및 품질관리 기준 따른 인적자원 및 교육 제 2 장 4조 직원의 책임
제5조 교육훈련– 교육훈련이 제공될 수 있도록 연간계획을 수립하고 정기적으로 교육을 실시

**42** 원자재 관리 (입고관리)

③ 원자재 입고절차 중 육안확인 시 물품에 결함이 있을 경우 입고를 보류하고 격리보관 및 폐기하거나 원자재 공급업자에게 반송하여야 한다.

**43** 기체(가스)크로마토그래피법 – 디옥산, 메탄올, 프탈레이트류(디부틸프탈레이트, 부틸벤질프탈레이트 및 디에칠헥실프탈레이트)

**44** 니켈: 눈 화장용 제품은 35㎍/g 이하, 색조 화장용 제품은 30㎍/g 이하, 그 밖의 제품은 10㎍/g 이하

**45** 유통화장품 안전 관리 시험방법 정리

① 디티존법 : 납

② 원자흡광도법 (AAS) : 납, 니켈, 비소, 안티몬, 카드뮴 정량

③ 기체(가스)크로마토그래피법 : 디옥산, 메탄올, 프탈레이트류(디부틸프탈레이트, 부틸벤질프탈레이트 및 디에칠헥실프탈레이트)

④ 유도결합 플라즈마 분광기법 (ICP) : 납, 니켈, 비소, 안티몬

⑤ 유도결합플라즈마–질량분석기 (ICP–MS) : 납, 비소

⑥ 수은 분해장치, 수은분석기이용법 : 수은

⑦ 총 호기성 생균수 시험법, 한천평판도말법, 한천평판희석법, 특정세균시험법 등
 • 미생물 한도 측정

⑧ 액체 크로마토그래피법 : 포름알데하이드

**46** 총호기성생균수는 영·유아용 제품류 및 눈화장용 제품류의 경우 500개/g(mL)이하

**47** 포름알데하이드 : 2000㎍/g이하, 물 휴지는 20㎍/g 이하

**48** 부적합 판정 시 → 회수 입고된 포장재에 부적합라벨 부착 → 기준일탈조치서 작성 → 해당부서에 통보

**49** 미생물 검출시험법

• 세균수 시험 : 30~35℃에서 적어도 48시간 배양
• 진균수 시험 : 20~25 ℃에서 적어도 5일간 배양

제6조(유통화장품의 안전 관리 기준) ① 유통화장품은 제2항부터 제5항까지의 안전 관리 기준에 적합하여야 하며, 유통화장품 유형별로 제6항부터 제9항까지의 안전 관리 기준에 추가적으로 적합하여야 한다. 또한 시험방법은 별표 4에 따라 시험하되, 기타 과학적·합리적으로 타당성이 인정되는 경우 자사 기준으로 시험할 수 있다.

**50** ① 완제품의 보관용 검체는 적절한 보관조건하에 지정된 구역 내에서 제조단위별로 사용기한 경과 후 1년간 보관하여야 한다. 다만, 개봉 후 사용기간을 기재하는 경우에는 제조일로부터 3년간 보관하여야 한다.

② 원자재는 검사가 완료되어 적합 혹은 부적합 판정이 완료되면 폐기하는 것을 원칙으로 하며 필요에 따라 보관기간을 연장할 수 있다.

③ 품질에 문제가 있거나 회수·반품된 제품의 폐기 또는 재작업 여부는 품질보증책임자에 의해 승인되 어야 한다.

**51** 원료 보관 방법

• 원료보관창고를 관련법규에 따라 시설 갖추고, 관련규정에 적합한 보관조건에서 보관
• 여름에는 고온 다습하지 않도록 유지관리
• 바닥 및 내벽과 10cm이상, 외벽과는 30cm 이상 간격을 두고 적재
• 방서, 방충 시설 갖추어야 함
• 지정된 보관소에 원료보관 (누구나 명확히 구분할 수 있게, 혼동될 염려 없도록 보관)
• 보관장소는 항상 정리·정돈

**52** 원자흡광도법 – 화장품에서 불가피하게 검출되는 물질에 대한 함량 확인 시험법

**53** 〈기준일탈 제품이 발생 시 처리 절차〉

① 시험, 검사, 측정에서 기준 일탈 결과 나옴

② 기준일탈 조사

③ 시험, 검사, 측정이 틀림없음 확인

④ 기준일탈처리
⑤ 기준일탈 제품에 불합격 라벨 첨부
⑥ 격리 보관
⑦ 폐기처분 또는 재작업 또는 반품

**54** 화장품법 제8조제2항에 의해 사용기준이 지정·고시된 원료 외의 보존제, 색소, 자외선차단제 등은 사용할 수 없다.

**55** 우수화장품 제조 및 품질관리 기준 제2조 (용어의 정의), "제조번호(뱃치번호)"라고 함.

**56** 〈화장품 안전 기준 등에 관한 규정 제1장 제 6조 참조〉

① 화장품을 제조하면서 다음 각 호의 물질을 인위적으로 첨가하지 않았으나, 제조 또는 보관 과정 중 포장재로부터 이행되는 등 비의도적으로 유래된 사실이 객관적인 자료로 확인되고 기술적으로 완전한 제거가 불가능한 경우 해당 물질의 검출 허용 한도

1. 납 : 점토를 원료로 사용한 분말제품은 50㎍/g 이하, 그 밖의 제품은 20㎍/g이하
2. 비소 : 10㎍/g이하
3. 수은 : 1㎍/g이하

② 미생물한도

1. 총호기성생균수는 영·유아용 제품류 및 눈화장용 제품류의 경우 500개/g(mL)이하

③ pH 기준이 3.0~9.0 이어야 하는 제품

1. 영·유아용 제품류(영·유아용 샴푸, 영·유아용 린스, 영·유아 인체 세정용 제품, 영·유아 목욕용 제품 제외)
2. 기초화장용 제품류(클렌징 워터, 클렌징 오일, 클렌징 로션, 클렌징 크림 등 메이크업 리무버 제품 제외) 중 액, 로션, 크림 및 이와 유사한 제형의 액상제품 다만, 물을 포함하지 않는 제품과 사용한 후 곧바로 물로 씻어 내는 제품은 제외한다.

**57** 포장재의 폐기기준 참조
물류팀 담당자는 부적합 포장재를 추후 반품 또는 폐기조치 후 해당업체에 시정조치 요구

**58** 원료보관소 : 일반작업실로 관리 기준 없음. 환기장치만 설치

**59** 인체 세포·조직 배양액의 안전성 평가
가. 인체세포·조직배양액의 안전성 확보를 위하여 다음의 안전성시험 자료를 작성·보존하여야 한다.
(1) 단회투여독성 시험자료
(2) 반복투여독성 시험자료
(3) 1차피부자극 시험자료
(4) 안점막자극 또는 기타점막자극 시험자료
(5) 피부감작성시험자료
(6) 광독성 및 광감작성 시험자료(자외선에서 흡수가 없음을 입증하는 흡광도 시험자료를 제출하는 경우에는 제외함)
(7) 인체 세포·조직 배양액의 구성성분에 관한 자료
(8) 유전독성 시험자료
(9) 인체첩포시험자료

**60** 제6조 관련 〈별표 4〉 유통화장품 안전 관리 시험방법

**61** 맞춤형화장품판매업을 하려는 자는 총리령으로 정하는 바에 따라 관할 지방식품의약품안전청장에 15일 이내 신고(변경신고 30일 이내)
원료와 원료를 혼합한 화장품을 판매하는 영업은 화장품제조업에 해당

**62** 결격사유(화장품법 제3조의3)
다음 각 호의 어느 하나에 해당하는 자는 화장품제조업 또는 화장품책임판매업의 등록이나 맞춤형화장품판매업의 신고를 할 수 없다. 다만, 제 1호 및 제3호는 화장품제조업만 해당한다.

1. 정신건강증진 및 정신질환자 복지서비스 지원에 관한 법률 제3조 제1호에 따른 정신질환자. 다만, 전문의가 화장품제조업자(제3조 제1항에 따라 화장품제조업을 등록한 자를 말한다. 이하같다)로서 적합하다고 인정하는 사람은 제외한다.
2. 피성년후견인 또는 파산선고를 받고 복권되지 아니한 자
3. 마약류 관리에 관한 법률 제2조 제1호에 따른 마약류의 중독자
4. 이 법 또는 보건범죄 단속에 관한 특별조치법을 위반하여 금고 이상의 형을 선고 받고 그 집행이 끝나지 아니하거나 그 집행을 받지 아니하기로 확정되지 아니한 자
5. 등록이 취소되거나 영업소가 폐쇄 된 날부터 1년이 지나지 아니한 자

**63** 배합한도 제한 및 금지원료 사용불가 : 보존제, 자외선 차단제, 기능성 원료

**64** 머켈세포는 기저층에 위치하며 촉각세포 또는 지각세포라 한다.

- 랑게르한스세포는 면역기능을 담당하며 세포와 세포사이에는 림프액이 존재하여 혈액순환과 세포사 이의 물질교환을 용이하게 한다.

**65** ① 성장기

- 모발이 모세혈관에서 보내진 영양분에 의해 성장하는 시기
- 전체 모발의 85~90% 해당/ 성장기는 3~6년

② 퇴화기

- 대사과정이 느려져 세포분열이 정지 모발 성장이 정지되는 시기
- 전체 모발의 1% 해당/ 2~4주

③ 휴지기

- 모구의 활동이 완전히 멈추는 시기
- 전체 모발의 4~14% 해당/ 4~5개월

④ 발생기

- 휴지기에 들어간 모발은 모유두만 남기고 2~3개월안에 자연히 떨어져 나간다. (1일 50~100개의 모발이 빠짐)
- 새로운 모발이 발생하는 시기

**66** 식품의약품안전처장은 제2항에 따라 지정·고시된 원료의 사용기준의 안전성을 정기적으로 검토하여야 하고, 그 결과에 따라 지정·고시된 원료의 사용기준을 변경할 수 있다. 이 경우 안전성 검토의 주기 및 절차 등에 관한 사항은 총리령으로 정한다.

**68** 기재·표시를 생략할 수 있는 성분

① 제조과정 중에 제거되어 최종 제품에는 남아 있지 않은 성분

② 안정화제, 보존제 등 원료 자체에 들어 있는 부수 성분으로서 그 효과가 나타나게 하는 양보다 적은 양이 들어 있는 성분

③ 내용량이 10밀리리터 초과 50밀리리터 이하 또는 중량이 10그램 초과 50그램 이하 화장품의 포장인 경우에는 다음 각 목의 성분을 제외한 성분

가. 타르색소

나. 금박

다. 샴푸와 린스에 들어 있는 인산염의 종류

라. 과일산(AHA)

마. 기능성화장품의 경우 그 효능·효과가 나타나게 하는 원료

바. 식품의약품안전처장이 배합 한도를 고시한 화장품의 원료

**69** 부당한 표시·광고 행위 등의 금지

(1) 영업자 또는 판매자는 다음 각 호의 어느 하나에 해당하는 표시 또는 광고를 하여서는 아니 된다.

① 의약품으로 잘못 인식할 우려가 있는 표시 또는 광고

② 기능성화장품이 아닌 화장품을 기능성화장품으로 잘못 인식할 우려가 있거나 기능성화장품의 안전성·유효성에 관한 심사결과와 다른 내용의 표시 또는 광고

③ 천연화장품 또는 유기농화장품이 아닌 화장품을 천연화장품 또는 유기농화장품으로 잘못 인식할 우려가 있는 표시 또는 광고

④ 그 밖에 사실과 다르게 소비자를 속이거나 소비자가 잘못 인식하도록 할 우려가 있는 표시 또는 광고

**70** 부종완화, 다크서클 완화, 피부 혈행 개선, 여드름 피부 사용에 적합

**71** ① 스크러브세안제 : 알갱이가 눈에 들어갔을 때에는 물로 씻어내고 이상이 있는 경우에는 전문의와 상담할 것

② 고압가스를 사용하는 에어로졸 제품 : 사용 시 흡입하지 않도록 주의할 것

③ 염모제(산화염모제와 비산화염모제) : 신장 질환이 있는 사람은 사용 전에 의사, 약사, 한의사와 상의할 것

④ 글라이콜릭애씨드(Glycolic Acid) : AHA의 대표적인 성분으로 사용상 주의 사항 참조

※ 알파-하이드록시애시드(α-hydroxyacid, AHA)(이하 "AHA"라 한다) 함유제품(0.5퍼센트 이하의 AHA가 함유된 제품은 제외한다)

가) 햇빛에 대한 피부의 감수성을 증가시킬 수 있으므로 자외선 차단제를 함께 사용할 것(씻어내는 제품 및 두발용 제품은 제외한다)

나) 일부에 시험 사용하여 피부 이상을 확인할 것

다) 고농도의 AHA 성분이 들어 있어 부작용이 발생할 우려가 있으므로 전문의 등에게 상담할 것(AHA 성분이 10퍼센트를 초과하여 함유되어 있거나 산도가 3.5 미만인 제품만 표시한다)

**72** 제모제 - 치오글리콜산, 주름개선 - 레티닐팔미테이트

**73** 화장품의 pH 범위 : 다음과 같은 제품 중 액제, 로

션, 크림 및 이와 유사한 제형의 액상제품은 pH 기준이 3.0~9.0 이어야 한다. 다만, 물을 포함하지 않는 제품과 사용한 후 곧바로 물로 씻어 내는 제품은 제외한다.

① 영 유아용 제품류(영 유아용 샴푸, 영 유아용 린스, 영 유아 인체세정용 제품, 영 유아 목욕용 제품 제외)
② 눈 화장용 제품류, 색조화장용 제품류
③ 두발용 제품류(샴푸, 린스 제외)
④ 면도용 제품류(셰이빙크림, 셰이빙 폼 제외)
⑤ 기초화장용 제품류(클렌징 워터, 클렌징 오일, 클렌징 로션, 클렌징 크림 등 메이크업 리무버 제품 제외)

**74** 자외선 살균기 이용 시,
㉠ 충분한 자외선 노출을 위해 적당한 간격을 두고 장비 및 도구가 서로 겹치지 않게 한 층으로 보관
㉡ 살균기 내 자외선램프의 청결 상태를 확인 후 사용

**75** 혼합·소분에 사용되는 내용물의 사용기한 또는 개봉 후 사용기간을 초과하여 맞춤형화장품의 사용기한 또는 개봉 후 사용기간을 정하지 말 것

**76** 밀폐용기 : 일상의 취급 또는 보통 보존상태에서 외부로부터 고형의 이물이 들어가는 것을 방지하고 고형의 내용물이 손실되지 않도록 보호할 수 있는 용기 (밀폐용기로 규정되어 있는 기밀용기도 사용 가능)

**77** 사용기한은 "사용기한" 또는 "까지" 등의 문자와 "연월일"을 소비자가 알기 쉽도록 기재·표시해야 한다. 다만, "연월"로 표시하는 경우 사용기한을 넘지 않는 범위에서 기재·표시해야 한다.

**78** 맞춤형화장품의 혼합·소분에 사용할 목적으로 화장품책임판매업자로부터 제공받은 것으로 다음 항목에 해당하지 않는 것이어야 함
- 화장품책임판매업자가 소비자에게 그대로 유통·판매할 목적으로 제조 또는 수입한 화장품
- 판매의 목적이 아닌 제품의 홍보·판매촉진 등을 위하여 미리 소비자가 시험·사용하도록 제조 또는 수입한 화장품

**79** 3세 이하 사용금지 보존제 2종을 어린이까지 사용금지 확대
- 살리실릭애씨드 및 염류
- 아이오도프로피닐부틸카바메이트

※ 영유아용 제품류 또는 만 13세 이하 어린이가 사용할 수 있음을 특정하여 표시하는 제품에는 사용금지

**80** 화장품 전성분은 일반화장품 표시, 기재 사항 이다.

**81** 화장품의 혼합방식에는 가용화, 유화, 분산의 3가지 기본적인 기술(개념)을 중심으로 이루어져 있다.
(1) 가용화 : 한 종류의 액체(용매)에 계면활설제를 이용하여 불용성 물질을 투명하게 용해시키는 것
- 대표적인 화장품으로는 투명스킨, 헤어토닉 등

(2) 유화 ; 한 종류의 액체(분산상)에 불용성의 액체(분산매)를 미립자 상태로 분산시키는 것
- 대표적인 화장품으로는 로션, 크림 등

(3) 분산 : 하나의 상에 다른 상이 미세한 상태로 분산되어 있는 것
- 대표적인 화장품으로는 립스틱, 파운데이션 등

**82** 〈사용 제한 원료의 함량〉
- 알파–비사보롤 : 미백기능성 화장품 성분 0.5%
- 페녹시에탄올 : 보존제 1.0%

**83** 화장품 시행규칙 별표3 제2호〈화장품의 함유 성분별 사용 시 주의 사항〉
코치닐추출물 함유 제품 : 카민 성분에 과민하거나 알레르기가 있는 사람은 신중히 사용할 것

**84** 보습제 : 소듐하이알루로네이트, 부틸렌글라이콜, 글리세린, 솔비톨, 프로필렌글리콜

**85** 1. 미백에 도움을 주는 성분 – 닥나무추출물, 알부틴, 에칠아스코빌에텔, 유용성감초추출물, 아스코빌글루코사이드, 마그네슘아스코빌포스페이트, 나이아신아마이드, 알파–비사보롤, 아스코빌테트아리소팔미테이트
2. 보습제 – 글리세린, 프로필렌글리콜, 1.3 부틸글리콜, 히아루론산 나트륨, 소듐하이알루로네이트
3. 피부진단은 직접 매장에 방문해서 받아야 한다.
4. 무기계 자외선차단제(물리적차단제) – 징크옥사이드, 티타늄디옥사이드
5. 주름개선에 도움을 주는 성분 – 레티놀, 폴리에톡실레이티드레틴아마이드(메디민A), 아데노신, 레티닐팔미테이트

**86** • 미백에 도움을 주는 성분 – 알부틴, 아스코빌글루코사이드, 나이아신아마이드

• 주름개선에 도움을 주는 성분 – 아데노신, 레티놀, 레티닐팔미테이트
• 보습제 – 프로필렌글리콜, 소듐하이알루로네이트

87 • 미백에 도움을 주는 성분 : 닥나무추출물, 알부틴, 나이아신아마이드, 알파–비사보롤
• 주름개선에 도움을 주는 성분 : 레티닐팔미테이트, 레티놀, 아데노신
• 자외선차단제 성분 : 티타늄디옥사이드, 징크옥사이드
• 여드름완화에 도움을 주는 성분 : 살리실릭애씨드
• 착향제 중 알레르기 유발 성분 : 쿠마린, 제라니올, 신남알, 리모넨

88 자외선차단제 성분 : 유기계 자외선흡수제( 옥시벤존, 에칠헥실메톡시신나메이트 등)
무기계 자외선차단제(징크옥사이드, 티타늄디옥사이드, 벤조페논 등
여드름 완화 성분 : 살리실릭애씨드

89 정답 가족관계증명서

90 정답 맞춤형화장품조제관리사

91 정답 ㉠ 3년 ㉡ 총리령

92 정답 라멜라

93 정답 크림제

94 • 자외선차단성분 – 티타늄디옥사이드, 에칠헥실메톡시신나메이트
• 미백성분 – 나이아신아마이드, 닥나무추출물
• 보습제 – 소듐하이알루로네이트
정답 아데노신

95 정답 ㉠ 내용물 ㉡ 원료

96 정답 ㉠ 15일 ㉡ 식품의약품안전처장

97 정답 ㉠ 10 ㉡ 5세 ㉢ 산업통상자원부장관

98 정답 ㉠ 화장품책임판매업자 ㉡ 판매촉진

99 맞춤형화장품판매내역서를 작성·보관할 것(전자문서로 된 판매내역을 포함)
① 제조번호(맞춤형화장품의 경우 식별번호를 제조번호로 함)
② 사용기한 또는 개봉 후 사용기간
③ 판매일자 및 판매량

99 정답 ㉠ 판매내역서 ㉡ 제조번호

100 정답 만 13세

# 맞춤형화장품조제관리사 모의고사 ③ 정답 및 해설

## 정답

| 01 | ① | 02 | ⑤ | 03 | ② | 04 | ③ | 05 | ④ | 06 | ② | 07 | ③ | 08 | 해설 참조 | 09 | 해설 참조 | 10 | 해설 참조 |
|---|---|---|---|---|---|---|---|---|---|---|---|---|---|---|---|---|---|---|---|
| 11 | ② | 12 | ⑤ | 13 | ④ | 14 | ⑤ | 15 | ③ | 16 | ④ | 17 | ③ | 18 | ② | 19 | ⑤ | 20 | ④ |
| 21 | ② | 22 | ③ | 23 | ② | 24 | ③ | 25 | ② | 26 | ③ | 27 | ⑤ | 28 | ③ | 29 | ② | 30 | 해설 참조 |
| 31 | 해설 참조 | 32 | 해설 참조 | 33 | 해설 참조 | 34 | 해설 참조 | 35 | 해설 참조 | 36 | ④ | 37 | ① | 38 | ④ | 39 | ② | 40 | ③ |
| 41 | ⑤ | 42 | ⑤ | 43 | ③ | 44 | ② | 45 | ① | 46 | ③ | 47 | ② | 48 | ④ | 49 | ④ | 50 | ② |
| 51 | ⑤ | 52 | ③ | 53 | ③ | 54 | ③ | 55 | ② | 56 | ① | 57 | ⑤ | 58 | ① | 59 | ② | 60 | ③ |
| 61 | ④ | 62 | ① | 63 | ② | 64 | ③ | 65 | ④ | 66 | ① | 67 | ④ | 68 | ⑤ | 69 | ② | 70 | ③ |
| 71 | ⑤ | 72 | ④ | 73 | ③ | 74 | ⑤ | 75 | ④ | 76 | ② | 77 | ③ | 78 | ④ | 79 | ⑤ | 80 | ① |
| 81 | ③ | 82 | ⑤ | 83 | ② | 84 | ③ | 85 | ① | 86 | ② | 87 | ② | 88 | ③ | 89 | 해설 참조 | 90 | 해설 참조 |
| 91 | 해설 참조 | 92 | 해설 참조 | 93 | 해설 참조 | 94 | 해설 참조 | 95 | 해설 참조 | 96 | 해설 참조 | 97 | 해설 참조 | 98 | 해설 참조 | 99 | 해설 참조 | 100 | 해설 참조 |

## 해설

**01** 소비자 피부진단 데이터 등을 활용하여 연구·개발 등 목적으로 사용하고자 하는 경우, 소비자에게 별도의 사전 안내 및 동의를 받아야 한다.

**02** 화장품법 시행규칙 〈별표5〉 화장품 표시, 광고의 범위 및 준수사항(제22조 관련)

**03** 화장품책임판매업자로 등록을 하지 아니하고 기능성화장품을 판매하려는 자–3년 이하의 징역 또는 3천만원 이하의 벌금

**04** 어린이용 오일 등 개별포장 당 탄화수소류를 10퍼센트 이상 함유한 제품

**05** 기능성화장품 심사에 관한 규정 기타 내용 참조

① 기능성화장품의 효능·효과는 「화장품법」 제2조 제2호 각 목에 적합하여야 한다.

② 자외선으로부터 피부를 보호하는데 도움을 주는 제품에 자외선차단지수(SPF) 또는 자외선A차단등급(PA)을 표시하는 때에는 다음 각 호의 기준에 따라 표시한다.

1. 자외선차단지수(SPF)는 측정결과에 근거하여 평균값(소수점이하 절사)으로부터 –20% 이하 범위내 정수(예 SPF평균값이 '23'일 경우 19~23 범위정수)로 표시하되, SPF 50이상은 "SPF50+"로 표시한다.
2. 자외선A차단등급(PA)은 측정결과에 근거하여 [별표 3] 자외선 차단효과 측정방법 및 기준에 따라 표시한다.

**06** 화장품제조업자만 해당하는 결격사유 : 정신질환자(단, 화장품제조업자로 적합하다고 인정한 경우 제외), 마약중독자

화장품법 제3조의 3(결격사유) 다음 각 호의 어느 하나에 해당하는 자는 화장품제조업 또는 화장품책임판매업의 등록이나 맞춤형화장품판매업의 신고를 할 수 없다. 다만, 제1호 및 제3호는 화장품제조업만 해당한다.

1. 「정신건강증진 및 정신질환자 복지서비스 지원에 관한 법률」 제3조제1호에 따른 정신질환자. 다만, 전문의가 화장품제조업자로서 적합하다고 인정하는 사람은 제외한다.
2. 피성년후견인 또는 파산선고를 받고 복권되지 아니한 자
3. 「마약류 관리에 관한 법률」 제2조제1호에 따른 마약류의 중독자
4. 이 법 또는 「보건범죄 단속에 관한 특별조치법」을 위반하여 금고 이상의 형을 선고받고 그 집행이 끝나지 아니하거나 그 집행을 받지 아니하기로 확정되지 아니한 자

5. 제24조에 따라 등록이 취소되거나 영업소가 폐쇄(이 조 제1호부터 제3호까지의 어느 하나에 해당하여 등록이 취소되거나 영업소가 폐쇄된 경우는 제외한다)된 날부터 1년이 지나지 아니한 자

**07** 화장품법 제16조. 화장품의 판매 금지

① 누구든지 '가'에서 '라'의 화장품을 판매하거나 판매할 목적으로 보관 또는 진열하여서는 아니 된다. 다만, '다'의 경우에는 소비자에게 판매하는 화장품에 한한다.

가. 등록을 하지 아니한 자가 제조한 화장품 또는 제조·수입하여 유통·판매한 화장품

나. 신고를 하지 아니한 자가 판매한 맞춤형화장품

다. 맞춤형화장품조제관리사를 두지 아니하고 판매한 맞춤형화장품

라. 화장품 또는 의약품으로 잘못 인식할 우려가 있게 기재·표시된 화장품

마. 판매의 목적이 아닌 제품의 홍보·판매촉진 등을 위하여 미리 소비자가 시험·사용하도록 제조 또는 수입된 화장품

바. 화장품의 포장 및 기재·표시 사항을 훼손(맞춤형화장품 판매를 위하여 필요한 경우는 제외) 또는 위조·변조한 것

② 누구든지(맞춤형화장품조제관리사를 통하여 판매하는 맞춤형화장품판매업자 및 제2조 제3호의 2 나목 단서에 해당하는 화장품 중 소분 판매를 목적으로 제조된 화장품의 판매자는 제외한다) 화장품의 용기에 담은 내용물을 나누어 판매하여서는 아니 된다.

**08** 화장품의 표시, 광고 내용의 실증

정답 ㉠ 실증방법 ㉡ 실증내용

**09** 천연화장품 및 유기농화장품에 대한 인증

정답 3년

**10** 정답 안전성

**11**
- 두발용, 두발염색용 : 눈에 들어갔을 때는 즉시 씻어낼 것
- 팩 : 눈 주위를 피하여 사용할 것
- 퍼머넌트웨이브 제품 : 섭씨 15도 이하의 어두운 장소에 보존하고, 색이 변하거나 침전된 경우에는 사용하지 말 것
- 고압가스를 사용하지 않는 분무형 자외선 차단제 : 얼굴에 직접 분사하지 말고 손에 덜어 얼굴에 바를 것

**12**
- 종합제품으로서 세제류 : 포장공간비율 25% 이하, 포장횟수 2차 이내
- 단위제품으로서 세제류 : 포장공간비율 15% 이하, 포장횟수 2차 이내

〈참조〉

1. "단위제품"이란 1회 이상 포장한 최소 판매단위의 제품을 말하고, "종합제품"이란 같은 종류 또는 다른 최소 판매단위의 제품을 2개 이상 함께 포장한 제품을 말함. 다만, 주 제품을 위한 전용 계량 도구나 그 구성품, 소량(30g 또는 30mL 이하)의 비매품(증정품) 및 설명서, 규격서, 메모카드와 같은 참조용 물품은 종합제품을 구성하는 제품으로 보지 않음
2. 종합제품의 경우 종합제품을 구성하는 각각의 단위제품은 제품별 포장공간비율 및 포장 횟수 기준에 적합하여야 하며, 단위제품의 포장공간비율 및 포장횟수는 종합제품의 포 장공간비율 및 포장횟수에 산입(算入)하지 않음
3. 종합제품으로서 복합합성수지재질 · 폴리비닐클로라이드재질 또는 합성섬유재질로 제조된 받침접시 또는 포장용 완충재를 사용한 제품의 포장공간비율은 20% 이하로 함
4. 단위제품인 화장품의 내용물 보호 및 훼손 방지를 위해 2차 포장 외부에 덧붙인 필름 (투명 필름류만 해당한다)은 포장횟수의 적용대상인 포장으로 보지 않음

**13**
- 가혹시험 – 보존 조건은 광선, 온도, 습도 3가지 조건을 검체의 특성을 고려하여 결정 시험기간은 검체의 특성 및 시험조건에 따라 적절히 설정
- 개봉 후 안정성시험 – 시험 항목은 개봉 전 시험 항목과 미생물한도 시험, 보존제, 유효성 성분시험 수행 다만, 개봉할 수 없는 용기로 되어 있는 제품(스프레이 등), 일회용 제품 등은 개봉 후 안정성시험을 수행할 필요 없음

**14** 방향용 제품류 : 인체에 좋은 냄새가 나는 효과를 부여함

**15** 화장품 착향제 중 알레르기 유발물질 표시 지침

1. 표시·기재 관련 세부 지침 : 알레르기 유발성분의 표시 기준 산출 방법

→ 해당 알레르기 유발성분이 제품의 내용량에서 차지하는 함량의 비율로 계산한다.

예 사용 후 씻어내지 않는 바디로션 (500 g) 제품에 제라니올이 0.05 g 포함 시,

계산식 : 0.05g ÷ 500g × 100 = 0.01% → 0.001% 초과하므로 표시 대상이다.

2. 알레르기 유발성분 표시 기준인 "사용 후 씻어내는 제품(0.01% 초과)" 및 "사용 후 씻어내지 않는 제품(0.001% 초과)"의 구분 후 해당 성분의 명칭을 기재·표시해야 한다.
→ "사용 후 씻어내는 제품"은 피부, 모발 등에 적용 후 씻어내는 과정이 필요한 제품을 말함(예 샴푸, 린스 등)

**16** 화장품법 시행규칙 제9조 (기능성화장품의 심사)

① 법 제4조제1항에 따라 기능성화장품으로 인정받아 판매 등을 하려는 화장품제조업자, 화장품책임판매업자 또는 「기초연구진흥 및 기술개발지원에 관한 법률」 제6조제1항 및 제14조의2에 따른 대학·연구기관·연구소(이하 "연구기관등"이라 한다)는 품목별로 별지 제7호서식의 기능성화장품 심사의뢰서(전자문서로 된 심사의뢰서를 포함한다)에 다음 각 호의 서류(전자문서를 포함한다)를 첨부하여 식품의약품안전평가원장의 심사를 받아야 한다. 다만, 식품의약품안전처장이 제품의 효능·효과를 나타내는 성분·함량을 고시한 품목의 경우에는 제1호부터 제4호까지의 자료 제출을, 기준 및 시험방법을 고시한 품목의 경우에는 제5호의 자료 제출을 각각 생략할 수 있다. 〈개정 2013. 3. 23., 2013. 12. 6., 2019. 3. 14.〉

1. 기원(起源) 및 개발 경위에 관한 자료
2. 안전성에 관한 자료
   가. 단회 투여 독성 시험 자료
   나. 1차 피부 자극 시험 자료
   다. 안(眼)점막 자극 또는 그 밖의 점막 자극 시험 자료
   라. 피부 감작성시험(感作性試驗) 자료
   마. 광독성(光毒性) 및 광감작성 시험 자료
   바. 인체 첩포시험(貼布試驗) 자료
3. 유효성 또는 기능에 관한 자료
   가. 효력시험 자료
   나. 인체 적용시험 자료
4. 자외선 차단지수 및 자외선A 차단등급 설정의 근거자료(자외선을 차단 또는 산란시켜 자외선으로부터 피부를 보호하는 기능을 가진 화장품의 경우만 해당한다)
5. 기준 및 시험방법에 관한 자료[검체(檢體)를 포함한다]

**17** 화장품은 별도의 보관조건을 명시하지 않은 경우 직사광선을 피해 서늘한 곳에 보관

**18**
- 폴리에톡실레이티드레틴아마이드 0.2% 이상 : 「인체적용시험자료」에서 경미한 발적, 피부건조, 화끈감, 가려움, 구진이 보고된 예가 있음
- 카민 함유 제품 : 카민 성분에 과민하거나 알레르기가 있는 사람은 신중히 사용할 것
- 코치닐추출물 함유 제품 : 코치닐추출물 성분에 과민하거나 알레르기가 있는 사람은 신중히 사용할 것
- 부틸파라벤, 프로필파라벤, 이소부틸파라벤 또는 이소프로필파라벤 함유 제품(영·유아용 제품류 및 기초화장용 제품류(만 3세 이하 어린이가 사용하는 제품) 중 사용 후 씻어내지 않는 제품에 한함) : 만 3세 이하 어린이의 기저귀가 닿는 부위에는 사용하지 말 것

**19** ※ 알파-하이드록시애씨드(α-hydroxy acid, AHA)는 천연의 과일에 존재한다 하여 '과일산'이라고도 함.
- 말릭애씨드(malic acid, 사과산)
- 타타릭애씨드(tartaric acid, 주석산) : 포도주 양조 때 산물

〈참조〉 AHA의 종류
유기산의 작용기인 카르복실기(-COOH)로부터 첫 번째 탄소에 하이드록시기(-OH)가 결합되어 있으면 알파 하이드록시 애씨드(AHA), 두 번째 탄소에 결합되어 있으면 베타 하이드록시 애씨드(BHA), 세 번째 탄소에 결합되어 있으면 감마 하이드록시 애씨드이다.

**20** 두발의 색상 변화·제거 또는 영양공급에 도움을 주는 제품 : 두발의 색상을 변화(탈염(脫染)·탈색(脫色)을 포함)시키는 기능을 가진 화장품(다만, 일시적인 두발의 색상 변화는 제외)

**21** 코뿔소 뿔을 사용한 화장품은 화장품에 사용할 수 없는 원료. - 가등급에 해당

**23** 주요 용어

a. 유해사례(adverse event/adverse experience, AE) : 화장품의 사용 중 발생한 바람직하지 않고 의도되지 아니한 징후, 증상 또는 질병을 말하며, 당해 화장품과 반드시 인과관계를 가져야 하는 것은 아님

b. 중대한 유해사례(Serious AE)
- 사망을 초래하거나 생명을 위협하는 경우
- 입원 또는 입원기간의 연장이 필요한 경우

- 지속적 또는 중대한 불구나 기능저하를 초래하는 경우
- 선천적 기형 또는 이상을 초래하는 경우
- 기타 의학적으로 중요한 상황

c. 실마리 정보(Signal): 유해사례와 화장품 간의 인과관계 가능성이 있다고 보고된 정보로서 그 인과관계가 알려지지 아니하거나 입증자료가 불충분한 것을 말함

**24** 영유아용제품 : 총호기성 생균수는 500개/g(㎖)이하이어야 하므로 부적합
참조 : pH– 3~9, 비소 10㎍/g이하, 납 20㎍/g이하, 비소 10㎍/g이하, 카드뮴 5㎍/g이하

**25** 1. 「화장품 안전성 정보관리 규정」 제5조(안전성 정보의 신속보고)
화장품 책임판매업자는 다음 화장품 안전성 정보를 알게 된 때에는 그 정보를 알게 된 날로부터 15일 이내에 식품의약품안전처장에게 신속히 보고하여야 함

**26** ③번은 기능성 화장품의 심사에서 자료제출에 대한 사항
〈참조〉 화장품법 2조의 2
2. "기능성화장품"이란 화장품 중에서 다음 각 목의 어느 하나에 해당되는 것으로서 총리령으로 정하는 화장품을 말한다.
가. 피부의 미백에 도움을 주는 제품
나. 피부의 주름개선에 도움을 주는 제품
다. 피부를 곱게 태워주거나 자외선으로부터 피부를 보호하는 데에 도움을 주는 제품
라. 모발의 색상 변화·제거 또는 영양공급에 도움을 주는 제품
마. 피부나 모발의 기능 약화로 인한 건조함, 갈라짐, 빠짐, 각질화 등을 방지하거나 개선하는데에 도움을 주는 제품

**27** 실리콘 오일 : 광택제로 사용되며, 기포제거성도 높다.

**28** 
- 미셀 : 계면활성제의 구조에서 친유기(소수성) 부분들이 모여 물과의 접촉을 최소화 시킨 집합체
- 콜로이드(colloid) : 어떤 물질이 특정한 범위의 크기(1nm~1μm 정도)를 가진 입자가 되어 다른 물질 속에 분산된 상태

**29** 비이온 계면활성제의 종류
솔비탄라우레이트, 솔비탄팔미테이트, 솔비탄세스퀴올리에이트, 폴리솔베이트20 등
양쪽성 계면활성제 : 아이소스테아라미도프로필베타인, 코카미도프로필베타인, 라우라미도프로필베타인 등

**30** 강한 햇볕을 방지하여 피부를 곱게 태워주는 기능을 가진 화장품, 자외선을 차단 또는 산란시켜 자외선으로부터 피부를 보호하는 기능을 가진 화장품의 효능 효과의 경우 자외선차단지수의 측정값이 마이너스 20퍼센트이하의 범위에 있는 경우에는 같은 효능 효과로 본다.

**30** 정답 마이너스 20퍼센트 혹은 –20%

**31** 정답 ㉠ 인체세정용 ㉡ 튼살

**32** 정답 ㉠ 중화반응 ㉡ 트라이에탄올아민(TEA, triethanolamine)

**33** 방향화장품의 세부 유형별 효과
향수 화장품은 착향제가 주체인 화장품으로서 일반적으로 액상의 유형을 가짐. 제품 내 착향제의 함유량(부향률)에 따라, 퍼퓸, 오드퍼퓸, 오드뜨왈렛, 오드코롱, 샤워코롱으로 분류됨. 성상에 따라 액상, 고체상, 방향 파우더 등으로 구분됨. ㉠향수는 착향제의 휘발성으로 인해 신체에 뿌린 후 시간이 지나면서 향이 변화하는데, 향이 나는 시간대에 따라 탑 노트, 미들 노트, 라스팅 노트라고 구별함

**33** 정답 향수

**34** 
- 양이온계면활성제 : 정전기 방지효과, 린스, 트리트먼트 등에 유화제로 사용
- 비이온계면활성제 : 피부에 자극이 적은 계면활성제로 기초화장품에 주로 사용

**34** 정답 ㉠ 양이온성 ㉡ 비이온성

**35** 정답 탈모

**36** 〈작업장별 시설 준수사항〉 참조
- 원료 취급 구역은 원료보관소와 칭량실은 구획되어 있어야 함
- 제조 구역의 모든 호스는 필요 시 청소하거나 위생 처리해야 하고, 호스는 정해진 지역에 바닥에 닿지 않도록 정리하여 보관해야 함
- 화장실, 탈의실 및 손 세척 설비가 직원에게 제공되어야 하고 작업구역과 분리되어야 하며 쉽게 이용할 수 있어야 함
- 보관구역은 용기(저장조 등)들은 닫아서 깨끗하고 정돈된 방법으로 보관해야 함

37 • 1등급 : Clean Bench – 낙하균 : 10개/hr 또는 부유균 : 20개/$m^3$
• 2등급 : 제조실, 성형실, 충전실, 내용물 보관소, 원료 칭량실, 미생물 시험실
– 낙하균: 30 개/hr 또는 부유균: 200 개/㎥
• 3등급 : 포장실
• 4등급 : 포장재 보관소, 완제품 보관소, 관리품 보관소, 원료 보관소, 탈의실, 일반 실험실

38 모든 작업장은 월 1회 이상 전체 소독 실시 – 작업장 청결관리 및 청소 방법
※ 방충·방서 대책의 원칙
• 벌레가 좋아하는 것을 제거
• 빛이 밖으로 새어나가지 않게 함
• 조사 및 구제를 실시
• 폐수구에 트랩을 설치한다.

39 색상개선은 표백제의 역할
살균제 – 양이온 계면활성제 등으로 구성되어 있으며, 미생물 살균

40 작업복의 착용방법 :임시 작업자 및 외부 방문객이 작업실로 입실 시 탈의실에서 해당 작업복을 착용 후 입실

41 파이프는 받침대로 고정하고 벽에 닿지 않게 하여 청소가 용이하도록 설계

42. • 양이온 계면활성제 – 4급 암모늄화합물 : 화학적 소독제로 우수한 효과, 세정작용, 물에 잘 용해되어 단독사용가능, 무향, 높은 안정성
• 염소유도체 – 차아염소산나트륨 : 화학적 소독제로 우수한 효과, 사용용이, 찬물에 용해되어 단독으로 사용 가능

43 이송 파이프: 교차오염의 가능성을 최소화하고 역류를 방지하도록 설계

46 기준 일탈 원료의 폐기 절차
• 시험, 검사, 측정에서 기준 일탈 결과 나옴
• 기준 일탈의 조사
• "시험, 검사, 측정이 틀림없음"을 확인
• 기준 일탈의 처리
• 기준 일탈 제품에 불합격라벨 첨부
• 격리 보관
• 폐기 처분

47 〈제품의 보관 환경〉
보관 온도, 습도는 제품의 안정성 시험 결과를 참고로 해서 설정하며, 안정성 시험은 화장품의 보관 조건이나 사용기한과 밀접한 관계가 있음

48 유통화장품 중 액상 제품의 pH기준
• 영·유아용 제품류(영·유아용 샴푸, 영·유아용 린스, 영·유아 인체 세정용 제품, 영·유아 목욕용 제품 제외), 눈 화장용 제품류, 색조 화장용 제품류, 두발용 제품류(샴푸, 린스 제외), 면도용 제품류(셰이빙 크림, 셰이빙 폼 제외), 기초화장용 제품류(클렌징 워터, 클렌징 오일, 클렌징 로션, 클렌징 크림 등 메이크업 리무버 제품 제외) 중 액, 로션, 크림 및 이와 유사한 제형의 액상제품의 pH기준은 3.0~9.0.
• 다만, 물을 포함하지 않는 제품과 사용한 후 곧바로 물로 씻어 내는 제품은 제외

49 완제품의 보관용 검체는 적절한 보관조건 하에 지정된 구역 내에서 제조단위별로 사용기한 경과 후 1년간 보관, 개봉 후 사용기간을 기재하는 경우에는 제조일로부터 3년간 보관하여야 함

50 비소의 검출허용한도 10 ㎍/g 이하
비소 검출방법 : 원자흡광도법(AAS), 유도플라즈마 분광기법(ICP), 유도플라즈마–질량분석기(ICP–MS)

51 • 출하 : 주문 준비와 관련된 일련의 작업과 운송 수단에 적재하는 활동으로 제조소 외로 제품을 운반하는 것을 말한다.
• 제조 : 원료 물질의 칭량부터 혼합, 충전(1차포장), 2차포장 및 표시 등의 일련의 작업을 말한다.

52 • 원료 : 벌크 제품의 제조에 투입하거나 포함되는 물질
• 원자재 : 화장품 원료 및 자재

53 책임판매 후 안전 관리 기준에 따른 안전확보 업무는 책임판매관리자의 직무
※ 품질보증 책임자는 화장품의 품질보증을 담당하는 부서의 책임자로서 다음 각 호의 사항을 이행하여야 한다.
① 품질에 관련된 모든 문서와 절차의 검토 및 승인
② 품질 검사가 규정된 절차에 따라 진행되는지의 확인
③ 일탈이 있는 경우 이의 조사 및 기록

④ 적합 판정한 원자재 및 제품의 출고 여부 결정
⑤ 부적합품이 규정된 절차대로 처리되고 있는지의 확인
⑥ 불만처리와 제품회수에 관한 사항의 주관

**54** 표준온도 20℃ / 상온 15~ 25℃ / 실온 1~30℃ / 미온 30~40℃ / 냉소 1~15℃

**56** • 1차 포장에 사용하는 포장재 설비 : 제품 충전기 (Product Filler)/뚜껑을 덮는 장치/봉인 장치/Plugger/펌프주입기/용기공급장치/용기세척기 등
• 2차 포장에 사용하는 포장재 설비 : 코드화 기기/라벨기기/케이스 조립 및 케이스 포장기/ 봉인

**57** 원자재 용기 및 시험기록서의 필수적인 기재 사항은 다음 각 호와 같다.
1. 원자재 공급자가 정한 제품명
2. 원자재 공급자명
3. 수령일자
4. 공급자가 부여한 제조번호 또는 관리번호

**58** 1. 디티존법 : 납
2. 원자흡광도법(ASS) : 납, 니켈, 비소, 안티몬, 카드뮴 정량
3. 유도결합 플라즈마 분광기법(ICP) : 납, 니켈, 비소, 안티몬, 카드뮴
4. 유도결합 플라즈마 질량분석기 (ICP-MS) : 납, 니켈, 비소, 안티몬, 카드뮴
5. 기체(가스)크로마토그래피법 : 디옥산, 메탄올, 프탈레이트류(디부틸프탈레이트, 부틸벤질프탈레이트 및 디에칠헥실프탈레이트)
6. 수은 분해장치, 수은분석기이용법 : 수은
7. 총호기성 생균수시험법, 한천평판도말법, 한천평판희석법, 특정세균시험법: 미생물한도측정
8. 액체 크로마토그래피법 : 포름알데하이드

**59** 「우수화장품 제조 및 품질관리 기준(CGMP)」 제3장(제조)제2절(원자재의 관리)제13조(보관관리)
- 재고의 회전을 보증하기 위한 방법이 확립되어 있어야 함, 특별한 경우를 제외하고 가장 오래된 재고가 제일 먼저 불출되도록 선입·선출
※ 포장재의 적절한 보관을 위해 다음 사항을 고려해야 함
• 보관조건은 각각의 포장재에 적합해야 하고, 과도한 열기, 추위, 햇빛 또는 습기에 노출되어 변질되는 것을 방지할 수 있어야 함
• 물건의 특징 및 특성에 맞도록 보관·취급하며, 특수한 보관조건은 적절하게 준수·모니터링 되어야 함
• 포장재의 용기는 밀폐되어, 청소와 검사가 용이하도록 충분한 간격으로 바닥과 떨어진 곳에 보관되어야 함
• 포장재가 재포장될 경우 원래의 용기와 동일하게 표시되어야 함
• 포장재의 관리는 허가되지 않거나, 불합격 판정을 받거나 아니면 의심스러운 물질의 허가되지 않은 사용을 방지할 수 있어야 함(물리적 격리나 수동컴퓨터 위치제어 등의 방법)

**60** 「우수화장품 제조 및 품질관리 기준(CGMP) 해설서(민원인 안내서)」
※ 포장재의 폐기 절차
• 기준 일탈 포장재에 부적합 라벨 부착
• 격리 보관
• 폐기물 수거함에 분리수거 카드 부착
• 폐기물 보관소로 운반하여 분리수거 확인
• 폐기물 대장 기록
• 인계

**61** 원료와 원료의 배합은 화장품제조업에 해당

**62** 맞춤형화장품판매업을 하려는 자는 총리령으로 정하는 바에 따라 식품의약품안전처장에게 신고하여야 한다. 신고한 사항 중 총리령으로 정하는 사항을 변경할 때에도 또한 같다. ⇒ 관할 지방식품의약처안전청에 15일 이내 신고, 변경사항은 30일 이내

**63** 맞춤형화장품판매업자에게 원료를 공급하는 화장품책임판매업자가 화장품법 제4조에 따라 해당원료를 포함하여 기능성화장품에 대한 심사를 받거나 보고서를 제출한 경우, 식품의약품안전처장이 고시한 기능성화장품의 효능, 효과를 나타내는 원료를 내용물에 추가하여 맞춤형화장품을 조제할 수 있다.

**64** 맞춤형화장품판매업자의 준수사항 개정안 참조
혼합·소분에 사용하는 내용물 또는 원료의 사용기한 또는 개봉 후 사용기간을 초과하여 맞춤형화장품의 사용기한 또는 개봉 후 사용기간을 정하지 말 것

**65** 맞춤형화장품 혼합·소분 장소와 판매 장소는 구분·구획하여 관리

**66** 3세 이하 사용금지 보존제 2종을 어린이까지 사용금지 확대

• 살리실릭애씨드 및 염류
• 아이오도프로피닐부틸카바메이트
※ 영유아용 제품류 또는 만 13세 이하 어린이가 사용할 수 있음을 특정하여 표시하는 제품에는 사용금지

**67** 유극층의 특성

**68** 모발의 구조에는 피부 안쪽에 존재하는 모근부와 피부 바깥층에 존재하는 모간부가 있다.
모간부에는
① 모표피(hair cuticle)
• 단단한 케라틴 단백질로 구성
• 모피질을 보호하고 모발의 건조를 막아준다.
• 마찰이나 화학적자극에 약함
② 모피질(hair cortex)
• 모발의 85~90%로 대부분을 차지
• 피질세포사이로 간층물질로 채워져있는 구조
• 모발의 색과 윤기를 결정하는 과립상의 멜라닌 색소 함유
• 모발의 질을 결정하는 중요한 부분
③ 모수질(hair medulla)
• 모발 중심부에 동공(속이 비어있는 상태)부위 – 케라토하이알린, 지방, 공기 등이 채워져 있다.
• 얇은 모발이나 아기모발에는 없고 굵은 모발일수록 수질이 있는 것이 많다.

**69** 탈모증상의 완화에 도움을 주는 성분
덱스판테놀, 비오틴, 엘멘톨, 징크피리치온, 징크피리치온액 50% ⇒ 함량제한 고시되어있지 않음

**70** 밀폐용기 : 일상의 취급 또는 보통 보존상태에서 외부로부터 고형의 이물이 들어가는 것을 방지하고 고형의 내용물이 손실되지 않도록 보호할 수 있는 용기 (밀폐용기로 규정되어 있는 기밀용기도 사용 가능)

**71** 색조 화장용 제품류, 눈 화장용 제품류, 두발염색용 제품류 또는 손발톱용 제품류에서 호수별로 착색제가 다르게 사용된 경우 '± 또는 +/−'의 표시 다음에 사용된 모든 착색제 성분을 함께 기재·표시할 수 있다.

**72** 피부 유형을 결정하는 요인
① 피지와 수분의 함량
② 피부의 색
③ 피부 조직의 상태
④ 피부 탄력성
⑤ 색소 침착의 유무와 정도
⑥ 피부 민감성의 정도
⑦ 개인적인 요인 : 나이, 성별, 인종
⑧ 환경적인 요인 : 기후, 계절
⑨ 정신적인 요인 : 스트레스의 유무와 정도, 음식에 대한 기호성, 직업적 특성
⑩ 수면, 화장품 사용, 일상생활의 습관
⑪ 각질화 과정과 피지선의 기능에 의한 영향
⑫ 피부결, 모공 상태
⑬ 기타 요인 : 질병의 유무와 종류 등

**73** 멜라닌 색소 형성과정에 주요 메카니즘 ★★ (2회 시험 기출 주요내용)
아미노산의 일종인 티로신의 대사과정 중 마지막 생성물이 멜라닌으로 피부에 색소발현

티로시나아제 (Tyrosinase) ⇩ / 티로시나아제 (Tyrosinase) ⇩
티로신 (Tyrosin) ⟶ DOPA ⟶ DOPA퀴논 ⟶ 멜라닌 생성

2. 티로시나아제 (Tyrosinase) :
• 다양한 생명체에 널리 분포하며, 생명현상에 관여한다.
예 동물의 멜라닌 색소 생합성, 사과 및 바나나와 같은 과일의 갈변현상 등
• 티로시나아제는 색소형성의 첫 단계에 작용하는 효소로서 구리이온이 필수적인 것으로 알려져 있고, 활성부위에 2개의 구리이온 결합부위를 가지고 있다.
• 티로시나아제의 활성부위에 있는 구리이온은 촉매활성에 주요한 역할을 한다.
• 대표적인 구리이온과의 킬레이트 작용물질인 폴리페놀 유도체, 트로폴론 유도체 등이 효소를 억제한다. 반면에 linoleic acid 등과 같은 지방산은 티로시나아제를 비활성화 시키고 분해를 촉진하는 것으로 보고되었으며 구리이온의 킬레이트 효과는 없는 것으로 알려져 있다.

**74** 백반증–후천적인 탈색소 질환

**75** 맞춤형화장품판매업을 하려는 자는 총리령으로 정하는 바에 따라 식품의약품안전처장에게 신고하여야 한다. 신고한 사항 중 총리령으로 정하는 사항을 변경할 때에도 또한 같다. ⇒ 관할 지방식품의약처안전청에 15일 이내 신고.(※ 변경사항은 30일 이내 신고)

**77** 일반화장품 소분하지 않고 판매가능 (※ 벌크제품만 소분가능)
보존제 : 페녹시에탄올(Phenoxyethanol) 혼합 소분 사용불가
착향제 : 메틸살리실레이트(Methyl Salicylate) 사용 제한 원료

**78** 기능성화장품의 경우 "기능성화장품"이라는 글자 또는 기능성화장품을 나타내는 도안으로서 식품의약품안전처장이 정하는 도안

**79** 〈화장품 표시·광고 실증에 관한 시행규정 별표5 식약처 고시〉

| 표시광고 표현 | 실증 자료 |
|---|---|
| 여드름 피부 사용에 적합 | 인체 적용시험 자료 제출 |
| 항균(인체세정용 제품에 한함) | 인체 적용시험 자료 제출 |
| 피부노화 완화 | 인체 적용시험 자료 또는 인체 외 시험 자료 제출 |
| 일시적 셀룰라이트 감소 | 인체 적용시험 자료 제출 |
| 붓기, 다크서클 완화 | 인체 적용시험 자료 제출 |
| 피부 혈행 개선 | 인체 적용시험 자료 제출 |
| 콜라겐 증가, 감소 또는 활성화 | 기능성화장품에서 해당 기능을 실증한 자료 제출 |
| 효소 증가, 감소 또는 활성화 | 기능성화장품에서 해당 기능을 실증한 자료 제출 |

**80** 〈화장품의 함유 성분별 사용 시의 주의 사항 표시 문구(제2조 관련)〉
- 실버나이트레이트 함유 제품 – 눈에 접촉을 피하고 눈에 들어갔을 때는 즉시 씻어낼 것
- 알루미늄 및 그 염류 함유 제품 (체취방지용 제품류에 한함) – 신장 질환이 있는 사람은 사용 전에 의사, 약사, 한의사와 상의할 것

**81** ① 로션제 : 유화제 등을 넣어 유성성분과 수성성분을 균질화하여 점액상으로 만든 것
② 액제 : 화장품에 사용되는 성분을 용제 등에 녹여서 액상으로 만든 것
③ 크림제 : 유화제 등을 넣어 유성성분과 수성성분을 균질화하여 반고형상으로 만든 것
④ 침적마스크제 : 액제, 로션제, 겔제 등을 부직포 등의 지지체에 침적하여 만든 것
⑤ 겔제 : 액체를 침투시킨 분자량이 큰 유기분자로 이루어진 반고형상
⑥ 에어로졸제 : 원액을 같은 용기 또는 다른 용기에 충전한 분사제(액화기체, 압축기체 등)의 압력을 이용하여 안개모양, 포말상 등으로 분출하도록 만든 것
⑦ 분말제 : 균질하게 분말상 또는 미립상으로 만든 것

**82** 직원B는 맞춤형화장품조제관리사 자격증이 없으므로 조제작업을 해서는 안된다.
맞춤형화장품조제관리사는 기능성화장품 원료, 색소, 보존제를 임의 배합할 수 없다.

**83** 보습제와 주름개선 원료
- 보습제 : 글리세린, 히아루론산, 소듐하이알루로네이트, 콜라겐, 소듐콘드로이틴설페이트, 글리세린, 프로필렌글리콜, 1,3 부틸렌글리콜, 히아루론산나트륨
- 주름개선 성분 : 레티놀, 레티닐팔미테이트, 아데노신, 폴리에톡실레이티드레틴아마이드(메디민A)

**84** 화장품의 1차 포장 또는 2차 포장에는 총리령으로 정하는 바에 따라 다음 각 호의 사항을 기재·표시하여야 한다. 다만, 내용량이 소량인 화장품의 포장 등 총리령으로 정하는 포장에는 화장품의 명칭, 화장품책임판매업자 또는 맞춤형화장품판매업자의 상호, 가격, 제조번호와 사용기한 또는 개봉 후 사용기간(개봉후 사용기간을 기재할 경우에는 제조연월일을 병행 표기하여야 한다. 이하 이 조에서 같다)만을 기재·표시할 수 있다. 맞춤형화장품의 경우 바코드는 사용하지 않아도 된다.
① 화장품의 명칭
② 영업자의 상호 및 주소
③ 해당 화장품 제조에 사용된 모든 성분(인체에 무해한 소량 함유 성분 등 총리령으로 정하는 성분은 제외한다)
④ 내용물의 용량 또는 중량
⑤ 제조번호
⑥ 사용기한 또는 개봉 후 사용 기간
⑦ 가격
⑧ 기능성화장품의 경우 "기능성화장품"이라는 글자 또는 기능성화장품을 나타내는 도안으로서 식품의약품안전처장이 정하는 도안
⑨ 사용할 때의 주의 사항
⑩ 그 밖에 총리령으로 정하는 사항
화장품법 제11조 화장품의 가격표시 : 가격은 소비자에게 화장품을 직접 판매하는 자가 판매하려는 가격을 표시하여야 한다.

**85** 맞춤형화장품 판매 시 다음 각 목의 사항을 소비자에게 설명할 것
① 혼합·소분에 사용되는 내용물 또는 원료의 특성
② 맞춤형화장품 사용 시의 주의 사항

**86** 기재·표시를 생략할 수 있는 성분
① 제조과정 중에 제거되어 최종 제품에는 남아 있

지 않은 성분

② 안정화제, 보존제 등 원료 자체에 들어 있는 부수 성분으로서 그 효과가 나타나게 하는 양보다 적은 양이 들어 있는 성분

③ 내용량이 10밀리리터 초과 50밀리리터 이하 또는 중량이 10그램 초과 50그램 이하 화장품의 포장인 경우에는 다음 각 목의 성분을 제외한 성분

가. 타르색소

나. 금박

다. 샴푸와 린스에 들어 있는 인산염의 종류

라. 과일산(AHA)

마. 기능성화장품의 경우 그 효능·효과가 나타나게 하는 원료

바. 식품의약품안전처장이 배합 한도를 고시한 화장품의 원료

**87** 혼합·소분 안전 관리 기준

① 맞춤형화장품 조제에 사용하는 내용물 및 원료의 혼합·소분 범위에 대해 사전에 품질 및 안전성을 확보할 것 – 내용물 및 원료를 공급하는 화장품책임판매업자가 혼합 또는 소분의 범위를 검토하여 정하고 있는 경우 그 범위 내에서 혼합 또는 소분할 것

② 혼합·소분에 사용되는 내용물 및 원료는 「화장품법」 제8조의 화장품 안전 기준 등에 적합한 것을 확 하여 사용할 것 – 혼합·소분 전 사용되는 내용물 또는 원료의 품질관리가 선행되어야 함 (다만, 책임판매업자에게서 내용물과 원료를 모두 제공받는 경우 책임판매업자의 품질검사 성적서로 대체 가능)

③ 혼합·소분 전에 손을 소독하거나 세정할 것. 다만, 혼합·소분 시 일회용 장갑을 착용하는 경우 예외

④ 혼합·소분 전에 혼합·소분된 제품을 담을 포장용기의 오염 여부를 확인할 것

⑤ 혼합·소분에 사용되는 장비 또는 기구 등은 사용 전에 그 위생 상태를 점검하고, 사용 후에는 오염이 없도록 세척할 것

⑥ 혼합·소분 전에 내용물 및 원료의 사용기한 또는 개봉 후 사용기간을 확인하고, 사용기한 또는 개봉 후 사용기간이 지난 것은 사용하지 아니할 것

⑦ 혼합·소분에 사용되는 내용물의 사용기한 또는 개봉 후 사용기간을 초과하여 맞춤형화장품의 사용기한 또는 개봉 후 사용기간을 정하지 말 것

⑧ 맞춤형화장품 조제에 사용하고 남은 내용물 및 원료는 밀폐를 위한 마개를 사용하는 등 비의도적인 오염을 방지 할 것

⑨ 소비자의 피부상태나 선호도 등을 확인하지 아니하고 맞춤형화장품을 미리 혼합·소분하여 보관하거나 판매하지 말 것

**88** 배합제한 및 금지 원료 사용 불가능

- 주름 원료 : 아데노신, 레티놀 함유제품
- 미백 원료 : 닥나무추출물, 나이아신아마이드, 알부틴
- 자외선차단제 : 징크옥사이드

**89** 정답 5 알파–리덕타아제

**90** 정답 보존제 : 소르빅애씨드 사용 제한 0.6%이하

**90** 정답 ㉠ 소르빅애씨드 ㉡ 0.6

**91** 정답 ㉠ 가격, ㉡ 개봉 후 사용기간

**92** 정답 살리실릭애씨드

**93** 정답 ㉠ 식품의약품안전처장 ㉡ 소분

**94** 맞춤형화장품판매내역서를 작성·보관할 것(전자문서로 된 판매내역을 포함)

① 제조번호(맞춤형화장품의 경우 식별번호를 제조번호로 함)

② 사용기한 또는 개봉 후 사용기간

③ 판매일자 및 판매량

**94** 정답 판매내역서

**95** 정답 호모믹서

**96** 정답 식별번호

**97** 정답 ㉠ 4시간 이상 ㉡ 8시간 이하

**98** 자외선차단성분 – 티타늄디옥사이드, 여드름완화성분 – 살리실릭애씨드
주름개선 성분 – 레티닐팔미테이트, 아데노신, 보습제 – 히아루론산나트륨

**98** 정답 나이아신아마이드

**99** 정답 ㉠ 식품의약품안전처장 ㉡ 3년

**100** 정답 ㉠ 총리령 ㉡ 맞춤형화장품조제관리사

# 맞춤형화장품조제관리사 모의고사 ④ 정답 및 해설

## 정답

| 번호 | 정답 | 번호 | 정답 | 번호 | 정답 | 번호 | 정답 | 번호 | 정답 | 번호 | 정답 | 번호 | 정답 | 번호 | 정답 | 번호 | 정답 | 번호 | 정답 |
|---|---|---|---|---|---|---|---|---|---|---|---|---|---|---|---|---|---|---|---|
| 01 | ③ | 02 | ⑤ | 03 | ⑤ | 04 | ② | 05 | ④ | 06 | ⑤ | 07 | ① | 08 | 3년 | 09 | 해설 참조 | 10 | 해설 참조 |
| 11 | ① | 12 | ② | 13 | ② | 14 | ③ | 15 | ② | 16 | ⑤ | 17 | ② | 18 | ④ | 19 | ② | 20 | ③ |
| 21 | ① | 22 | ③ | 23 | ③ | 24 | ④ | 25 | ③ | 26 | ① | 27 | ⑤ | 28 | ⑤ | 29 | ② | 30 | ⑤ |
| 31 | 해설 참조 | 32 | 해설 참조 | 33 | 해설 참조 | 34 | 해설 참조 | 35 | 해설 참조 | 36 | ③ | 37 | ④ | 38 | ③ | 39 | ④ | 40 | ② |
| 41 | ② | 42 | ④ | 43 | ② | 44 | ③ | 45 | ① | 46 | ⑤ | 47 | ② | 48 | ⑤ | 49 | ② | 50 | ④ |
| 51 | ⑤ | 52 | ④ | 53 | ③ | 54 | ② | 55 | ② | 56 | 해설 참조 | 57 | 해설 참조 | 58 | 해설 참조 | 59 | 해설 참조 | 60 | 해설 참조 |
| 61 | ③ | 62 | ④ | 63 | ① | 64 | ③ | 65 | ③ | 66 | ④ | 67 | ① | 68 | ② | 69 | ⑤ | 70 | ③ |
| 71 | ② | 72 | ① | 73 | ⑤ | 74 | ③ | 75 | ① | 76 | ③ | 77 | ② | 78 | ④ | 79 | ⑤ | 80 | ⑤ |
| 81 | ③ | 82 | ④ | 83 | ② | 84 | ⑤ | 85 | ① | 86 | ① | 87 | ② | 88 | ③ | 89 | 해설 참조 | 90 | 해설 참조 |
| 91 | 해설 참조 | 92 | 해설 참조 | 93 | 해설 참조 | 94 | 해설 참조 | 95 | 해설 참조 | 96 | 해설 참조 | 97 | 해설 참조 | 98 | 해설 참조 | 99 | 해설 참조 | 100 | 해설 참조 |

## 해설

### 1장 화장품법의 이해

**01** 화장품제조업, 화장품책임판매업은 등록사항이다.

**02** "화장품"이란 인체를 청결·미화하여 매력을 더하고 용모를 밝게 변화시키거나 피부·모발의 건강을 유지 또는 증진하기 위하여 인체에 바르고 문지르거나 뿌리는 등 이와 유사한 방법으로 사용되는 물품으로서 인체에 대한 작용이 경미한 것을 말한다. 다만, 「약사법」 제2조제4호의 의약품에 해당하는 물품은 제외한다.

**03** 맞춤형화장품판매업자의 상호 및 소재지

**04** ① 유기농화장품이란 유기농원료, 동식물 및 그 유래원료 등을 함유한 화장품으로 식품의약품안전처장이 정하는 기준에 맞는 화장품을 말한다.
③ 맞춤형화장품이란 제조 또는 수입된 화장품의 내용물에 다른 화장품의 내용물이나 식품의약품안전처장이 정하는 원료를 추가하여 혼합한 화장품 이다.
④ 화장품이란 인체에 바르고 문지르거나 뿌리는 등 이와 유사한 방법으로 사용되는 화장품이다.
⑤ 기능성화장품이란 피부나 모발의 기능 약화로 인한 건조함, 갈라짐, 빠짐, 각질화 등을 방지하거나 개선하는데에 도움을 주는 화장품이다.

**05** 식품의약품안전처장이 정하는 바코드 (맞춤형화장품은 제외)

**07** 코뿔소 뿔 또는 호랑이 뼈와 그 추출물을 사용한 화장품

**08** 화장품법 제3조의4 2항 (맞춤형화장품조제관리사 자격시험)

**09** 화장품시행규칙 제13조 1항(화장품의 생산실적 등 보고)
정답 매년 2월 말

**10** 정답 맞춤형화장품

### 2장 화장품제조 및 품질관리

**11** 주름개선 성분 : 레티놀2,500IU/g, 레티닐 팔미테이트 10,000IU/g, 아데노신 0.4%, 폴리에톡실레이티드레티아마이드(메디민A) 0.05~2%

**12** 글리세린 : 하이드록시기(-OH)가 3개인 경우 3가의 알코올이며, 글리세롤이라고도 함

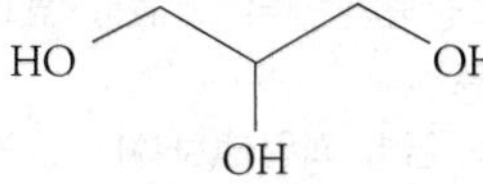


**13** ①③④⑤의 내용은 화장품책임판매업의 범위

**14** 순색소의 정의 ③ 중간체, 희석제, 기질 등을 포함하지 아니한 순수한 색소

**15** 액상제품류의 pH 기준=3.0~9.0/화장품 13가지 중 클렌징 종류 샴푸, 린스, 목욕용 제외, 물을 포함하지 않는 제품과 사용 후 곧바로 물로 씻어내는 제품은 제외

**17** 고온 및 저온의 장소를 피하고 및 직사광선이 닿지 않는 곳에 보관할 것

**18** ①②③ 알레르기 유발물질, 착향제
페녹시 에탄올 : 살균 및 보존제 사용 한도 1% (피부자극,알러지 유발)
1,2 헥산 디올 : 유해성이 있는 보존제의 대체물질

**20**
- 물리적 변화 – 분리, 침전, 응집, 발한, 겔화, 증발, 고화, 연화
- 화학적 변화 – 변색, 퇴색, 변취, 오염, 결정

**21**
- 자외선 산란제 : 이산화티타늄(Titanium Dioxide), 산화아연(Zink Oxide)
- 자외선 흡수제 : ②③⑤
- 보존제(방부제) : ④ 파라벤류

**22** ③ 석유에서 추출한 광물성 오일 예)유동파라핀, 파라핀

**23** 토코페롤(비타민 E) 20%, 아스코빌글루코사이드 2% ,살리실릭애시드 0.5%
알파-비사보롤 0.5%

**24** 비중이란? 물질의 중량과 이와 동등한 체적의 표준물질과 중량의 비를 말한다.
(단위는 없음)
비중은 물이 기준이 되어 적용되는 것이다. 따라서 비중 0.8은 물보다 0.8배 무겁다는 것으로 본다.
〈기본식〉 밀도=질량/부피, 비중=물체의 밀도/물의 밀도
밀도=질량/700 대입

$$0.8=\frac{\text{물체의 밀도}}{\text{물의 밀도}}=\frac{(\text{질량}/700)}{100\%}$$

$$0.8=\frac{\text{질량}/700}{1}$$

0.8=질량/700
질량=08×700=560

**25**
- 유성원료 : 식물성 유지, 동물성 유지, 왁스(Wax)류, 에스테르류, 탄화수소류 등
- 계면활성제 : 유성과 수성을 잘 혼합시키는 원료
- 고분자 화합물 : 점증제, 피막제, 기타
- 기능성 원료 : 주름완화, 미백, 자외선차단제, 염모제, 여드름 완화

**26** HLB : 친유기와 친수기의 발란스를 나타내는 값

**27** 피부자극이 가장 적은 것을 순서로 나열하면
비이온성계면활성제 < 양쪽성계면활성제 < 음이온성계면활성제 < 양이온성계면활성제

**28** ⑤ 실리콘오일은 메틸 또는 페닐기로 되어 있고 펴 발림성이 우수하다.
디메치콘(=다이메티콘), 사이클로펜타실록세인, 사이클로헥사실록세인 등이 있다.

**29** ② EDTA : 금속이온 봉쇄제
- 천연산화방지제 : 비타민 E(토코페롤), 자몽씨추출물
- 합성산화방지제 : BHT, BHA, 에르소빅애씨드(erisobic acid), 프로필갈레이트(propyl gallate), 아스커빌글루코사이드(askerville glucoseid)

**30** 유효기간 만료 90일 전에 총리령으로 정하는 바에 따라 연장신청을 하여야 한다.

**31** 정답 에스텔류

**32** 『화장품법 제4조의 2』 영유아 또는 어린이 사용 화장품의 관리 (시행 2020.1.16.)기출문제
정답 안전성

**33** 정답 사용기한

**34** 정답 아데노신, 0.04%

**35** 벤조페논-4 : 자외선 차단제, 벤질알코올 : 보존제

• 주름개선 : 아데노신, 레티닐팔미테이트, 레티놀
• 자외선차단성분 : 에칠헥실메톡시신나메이트
• 착색제, 컨디셔닝제 : 베타-카로틴
• 미백 : 알파-비사보롤, 나이아신아마이드, 알부틴

정답 나이아신아마이드

## 3장 유통 화장품 안전 관리

**36** 해설. 우수화장품 제조 및 품질관리 기준 제4조 (직원의 책임)
③ 품질보증에 대한 책임을 질 의무는 제조업자 혹은 책임판매업자의 의무사항

**37** 우수화장품 제조 및 품질관리 기준 제2장 (용어정의)

**38** 우수화장품 제조 및 품질관리 기준 제2조 (용어의 정의)

**39** • 수세실과 화장실은 접근이 쉬워야 하나 생산구역과는 분리되어 있어야 한다.
• 외부와 연결된 창문은 가능한 열리지 않게 한다.
• 청소하기 쉽게 표면을 매끄럽게 유지해야한다.

**40** 우수화장품 제조 및 품질관리 기준 제2조 (용어의 정의)

**41** 우수화장품 제조 및 품질관리 기준 제2조 (용어의 정의)
• 유지관리 : 적절한 작업 환경에서 건물과 설비가 유지되도록 정기적·비정기적인 지원 및 검증 작업
• 원료 : 벌크 제품의 제조에 투입하거나 포함되는 물질
• 완제품 : 출하를 위해 제품의 포장 및 첨부 문서에 표시공정 등을 포함한 모든 제조공정이 완료된 화장품
• 회수 : 판매한 제품 가운데 품질 결함이나 안전성 문제 등으로 나타난 제조번호의 제품(필요시 여타 제조번호 포함)을 제조소로 거두어들이는 활동

**42** 씻어내는 제품과 물이 포함되지 않은 제품은 pH를 측정하지 않는다.

**43** [화장품법 시행규칙 제18조 2항]
내용량이 10밀리리터 초과 50밀리리터 이하 또는 중량이 10그램 초과 50그램 이하 화장품의 포장인 경우 다음 성분을 제외한 성분표시 기재
• 샴푸와 린스에 들어 있는 인산염의 종류
• 기능성화장품의 경우 그 효능·효과가 나타나게 하는 원료
• 타르색소, 금박, 과일산(AHA)
• 식품의약품안전처장이 사용 한도를 고시한 화장품의 원료

**44** 우수화장품 제조 및 품질관리 기준 제19조 (보관 및 출고)
① 적절한 조건하에 정해진 장소 보관
② 주기적인 재고점검 수행
④ 특별한 사유가 있는 경우는 예외
⑤ 품질보증부서 책임자가 승인한 것만 출고

**45** 가. 검체 채취 방법
• 외관 검사용 샘플은 계수 조정형 샘플링 방식에 따라 랜덤으로 샘플링
• 기능 검사 및 파괴 검사용 샘플은 필요 수량만큼 샘플링
나. 보관 : 적절한 조건하에 정해진 곳에 보관하고 주기적으로 점검수행

**46** 사용기한 또는 개봉 후 사용기한에 관한 사항은 제품표준서 표시 사항

**47** ※ 세척 대상 설비
① 세척이 곤란한 설비, 세척이 용이한 설비,
② 단단한 표면(용기내부), 부드러운 표면(호스), 큰 설비, 작은 설비
③ 기타 설비, 배관, 용기, 호스, 부속품
※ 세척 대상 물질 : 동일제품, 세척이 곤란한 물질, 가용성 물질, 검출이 곤란한 물질

**48** 세척 판정 후의 설비는 건조, 밀폐하여 보존한다.

**49** 염모제-용기를 버릴 때는 반드시 뚜껑을 열어서 버려 주십시오.

**50** (화장품법 시행규칙 제19조 4항) 참조 – 맞춤형화장품의 경우 1호, 6호 제외 사항
• 1호. 식품의약품안전처장이 정하는 바코드
• 6호. 수입화장품인 경우에는 제조국의 명칭(「대외무역법」에 따른 원산지를 표시한 경우에는 제조국의 명칭을 생략할 수 있다), 제조회사명 및 그 소재지

51 ⑤는 우수화장품 제조 및 품질관리 기준 시행규칙 제 10조 "유지관리"에 해당사항임

52 바닥 및 내벽과 10cm이상, 외벽과 30cm 이상 간격을 두고 보관

53 ③ 원자흡광광도법(AAS)은 중금속(납, 니켈, 비소, 안티몬, 카드뮴) 분석에 사용된다.

54 유통화장품 안전 관리 기준 [화장품 안전 기준 등에 관한 규정 제1장 제6조] 참조
- 알칼리 : 0.1N염산의 소비량은 검체 1mL 에 대하여 7.0mL이하
- pH : 4.5~9.6/중금속 : 20㎍/g이하/비소 : 5㎍/g 이하/철 : 2㎍/g이하

55 안전용기 및 포장 예외 대상 : 일회용 제품, 분무용 제품, 에어로졸 제품

56 탄화수소류 10% 이상, 메틸 살리실레이트 5%이상

56 정답 10, 5

57 정답 효력시험자료

58 정답 ㉠ 폴리염화비닐(Polyvinyl chloride) 혹은 PVC

59 정답 내부감사

60 정답 ㉠ 견본품 ㉡ 비매품

## 4장 맞춤형 화장품 이해

61 식품의약품안전처장은 국내외에서 유해물질이 포함되어 있는 것으로 알려지는 등 국민보건상 위해 우려가 제기되는 화장품 원료 등의 경우에는 총리령으로 정하는 바에 따라 위해요소를 신속히 평가하여 그 위해 여부를 결정하여야 한다.

62 기저층 → 유극층 → 과립층 → 각질층

63 결격사유(화장품법 제3조의3)
다음 각 호의 어느 하나에 해당하는 자는 화장품제조업 또는 화장품책임판매업의 등록이나 맞춤형화장품판매업의 신고를 할 수 없다. 다만, 제 1호 및 제3호는 화장품제조업만 해당한다.

1. 정신건강증진 및 정신질환자 복지서비스 지원에 관한 법률 제3조 제1호에 따른 정신질환자. 다만, 전문의가 화장품제조업자(제3조 제1항에 따라 화장품제조업을 등록한 자를 말한다. 이하같다)로서 적합하다고 인정하는 사람은 제외한다.
2. 피성년후견인 또는 파산선고를 받고 복권되지 아니한 자
3. 마약류 관리에 관한 법률 제2조 제1호에 따른 마약류의 중독자
4. 이 법 또는 보건범죄 단속에 관한 특별조치법을 위반하여 금고 이상의 형을 선고 받고 그 집행이 끝나지 아니하거나 그 집행을 받지 아니하기로 확정되지 아니한 자
5. 등록이 취소되거나 영업소가 폐쇄 된 날부터 1년이 지나지 아니한 자

64 ③ 모표피 – 단단한 케라틴으로 구성

65
- 안전성 – 피부의 자극이나 알러지 반응, 이물질 혼입, 독성이 없을 것
- 안정성 – 변색, 변취와 같은 화학적 변화, 미생물 오염이 없을 것
- 분리, 침전, 응집현상이 없을 것
- 유효성 – 피부에 효과를 부여할 것

66 피부주름 "감소"라는 치료적인(실증적인) 표현보다 주름완화로 표현할 것

67 원료와 원료를 혼합하는 것은 맞춤형화장품의 혼합이 아닌 '화장품 제조'에 해당

68 맞춤형화장품판매업소에서 맞춤형화장품조제관리사 자격증을 가진 자가 고객 개인별 피부 특성이나 색, 향 등의 기호 등 취향에 따라
① 제조 또는 수입된 화장품의 내용물에 다른 화장품의 내용물이나 색소, 향료 등 식약처장이 정하는 원료를 추가하여 혼합한 화장품
② 제조 또는 수입된 화장품의 내용물을 소분(小分)한 화장품

69
- 비소 : 10㎍/g 이하, 수은 : 1㎍/g 이하, 안티몬 : 10㎍/g 이하
- 카드뮴 : 5㎍/g 이하

70 사용상 제한이 필요한 성분

• 미백성분 : 알부틴, 자외선차단성분 : 호모살레이트, 보존제 : 페녹시에탄올, 메칠이소치아졸리논

**71** 화장품 사용 시 또는 사용 후 직사광선에 의하여 사용부위가 붉은 반점, 부어오름 또는 가려움증 등의 이상 증상이나 부작용이 있는 경우 전문의 등과 상담할 것

**72** 자외선 차단성분 : 드로메트리졸 1.0%

**73** 소비자의 피부상태나 선호도 등을 확인하지 아니하고 맞춤형화장품을 미리 혼합·소분하여 보관하거나 판매하지 말 것

**74** 진피의 구조 – 유두층, 망상층

**75** 맞춤형화장품 판매 시 다음 각 목의 사항을 소비자에게 설명할 것
① 혼합·소분에 사용되는 내용물 또는 원료의 특성
② 맞춤형화장품 사용 시의 주의 사항

**76** 화장품의 기재 사항 : 내용량이 10밀리리터 초과 50밀리리터 이하 또는 중량이 10그램 초과 50그램 이하 화장품의 포장인 경우에는 다음의 성분을 제외한 성분은 생략가능
• 타르색소, 금박, 과일산(AHA), 기능성화장품의 경우 그 효능·효과가 나타나게 하는 원료

**78** 화장품법 시행규칙(별표3) 화장품 유형과 사용 시의 주의 사항

**79** 표시 광고 사용에 적합한 문구는 여드름피부완화

**80** 여드름완화 : 살리실릭애씨드, 미백성분 : 나이아신아마이드, 알파–비사보롤

**81** 맞춤형화장품판매 시 해당 맞춤형화장품의 혼합 또는 소분에 사용되는 내용물 및 원료의 특성, 사용 시의 주의 사항에 대하여 소비자에게 설명을 해야 한다.

**83** 혼합, 소분에 필요한 기구 사용
• 혼합 : 교반기(아지믹서, 호모믹서)

**84** 모발의 성장 주기순서 : 성장기 – 퇴화기 – 휴지기 – 발생기
• 성장기 – 모발이 모세혈관에서 보내진 영양분에 의해 성장하는 시기
• 퇴화기 – 대사과정이 느려져 세포분열이 정지 모발 성장이 정지되는 시기
• 휴지기 – 모구의 활동이 완전히 멈추는 시기
• 발생기 – 새로운 모발이 발생하는 시기

**88** 다크서클 완화는 인체적용시험 자료

**89** 정답 맞춤형화장품조제관리사

**90** • 보습제 : 글리세린/다이프로필렌글라이콜,
• 합성고분자화합물 : 다이메티콘/비닐다이메티콘 크로스폴리머

**90** 정답 페녹시에탄올

**91** 정답 4시간 이상, 8시간 이하

**92** 정답 밀폐용기

**93** 화장품의 1차 포장에 기재표시 사항 : 명칭, 상호, 제조번호, 사용기한 또는 개봉후 사용기간
정답 제조번호

**94** 정답 품질성적서

**95** 정답 크림제

**96** 정답 안정성

**97** 정답 가용화

**98** 정답 보존제, 색소, 자외선차단제

**99** 정답 15일 이내로

**100** 정답 3년

# 맞춤형화장품조제관리사 모의고사 5 정답 및 해설

## 정답

| 01 | ① | 02 | ② | 03 | ③ | 04 | ④ | 05 | ⑤ | 06 | ③ | 07 | ② | 08 | 해설참조 | 09 | 해설참조 | 10 | 해설참조 |
|---|---|---|---|---|---|---|---|---|---|---|---|---|---|---|---|---|---|---|---|
| 11 | ④ | 12 | ③ | 13 | ④ | 14 | ④ | 15 | ③ | 16 | ⑤ | 17 | ③ | 18 | ⑤ | 19 | ④ | 20 | ③ |
| 21 | ③ | 22 | ① | 23 | ④ | 24 | ⑤ | 25 | ⑤ | 26 | ③ | 27 | ② | 28 | ③ | 29 | ③ | 30 | 해설참조 |
| 31 | 해설참조 | 32 | 해설참조 | 33 | 해설참조 | 34 | 해설참조 | 35 | 해설참조 | 36 | ① | 37 | ③ | 38 | ⑤ | 39 | ⑤ | 40 | ④ |
| 41 | ③ | 42 | ④ | 43 | ④ | 44 | ② | 45 | ② | 46 | ④ | 47 | ② | 48 | ③ | 49 | ④ | 50 | ② |
| 51 | ③ | 52 | ② | 53 | ④ | 54 | ② | 55 | 해설참조 | 56 | 해설참조 | 57 | 해설참조 | 58 | 해설참조 | 59 | 해설참조 | 60 | 해설참조 |
| 61 | ① | 62 | ⑤ | 63 | ③ | 64 | ④ | 65 | ① | 66 | ① | 67 | ② | 68 | ④ | 69 | ③ | 70 | ③ |
| 71 | ② | 72 | ③ | 73 | ① | 74 | ② | 75 | ② | 76 | ④ | 77 | ④ | 78 | ⑤ | 79 | ① | 80 | ④ |
| 81 | ② | 82 | ① | 83 | ⑤ | 84 | ⑤ | 85 | ② | 86 | ⑤ | 87 | ⑤ | 88 | ③ | 89 | 해설참조 | 90 | 해설참조 |
| 91 | 해설참조 | 92 | 해설참조 | 93 | 해설참조 | 94 | 해설참조 | 95 | 해설참조 | 96 | 해설참조 | 97 | 해설참조 | 98 | 해설참조 | 99 | 해설참조 | 100 | 해설참조 |

## 해설

### 1장 화장품법의 이해

**01** • 화장품제조업 – 화장품의 제조 및 포장(1차 포장만 해당한다)을 하는 영업
• 화장품책임판매업 – 화장품제조업자에게 위탁하여 제조된 화장품을 유통·판매하는 영업수입된 화장품을 유통·판매하는 영업, 화장품제조업자가 화장품을 직접 제조하여 유통·판매하는 영업

**02** 개인정보의 처리에 관한 동의 여부, 동의 범위 등을 선택하고 결정할 권리
고객정보처리자의 지휘, 감독을 행하는 권리는 고개정보취급자에 대한 감독

**03** • 화장품제조업자 준수사항 – 제조관리 기준서, 제품표준서, 제조관리기록서 및 품질관리기록서(전자문서 형식을 포함한다)를 작성, 보관할 것
• 화장품책임판매업자 준수사항 – 제조업자로부터 받은 제품표준서 및 품질관리기록서(전자문서 형식을 포함한다)를 보관할 것

**04** 체모를 제거하는 기능을 가진 화장품. 다만, 물리적으로 체모를 제거하는 제품은 제외한다.

**05** 회수계획량의 4분의 1이상 3분의 1 미만을 회수한 경우에 행정처분기준이 업무정지 또는 품목의 제조·수입·판매 업무정지인 경우에는 정지 처분기간의 2분의1 이하의 범위에서 경감

**06.** 실증자료를 제출할 때에는 증명할 수 있는 자료를 첨부하여 식품의약품안전처장에게 제출

**07** ③ ④ ⑤번 100만원 과태료부과/②번 과태료 50만원

**08** 화장품법 제28조의 2 1항 (위반사실의 공표)
정답 대통령령

**09** 정답 맞춤형화장품조제관리사

**10** 화장품법 제14조의3 (인증의 유효기간)
정답 ㉠ 3년 ㉡ 90일

### 2장 화장품제조 및 품질관리

**11** 살균보존제(벤질알코올), 색소(황색4호), 자외선 차단제(벤조페논–4, 산화아연)의 원료는 배합 할 수 없다.

④ 구아검 : 고분자화합물, 천연점증제

**12** 고급 지방산에 고급 알코올이 결합된 에스테르물질로 왁스는 고형의 유성성분으로 굳기증가에 영향을 미쳐 크림류에 많이 사용

**13** 표시순서는 사용된 함량이 많은 순으로 기입해야 한다.

**14** ④ 니트로-p-페닐렌다아민 : 염모제 (일시적으로 모발의 색상을 변화시키는 제품은 기능성 화장품에서 제외), 자외선차단성분 : 벤조페논-4, 티타늄디옥사이드, 닥나무추출물 : 미백성분, 레티놀 : 주름개선성분

**16** 제14조의2(회수 대상 화장품의 기준)
1. 안전용기·포장 등에 위반되는 화장품
2. 전부 또는 일부가 변패(變敗)된 화장품
3. 병원미생물에 오염된 화장품
4. 이물이 혼입되었거나 부착된 것
5. 화장품에 사용할 수 없는 원료를 사용하였거나 유통화장품 안전 관리 기준에 적합하지 아니한 화장품
6. 사용기한 또는 개봉 후 사용기간(병행 표기된 제조연월일을 포함한다)을 위조·변조한 화장품
7. 화장품제조업자 또는 화장품책임판매업자 스스로 국민보건에 위해를 끼칠 우려가 있어 회수가 필요하다고 판단한 화장품

**17** ① 클로페네신 0.05%
② 벤조익애시드 0.5%
③ 페녹시에탄올 1.0%
④ 소듐아이오데이트 0.1%
⑤ 징크피리치온 1.0%(비듬, 가려움증치료 샴푸, 린스에 한하여 1.0%적용, 보통 씻어내는 제품에만 사용 제한 0.5%, 기타사용금지)

**18** 세정력이 강한 순서 : 음이온성 > 양쪽성이온 > 양이온성 > 비이온성 계면활성제
피부자극이 강한 순서 : 양이온성 > 음이온성 > 양쪽성이온 > 비이온성 계면활성제

**19** ① 사망을 초래하거나 생명을 위협하는 경우
② 입원 또는 입원기간의 연장이 필요한 경우
③ 선천적 기형 또는 이상을 초래하는 경우
④ 지속적 또는 중대한 불구나 기능저하를 초래하는 경우
⑤ 의학적으로 중요한 상황이 발생한 경우

**22** 카나우바 왁스 : 피막형성제, 샴푸 유연제로 사용

**23** • 외음부 세정제 : 만 3세 이하의 영유아에게는 사용하지 말 것
• 가연성 가스를 사용하는 제품 : 밀폐된 실내에서 사용한 후에는 반드시 환기를 할 것
• 스크럽 세안제 : 알갱이가 눈에 들어갔을 때에는 물로 씻어내고, 이상이 있는 경우에는 전문의와 상담할 것
• 알파하이드로시애씨드(AHA) : 자외선 차단제와 함께 사용

**24** 아토피 화장품은 기능성화장품에 안 들어감

**25** 실리콘 오일은 유지류에 비해 산뜻한 사용감을 가지고 번들거림이 없어 화장품에 많이 사용되는 유성성분이다.
• 에스테르 오일 : 지방산과 알코올의 중합으로 이루어진 구조를 기본으로 하는 합성오일
• 에뮤 오일 : 동물에서 얻은 유지류로 상온에서 액체로 존재함
• 쉐어버터 : 식물에서 얻은 유지류로 상온에서 고체로 존재함
• 올리브 오일 : 식물에서 얻은 유지류로 상온에서 액체로 존재함

**26** ① 산화방지제는 산화되기 쉬운 성분을 함유한 물질에 첨가하여 산패를 막을 목적으로 사용된다.
② 계면활성제는 계면에 흡착하여 물의 표면장력을 약화시켜 미셀을 형성하는 물질이다.
④ 고분자화합물은 주로 점도 증가, 피막 형성 등의 목적으로 사용된다.
⑤ 유성원료는 물에 녹지 않고 기름에 녹는 물질로 수분의 증발을 억제하고 사용감촉을 향상시키는 등의 목적으로 사용된다.

**28** • 염모제 : p-니트로-o-페닐렌디아민 1.5%
• 보존제 : 페녹시에탄올 1.0%, 폴리에이치씨엘 0.05%
• 자외선 차단성분 : 벤조페논-4 5%, 이산화티타늄 25%

**29** 에뮤 오일 같은 유성성분은 피부 표면에 유성막을 형성하여 수분이 증발 억제
※ 수분과 친화력이 있는 성분은 수분과의 결합으

로 수분증발을 억제한다(humectant).

**30** 정답 페녹시에탄올, 1.0%

**31** 정답 사용기한

**32** 정답 5

**33** 정답 유해사례

**34** 『화장품법 제4조의 2』 영·유아 또는 어린이 사용 화장품의 관리 (시행 2020.1.16)
정답 34. ㉠ 3 ㉡ 13 ㉢ 안전성

**35** '안전역=최대무독성량/전신노출량'으로 정의되고, 100이상인 경우 위해하지 않다고 판단한다.
정답 ㉠ 전신노출량 ㉡ 안전역

## 3장 유통 화장품 안전 관리

**36** (화장품법 시행규칙 제19조 4항) 참조 – 맞춤형화장품의 경우 1호, 6호 제외 사항
1. 식품의약품안전처장이 정하는 바코드
6. 수입화장품인 경우에는 제조국의 명칭(「대외무역법」에 따른 원산지를 표시한 경우에는 제조국의 명칭을 생략할 수 있다), 제조회사명 및 그 소재지

**37** 사용할 용기는 반드시 물기를 제거한 후 70%알코올 소독후 자외선소독기에 보관후 사용한다.

**38** 충전·포장시 발생된 불량 자재의 처리
- 생산팀에서 생산 공정 중 발생한 불량 포장재는 정상품과 구분하여 물류팀에 반납한다.
- 물류팀 담당자는 부적합 포장재를 부적합 자재 보관소에 따로 보관
- 물류팀 담당자는 부적합 포장재를 추후 반품 또는 폐기조치 후 해당업체에 시정조치 요구

**39** 출고시에는 선입선출 원칙

**40**
- 포장재란 화장품의 포장에 사용되는 모든 재료를 말하며 운송을 위해 사용되는 외부 포장재는 제외한 것이다. 포장재는 제품과의 직접적 접촉 여부에 따라 1차 또는 2차 포장재라고 말한다.
- 제조소는 화장품을 제조하기 위한 장소이며 보기에 주어진 설명은 건물에 대한 것이다.

**41** 출고 관리 : 원자재는 시험결과 적합판정된 것만을 선입선출방식으로 출고해야 한다.

**42** 경쟁상품과 비교하는 표시·광고는 비교 대상 및 기준을 분명히 밝히고 객관적으로 확인될 수 있는 사항만을 표시·광고하여야 한다.

**43** ④ 균에 대한 흡착성, 분해성

**44** 미생물한도는 다음 각 호와 같다. ★★
1. 총호기성생균수는 영·유아용 제품류 및 눈화장용 제품류의 경우 500개/g(mL)이하
2. 물휴지의 경우 세균 및 진균수는 각각 100개/g(mL)이하
3. 기타 화장품의 경우 1,000개/g(mL)이하
4. 대장균(Escherichia Coli), 녹농균(Pseudomonas aeruginosa), 황색포도상구균(Staphylococcus aureus)은 불검출

**45** pH의 기준이 3.0~9.0 이하 기준 : 물을 포함하지 않는 제품과 사용 후 바로 씻어내는 제품 제외한 화장품

**46** 유통화장품 안전 관리 시험법 : ① ② ③ ⑤
- 린스정량 화학분석법: HPLC법(고성능 액체크로마토그래피)
- 박층크로마토그래피(TLC, Thin-Layerchromatography)
- TOC측정기(Total Organic Catbon, 총유기탄소), 자외선(UV) 측정법

**47** 작업장의 위생 기준
- 청정도 1등급 : Clean bench – 낙하균 10개/hr 또는 부유균 20개/$m^3$
- 청정도 2등급 ; 제조실, 성형실, 충전실, 내용물보관소, 원료칭량실, 미생물시험실 – 낙하균 30개/hr 또는 부유균 200개/$m^3$

**48** 유통화장품 안전 관리 시험방법 정리
① 디티존법 : 납
② 원자흡광도법 : 납, 니켈, 비소, 안티몬, 카드뮴 정량
③ 기체(가스)크로마토그래피법 : 디옥산, 메탄올, 프탈레이트류(디부틸프탈레이트, 부틸벤질프탈레이트 및 디에칠헥실프탈레이트)

④ 유도결합 플라즈마 분광기법 : 납, 니켈, 비소, 안티몬
⑤ 유도결합플라즈마-질량분석기 : 납, 비소
⑥ 수은 분해장치, 수은분석기이용법 : 수은
⑦ 액체 크로마토그래피법 : 포름알데하이드

**49** 작업시작 전 작업원은 반드시 손세정하고 손소독 후 1회용 멸균 수건(부직포)을 이용하거나 에어타올을 이용한다.

**50** ② 모든 조직원의 위생관리 기준

**51** 화장품 포장의 표시기준 및 표시방법(제19조제6항 관련)
※ 영업자의 상호 및 주소 표시 사항
① "화장품제조업자", "화장품책임판매업자" 또는 "맞춤형화장품판매업자"는 각각 구분하여 기재·표시해야 한다. 다만, 화장품제조업자, 화장품책임판매업자 또는 맞춤형화장품판매업자가 다른 영업을 함께 영위하고 있는 경우에는 한꺼번에 기재·표시할 수 있다.
② 공정별로 2개 이상의 제조소에서 생산된 화장품의 경우에는 일부 공정을 수탁한 화장품제조업자의 상호 및 주소의 기재·표시를 생략할 수 있다.
③ 수입화장품의 경우에는 추가로 기재·표시하는 제조국의 명칭, 제조회사명 및 그 소재지를 국내 "화장품제조업자"와 구분하여 기재·표시해야 한다.

**52** 유통화장품 안전 관리 기준 불검출허용한도
1. 납 : 점토를 원료로 사용한 분말제품은 50㎍/g이하, 그 밖의 제품은 20㎍/g이하
2. 니켈: 눈 화장용 제품은 35㎍/g 이하, 색조 화장용 제품은 30㎍/g이하, 그 밖의 제품은 10㎍/g 이하
3. 비소 : 10㎍/g이하
4. 수은 : 1㎍/g이하
5. 안티몬 : 10㎍/g이하
6. 카드뮴 : 5㎍/g이하
7. 디옥산 : 100㎍/g이하
8. 메탄올 : 0.2(v/v)%이하, 물휴지는 0.002%(v/v) 이하
9. 포름알데하이드 : 2000㎍/g이하, 물 휴지는 20㎍/g이하
10. 프탈레이트류(디부틸프탈레이트, 부틸벤질프탈레이트 및 디에칠헥실프탈레이트에 한함) : 총합으로서 100㎍/g이하

※ 미생물한도는 다음 각 호와 같다. ★
대장균(Escherichia Coli), 녹농균(Pseudomonas aeruginosa), 황색포도상구균(Staphylococcus aureus)은 불검출

**53** 착향제는 '향료'로 표시할 수 있다. 다만, 착향제의 구성 성분 중 식품의약품안전처장이 정하여 고시한 알레르기 유발성분이 있는 경우에는 향료로 표시할 수 없고, 해당 성분의 명칭을 기재·표시해야 한다.

**54** 주변을 오염시킬 우려가 있음압으로 관리하여 공기가 시설 밖으로 나가지 않게 해야 한다.

**55** 정답 기준 일탈

**56** 정답 0.1

**57** 화장품 포장의 표시기준 및 표시방법(제19조제6항 관련)
화장품 제조에 사용된 성분 표시 참조
정답 중화반응

**58** 정답 완제품

**59** 패치테스트는 염색 2일 혹은 48시간 전에 실시
정답 ㉠ 패치테스트 ㉡ 48 ㉢ 2

**60** 정답 ㉠ 미생물한도 ㉡ 1,000

## 4장 맞춤형 화장품 이해

**61** 내용량이 10밀리리터 초과 50밀리리터 이하 또는 중량이 10그램 초과 50그램 이하 화장품의 포장인 경우에는 다음 각 목의 성분을 제외한 성분은 생략 가능
가. 타르색소
나. 금박
다. 샴푸와 린스에 들어 있는 인산염의 종류
라. 과일산(AHA)
마. 기능성화장품의 경우 그 효능·효과가 나타나게 하는 원료
바. 식품의약품안전처장이 배합 한도를 고시한 화장품의 원료

**63** 맞춤형화장품 사용과 관련된 부작용 발생사례에 대해서는 지체 없이 식품의약품안전처장에게 보고

할 것

64 살균, 보존제 : 페녹시에탄올, 벤질알코올 자외선 차단성분 : 티타늄옥사이드

65

| 안전성 | • 피부 자극이나 알러지 반응, 경구독성, 이물질 혼입 파손 등 독성이 없을 것 |
|---|---|
| 안정성 | • 사용기간 중에 변질, 변색, 변취, 미생물 오염 등이 없을 것<br>• 시간 경과 시 제품에 대해서 분리되는 변화가 없을 것 |
| 사용성 | • 사용감 (피부친화성, 촉촉함, 부드러움 등)<br>• 사용편리성 (형상, 크기, 중량, 기구, 기능성, 휴대성 등)<br>• 사용자의 기호성 (향, 색, 디자인 등) |
| 유효성 | • 각각의 화장품의 사용목적에 적합한 기능을 충분히 나타내어 피부에 적절한 보습, 자외선 차단, 세정, 미백, 노화억제, 색채 등의 효과를 부여할 것 |

66 유극층 – 면역기능을 담당하는 랑게르한스 세포(langerhans cell)가 존재

67 곡선미 유지–피하지방의 역할

68 1) 맞춤형화장품판매업 : 맞춤형화장품판매업이란 맞춤형화장품을 판매하는 영업을 말함

2) 주요업무: 맞춤형화장품판매업소에서 맞춤형화장품조제관리사 자격증을 가진 자가 고객의 피부 특성이나 색, 향 등의 기호 등 취향에 따라 다음과 같이 조제가능하다.

① 제조 또는 수입된 화장품의 내용물에 다른 화장품의 내용물이나 색소, 향료 등
식품의약품안전처장이 정하는 원료를 추가하여 혼합한 화장품

② 제조 또는 수입된 화장품의 내용물을 소분(小分)한 화장품
단, 화장 비누(고체 형태의 세안용 비누)를 단순 소분한 화장품은 제외

69 모발의 성장주기 : 성장기–퇴화기–휴지기–발생기
성장기 : 전체 모발의 85~90% 해당, 3~6년

70 진피의 구성물질

- 섬유아세포 : 교원 섬유 (콜라겐), 탄력 섬유(엘라스틴), 기질
- 대식세포 – 신체를 보호하는 역할
- 비만세포 – 염증매개물질 생성과 분비(히스타민, 단백분해효소)
- 표피성장인자(EGF) – 세포성장 촉진
- 피부 부속기
- 감각 수용기

71 보존제, 기능성원료, 자외선차단제 성분 배합 불가

73
- 자격시험의 시기방법 및 절차 시험과목 등 자격시험에 필요한 세부사항은 식품의약품안전처장이 정한다.
- 맞춤형화장품판매업의 신고를 할 수 없는 자 : 등록이 취소되거나 영업소가 폐쇄된 날부터 1년이 지나지 아니한 자

74 ※ 맞춤형화장품의 혼합·소분에 사용할 목적으로 화장품책임판매업자로부터 제공받은 것으로 다음 항목에 해당하지 않는 것이어야 함

- 화장품책임판매업자가 소비자에게 그대로 유통·판매할 목적으로 제조 또는 수입한 화장품
- 판매의 목적이 아닌 제품의 홍보·판매촉진 등을 위하여 미리 소비자가 시험·사용하도록 제조 또는 수입한 화장품

75 엘라스틴 : 피부에 팽팽함과 탄력과 신축성을 부여함

76 화장품의 혼합방식에는 가용화, 유화, 분산의 3가지 기본적인 기술(개념)을 중심으로 이루어져 있다.

(1) 가용화 : 한 종류의 액체(용매)에 계면활설제를 이용하여 불용성 물질을 투명하게 용해시키는 것
대표적인 화장품으로는 투명스킨, 헤어토닉 등

(2) 유화 ; 한 종류의 액체(분산상)에 불용성의 액체(분산매)를 미립자 상태로 분산시키는 것
대표적인 화장품으로는 호션, 크림 등

(3) 분산 : 하나의 상에 다른 상이 미세한 상태로 분산되어 있는 것
대표적인 화장품으로는 립스틱, 파운데이션 등

77 혼합·소분 시 일회용 장갑을 착용하는 경우 예외, 반드시 착용해야 하는 건 아니다.

79
- 옥토크릴렌 – 10%
- 닥나무추출물 – 2%
- 레티닐팔미테이트 – 10,000IU/g
- 아스코르빌글루코사이드 – 2%

**80** 피부의 가장 아래층에 존재 (표피-진피-피하지방)

**81** 변경신고 시 서류 : 맞춤형화장품판매업자의 상호 또는 소재지 변경

**82** 화장품제조업자는 화장품의 전부 또는 일부를 제조한 화장품을 판매하는 영업을 말한다.

**83** • 1차 포장 및 소량 포장시 : 명칭, 상호, 제조번호, 가격(비매품인 경우는 '비매품' 표시)
• 2차 포장에 기재, 표시해야 할 사항 : 명칭, 상호, 제조번호, 가격, 제조에 사용된 성분

**85** 기능성 화장품이 아닌 화장품을 기능성 화장품으로 잘못 인식할 우려가 있거나 기능성 화장품의 안전성·유효성에 관한 심사결과와 다른 내용의 표시 또는 광고

**86** 진피의 구성물질의 섬유아세포는 콜라겐, 엘라스틴, 기질이 있다.

**87** 기저층-모세혈관으로부터 영양을 공급받아 새로운 세포를 생성

**88** 섬유아세포는 진피의 구성 물질이다.

**89** 정답 살리실릭애씨드 및 염류, 아이오도프로피닐부틸카바메이트

**90** 정답 ㉠ 착향제 ㉡ 착색제

**91** 보습제 : 글리세린/다이프로필렌글라이콜, 보존제 : 페녹시 에탄올 합성고분자화합물 : 다이메티콘/비닐다이메티콘크로스폴리머
정답 티타늄디옥사이드

**92** 정답 차광용기

**93** 정답 ㉠ 식품의약품안전처장 ㉡ 3년간

**94** 자외선차단성분 : 티타늄디옥사이드, 에칠헥실매톡시신나메이트
주름개선 : 레티닐팔미테이트
보존제 : 디엠디엠하이단토인
보습제 : 디프로필렌글라이콜
정답 나이아신아마이드

**95** 〈화장품 안전 관리 기준 해설서 제5조 유통화장품 안전 관리 기준〉
정답 3.0~9.0

**96** 사용상 제한이 필요한 원료에 대한 자외선 차단성분사용 기준 25%
정답 0.5% 미만

**97** 정답 사용감 평가 절차

**98** 정답 ㉠ 식품의약품안전처장 ㉡ 총리령

**99** 정답 ㉠ 식품의약품안전처장이 정하는 원료
㉡ 화장품 제조

**100** 정답 겔제

# 맞춤형화장품조제관리사 모의고사 ⑥ 정답 및 해설

## 정답

| 01 | ② | 02 | ⑤ | 03 | ⑤ | 04 | ② | 05 | ① | 06 | ④ | 07 | ③ | 08 | 해설 참조 | 09 | 해설 참조 | 10 | 해설 참조 |
|---|---|---|---|---|---|---|---|---|---|---|---|---|---|---|---|---|---|---|---|
| 11 | ⑤ | 12 | ⑤ | 13 | ④ | 14 | ④ | 15 | ① | 16 | ④ | 17 | ① | 18 | ⑤ | 19 | ③ | 20 | ③ |
| 21 | ② | 22 | ② | 23 | ④ | 24 | ⑤ | 25 | ④ | 26 | ② | 27 | ③ | 28 | ③ | 29 | ③ | 30 | 해설 참조 |
| 31 | 해설 참조 | 32 | 해설 참조 | 33 | 해설 참조 | 34 | 해설 참조 | 35 | 해설 참조 | 36 | ⑤ | 37 | ⑤ | 38 | ⑤ | 39 | ③ | 40 | ③ |
| 41 | ⑤ | 42 | ② | 43 | ① | 44 | ② | 45 | ② | 46 | ② | 47 | ② | 48 | ③ | 49 | ④ | 50 | ③ |
| 51 | ② | 52 | ④ | 53 | ③ | 54 | ④ | 55 | 해설 참조 | 56 | 해설 참조 | 57 | 해설 참조 | 58 | 해설 참조 | 59 | 해설 참조 | 60 | 해설 참조 |
| 61 | ② | 62 | ② | 63 | ① | 64 | ⑤ | 65 | ③ | 66 | ③ | 67 | ② | 68 | ① | 69 | ④ | 70 | ④ |
| 71 | ④ | 72 | ① | 73 | ① | 74 | ② | 75 | ⑤ | 76 | ② | 77 | ⑤ | 78 | ⑤ | 79 | ④ | 80 | ⑤ |
| 81 | ③ | 82 | ⑤ | 83 | ④ | 84 | ③ | 85 | ② | 86 | ① | 87 | ② | 88 | ③ | 89 | 해설 참조 | 90 | 해설 참조 |
| 91 | 해설 참조 | 92 | 해설 참조 | 93 | 해설 참조 | 94 | 해설 참조 | 95 | 해설 참조 | 96 | 해설 참조 | 97 | 해설 참조 | 98 | 해설 참조 | 99 | 해설 참조 | 100 | 해설 참조 |

## 해설

### 1장 화장품법의 이해

**01** 맞춤형화장품판매업을 신고한 자(이하 '맞춤형화장품판매업자'라 한다.)는 총리령으로 정하는 바에 따라 맞춤형화장품의 혼합, 소분 업무에 종사하는 자(이하 '맞춤형화장품조제관리사'라 한다)를 두어야 한다.

**02**
- 화장품의 정의 : 인체를 청결, 미화하여 변화시키는 것
- 화장품법의 목적 : 화장품의 제조·수입·판매 및 수출 등에 관한 사항을 규정함으로써 국민보건향상과 화장품 산업의 발전에 기여함을 목적

**03** 표시·광고의 범위와 그 밖에 필요한 사항은 총리령으로 정한다.

**04** 아토피피부염은 기능성화장품이 아닌 의약품으로 구분
화장품법 시행규칙 제2조 기능성화장품의 범위에서 10항 피부장벽(피부의 가장 바깥쪽에 존재하는 각질층의 표피를 말한다)의 기능을 회복하여 가려움 등의 개선에 도움을 주는 화장품

**05**
- 화장품을 회수하거나 회수하는 데에 필요한 조치를 하려는 영업자는 회수계획을 식품의약품안전처장에게 미리 보고하여야 한다.
- 식품의약품안전처장은 회수 또는 회수에 필요한 조치를 성실하게 이행한 영업자가 해당 화장품으로 인하여 받게 되는 행정처분을 총리령으로 정하는 바에 따라 감경 또는 면제할 수 있다.
- 회수 대상 화장품, 해당 화장품의 회수에 필요한 위해성 등급 및 그 분류기준, 회수계획 보고 및 회수절차 등에 필요한 사항은 총리령으로 정한다.
- 회수계획에 따른 회수계획량의 5분의 4 이상을 회수한 경우 : 그 위반행위에 대한 행정처분을 면제

**06** 식품의약품안전처장은 자격시험을 실시하려는 경우에는 시험일시, 시험장소, 시험과목, 응시방법 등이 포함된 자격시험 시행계획을 시험 실시 90일전까지 식품의약품안전처 인터넷 홈페이지에 공고해야 한다.

**08** 화장품시행규칙 제 15조(폐업 등의 신고)
정답 ㉠ 20일 이내 ㉡ 지방식품의약품안전청장

**09** 제18조의2 (소비자화장품안전 관리감시원)
정답 소비자화장품안전 관리감시원

10 화장품법 제2조 2의 2(정의)

정답 천연화장품

## 2장 화장품제조 및 품질관리

11 ⑤ 알칼리성(염기성) 용액 : 산과 염기의 결합 시 수산화 화합물을 생성하는 것

12 • 천연화장품 : 천연함량이 전체의 95%이상으로 구성되어야 한다.
• 유기농화장품 : 유기농 함량이 전체의 10%이상, 유기농함량을 포함한 천연함량이 95%이상 구성

13 에스테르는 산과 알코올이 작용하여 생긴 화합물이다. ④는 염류

14 ※ 용기를 버릴 때는 반드시 뚜껑을 열어서 버려야 한다.

16 무수에탄올은 물이 거의 없는(수분 0.2%이하) 99.5% 이상의 알코올(=에탄올, Absolute Ethanol)을 말한다.
〈계산식〉 100ml 기준에서 볼 때 비율은 80% 알코올은 알코올 80ml : 물 20ml이다
전체 80% 농도 1,500ml를 만든다면
80(알코올) : 100(전체용량)=$x$(알코올) : 1,500(전체용량)
$100x=120,000$   $x=1,200$
∴ 전체 1,500ml - 알코올 1,200ml=물 300ml
그러므로 알코올 1,200 물 300ml을 이용하여 80% 알코올 1500ml 완성

17 ① 양이온성 계면활성제는 음이온계면활성제와 반대의 이온성구조를 갖고 있어 역성비누라고 한다.
③ 삼푸제는 세정력이 강한 음이온계면활성제를 사용하는 경우 물에 용해 될 때 친수기가 음이온으로 해리되므로 양이온성 계면활성제가 물에 용해시 해리된 양이온과 결합하여 중화될 수 있다.
⑤ 피부자극이 강하므로 두피에 닿지 않게 사용해야 한다.

18 PA +, ++, +++ : UV-A를 차단하는 지수

20 알부틴 (arbutin) 하이드로퀴논(hydroquinone)

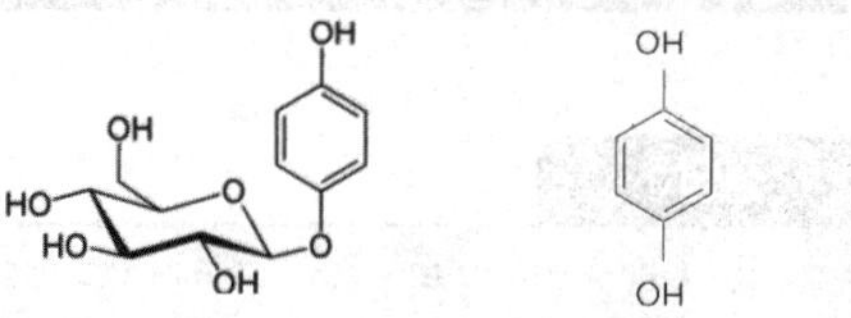


23 잔탄검 - 고분자 화합물(polymer compound), 점증제

24 ① 스쿠알렌-탄화수소류, 피부침투성 좋음, 피부윤활성
② 동물성 유지 ③,④ 식물성 유지

25 고급 지방산과 고급 알코올이 결합된 에스테르물질로 왁스(Wax)가 있다.
왁스의 종류 : 경납, 밀납, 카나우버 왁스

26 사용상의 제한이 필요한 원료 중 피부 감작성 등의 우려가 있는 성분
• 메칠이소치아졸리논, 메칠클로로이소치아졸리논과 메칠이소치아졸리논 혼합물, 벤질헤미포름알, 5-브로모-5-나이트로-1,3-디옥산, 소듐라우로일사코시네이트, 소듐아이오데이트, 운데실레닉애씨드 및 그 염류 및 모노 에탄올아마이드, 징크피리치온, 페녹시이소프로판올(1-페녹시프로판-2-올), 헥세티딘 등

27 ③ 토코페롤 - 천연산화방지제
① 베타 글루칸-천연고분자 ②④⑤ 합성 산화방지제

28 ③ 식품의약품 안전처장이 정하는 기준에 맞는 화장품

29 • 보존제(=방부제) : 파라벤, 페녹시에탄올, 소듐아이오데이트(Sodium Iodate),
⇒ 이들은 독성이 있어 피부자극(알러지) 유발 / 1,2 헥산 디올(방부제, 항균, 보습역할로 독성이 거의 없어 대체물질로 많이 사용
• 산화방지제 : 토코페롤(천연), 아스커빌글루코사이드(합성)

30 정답 ① 살균보존제 ② 색소 ③ 자외선차단제

31 정답 ㉠ 비이온성 계면활성제 ㉡ 가용화제

32 정답 타르색소

33 정답 자외선 (UV) C

34 0.1

35 1

## 3장 유통 화장품 안전 관리

36 • 제조단위별로 사용기한 경과 후 1년간 보관
• 개봉 후 사용기한을 기재하는 제품의 경우에는 제조일로 부터 3년간 보관

37 개봉 후 사용기가능 설정할 수 없는 제품
• 안정성시험을 할 수 없는 제품 : 스프레이용기 제품과 일회용 제품

38 브러시를 이용하여 문질러본다 – 설비세척방법

39 우수화장품 제조 및 품질관리 기준 제15조 (기준서 등) : 안정성 시험

40 우수화장품 제조 및 품질관리 기준 제6조(직원의 위생)

41 대장균, 녹농균, 황색포도상구균 – 검출되면 안 됨

42 완제품 등 보관용 검체의 관리에 관한 사항 – 품질관리 기준서

43 포장재 : 화장품의 포장에 사용되는 모든 재료를 말하며 운송을 위해 사용되는 외부포장재는 제외하는 것. 제품에 직접 접촉하는지의 여부에 따라 1차포장, 2차포장으로 나누어진다.

44 • 제조일로부터 1년이 경과하지 않았거나 사용기한이 1년 이상 남아 있는 경우, 변질·변패 또는 병원미생물에 오염되지 아니한 경우에 가능하다.
• 폐기하면 큰 손해인 경우, 제품 품질에 악영향을 주지 않는 경우 재작업 가능하다.

45 원자재 취급시 혼동 및 오염 방지 대책 – 제조관리 기준서에서 원자재관리에 관한 사항

46 기능성 화장품 심사에 관한 규정 [별표2]에서 강열잔분 이란 유기 검체를 높은 온도로 가열하여 재가 되었을 때 휘발하지 않고 남은 '무기물'. 남은 무기물의 양은 가열하기 전의 시료 무게에 대한 백분율로 나타낸다. 필요도구 : 도가니, 회화로, 데시케이터(실리카겔), 저울, 도가니 집게, 내열장갑
〈알고 가기〉 강열잔분 시험 : 검체를 원료 각조에서 규정한 조건으로 강열하여 그 남는 양을 측정하는 방법이다. 이 방법은 보통 유기물 중의 구성성분으로 들어 있는 무기물의 함량을 알기 위하여 적용되나 때에 따라서는 유기물 중에 들어 있는 불순물의 양을 측정

47 타당한 사유가 있는 경우에는 선입선출을 하지 않을 수도 있다(우수화장품 제조 및 품질관리 기준 제19조 보관 및 출고).

48 작업장의 위생 기준
• 청정도 1등급 : Clean bench – 낙하균 10개/hr 또는 부유균 20개/$m^3$
• 청정도 2등급 ; 제조실, 성형실, 충전실, 내용물보관소, 원료칭량실, 미생물시험실
– 낙하균 30개/hr 또는 부유균 200개/$m^3$

49 원자재 입고 절차 중 육안 확인 시 물품에 결함이 있을 경우 입고를 보류하고 격리보관 및 폐기하거나 원자재 공급 업자에게 반송하여야 한다.

50 화장품 안전 기준 등에 관한 규정 –제4장 제6조(유통화장품의 안전 관리 기준) 4항
미생물 한도
1. 총호기성생균수는 영, 유아용 제품류 및 눈화장용 제품류의 경우 500개/g(mL) 이하
2. 물휴지의 경우 세균 및 진균수는 각각 100개/g(mL) 이하
3. 기타 화장품의 경우 1,000/g(mL) 이하

51 배관, 용기는 세척대상 설비이다.

52 재작업 – 적합 판정기준을 벗어난 완제품, 벌크제품 또는 반제품을 재처리하여 품질이 적합한 범위에 들어오도록 하는 작업을 말한다. ④번의 설명은 위생관리

53 세제는 필요시에만 사용하고 가급적 사용을 자제한다.

54 화장품은 의약품과 별도로 구분함

55 정답 벌크

56 정답 Clean Bench

57 정답 ㉠ 작업소 ㉡ 보관소 ㉢ 시험실

58 정답 제조번호

59 정답 ㉠ 적합판정기준

60 정답 ㉠ 화장비누 ㉡ 97

## 4장 맞춤형 화장품 이해

62 각질형성세포 : 표피의 구성성분(표피세포의 약 80% 이상), 기저층에 위치
- 랑게르한스세포 : 유극층에 위치 면역기능
- 멜라닌세포 : 표피의 기저층에 위치 피부색을 결정짓는 멜라닌 형성세포
- 머켈세포 : 기저층에 위치촉각세포 또는 지각세포

64 유극층 – 혈액순환과 세포사이의 물질교환을 용이하게 하며 영양공급에 관여

65 유극층– 표피의 손상 복구
천연보습인자는 아미노산 40%, 피롤리돈 카르복실산(PCA) 12%, 젖산염 12% 등으로 조성

66 징크피리치온액 50% ⇒ 함량제한 고시되어있지 않음

67 화장품법 시행규칙 제8조
- 책임판매관리자의 자격기준 ①③④⑤

68 포름알데히드 : 물휴지는 2000㎍/g 이하
③ 메탄올 : 0.2(V/V)% 이하, 물휴지는 0.002 (V/V)% 이하
④ 총호기성생균수 : 영·유아용제품류 및 눈화장용제품류의 경우 500개/g(ml)이하
⑤ 납 : 점토를 사용한 분말 제품은 50㎍/g 이하

69 사용량에도 좌우되나 가격이 적정할 것

70 판매장에서 고객 개인별 피부 특성이나 색·향 등의 기호·요구를 반영하여 맞춤형화장품조제관리사 자격증을 가진 자가 만든 화장품 (화장품법 제2조 3의 2, 제 12호)

71 여드름완화 : 살리실릭애씨드, 주름개선 : 레티닐팔미테이느, 아데노신

72 제조과정 중에 제거되어 최종 제품에는 남아 있지 않은 성분은 기재, 표시를 생략할 수 있다.

73 맞춤형화장품판매업의 신고 제출서류
- 맞춤형화장품판매업 신고서, 맞춤형화장품조제관리사 자격증 사본
- 사업자등록증 및 법인등기부등본(법인에 한함)
- 건축물관리대장, 임대차계약서(임대의 경우에 한함)
- 혼합, 소분의 장소 시설 등을 확인할 수 있는 세부 평면도 및 상세 사진

74 티로시나아제 (Tyrosinase) 활성부위에 구리 함유. (구리는 생물체내에서 일부 단백질의 활성부위에 존재하며, 다양한 생물학적 반응에 관여하는 것으로 밝혀짐. 대표적인 효소로 티로시나아제 (Tyrosinase)가 있음)
티로시나아제는 색소형성의 첫 단계에 작용하는 효소로서 구리이온이 필수적인 것으로 알려져 있고, 두 개의 구리이온 결합부위를 가지고 있다.
대표적인 구리이온과 킬레이트 작용물질인 폴리페놀 유도체, 트로폴론 유도체 등이 효소를 억제한다. 반면에 linoleic acid 등과 같은 지방산은 티로시나제를 비활성화시키고 분해를 촉진하는 것으로 보고되었으며 구리이온의 킬레이트 효과는 없는 것으로 알려져 있다.

75 내, 외모근초 : 모구부분의 세포분열 생성

76 미백성분–알부틴, 알파–비사보롤, 제모제–치오글리콜산, 자외선차단성분–징크옥사이드

77 사용기한이 지난 내용물 및 원료는 폐기

78 모근부 – 모낭, 모구, 모유두, 모모세포, 내,외모근초, 입모근
모간부 – 모표피, 모피질, 모수질

79 맞춤형화장품판매업을 하려는 자는 총리령으로 정하는 바에 따라 식품의약품안전처장에게 신고하여야 한다.

80 원료와 원료를 혼합하는 것은 맞춤형화장품의 혼합이 아닌 '화장품 제조'에 해당 함

81 호모믹서 : 혼합 시 물과 기름을 유화시켜 안정한

상태로 유지하기 위해 분산상의 크기를 미세하게 해준다.

**82** 안전용기, 포장 대상 품목 및 기준(화장품법 제9조, 시행규칙 제18조)
아세톤을 함유하는 네일 에나멜 리무버 및 네일 폴리시 리무버는 안전용기, 포장 대상이다.

**84** 사용기한 또는 개봉 후 사용기간 (개봉 후 사용기간의 경우 제조연월일 병기 )

**85** 크림상의 제품 – 유리병이나 플라스틱 용기, 튜브용기

**86** 나이아신아마이드는 미백성분이다.

**87** 진피의 구성물질–섬유아세포, 대식세포, 비만세포, 감각수용기

**88**
- 의약품으로 잘못 인식할 우려가 있는 표시 또는 광고
- 기능성화장품이 아닌 화장품을 기능성화장품으로 잘못 인식할 우려가 있거나 기능성화장품의 안전성·유효성에 관한 심사결과와 다른 내용의 표시 또는 광고
- 천연화장품 또는 유기농화장품이 아닌 화장품을 천연화장품 또는 유기농화장품으로 잘못 인식할 우려가 있는 표시 또는 광고
- 그 밖에 사실과 다르게 소비자를 속이거나 소비자가 잘못 인식하도록 할 우려가 있는 표시 또는 광고

**89** 원료 및 제품의 성분 정보
전성분 표시 지침
정답 1% 이하

**90** 정답 밀봉용기

**91** 맞춤형화장장품의 안전성
- 인체 적용시험
- 인체 외 시험

정답 인체 외 시험

**92** 맞춤형화장품판매업자의 준수사항(맞춤형화장품판매업 가이드라인(민원인안내서)2020.5.14
정답 식별번호

**93** 맞춤형화장품조제관리사 자격시험
(1) 맞춤형화장품조제관리사가 되려는 사람은 화장품과 원료 등에 대하여 식품의약품안전처장이 실시하는 자격시험에 합격하여야 한다.
(2) 식품의약품안전처장은 맞춤형화장품조제관리사가 거짓이나 그 밖의 부정한 방법으로 시험에 합격한 경우에는 자격을 취소하여야 하며, 자격이 취소된 사람은 취소된 날부터 3년간 자격시험에 응시할 수 없다.
(3) 식품의약품안전처장은 자격시험 업무를 효과적으로 수행하기 위하여 필요한 전문인력과 시설을 갖춘 기관 또는 단체를 시험운영기관으로 지정하여 시험업무를 위탁할 수 있다.
(4) 자격시험의 시기, 절차, 방법, 시험과목, 자격증의 발급, 시험운영기관의 지정 등 자격시험에 필요한 사항은 총리령으로 정한다.
정답 총리령

**94** 정답 유효성

**95** 정답 ㉠ 혼합 ㉡ 소분

**96** 정답 분산

**97** 정답 ㉠ 사용기한 내
㉡ 맞춤형화장품 책임판매업자

**98** 정답 에크린 한선

**99** 정답 에어로졸제

**100** 정답 ㉠ 2차 포장 ㉡ 1차 포장

# 맞춤형화장품조제관리사 모의고사 7 정답 및 해설

## 정답

| 01 | ① | 02 | ② | 03 | ④ | 04 | ① | 05 | ③ | 06 | ⑤ | 07 | ④ | 08 | 해설 참조 | 09 | 해설 참조 | 10 | 해설 참조 |
|---|---|---|---|---|---|---|---|---|---|---|---|---|---|---|---|---|---|---|---|
| 11 | ④ | 12 | ④ | 13 | ① | 14 | ⑤ | 15 | ② | 16 | ③ | 17 | ④ | 18 | ② | 19 | ③ | 20 | ⑤ |
| 21 | ④ | 22 | ② | 23 | ④ | 24 | ④ | 25 | ③ | 26 | ② | 27 | ④ | 28 | ③ | 29 | ③ | 30 | ③ |
| 31 | 해설 참조 | 32 | 해설 참조 | 33 | 해설 참조 | 34 | 해설 참조 | 35 | 해설 참조 | 36 | ② | 37 | ② | 38 | ④ | 39 | ② | 40 | ③ |
| 41 | ⑤ | 42 | ① | 43 | ⑤ | 44 | ② | 45 | ⑤ | 46 | ② | 47 | ① | 48 | ④ | 49 | ④ | 50 | ③ |
| 51 | ① | 52 | ③ | 53 | ⑤ | 54 | ① | 55 | ④ | 56 | 해설 참조 | 57 | 해설 참조 | 58 | 해설 참조 | 59 | 해설 참조 | 60 | 해설 참조 |
| 61 | ④ | 62 | ② | 63 | ④ | 64 | ③ | 65 | ① | 66 | ⑤ | 67 | ② | 68 | ④ | 69 | ③ | 70 | ① |
| 71 | ② | 72 | ① | 73 | ③ | 74 | ④ | 75 | ② | 76 | ⑤ | 77 | ① | 78 | ① | 79 | ② | 80 | ④ |
| 81 | ② | 82 | ④ | 83 | ⑤ | 84 | ④ | 85 | ③ | 86 | ① | 87 | ⑤ | 88 | ② | 89 | 해설 참조 | 90 | 해설 참조 |
| 91 | 해설 참조 | 92 | 해설 참조 | 93 | 해설 참조 | 94 | 해설 참조 | 95 | 해설 참조 | 96 | 해설 참조 | 97 | 해설 참조 | 98 | 해설 참조 | 99 | 해설 참조 | 100 | 해설 참조 |

## 해설

### 1장 화장품법의 이해

**01** 판매의 목적이 아닌 제품의 홍보·판매촉진 등을 위하여 미리 소비자가 시험·사용하도록 제조 또는 수입된 화장품 – 1년 이하의 징역 또는 1천만원 이하의 벌금

**02** 영업 금지
누구든지 다음 각 호의 어느 하나에 해당하는 화장품을 판매(수입대행형 거래를 목적으로 하는 알선·수여를 포함)하거나 판매할 목적으로 제조·수입·보관 또는 진열하여서는 아니 된다.
① 심사를 받지 아니하거나 보고서를 제출하지 아니한 기능성화장품
② 전부 또는 일부가 변패(變敗)된 화장품
③ 병원미생물에 오염된 화장품
④ 이물이 혼입되었거나 부착된 것
⑤ 화장품에 사용할 수 없는 원료를 사용하였거나 같은 조 제8항에 따른 유통화장품 안전 관리 기준에 적합하지 아니한 화장품
⑥ 코뿔소 뿔 또는 호랑이 뼈와 그 추출물을 사용한 화장품
⑦ 보건위생상 위해가 발생할 우려가 있는 비위생적인 조건에서 제조되었거나 시설기준에 적합하지 아니한 시설에서 제조된 것
⑧ 용기나 포장이 불량하여 해당 화장품이 보건위생상 위해를 발생할 우려가 있는 것
⑨ 사용기한 또는 개봉 후 사용기간(병행 표기된 제조년월일을 포함)을 위조·변조한 화장품

**03** 화장품의 포장 및 기재·표시 사항을 훼손(맞춤형화장품 판매를 위하여 필요한 경우는 제외) 또는 위조·변조한 것

**04** 화장품제조업 영업의 세부 종류
① 화장품을 직접 제조하는 영업
② 화장품 제조를 위탁받아 제조하는 영업
③ 화장품의 포장(1차 포장만 해당한다)을 하는 영업

**05** • 기원 및 개발 경위에 관한 자료
• 안전성에 관한 자료
• 유효성 또는 기능에 관한 자료
• 자외선 차단지수 및 자외선A 차단등급 설정의 근거자료(자외선을 차단 또는 산란시켜 자외선으로부터 피부를 보호하는 기능을 가진 화장품의 경우만 해당한다)
• 기준 및 시험방법을 고시한 품목의 경우에는 자료 제출을 각각 생략 : 기준 및 시험방법에 관한 자료[검체(檢體)를 포함한다]

**6** 효소

**7** 화장품책임판매업자는 영,유아 또는 어린이가 사용할 수 있는 화장품을 표시. 광고하려는 경우에는 제품별로 안전과 품질을 입증할 수 있는 다음 자료(제품별 안전성 자료)를 작성 및 보관하여야 한다.
가. 제품 및 제조방법에 대한 설명 자료
나. 화장품의 안전성 평가 자료
다. 제품의 효능, 효과에 대한 증명 자료

**8** 화장품법 제 14조 제2항 (표시, 광고 내용의 실증 등)
정답 답 15일 이내

**9** 화장품법 제 2조 제5항 (정의)
정답 사용기한

**10** 화장품법 시행규칙 일부개정령 제8조의2 1항 (맞춤형화장품판매업의 신고)
정답 ㉠ 맞춤형화장품조제관리사의 자격증
㉡ 지방식품의약품안전청장

## 2장 화장품제조 및 품질관리

**11** 제9조(기능성화장품의 심사) 5. 기준 및 시험방법에 관한 자료[검체(檢體)를 포함한다]

**12** 알레르기를 유발하는 물질 : 착향제(향수) 〈예〉 시트랄, 쿠마린, 제라니올, 벤질알코올, 참나무이끼 추출물 등 (씻어내는 제품은 0.01% 초과, 사용 후 씻어내지 않는 제품 0.001% 초과)

**13** 화장품 안전 기준에 대한 규정
② 알칼리 : 0.1N염산의 소비량은 검체 1ml에 대하여 7ml이하
③ 비소 : 5㎍/g 이하
④ 철 : 25㎍/g 이하
⑤ 중금속 : 20㎍/g 이하

**14** ⑤ 안전성이 높고, 가능한 저휘발성이어야 한다.

**15** 창고바닥 및 벽면으로부터 10cm이상 간격을 유지하여 보관

**16** 코뿔소 뼈 또는 호랑이뼈와 그 추출물을 사용한 화장품의 경우 진열 판매금지

**17** 「화장품법」제2조 제2호 및 「화장품법 시행규칙」제2조).참조
단, 화장품 유효성의 기준에서 여드름 완화에 도움을 주는 것은 인체 세정기능에만 허용 함

**18** 각질세포를 산의 부식성을 이용하여 녹여 분리시키는 역할

**19** ① UV A(320~400nm) : 자외선 중 가장 긴 파장 – 피부 진피층까지 침투
② UV B (290~320nm) : 하루 중 가장 많은 양이 조사 – 피부 표피층에 작용
④ UV C (200~290nm) : 파장이 가장 짧음 – 피부암의 주요원인

**20** ⑤ 소포제

**21** 구강용 화장품은 의약외품으로 변경되었음

**22** ② 화장품 원료로 C가 15개 이상의 포화탄화수소를 말한다.

**23**
- 합성고분자 화합물 : 폴리머, 카보머, 디메치콘, 나이트로셀룰로오스
- 천연고분자 화합물 : 구아검, 덱스트린, 베타-글루칸, 셀룰로오스검

**25** 벤조페논-4 : 5%, 에칠헥실트리아존 : 5%, 티타늄디옥사이드 25%, 옥시벤존 5%

**26** 알레르기 유발 물질 : 나무이끼추출물, 이소유제놀, 시트랄

**27** 참조 『화장품법 제4조의 2』 영·유아 또는 어린이 사용 화장품의 관리 (시행 2020.1.16)

**28** 식품의약품안전처장이 고시한 기능성화장품의 효능·효과를 나타내는 원료는 사용할 수 없다.

**29** ① 이산화티타늄
② 페녹시에탄올 – 사용상 제한이 있음
④ 아데노신- 주름기능성 개선 소재로 식약청 고시 원료로 사용불가
⑤ 메칠이소치아졸리논 – 사용 제한 보존제

**30** ①②④ 양이온성 계면활성제
⑤ 비이온성 계면활성제

31 정답 타르색소

32 화장품법 시행규칙 제17조(화장품 원료등의 위해평가) 1항 참조
정답 ㉠ 위험성 결정 ㉡ 위해도 결정

33 정답 ㉠ 실마리 정보(Signal) ㉡ 인과관계

34 정답 ㉠ 알코올

35 정답 ㉠ 안전성 ㉡ 유효성

## 3장 유통 화장품 안전 관리

36 니켈 : 눈 화장용 제품은 35㎍/g 이하, 색조 화장용 제품은 30㎍/g이하, 그 밖의 제품은 10㎍/g 이하

37 유통화장품 안전 관리 시험방법 정리
① 디티존법 : 납
② 원자흡광도법 : 납, 니켈, 비소, 안티몬, 카드뮴 정량
③ 기체(가스)크로마토그래피법 : 디옥산, 메탄올, 프탈레이트류(디부틸프탈레이트, 부틸벤질프탈레이트 및 디에칠헥실프탈레이트)
④ 유도결합 플라즈마 분광기법 : 납, 니켈, 비소, 안티몬
⑤ 유도결합플라즈마-질량분석기 : 납, 비소
⑥ 수은 분해장치, 수은분석기이용법 : 수은
⑦ 액체 크로마토그래피법 : 포름알데하이드

38 맞춤형화장품 표시 사항
- 화장품 제조에 사용된 모든 성분 참조

39 안티몬 : 10㎍/g이하, 비소 : 10㎍/g이하, 디옥산 : 100㎍/g이하, 카드뮴 : 5㎍/g이하

40 외부와 연결된 창문은 열리지 않도록 한다.

41
- 증기세척은 권장되는 형식의 세척 방법이다.
- 가능한 한 세제를 사용하지 않는다.

42 화장품법 시행규칙 제 19조 2항 (화장품 포장의 기재 표시 등) 참조
① 제조 과정 중에 제거되어 최종제품에는 남아있지 않은 성분은 기재 생략 가능
②③④⑤는 기재 필수사항

43 분해할 수 있는 설비는 분해해서 세척한다.

44 ① 절차서 작성
② 판정기준 제시
③ 세제 사용시 사용기록을 남긴다.
④ 청소기록을 남긴다.
⑤ "청소 결과" 표시

46 우수화장품 제조 및 품질관리 기준 제20조 (시험관리)
- 원자재, 반제품 및 완제품에 대한 적합 기준을 마련하고 제조번호별로 시험 기록을 작성·유지하여야 한다.

47 제조단위별 제품의 사용기한 경과 후 1년간 보관해야하며, 개봉후 사용기간을 기재하는 경우는 제조일로부터 3년간 보관해야 함

48 기준일탈 조사시에 필요한 물품 : 기준일탈 조사시 검체, 시약, 시액
- 시액 : 시험용으로 조제한 시약액
- 시약 : 시험용으로 구입한 시약

49 납성분 검출 시험방법 – 디티존법, 원자흡광도법, 유도결합플라즈마분광기법, 유도결합플라즈마 질량분석기법

50 미생물한도 측정을 위해 실시하는 시험방법
: 총 호기성 생균수 시험법, 한천평판도말법, 한천평판희석법, 특정세균시험법 등

51 ※ 기록서 작성 내용 : 소속, 성명, 방문목적, 입퇴장 시간 및 자사 동행자의 이름

52 우수화장품 제조 및 품질관리 기준 제17조(공정관리)
- 명칭 또는 확인코드, 제조번호, 완료된 공정명, 필요한 경우에는 보관조건
- 반제품의 최대 보관기한은 설정하여야 하며, 최대 보관기한이 가까워진 반제품은 완제품 제조하기 전에 품질이상, 변질여부 등 확인

53 품질관리 기준서 – 시험지시서, 시험검체, 시험시설 및 시험기구의 점검 등 필요

54 치오글라이콜릭애씨드 또는 그 염류를 주성분으로 하는 제1제 사용시 조제하는 발열2욕식 퍼머넌트웨

이브용 제품에서 1제의 1에 대한 적합기준
① 알칼리 : 0.1N 염산의 소비량은 검체 1mL에 대하여 10mL이하
② pH : 4.5~9.5
③ 환원후의 환원성물질(디치오디글라이콜릭애씨드) : 0.5%이하
④ 중금속 : 20㎍/g이하
⑤ 비소 : 5㎍/g이하

**55** • 변경관리의 정의 : 모든 제조, 관리 및 보관된 제품이 규정된 적합판정기준에 일치하도록 보장하기 위하여 우수 화장품 제조 및 품질관리 기준이 적용되는 모든 활동을 내부 조직의 책임하에 계획하여 변경하는 것을 말한다.

**56** 정답 품질보증책임자

**57** 유통화장품 안전 관리 시험방법(제6조관련)에서 미생물 한도 검출 시험방법 참조
• 모든 검체 내용물은 10배 희석액으로 만들어 사용
정답 10

**58** 정답 선입선출

**59** 화장품법 시행규칙: 우수화장품 제조 및 품질관리 기준 (용어정의)
정답 제조단위 (혹은 뱃치)

**60** 정답 물을 포함하지 않는 제품, 사용한 후 곧바로 물로 씻어 내는 제품

## 4장 맞춤형 화장품 이해

**61** 맞춤형화장품판매내역서를 작성·보관할 것(전자문서로 된 판매내역을 포함)

**63** 자외선 살균기 이용 시 충분한 자외선 노출을 위해 적당한 간격을 두고 장비 및 도구가 서로 겹치지 않게 한 층으로 보관, 살균기 내 자외선램프의 청결 상태를 확인 후 사용

**64** 보존제로 사용할 경우 살리실릭애씨드 0.5%
기능성화장품의 유효성분으로 사용하는 경우(여드름, 보존제) : 사용 후 씻어내는 제품류에 살리실릭애씨드 2%, 사용 후 씻어내는 두발용 제품류에 살리실릭애씨드 3%

**65** 사용상 제한이 필요한 원료
미백성분 : 알파-비사보롤, 주름개선 : 레티놀, 제모제 : 치오글리콜산, 만수국꽃추출물

**66** 맞춤형화장품판매장의 조제관리사로 지방식품의약품안전청에 신고한 맞춤형화장품조제관리사는 매년 4시간 이상, 8시간 이하의 집합교육 또는 온라인 교육을 식약처에서 정한 교육실시기관에서 이수 하여야 한다.

**68** 안전용기·포장은 성인이 개봉하기는 어렵지 아니하나 만 5세 미만의 어린이가 개봉하기는 어렵게 된 것이어야 한다. 이 경우 개봉하기 어려운 정도의 구체적인 기준 및 시험방법은 산업통상자원부장관이 정하여 고시하는 바에 따른다.

**71** 화장품법 5조 (영업자의 의무 등) : 책임판매관리자 및 맞춤형화장품조제관리사는 화장품의 안전성 확보 및 품질관리에 관한 교육을 매년 받아야 한다.
• 맞춤형화장품조제관리사는 고객에게 혼합, 소분에 사용된 내용물이나 원료의 특성, 주의 사항을 알려야한다. 판매한 후에 판매내역서를 작성 보관할 것. 판매 후 문제가 발생하면 식품의약품안전처장에게 보고해야 한다.

**73** • 제모제 – 치오글리콜산, 살리실릭애씨드 – 여드름 완화,
• 주름개선성분 – 레티닐팔미테이트, 미백성분 – 에칠아스코빌에텔

**75** 모구 : 모발이 만들어지는 곳

**76** ※ 표피의 구성세포 :
① 랑게르한스세포 – 유극층에 위치하며, 면역을 담당하는 세포
② 머켈세포 – 기저층에 위치하며, 촉각세포 또는 지각세포
※ 진피의 구성세포 :
① 섬유아세포 – 교원섬유, 탄력섬유, 기질
② 대식세포 – 신체를 보호하는 역할, 면역세포

**77** 피부의 생리기능으로는 보호작용, 감각작용, 흡수작용, 비타민D형성작용, 저장작용, 체온조절작용, 분비작용, 재생작용, 면역작용이 있다.

**79** ① 영 유아용 제품류(영 유아용 샴푸, 영 유아용 린스, 영 유아 인체세정용 제품, 영 유아 목욕용 제

품 제외)
② 눈 화장용 제품류, 색조화장용 제품류
③ 두발용 제품류(샴푸, 린스 제외)
④ 면도용 제품류(셰이빙크림, 셰이빙 폼 제외)
⑤ 기초화장용 제품류(클렌징 워터, 클렌징 오일,클렌징 로션, 클렌징 크림 등 메이크업 리무버 제품 제외) 중 액, 로션,크림 및 이와 유사한 제형의 액상제품은 pH 기준이 3.0~9.0 이어야 한다. 다만, 물을 포함하지 않는 제품과 사용한 후 곧바로 물로 씻어 내는 제품은 제외 한다.

**80** 일반 화장품 표시기재 1차 포장사항
화장품 명칭, 영업자의 상호 및 주소, 제조번호, 사용기한 또는 개봉 후 사용기간 가격은 맞춤형화장품 표시기재 1차 포장사항

**81** 맞춤화장품의 1차 포장 기재 · 표시 사항 ★★
1. 화장품의 명칭
2. 맞춤형화장품판매업자의 상호
3. 가격
4. 제조번호
5. 사용기한 또는 개봉 후 사용기간(개봉 후 사용기간의 경우 제조연월일 병기)

**82** 메칠이소치아졸리논 0.0015% 벤질알코올 1.0% 클로로펜 0.05% 페녹시에탄올 1.0%

**83** 정확한 피부진단을 통해 전문가의 조언으로 피부유형에 맞게 조제한 화장품 선택 가능

**84** 맞춤형화장품 혼합·소분 장소와 판매 장소는 구분, 구획하여 관리

**85** 일광화상 : 멜라닌색소의 생성량이 더 적은 피부에서 쉽게 생길 수 있는 햇빛에 의한 피부화상

**86** 여성호르몬과 관계가 있음(곡선미 유지)

**87** 맞춤형화장품조제관리사 자격시험
(1) 맞춤형화장품조제관리사가 되려는 사람은 화장품과 원료 등에 대하여 식품의약품안전처장이 실시하는 자격시험에 합격하여야 한다.
(2) 식품의약품안전처장은 맞춤형화장품조제관리사가 거짓이나 그 밖의 부정한 방법으로 시험에 합격한 경우에는 자격을 취소하여야 하며, 자격이 취소된 사람은 취소된 날부터 3년간 자격시험에 응시할 수 없다.
(3) 식품의약품안전처장은 자격시험 업무를 효과적으로 수행하기 위하여 필요한 전문인력과 시설을 갖춘 기관 또는 단체를 시험운영기관으로 지정하여 시험업무를 위탁할 수 있다.
(4) 자격시험의 시기, 절차, 방법, 시험과목, 자격증의 발급, 시험운영기관의 지정 등 자격시험에 필요한 사항은 총리령으로 정한다.

**88** ① 맞춤형화장품판매업 신고서
② 맞춤형화장품조제관리사 자격증 사본(2인 이상 신고 가능)
③ 사업자등록증 및 법인등기부등본(법인에 포함)
④ 건축물관리대장
⑤ 임대차계약서(임대의 경우에 한함)
⑥ 혼합·소분의 장소·시설 등을 확인할 수 있는 세부 평면도 및 상세 사진

**89** 정답 기밀용기

**90** 정답 2차 포장

**91** 정답 호모믹서

**92** 정답 각화과정(각질화과정, 각화현상)

**93** 정답 침적마스크

**94** 정답 밀폐용기

**95** 정답 선입선출

**96** 정답 ㉠ 기능성화장품, ㉡ 보존제

**97** • 보습제 : 글리세린 / 다이프로필렌글라이콜
• 합성고분자화합물 : 다이메티콘 / 비닐다이메티콘크로스폴리머,
• 자외선 차단성분 : 티타늄디옥사이드, 징크옥사이드
정답 벤질알코올

**98** • 사용금지 원료 : 클로로아세타마이드, 메톡시에탄올
• 기타 허용원료 : 피토스테롤, 잔탄검, 베타인
정답 클로아세타마이드, 메톡시에탄올

**99** 정답 품질검사 성적서

**100** 정답 ㉠ 내용물 ㉡ 원료

# 맞춤형화장품조제관리사 모의고사 8 정답 및 해설

## 정답

| | | | | | | | | | | | | | | | | | | | |
|---|---|---|---|---|---|---|---|---|---|---|---|---|---|---|---|---|---|---|---|
| 01 | ① | 02 | ② | 03 | ⑤ | 04 | ⑤ | 05 | ③ | 06 | ④ | 07 | ① | 08 | 해설참조 | 09 | 해설참조 | 10 | 해설참조 |
| 11 | ② | 12 | ③ | 13 | ④ | 14 | ④ | 15 | ③ | 16 | ⑤ | 17 | ③ | 18 | ⑤ | 19 | ④ | 20 | ③ |
| 21 | ④ | 22 | ④ | 23 | ③ | 24 | ⑤ | 25 | ④ | 26 | ④ | 27 | ⑤ | 28 | ② | 29 | ② | 30 | ④ |
| 31 | 해설참조 | 32 | 해설참조 | 33 | 해설참조 | 34 | 해설참조 | 35 | 해설참조 | 36 | ④ | 37 | ⑤ | 38 | ② | 39 | ③ | 40 | ④ |
| 41 | ② | 42 | ④ | 43 | ③ | 44 | ② | 45 | ④ | 46 | ⑤ | 47 | ③ | 48 | ③ | 49 | ② | 50 | ④ |
| 51 | ④ | 52 | ④ | 53 | ③ | 54 | ③ | 55 | 해설참조 | 56 | 해설참조 | 57 | 해설참조 | 58 | 해설참조 | 59 | 해설참조 | 60 | 해설참조 |
| 61 | ④ | 62 | ④ | 63 | ① | 64 | ② | 65 | ⑤ | 66 | ⑤ | 67 | ④ | 68 | ④ | 69 | ③ | 70 | ① |
| 71 | ⑤ | 72 | ② | 73 | ④ | 74 | ③ | 75 | ① | 76 | ⑤ | 77 | ④ | 78 | ③ | 79 | ③ | 80 | ① |
| 81 | ⑤ | 82 | ③ | 83 | ⑤ | 84 | ② | 85 | ① | 86 | ⑤ | 87 | ③ | 88 | ④ | 89 | 해설참조 | 90 | 해설참조 |
| 91 | 해설참조 | 92 | 해설참조 | 93 | 해설참조 | 94 | 해설참조 | 95 | 해설참조 | 96 | 해설참조 | 97 | 해설참조 | 98 | 해설참조 | 99 | 해설참조 | 100 | 해설참조 |

## 해설

### 1장 화장품법의 이해

**01** 개인정보처리자는 개인정보의 처리 목적을 명확하게 하여야 하고 그 목적에 필요한 범위에서 최소한의 개인정보만을 적법하고 정당하게 수집하여야 한다.

**02** 인증을 받은 화장품에 대해서는 총리령으로 정하는 인증표시를 할 수 있다.

**03** 동물실험을 실시한 화장품 또는 동물실험을 실시한 화장품 원료를 사용하여 제조 또는 수입한 화장품을 유통, 판매한 자 = 100만원 이하의 과태료

**04** 영·유아화장품의 관리 : 식품의약품안전처장은 화장품에 대하여 제품별 안전성 자료, 소비자 사용실태, 사용 후 이상사례 등에 대하여 주기적으로 실태조사를 실시하고 위해요소의 저감화를 위한 계획을 수립하여야 한다.

**05** 버블배스 – 목욕용 제품류, 폼 클렌저 – 인체 세정용, 손, 발의 피부연화 제품 – 기초화장용 제품류

**06** 맞춤형화장품판매업자 : 화장품 판매내역서(전자문서로 된 판매내역서 포함)를 작성·보관할 것

**07** 화장품제조업자만 해당하는 결격사유

– 정신질환자 (단, 화장품제조업자로 적합하다고 인정한 경우 제외), 마약중독자

화장품법 제3조의 3(결격사유) 다음 각 호의 어느 하나에 해당하는 자는 화장품제조업 또는 화장품책임판매업의 등록이나 맞춤형화장품판매업의 신고를 할 수 없다. 다만, 제1호 및 제3호는 화장품제조업만 해당한다.

1. 「정신건강증진 및 정신질환자 복지서비스 지원에 관한 법률」 제3조제1호에 따른 정신질환자. 다만, 전문의가 화장품제조업자로서 적합하다고 인정하는 사람은 제외한다.
2. 피성년후견인 또는 파산선고를 받고 복권되지 아니한 자
3. 「마약류 관리에 관한 법률」 제2조제1호에 따른 마약류의 중독자
4. 이 법 또는 「보건범죄 단속에 관한 특별조치법」을 위반하여 금고 이상의 형을 선고받고 그 집행이 끝나지 아니하거나 그 집행을 받지 아니하기로 확정되지 아니한 자
5. 제24조에 따라 등록이 취소되거나 영업소가 폐쇄(이 조 제1호부터 제3호까지의 어느 하나에 해당하여 등록이 취소되거나 영업소가 폐쇄된 경우는 제외한다)된 날부터 1년이 지나지 아니한 자

08 화장품법 제27조 (청문)

정답 청문

09 화장품법 시행규칙 제18조 2항(안전용기·포장 대상 품목 및 기준)

정답 ㉠ 만 5세 미만 ㉡ 산업통상자원부장관

10 정답 탄화수소

## 2장 화장품제조 및 품질관리

11 3세이하 영·유아용 화장품 및 13세이하 어린이가 사용하는 제품에 사용금지인
보존제 – 살리실릭애씨드 및 그 염류, 아이오도프로피닐부틸카바메이트(아이피비씨, IPBC)

12 ㉡ 아데노신은 식약청장이 고시한 주름개선 소재로 맞춤형화장품 조제에 쓸 수 없다.
㉢ 보존제는 사용상의 제한이 있는 원료이므로 혼합할 수 없다.

13 토코페롤 : 천연 산화방지제. "비타민 E"라고도 함

14 SPF(Sun Protect Factor)는 차단지수가 높을수록 차단이 잘 된다.

15 ③ 포화지방산 : 단일결합만 포함/ 종류 – 라우린산, 미리스틴산, 팔미틴산, 스테아린산 등이 있다.
※ 불포화지방산의 종류 : 리놀산, 리놀렌산, 아라키돈산

16 ③ 벤질알코올 : 보존제, 착향제
⑤ 감초추출물 : 미백성분

17 유해사례 : 화장품의 사용 중 발생한 바람직하지 않고 의도되지 아니한 징후, 증상 또는 질병을 말한다.

18 화장품법 시행규칙 [별표 3] 화장품 유형과 사용 시의 주의 사항(제19조제3항 관련) 참조

19 레티놀(비타민A) 및 그 유도체, 아스코빅애시드(비타민C) 및 그 유도체, 토코페롤(비타민E), 과산화화합물, 효소가 해당성분임

20 ①④번은 유효성 또는 기능에 관한 자료
② 자외선 차단 기능 및 보호기능 제품적용자료
※ 안전성에 관한 자료
가. 단회 투여 독성 시험 자료
나. 1차피부자극 시험 자료
다. 안 점막자극 또는 그 밖의 점막자극 시험자료
라. 피부감작성시험 자료
마. 광독성 및 광감작성 시험 자료
바. 인체 첩포시험 자료

21 ① 벤조익애시드 0.5%
② 클로페네신 0.05%
③ 벤질에탄올 1.0%(단 두발염색용제로 사용시 10%)
④ 디엠디엠하이단토인 0.6%
⑤ 징크피리치온 1.0%(비듬, 가려움증 치료용 샴푸, 린스에 한하여1.0%적용, 보통 씻어내는 제품에만 사용 제한 0.5%,기타사용금지)

22 ① 혼합한 제품을 밀폐된 용기에 보존하지 말 것
② 혼합한 제품의 잔액은 효과가 없으니 버릴 것
③ 용기를 버릴 때에는 반드시 뚜껑을 열어서 버릴 것

23 화장품의 안전용기와 포장은 만 5세미만의 어린이가 개봉하기 어렵게 설계·고안된 것을 말한다.

24 13가지 화장품유형 영·유아용(만 3세 이하), 목욕용, 인체세정용, 눈 화장용, 방향용, 두발 염색용, 색조 화장용, 두발용, 손발톱용, 면도용, 기초화장용, 체취 방지용, 체모 제거용

25 화장품 소비자는 인체의 위해 가능성 원료로부터 보호받게 되었다.

27 체취 방지용 제품 : 털을 제거한 직후에는 사용하지 말 것

28 ㉣ 유전 독성은 유전자 및 염색체에 상해를 입히는 것을 말한다.
㉤ 발암성은 장기간 투여 시 암(종양)이 발생하는 것을 말한다.

29 유효성 또는 기능에 관한 자료 – 가. 효력시험 자료 나. 인체 적용시험 자료

30 화장품법 제1조 : 화장품의 정의
1. 인체를 청결·미화,매력을 더하고 용모를 밝게 변

화, 피부·모발의 건강을 유지 또는 증진
2. 인체에 사용되는 물품
3. 인체에 대한 작용이 경미한 것

31 정답 알파-하이드록시애시드(α-hydroxyacid, AHA)

32 정답 실마리정보

33 정답 효력시험자료

34 정답 유해사례

35 ㉠ 수집 ㉡ 검토 ㉢ 평가

## 3장 유통 화장품 안전 관리

36 우수화장품 제조 및 품질관리 기준 시행규칙 제10조(유지관리)
④ 모든 제조 관련 설비는 승인된 자만이 접근·사용하여야 한다.

37 우수화장품 제조 및 품질관리 기준 따른 인적자원 및 교육 제 2 장 4조 직원의 책임
제5조 교육훈련- 교육훈련이 제공될 수 있도록 연간계획을 수립하고 정기적으로 교육을 실시

38 교육 훈련 규정 내용:
교육계획, 교육대상, 교육의 종류 및 내용, 교육실시 방법, 교육평가, 기록 및 보관 등

39 품질보증의 정의 : 제품이 적합 판정 기준에 충족될 것이라는 신뢰를 제공하는데 필수적인 모든 계획되고 체계적인 활동을 말한다.

40 CGMP의 3대요소
① 인위적인 과오의 최소화
② 미생물 오염 및 교차오염으로 인한 품질저하 방지
③ 고도의 품질관리체계

41 ① 완제품 : 출하를 위해 제품의 포장 및 첨부 문서에 표시공정 등을 포함한 모든 제조공정이 완료된 화장품을 말한다.
② 반제품 : 제조공정 단계에 있는 것으로서 필요한 제조공정을 더 거쳐야 벌크 제품이 되는 것을 말한다.
③ 벌크제품 : 충전(1차포장) 이전의 제조 단계까지 끝낸 제품을 말한다.
④ 소모품 : 청소, 위생 처리 또는 유지 작업 동안에 사용되는 물품(세척제, 윤활제 등)을 말한다.
⑤ 원료 : 벌크 제품의 제조에 투입하거나 포함되는 물질을 말한다.

42 액체 크로마토그래피법 : 포름알데하이드

43 납 : 점토를 원료로 사용한 분말제품은 50㎍/g이하, 그 밖의 제품은 20㎍/g이하

44 유통화장품 안전 관리 시험방법 정리
① 디티존법 : 납
② 원자흡광도법 (AAS) : 납, 니켈, 비소, 안티몬, 카드뮴 정량
③ 기체(가스)크로마토그래피법 : 디옥산, 메탄올, 프탈레이트류(디부틸프탈레이트, 부틸벤질프탈레이트 및 디에칠헥실프탈레이트)
④ 유도결합 플라즈마 분광기법 (ICP) : 납, 니켈, 비소, 안티몬
⑤ 유도결합플라즈마-질량분석기 (ICP-MS) : 납, 비소
⑥ 수은 분해장치, 수은분석기이용법 : 수은
⑦ 총 호기성 생균수 시험법, 한천평판도말법, 한천평판희석법, 특정세균시험법 등 : 미생물 한도 측정
⑧ 액체 크로마토그래피법 : 포름알데하이드

45 ④ 설비세척의 원칙 설명

46 납 : 점토를 원료로 사용한 분말제품은 50㎍/g이하, 그 밖의 제품은 20㎍/g이하

47 
- 탱크는 제조물과 반응하여 부식이 일어나지 않는 소재를 사용한다.
- 교반장치는 봉인(seal)과 개스킷에 의해서 제품과의 접촉으로부터 분리되어 있는 내부 패킹과 윤활제를 사용한다.

48 부적합 판정 시 → 회수 입고된 포장재에 부적합라벨 부착 → 기준일탈조치서 작성 → 해당부서에 통보

49 (화장품법 시행규칙 제19조 4항) 참조 - 맞춤형화장품의 경우 1호, 6호 제외 사항
1. 식품의약품안전처장이 정하는 바코드
6. 수입화장품인 경우에는 제조국의 명칭(「대외무역법」에 따른 원산지를 표시한 경우에는 제조국의

명칭을 생략할 수 있다), 제조회사명 및 그 소재지

**50** 화장품법 제8조제2항에 의해 사용기준이 지정·고시된 원료 외의 보존제, 색소, 자외선차단제 등은 사용할 수 없다.

**51** 방문객과 훈련받지 않은 직원은 안내자 없이는 접근이 허용되지 않는다.

**52** 원자재 용기에 제조번호가 없는 경우는 관리번호를 부여하여 보관한다.
⑤ 보관관리에 대한 내용
② 용기에 표시된 양을 거래명세표와 대조하고 칭량무게를 확인 한다.
③ 원자재의 입고 시 구매 요구서, 원자재 공급업체 성적서 및 현품이 서로 일치하여야 한다. 필요한 경우 운송 관련 자료를 추가적으로 확인할 수 있다.

**53** 정답 ③ 소독제의 조건

**54** 우수화장품 제조 및 품질관리 기준 제2조 (용어의 정의), "제조번호"라고도 함

**55** 흰 천이나 검은 천으로 닦아내기 판정시 흰 천과 검은 천의 선택은 제조물의 종류에 따라 정함
정답 닦아내기

**56** CGMP : 우수화장품 제조 및 품질관리 기준 (Cosmetic Good Manufacturing Practice의 약어)
정답 CGMP

**57** 1. 유통화장품 안전 관리 시험법 일반사항
'검체'는 부자재(예 : 침적마스크 중 부직포 등)를 제외한 화장품의 내용물로 하며, 부자재가 내용물과 섞여 있는 경우 적당한 방법(예 압착, 원심분리 등)을 사용하여 이를 제거한 후 검체로 하여 시험한다.
정답 ㉠ 부직포 ㉡ 압착, 원심분리 등

**58** 정답 반제품

**59** 포장재의 폐기기준 참조
물류팀 담당자는 부적합 포장재를 추후 반품 또는 폐기조치 후 해당업체에 시정조치 요구
정답 추후 반품 , 폐기조치

**60** 정답 ㉠ 영·유아용 제품류 ㉡ 1,000개

## 4장 맞춤형 화장품 이해

**61** 맞춤형화장품판매업소에서는 작업자 위생, 작업환경위생, 장비·도구 관리 등 맞춤형화장품판매업소에 대한 위생 환경 모니터링 후 그 결과를 기록하고 판매업소의 위생 환경 상태를 관리 할 것

**63** 식품의약품안전처장은 제2항에 따라 지정·고시된 원료의 사용기준의 안전성을 정기적으로 검토하여야 하고, 그 결과에 따라 지정·고시된 원료의 사용기준을 변경할 수 있다. 이 경우 안전성 검토의 주기 및 절차 등에 관한 사항은 총리령으로 정한다.

**64** 부종완화, 피부노화 완화, 피부 혈행 개선, 여드름 피부 사용에 적합

**65** 원료와 원료를 혼합한 화장품을 판매하는 영업은 화장품제조업에 해당

**66** 사용상의 제한이 필요한 원료 자외선 차단성분 : 티타늄디옥사이드, 벤조페논, 시녹세이트, 징크옥사이드

**67** 배합한도 제한 및 금지원료 사용불가 : 보존제, 자외선 차단제, 기능성 원료

**68** 색조 화장용 제품류, 눈 화장용 제품류, 두발염색용 제품류 또는 손발톱용 제품류에서 호수별로 착색제가 다르게 사용된 경우 '± 또는 +/−'의 표시 다음에 사용된 모든 착색제 성분을 함께 기재·표시할 수 있다.

**69** 밀폐용기 : 일상의 취급 또는 보통 보존상태에서 외부로부터 고형의 이물이 들어가는 것을 방지하고 고형의 내용물이 손실되지 않도록 보호할 수 있는 용기 ( 밀폐용기로 규정되어 있는 기밀용기도 사용 가능)

**70** 맞춤형화장품 혼합·소분 장소와 판매 장소는 구분·구획하여 관리

**71** 아포크린한선– 피부표면에서 세균에 의해 분해

**72** 모표피 – 모피질을 보호하고 모발의 건조를 막아준다.
모수질 – 모발 중심부에 속이 비어 있다.
모유두 – 모발에 영양과 산소 공급
입모근 – 모공을 닫고 체온손실을 막아주는 역할

**73** 피부 유형을 결정하는 요인
① 피지와 수분의 함량
② 피부의 색
③ 피부 조직의 상태
④ 피부 탄력성
⑤ 색소 침착의 유무와 정도
⑥ 피부 민감성의 정도
⑦ 개인적인 요인 : 나이, 성별, 인종
⑧ 환경적인 요인 : 기후, 계절
⑨ 정신적인 요인 : 스트레스의 유무와 정도, 음식에 대한 기호성, 직업적 특성
⑩ 수면, 화장품 사용, 일상생활의 습관
⑪ 각질화 과정과 피지선의 기능에 의한 영향
⑫ 피부결, 모공 상태
⑬ 기타 요인 : 질병의 유무와 종류 등

**74** 피부장벽 악화로 건조화 현상은 아토피피 피부염 관련

**75** 백반증–후천적인 탈색소 질환

**77** 나이아신아마이드 2~5%

**78** 주름개선 성분–아데노신

**80** 3세 이하 사용금지 보존제 2종을 어린이까지 사용금지 확대
- 살리실릭애씨드 및 염류
- 아이오도프로피닐부틸카바메이트

※ 영유아용 제품류 또는 만 13세 이하 어린이가 사용할 수 있음을 특정하여 표시하는 제품에는 사용금지

**81** 화장품 전성분은 일반화장품 표시, 기재 사항 이다.

**82** 살균, 보존제 : 페녹시에탄올 1%, 비타민E(토코페롤) : 20%
자외선차단성분 : 드로메트리졸 1%, 보존제로 사용할 경우 살리실릭애씨드 0.5%
기능성화장품의 유효성분으로 사용하는 경우(여드름, 보존제)
- 사용 후 씻어내는 제품류에 살리실릭애씨드 2%
- 사용 후 씻어내는 두발용 제품류에 살리실릭애씨드 3%

**83** 〈화장품의 함유 성분별 사용 시의 주의 사항 표시 문구(제2조 관련)〉
벤잘코늄클로라이드, 벤잘코늄브로마이드 및 벤잘코늄사카리네이트 함유 제품은 눈에 접촉을 피하고 눈에 들어갔을 때는 즉시 씻어낼 것

**84** 색소침착피부의 멜라닌은 사람의 피부에 자연적으로 발생하는 활성산소나 유리기 등을 소거하거나 자외선의 투과를 막기 위해 생성

**85** ① 성선과 관련–아포크린선(대한선)

**86** 기저층 – 피부표면의 상태를 결정짓는 중요한 층

**87** 맞춤형화장품판매장의 조제관리사로 지방식품의약품안전청에 신고한 맞춤형화장품조제관리사는 매년 4시간 이상, 8시간 이하의 집합교육 또는 온라인 교육을 식약처에서 정한 교육실시기관에서 이수 할 것
식품의약품안전처에서 지정한 교육실시기관
– (사)대한화장품협회, (사)한국의약품수출입협회, (재)대한화장품산업연구원

**88** 맞춤형화장품판매업을 하려는 자는 총리령으로 정하는 바에 따라 식품의약품안전처장에게 신고하여야 한다. 신고한 사항 중 총리령으로 정하는 사항을 변경할 때에도 또한 같다. ⇒ 관할 지방식품의약처안전청에 15일 이내 신고.(※ 변경사항은 30일 이내 신고)

**89** 정답 분말제

**90** 정답 산업통상자원부장관

**91** 정답 선입선출

**92** 정답 기밀용기

**93** 맞춤형화장품판매내역서를 작성·보관할 것(전자문서로 된 판매내역을 포함)
① 제조번호(맞춤형화장품의 경우 식별번호를 제조번호로 함)
② 사용기한 또는 개봉 후 사용기간
③ 판매일자 및 판매량
정답 제조번호

**94** 정답 유화

**95** 정답 로션제

96 정답 식품의약품안전처장

97 정답 관능평가

98 정답 안전성

99 • 자외선차단성분 – 티타늄디옥사이드, 에칠헥실메톡시신나메이트
• 미백성분 – 알파-비사보롤, 유용성감초추출물
정답 레티닐팔미테이트

100 정답 ㉠ 내용물, ㉡ 원료

MEMO

MEMO

# 완전합격 맞춤형 화장품 조제관리사 1100제

발 행 일 2021년 9월 1일 초판 1쇄 인쇄
2021년 9월 10일 초판 1쇄 발행

저 자 이영주 · 이명심 공저

발 행 처 

발 행 인 이상원
신고번호 제 300-2007-143호
주 소 서울시 종로구 율곡로13길 21
공 급 처 (02) 765-4787, 1566-5937, (080) 850~5937
전 화 (02) 745-0311~3
팩 스 (02) 743-2688, 02) 741-3231
홈페이지 www.crownbook.co.kr
I S B N 978-89-406-4453-9 / 13590

**특별판매정가 20,000원**





이 도서의 문의를 편집부(02-6430-7012)로 연락주시면
친절하게 응답해 드립니다.